大倾角巨型框架结构体系和"纵向框架 + 黏滞阻尼器"的支承耗能系统

海拔 4372m 雀儿山隧道工程

U0351488

雄安新区市民服务中心项目

上海迪士尼乐园工程

装配式建筑智慧建造系统

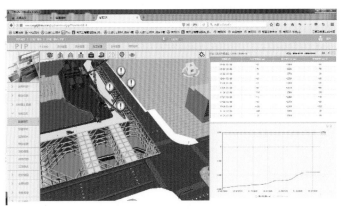

地铁车站智能建造技术及平台

轻质微孔混凝土制备的关键技术

澳门美高梅酒店 H 型钢屋顶结构

超长大跨劲性清水复杂混凝土结构施工技术

复杂城市道路自行车快速道综合建造技术

城市投资辅助决策平台客群分析

模块化装配式机电安装（BIDA）成套施工技术

苏州奥林匹克体育中心工程

武汉东湖绿道工程

文莱淡布隆大桥 CC4 标段工程

汉十铁路云安特大桥连续梁转体施工

装配式混凝土结构构件生产基地

UOP 反再系统加热炉区安装

东平水道特大桥工程

高震区装配式离心柱设计与施工关键技术

中建集团科学技术奖获奖成果集锦

2018年度

中国建筑集团有限公司 编

中国建筑工业出版社

图书在版编目（CIP）数据

中建集团科学技术奖获奖成果集锦. 2018年度/中国
建筑集团有限公司编. —北京：中国建筑工业出版社，
2019.1

ISBN 978-7-112-23152-2

Ⅰ.①中… Ⅱ.①中… Ⅲ.①建筑工程-科技成果-
汇编-中国-2018 Ⅳ.①TU-19

中国版本图书馆 CIP 数据核字（2018）第 300803 号

　　本书为 2018 年度中建集团科学技术奖获奖成果集锦。奖项包括国家奖、一等奖、二等奖和三等奖，主要内容包括：废旧混凝土再生利用关键技术及工程应用；轻质微孔混凝土制备关键技术及其在节能建筑中应用的研究；高海拔地区特长公路隧道施工安全保障关键技术；建筑工程设计与施工 BIM 集成应用及产业化研究；严寒地区大型室内滑雪场关键技术；施工安全 LCB 理论与技术体系及其工程应用等。

　　本书可供建设工程施工人员、管理人员使用。

责任编辑：郭　栋
责任设计：李志立
责任校对：姜小莲

中建集团科学技术奖获奖成果 *集锦*

2018 年度

中国建筑集团有限公司　编

＊

中国建筑工业出版社出版、发行（北京海淀三里河路 9 号）
各地新华书店、建筑书店经销
北京佳捷真科技发展有限公司制版
北京市密东印刷有限公司印刷

＊

开本：880×1230 毫米　1/16　印张：26　插页：4　字数：838 千字
2019 年 3 月第一版　2019 年 3 月第一次印刷
定价：**98.00 元**
ISBN 978-7-112-23152-2
　　　　　（33237）

中建集团科学技术奖获奖成果集锦(2018 年度)
编辑委员会名单

主　　编：毛志兵

副 主 编：蒋立红　　张晶波　　宋中南

编　　辑：何　瑞　　单彩杰　　关　军　　孙喜亮

　　　　　王传博　　明　磊　　孙　盈　　张占斌

目　录

三等奖

国家奖

废旧混凝土再生利用关键技术及工程应用

获奖等级：国家科技进步二等奖
完成单位：华南理工大学、北京建筑大学、中国建筑科学研究院有限公司、广州建筑股份有限公司、广西大学、深圳市建筑设计研究总院有限公司、中建西部建设股份有限公司
完成人：吴　波、陈宗平、王　龙、赵霄龙、赵新宇、刘琼祥、周文娟、薛建阳、王　军、杨英健

据中国混凝土与水泥制品协会统计，我国 2016 年商品混凝土（简称混凝土）产量约 18 亿立方米（约占全球的 50%），资源消耗巨大；同时，每年产生废旧混凝土 2 亿吨以上，弃置填埋占用大量土地且严重破坏生态环境，成为制约我国可持续发展的瓶颈，也是一个世界性难题。课题组在国家杰出青年科学基金项目、国家科技支撑计划课题等资助下，创新性地提出了解决该难题的新思想、新技术、新标准并广泛应用，开辟了废旧混凝土资源化利用的新道路。

1. 思路创新

为从根本上突破废旧混凝土利用效率偏低的困境，提出了大尺度再生块体与小尺度再生骨料双轨循环利用思想，块体尺度（60～300mm）较传统再生骨料（0.075～31.5mm）提升 1～2 个数量级，处理能耗降低 40%～60%，再生块体混凝土的水泥用量比常规混凝土节省约 30%；提出了再生块体混凝土的强化策略，使低强度废旧混凝土的应用范围大幅拓展。当废旧混凝土强度仅 20MPa 时，可实现再生块体混凝土组合强度 50～70MPa；提出了再生块体混凝土的组合力学参数概念，构建了不同组合力学指标的计算公式，解决了其结构设计中最具共性特征的技术难题；提出了再生卵石骨料混凝土与再生碎石骨料混凝土并行利用思路，发现前者力学性能并不低于后者，颠覆了此前人们的认识，突破了前者应用的技术障碍。

2. 技术创新

为彻底扭转废旧混凝土利用主要局限于工程次要部位的尴尬局面，研发了梁、板、柱、墙、节点等再生块体混凝土结构构件系列，系统揭示了再生块体混凝土的拉、压、剪、徐变、疲劳、冻融、高温、尺寸效应、形状效应等基本性能，发现再生块体混凝土的新、旧界面并非薄弱部位，展示了再生块体混凝土构件优良的力学性能和抗震、耐火性能，建立了相应的设计方法；提出了再生块体混凝土构件的高效施工工艺，确定了块体的单次最大允许堆放高度和优化取代率范围，比既有方法提高施工效率 1～2 倍；系统揭示了型钢/钢管再生骨料混凝土构件的力学行为及抗震性能，为重载结构采用再生骨料混凝土提供了重要技术支撑。

3. 标准创新

为彻底改变废旧混凝土利用无章可循的混乱局面，制定了系列技术标准。主编国际上首部再生块体混凝土结构技术标准，为其推广应用奠定了坚实基础；主编再生粗骨料国家标准，首次规定了其技术要求和检验规则，彻底改变了其质量依据缺失的局面，填补了国内空白；主编再生骨料应用技术的行业标准，对不同品质再生骨料的工程应用提供了系统技术规定，显著促进了我国再生骨料及其衍生品的推广应用；主编再生骨料混凝土耐久性标准，对有效控制其耐久性做出了系统技术规定，首次回答了其耐久性评价问题。

授权专利 30 件（美国 1 件/发明 19 件/实用新型 10 件），通过国际 PCT 专利审查 3 件；主编国标 1 部/行标 3 部/CECS 及省标 2 部；发表论文 130 篇，出版专著 1 部。实现了国际上再生块体混凝土结构

的首例工程应用，成果在广东、河南、江苏、广西、甘肃等十余省包括中建三局、保利房地产公司、中铁房地产公司、贵州建工集团的近百项实际工程中得到应用，经济环境综合效益显著。

获 2016 年教育部科技进步一等奖和 2017 年第 22 届全国发明展览会金奖。

一等奖

轻质微孔混凝土制备关键技术及其在节能建筑中应用的研究

完成单位：中国建筑股份有限公司技术中心、中建科技有限公司、中国建筑西南设计研究院有限公司

完成人：石云兴、张燕刚、倪　坤、李丛笑、冯　雅、周　冲、石敬斌、涂闽杰、张　鹏、王庆轩、钟辉智、李　鹏、南艳丽、寇建岭、刘　伟

一、立项背景

建筑能耗约占社会总能耗的 40％。从 2005 年开始，我国开始强制节能 50％。国家十二五、十三五规划，先后强调了要发展节能建筑。特别是十九大，习主席强调要"推进绿色发展。降低能耗、物耗，实现生产系统和生活系统循环链接。"

墙体节能是减少建筑能耗的最主要手段之一。因此，建筑保温材料行业迅速发展，现有的保温材料开始用于建筑、新型保温材料方面的研究也越来越多。

对于建筑保温材料，由于有机保温材料的保温效果好、价格便宜，受到了市场的青睐。但是 2009 年和 2010 年，北京和上海两场大火，让人们意识到有机保温材料的严重问题。阻燃型的有机保温材料和无机保温材料——岩棉开始被强制使用，尽管价格很高。但是，岩棉由于其特殊的毛细孔结构，极易吸收水分，造成对了保温效果降低并且岩棉还有有毒粉尘的问题；而阻燃型的有机保温材料尽管不易燃烧，但是受热软化，微结构受损，保温效果急剧下降。此外，无论是岩棉还是其他有机保温材料，与主体结构的粘结力差，在增大风荷载大时容易剥落，存在很大的安全隐患。

正是由于保温材料这些难以避免的安全问题，2010 年年底，中国建筑技术中心开启了新型无机保温材料——轻质微孔混凝土的研发。

新型保温材料研发不能只停留在材料本身特性的研究。

中国建筑技术中心以服务中国建筑集团的主业为根本，以推进我国墙体保温技术升级为目标，在研发初始就确立了从基础性研究到成套应用技术研发的大纵深研究目标。

经过中国建筑技术中心多年在材料性能方面的研究表明轻质微孔混凝土不但耐火等级达到 A 级，耐久性不易发生剥落，而且其具有良好的保温性能特别是蓄热性能优异，且其封闭孔结构不易吸水，同时与常见的加气混凝土相比，强度高、遇水不会粉化。在材料性能研究的基础上不断的探索材料的应用技术，研发工作涉及材料工业化制备技术、材料性能设计方法、制品的开发、制品的性能研究、制品的工业化生产技术、制品的施工技术等。

2015 年起，我国建筑行业开始逐步推广装配式建筑。中国建筑技术中心主要领导站在行业的高度，确定了轻质微孔混凝土保温技术与建筑工业化相结合的研发方向。

现有的装配式建筑的保温围护结构，一般多采用两边为普通混凝土层中间为保温材料的三层的装配式复合大板。该复合大板成本高，工艺烦琐，同时由于保温材料均为块体，部分位置难以安放易造成冷桥。中国建筑技术中心研发团队采用轻质微孔混凝土，将复合大板的结构可由三层结构简化为两层结构，且层间界面粘结提高，大大简化了复合大板的结构。此外，轻质微孔混凝土复合大板与普通混凝土连续浇筑，易避免冷桥。制造效率明显提高，而且降低了生产成本。同时，随着我国经济的发展，人民的生活水平提高，对建筑物墙体的要求不再局限于坚固和节能，还在外观装饰、隔声效果、易清洁等诸多方面提出了要求。

因此，中国建筑技术中心进一步启动了轻质微孔混凝土与普通混凝土制造的装配式多功能复合大板的一系列研发工作。

二、详细科学技术内容

1. 高效高稳定性发泡及轻质微孔混凝土制备关键技术

高效高稳定性发泡技术是本项目研究的核心关键技术之一。高效包括两方面的内涵：一是发泡剂的发泡倍数大；二是发泡机的发泡速度快。高稳定性也包括两方面的内涵：一是泡沫的稳定性好；二是发泡机的稳定运行。

（1）高效高稳定性发泡剂的研发

发泡剂生成泡沫并引入到浆体中后，泡沫浆体稳定性不足是目前泡沫混凝土市场存在的主要问题，即行业标准规定的浇筑面平整度±10mm允许偏差无法满足泡沫混凝土制品表面平整度±3mm允许偏差的要求。本项目组经过技术攻关，研究各种表面活性剂在水泥体系下的发泡效果和泡沫稳定性，研发成功高稳定性，发泡倍数达100倍的功能可调发泡剂，轻质微孔混凝土的浇筑面在硬化前后不沉降，满足泡沫混凝土制品的表面平整度要求，解决了将泡沫混凝土用于墙体构件所需的前提条件。经过国内外查新，本项关键技术是国内外没有的。

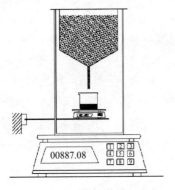

图1 泡沫稳定性试验

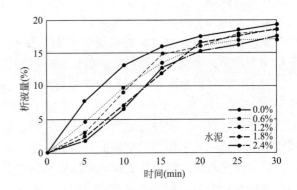

图2 水泥对泡沫稳定性的影响

（2）高效高稳定性发泡机的研发

高效发泡机是根据发泡剂研发成功的，本项目组开发的发泡机具有多进液口、进液比例过程可调，最重要的是它的发泡量能够和现有的预制混凝土搅拌站相匹配，与搅拌机同步运行，并且经过实际工程检验表明，发泡机可连续工作，性能稳定。经过国内外查新，本项关键技术也是国内外没有的。

图3 自主研发的发泡剂和发泡机

（3）轻质微孔混凝土生产技术

在成功开发发泡剂和发泡机的基础上，研究了骨料种类、骨料密度、浆体密度和浆体黏度的相互关系，解决了陶粒、再生泡沫混凝土骨料、煤制气渣等轻质骨料在混凝土中分布均匀性。以及骨料预处理方法、投料顺序、浇筑高度等混凝土生产工艺问题。在工业化规模生产的条件下，生产密度 760kg/m³，28d 抗压强度达到 6.2MPa，扩展度 560mm 以上，导热系数低于 0.1W/(m²·K) 的轻质微孔混凝土，其力学性能达到承重砌块的要求，而国外同密度混凝土的强度一般不超过 5.0MPa。

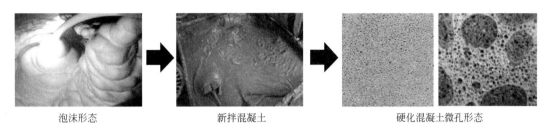

泡沫形态　　　　　　　新拌混凝土　　　　　　　硬化混凝土微孔形态

图 4　微孔混凝土制备过程及硬化后微孔形态

2. 轻质微孔混凝土材料性能的系统研究

（1）轻质微孔混凝土力学性能研究

轻质微孔混凝土力学性能研究包括抗压强度、抗折强度、劈裂抗拉强度、弹性模量、泊松比等物理力学性能的研究，得出了许多在国内外首次阐明的结论，并发表了多篇论文。

主要研究内容包括轻质微孔混凝土密度与强度的关系；泡沫掺量的影响、陶粒种类、陶粒强度和掺量的影响，结果表明对于泡沫掺量适中的轻质微孔混凝土，陶粒的体积掺量为 30%～40% 时，轻质微孔混凝土的物理力学性能最优。并且研究了粉煤灰、煤气渣、煤矸石等一系列固体废弃物作为填料，对于轻质微孔混凝土力学性能的影响。

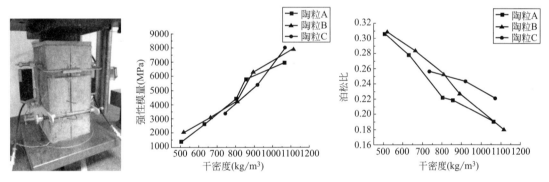

图 5　轻质微孔混凝土弹性模量、泊松比与密度的相关性

（2）轻质微孔混凝土热工性能研究

项目组对轻质微孔混凝土的热工性能进行了系统的研究。研究范围包括制品密度、陶粒种类及掺量分别对轻质微孔混凝土导热系数和蓄热系数的影响，也得出了一些业内首次阐明的结论，如利用复合平壁原理，确定了砌块的几何修正系数，得到了其串并联模型的热阻公式；得到轻质微孔混凝土导热系数分别与干密度、孔隙率、抗压强度的多项式拟合关系以及导热系数和蓄热系数的线性拟合关系，其蓄热系数约为导热系数的 15 倍；采用热流计法通过长时间同步测试，得出的多种砌块墙体同条件下的传热系数，对业内有重要的参考价值。

（3）轻质微孔混凝土的水化硬化特性

轻质微孔混凝土与普通混凝土的不同之处，就在于它的微孔状态使其具有隔热功能，使内部的水化热不容易释放出来，而外部环境的热不容易传到内部。如果浇筑的块体比较大，会造成中心部位温度明显高于表面温度。高温不但加速了水化过程，而且对水化产物有一定的影响。经对不同部位切块实际测试证明，中心部位的抗压强度较靠近边缘部分的高 15% 左右，同时 SEM 观察显示，取自中心部位样品的托贝莫来石相较边缘部位明显增多。

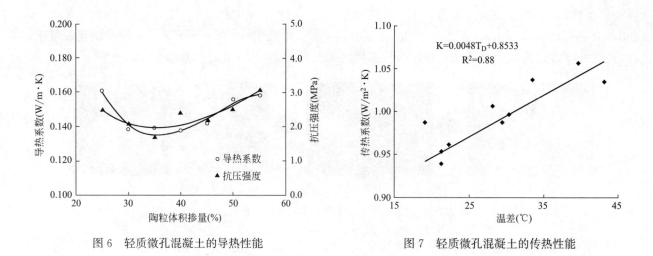

图 6 轻质微孔混凝土的导热性能

图 7 轻质微孔混凝土的传热性能

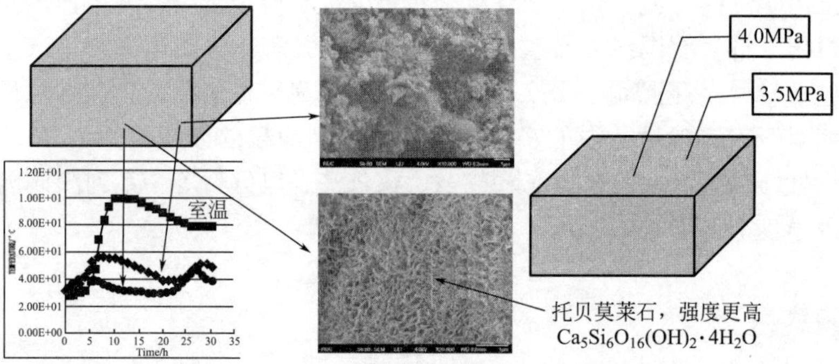

图 8 轻质微孔混凝土水化硬化特点

（4）轻质微孔混凝土的收缩

混凝土收缩是指在混凝土凝结初期或硬化过程中出现的体积缩小现象。主要包括干燥收缩、化学减缩和温度收缩。中国建筑技术中心的相关试验研究结果表明，轻质微孔混凝土的收缩明显小于一般的泡沫混凝土，同时轻质微孔混凝土的收缩性能对环境湿度的变化较为敏感，说明硬化期间的保湿养护对于减少收缩避免开裂的密切相关性。

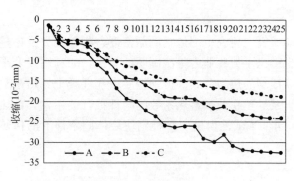

图 9 不同密度的轻质微孔混凝土的干燥收缩

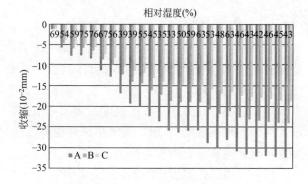

图 10 相对湿度对轻质微孔混凝土水收缩的影响

（5）轻质微孔混凝土隔声性能研究

随着人们生活水平的提高，对建筑有了更多的要求，隔声性能就是其中之一。一般的保温墙体，由于保温材料密度小，隔声效果较差。但是，经项目组测试表明，采用850kg/m³的轻质微孔混凝土，厚度为240mm的墙体的隔声量超过50dB，既可适用于大部分的工业和民用建筑，隔声性能明显优于其他保温材料。

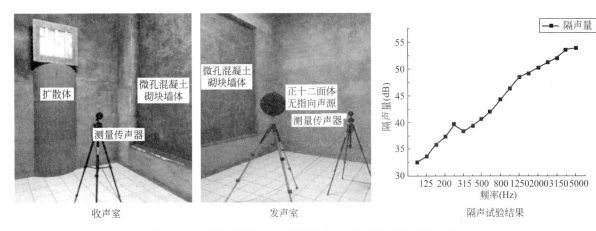

收声室　　　　　　　　发声室　　　　　　　　隔声试验结果

图 11　轻质微孔混凝土墙体的隔声性能试验及部分试验结果

3. 轻质微孔混凝土砌块制造关键技术

轻质微孔混凝土砌块是中国建筑技术中心基于轻质微孔混凝土开发的第一种制品。包括实芯砌块和空芯砌块两种，前者强度等级≥A7.5，后者强度等级≤A5。并且根据轻质微孔混凝土的特点开发了砌块全自动生产流水线，包括混凝土胚体的浇筑、高效模具的开发、表面铣平、双向切割系统等。

轻质微孔混凝土砌块与蒸压加气混凝土砌块和陶粒加气混凝土砌块均属于轻质墙体砌块，但是轻质微孔混凝土砌块具有不需蒸压养护、比强高、热工性能好、与砂浆粘结力强的特点。

图 12　轻质微孔混凝土空心砌块及其应用示范

4. 轻质微孔混凝土复合大板制造关键技术

轻质微孔混凝土复合大板是另一种以轻质微孔混凝土为基本材料制成的新型节能墙体产品。它是由普通混凝土和微孔混凝土依次浇筑而成，普通混凝土（内部配置钢筋）作为外层，也是持力层，微孔混凝土为内保温层，普通混凝土表层为装饰自洁层。经过查新，轻质微孔混凝土复合大板属国内外首例。

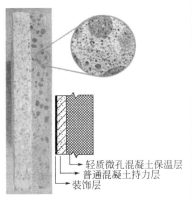

图 13　轻质微孔混凝土复合大板及其应用示范

（1）轻质微孔混凝土复合大板工业化生产工艺

通常混凝土搅拌楼较高，一般超过 6m。拌合料从搅拌机卸料到浇筑模具内需要经过 2 次高落差，巨大的物理冲击要求泡沫具有更高的稳定性。同时墙板尺寸变大，对轻质微孔混凝土的体积稳定性要求更高，不能出现因收缩导致界面粘结强度降低等问题。项目组不断摸索生产工艺，解决了轻质微孔混凝土复合大板制造过程中的各种问题，成功研发出了轻质微孔混凝土复合大板的工业化生产工艺。

图 14　轻质微孔混凝土复合大板的生产

（2）轻质微孔混凝土复合大板界面粘结强度

通过项目组试验研究表明，轻质微孔混凝土与普通混凝土的界面具有很强的粘结力，均能满足《建筑工程饰面砖粘结强度检验标准》JGJ 110 的要求（大于 0.4MPa）。同时，试验表明断开状态均是材料破坏，说明界面粘结力超过轻质微孔混凝土自身抗拉强度。

（3）轻质微孔混凝土复合大板传热性能

随着轻质微孔混凝土保温层厚度的增大，以及保温层混凝土密度的降低，复合板的传热系数均呈减小趋势。同时比较了轻质微孔混凝土内保温、外保温和夹层保温三种方式。结果表明外保温和内保温复合板的传热系数相当，而夹层保温复合板的传热系数相对较大，但增幅并不显著。

研究表明，在保温层混凝土表观密度为 500kg/m³ 时，60mm 厚结构层＋200mm 厚保温层双层复合板的传热系数取得最小值，为 0.70W/(m²·K)。此外，对于夏热冬冷地区，60mm 厚结构层＋100mm 厚保温层的双层复合板即可满足设计要求。

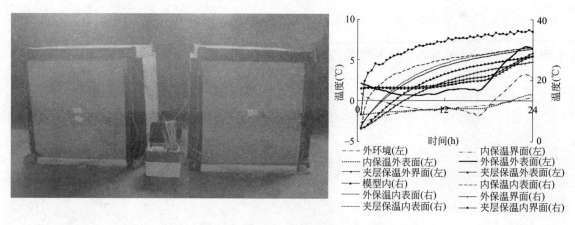

图 15　轻质微孔混凝土复合大板传热性能试验及部分试验结果

（4）轻质微孔混凝土复合大板抗弯性能

轻质微孔混凝土复合大板整体性好，轻质微孔混凝土层与普通混凝土层协同受力。轻质微孔混凝土复合大板的轻质微孔混凝土层位于受压区时，可以承担一定的压力，其对于复合大板极限承载力的提高具有明显的作用。此外，轻质微孔混凝土的强度等级的对提高复合大板的开裂荷载作用明显，但是对裂缝发展的控制与构件的屈服荷载和极限荷载影响不大。

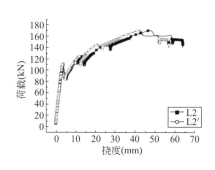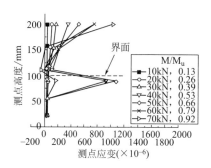

图 16　轻质微孔混凝土复合大板抗弯性能试验及部分试验结果

三、发现、发明及创新点

轻质微孔混凝土制备的关键技术及其在节能建筑中应用的研究从分子到大厦，研究纵深非常大，在理论、技术和产品等单方面均有重要创新。

1. 理论创新——研发出新型微孔混凝土高强耐候节能材料

（1）深入研究了表面活性剂物理发泡的原理和过程，以及泡沫和液体黏度、环境温度、压力的相关性，特别是在业内首次阐明了泡沫在混凝土中的稳定性和压力的相互关系。

（2）通过研究微孔混凝土在特殊温度节点条件下的水化规律，首次发现了微孔混凝土其温度节点与托贝莫莱石的形成有确定的对应关系。

（3）通过对微孔混凝土封闭孔构造、以及其与微孔混凝土力学性能、热工性能、隔声性能的试验研究。找到了微孔材料的力学性能和热物理性的最佳值，提出了微孔混凝土高强耐候节能的最佳参数。

2. 技术创新——研发出微孔混凝土节能围护结构生产技术

（1）开发出高稳、高效、组分可调的轻质微孔混凝土发泡剂，发泡倍数达 100 倍的功能可调发泡剂，占领行业高地。

（2）开发出远程控制，多进液口，进液比例过程可调的大功率发泡机，填补行业空白。目前，已经用于多个预制构件厂和搅拌站的轻质微孔混凝土的生产，性能稳定，效果良好。

（3）揭示了骨料密度、浆体密度和浆体黏度的相关性，混凝土动压力、静压力和液膜的水分迁移与泡沫稳定性的相关性。解决了陶粒、再生泡沫混凝土骨料、煤制气渣等轻质骨料在混凝土中分布均匀性、浇筑高度等问题、形成微孔混凝土的工业化生产技术。

3. 产品创新——研发出多功能一体化微孔混凝土复合大板

（1）解决了微孔混凝土和普通混凝土复合的技术难点。一是微孔混凝土和普通混凝土的界面强度和耐久性；二是微孔混凝土和普通混凝土的协同受力特点。

（2）解决复合大板浇筑过程技术难点，如浇筑落差大，物理冲击强，对泡沫的稳定性要求提高；构件尺寸大，对轻质微孔混凝土体积稳定性要求更高。装饰层、承载层和保温层一次性连续浇筑的装配式复合大板为国内外首例，构件误差小于 3mm，表面平整度精度控制小于 0.1%。

（3）形成淮河以南围护结构建筑工业化绿色、低碳、高效的成套方案。

四、与当前国内外同类研究、同类技术的综合比较

本项目研究推动了泡沫动力学方面的理论研究，在国内外首次阐明了泡沫在混凝土中的稳定性和压力的关系。本项目开发的双组分，根据工况组分过程可调的高效发泡剂和三进液口、进液比例过程可调、远程控制、可与大型搅拌机同步运行的发泡机，经过科技查新确认，国内外未见公开报道。

本项目研发的微孔混凝土抗压强度大于 5MPa，同类的蒸汽加压混凝土强度为 3MPa，抗压强度较同类型的产品提高 67% 以上。

本项目首次阐明了微孔混凝土水化产物和温度的对应关系，并且首次提出了基于微孔混凝土的热工计算方法。

本项目研发的微孔混凝土复合大板经过科技查新确认为国内外首创。

本项目研发的煤气渣微孔混凝土复合板经过科技查新确认，为国内外均未见公开报道。

五、第三方评价、应用推广情况

1. 第三方评价

2018年6月12日，中国建筑集团有限公司在北京组织召开了"轻质微孔混凝土制备的关键技术及其在节能建筑中应用的研究"项目科技成果评价会。评价委员一致认为，该成果总体达到国际先进水平，其中微孔发泡技术和承载、保温和装饰一体化外墙复合大板的研究成果达到国际领先水平。

2. 应用推广情况

自2014年以来，轻质微孔混凝土砌块、复合大板陆续用于实际工程。特别是轻质微孔混凝土复合大板，已先后用于中国建筑股份有限公司技术中心试验楼改扩建工程、中建科技成都绿色建筑产业园（1期）项目、中建海峡（闽清）绿色建筑科技产业园（启动区）综合楼项目、中建科技长沙有限公司办公区项目、同心花苑还建小区四期项目。所用工程获得LEED金奖、三星级绿建、住建部被动式超低能耗建筑示范项目、中美清洁能源合作示范项目等多项荣誉。此外，轻质微孔混凝土即将用于中建科技深圳汕尾宿舍区项目、四川雅安大熊猫馆项目等。

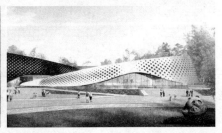

图17 轻质微孔混凝土大板应用项目

六、经济效益

轻质微孔混凝土复合大板近年来累计应用面积约3.41万平方米，可带来直接经济效益1.05亿元，净新增利润511.5万元。

同时，轻质微孔混凝土复合大板可带来以下间接经济效益：

1) 按照中建西部建设和中建科技生产能力将产生间接经济效益3.8亿元；
2) 该技术在南方正在大力推广，未来经济效益可达几十亿元；
3) 保温材料寿命由25年延长到50年，节约外保温维护费用近10亿元。

七、社会效益

中国建筑自主知识产权的微孔混凝土装配式复合大板为我国的工业化建筑围护结构提供中建方案，

有利于推进我国，特别是我国淮河以南地区的建筑行业的供给侧改革。

微孔混凝土成套技术有效提高建筑物保温围护结构的耐候性、防火性，同时显著提高施工效率、节约资源，有利于推动我国建筑业的绿色低碳安全发展。

微孔混凝土可采用煤制气渣、淤泥陶粒等工业废渣和废弃物制品，消纳工业固体废弃物，有利于推动我国循环经济的发展。

高海拔地区特长公路隧道施工安全保障关键技术

完成单位：中国建筑第五工程局有限公司、中建隧道建设有限公司、中铁一局集团有限公司、西南交通大学、四川省交通运输厅公路规划勘察设计研究院、中南大学

完 成 人：谭立新、刘　灿、王明年、郑金龙、姚志军、雷明锋、江章保、李　涛、阳外光、郑邦友、张艳涛、李水生、邱　琼、傅炎朝

一、立项背景

雀儿山隧道起于国道 317 线三道班、四川省甘孜州德格县玛尼干戈镇，起讫里程为 K340＋951～K348＋034，进、出洞洞口高程分别为 4372.82m、4232.73m，隧道最大埋深 700m。该隧道处于高原高寒地区，隧址区内山势陡峻，且有现代冰川和古代冰川遗迹分布，属于高山～极高山冰川地貌。低气压、低氧气、季节性冻土等方面是本项目的重难点。

1. 低含氧量

雀儿山隧道洞口海拔高度 4372m，隧址区空气稀薄，氧气密度小，空气密度大约为 $0.8kg/m^3$，氧气的密度大约是平原的 60%。

2. 低气压

雀儿山隧址区由于海拔高度升高，大气压强降低，大约为 56.5kPa，是标准大气压的 55% 左右。

3. 低气温

雀儿山隧址区年平均气温在 $-0.7℃$，日平均气温在 0℃ 以下天数多，全年平均积雪日数为 174d，最多积雪日数达 245d。我国高海拔隧道建设在施工期的设计、人员组织及设备配置一般采用相关规范的规定进行，但在实际施工时仍存在人员缺氧、机械设备配置不合理以及供风量不足等现象。国内已有多例高海拔隧道施工中出现施工人员晕厥、机械动力下降以及保温供暖效果差的情况，造成了严重的人员健康安全威胁、大量的经济损失以及恶劣的社会影响。可见，针对超高海拔隧道的施工关键技术开展研究，建立包含供氧、通风、机械、结构保温防冻等技术在内的超高海拔隧道施工关键技术，无疑具有重要的实用价值和现实意义。

二、详细科学技术内容

1. 总体思路

项目针对依托工程的特点、难点，联合科研单位以"产—学—研—用"模式开展课题研究和工程实践。主要技术内容：高海拔"三低"环境下隧道作业人员健康安全保障技术体系研究、高海拔"三低"环境下隧道作业机械效能提升方法研究、高海拔寒区隧道结构混凝土保温防冻设计施工关键技术研究。基本技术路线为：

① 技术提炼、总结、整合工作贯穿工程的全过程；

② 注意既有技术的移植利用、多种技术的融合、综合运用，即成套技术的开发和应用；

③ 积极开发和推广应用新工艺、新技术、新设备、新材料。研究成果直接应用于依托工程的建设，并为今后类似工程提供参考。

2. 关键技术

（1）高海拔"三低"环境下隧道作业人员健康安全保障技术体系研究

1）针对当前空气含氧量计算仅考虑海拔高度而未考虑洞身效应的现状，通过理论分析、现场实测，探明了空气含氧量随隧道进尺深度的分布规律（详见图1），进而建立了考虑海拔高度、隧道进尺、机器消耗的"三低"环境下空气含氧量多源衰减计算模型（详见式1），实现了高海拔特长隧道长距离独头掘进氧浓度的准确预计。

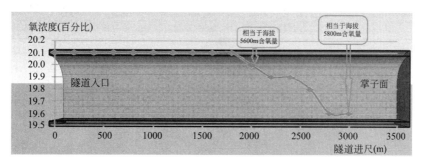

图 1　氧气浓度随隧道掘进距离的分布规律

$$Q = aL^2 + bL + 0.00006w + d \qquad 式（1）$$
$$a = 0.000002w^2 - 0.0028w + 0.5409$$
$$b = -0.0009w + 0.3722$$
$$d = 20.086$$

式中　Q——O_2 浓度；

　　　w——内燃机械功率；

　　　L——离掌子面的距离；

　　　d——隧址地区的 O_2 浓度。

2）研究分析了血氧浓度和肺泡氧分压与人体机体缺氧反应的关系，首次提出了基于肺泡氧分压理论的高海拔地区人体缺氧危险等级划分及控制标准（详见表1）。结合上述成果，基于人体平均能量代谢率生理特征，提出了人员劳动强度指数分级方法（详见表2），实现了考虑工种差异的高海拔特长隧道施工安全劳动时间的合理确定（详见表3）。

缺氧等级下氧含量控制标准（%）　　　　　　　　　　　　　表 1

海拔 (m)	缺氧等级			
	Ⅰ 级	Ⅱ 级	Ⅲ 级	Ⅳ 级
0	13.3	13.3~14.0	14.0~15.7	15.7~21.7
1000	14.3	14.3~15.1	15.1~17.0	17.0~23.8
2000	15.6	15.6~16.5	15.1~18.6	18.6~26.4
3000	16.9	16.9~18.0	18.0~20.4	20.4~29.3
4000	18.8	18.8~20.0	20.0~22.9	22.9~33.3
5000	20.5	20.5~21.9	20.0~25.3	25.3~37.3

海拔 0~5km 的劳动强度指数与分级表　　　　　　　　　　表 2

工序	劳动强度指数					
	0km	1km	2km	3km	4km	5km
钻爆	22.6(重)	23.5(重)	26.2(极重)	26.2(极重)	27.1(极重)	28.0(极重)
喷射混凝土	16.2(中)	16.8(中)	18.7(中)	18.7(中)	19.4(中)	20.0(重)
衬砌	17.5(中)	18.2(中)	20.3(重)	20.3(重)	21.0(重)	21.7(重)

续表

工序	劳动强度指数					
	0km	1km	2km	3km	4km	5km
防水	15.7(中)	16.3(中)	18.2(中)	18.2(中)	18.8(中)	19.4(中)
装渣	14.7(轻)	15.3(中)	17.1(中)	17.1(中)	17.7(中)	18.2(中)
出渣	13.8(轻)	14.4(轻)	16.0(中)	16.0(中)	16.6(中)	17.1(中)

4300m 高海拔隧道各工种控制劳动时间和人员安排　　　　表3

工序	平原劳动时间(h)	高原控制时间(h)	劳动时间减少率	施工人员增加率
钻爆	4.5	3.7	17.5%	21.2%
喷射混凝土	4.7	3.9	17.5%	21.2%
模板衬砌	5.3	4.3	17.5%	21.2%
铺设防水板	5.2	4.3	17.5%	21.2%
装渣	5.5	4.5	17.5%	21.2%
出渣	6.9	5.7	17.5%	21.2%

某海拔 4300m 高原隧道实际人员组织安排如表 4 所示。

4300m 高海拔隧道各工序人员组织　　　　表4

工序	人员组织人数
钻爆	41
喷射混凝土	14
模板衬砌	28
铺设防水板	8
装渣	12
出渣	22

3）分析了不同海拔高度条件下隧道施工各工况耗氧量，确定了机械排污量（烟雾、CO）海拔高度系数修正方法及 CO 浓度控制标准模型（详见图2），提出了基于 CO 浓度控制标准的高海拔隧道施工（不同施工工序）个体式和弥散式相结合的供氧方案，开发了基于穿戴设备的施工人员机体健康状态全过程实时监控应急系统（详见图3）。

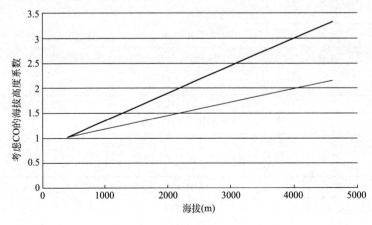

图2　CO 海拔高度系数变化规律曲线

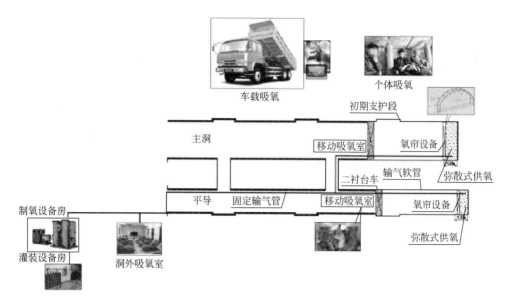

图3　通风供氧与健康监测系统

（2）高海拔"三低"环境下隧道作业机械效能提升方法

1）通过现场实测得到了低气压条件下的风管漏风率，建立了风管漏风率的随海拔升高的高原修正系数理论计算模型，进而完善了高海拔隧道施工通风风量计算方法。基于风机相似律理论，提出了不同海拔高度风机的风量、风压、功率的理论海拔修正方法；系统分析了低气压条件下风机叶片攻角与风量规律（详见图4），提出了高海拔隧道轴流风机结构优化模式，开发了高海拔隧道风机升效节能技术，形成了高海拔特长公路隧道施工通风综合设计方法（详见表5）。

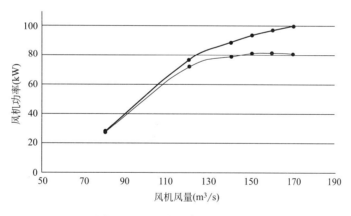

图4　风机叶片攻角与风机功率

施工方案比选表　　　　　　　　　　　　　　　　　　　表5

施工方案		计算最大功率(kW)		风管长度	经济性	施工难易	推荐与否
		主洞风机	平导风机				
独头压入式		5817	4398	特长	较差	很简单	否
巷道式通风(轴流风机)	方案一	1409	1068	较短	较好	简单	否
	方案二	763	588	较短	较好	较简单	否
	方案三	648	498	较短	一般	较难	否
巷道式通风(轴流风机＋射流风机)		764	591	较短	较好	较简单	推荐

2）基于机械效率模型，探明了高海拔大气环境对施工机械效率的影响规律，揭示了高海拔地区施

工机械降效机制，提出了"富氧＋涡轮增压"的双控组合机械效能提升方法，显著提升了机械效率，最大可达到87.8％。综合上述研究成果，形成了高海拔地区特长隧道施工设备配置与效能提升技术，为制定高海拔特长隧道施工组织管理体系提供了直接的理论依据。

（3）高海拔寒区隧道结构混凝土保温防冻设计施工关键技术

1）针对高海拔低温环境下混凝土施工面临的冻害威胁以及当前相关规范对高海拔隧道混凝土施工时温控措施可供参考较少的现状，研究掌握了隧道洞内外气温、地温变化特点以及空气-围岩热交换规律，提出了同时考虑衬砌和围岩约束条件的隧道冻胀力理论方法［详见式（2）］和特长隧道冻害设防等级及设防地段的划分原则，首次研发了适用于寒区隧道的离壁式保温衬套抗防冻结构，并给出了隧道抗防冻结构关键布置参数（详见表6）。

$$\sigma_f = \frac{\alpha V}{\dot{a}(S_i/k_i) + S_l/k_l} \qquad \text{式（2）}$$

式中　S_l、S_i——分别为衬砌、围岩的第 i 个约束壁面的面积；

　　　　k_l——衬砌刚度；

　　　　k_i——围岩的第 i 个受压面的衬砌刚度；

　　　　V——冻胀水体的体积；

　　　　α——水冻结成冰的体积膨胀率。

不同埋深条件下地热梯度和隔热层厚度要求　　　　表6

海拔高度	4300m						
地热梯度	6.0℃/100m						
埋深/m	50	75	100	200	300	400	500
0℃及以上/cm	13	10	8	4	3	2	2
−0.26℃及以上/cm	11	8	6	3	3	2	2

2）提出了基于海拔高度和掌子面距离的隧道施工期内洞内的温度预测方法及混凝土制备工艺流程的温度损失计算方法；建立了相应的温控标准及开发了智能温控冻害抑制养护系统（详见表7），获取了低温环境下不同隧道结构部位的混凝土配比（详见表8），确保了高海拔地区特长隧道结构的抗防冻性能。

寒区隧道混凝土施工温度控制标准　　　　表7

施工环节	控制内容	控制值
砂石等	温度	≥0℃
拌合用水	温度	≤80℃
运输	时间	≤90min
浇筑	温度	出机口≥15℃，≤26℃。入模≥5℃
养护	温度	≥5℃
拆模	强度	≥70％设计强度；特殊条件应达到100％设计强度

3. 实施效果

项目成果总体达到国际先进，多项关键技术达到国际领先水平。累计获得发明专利5项；实用新型20项；企业标准1部；省级工法2项；软件著作权1项；专著2部，学术论文30余篇；局级科技一等奖1项。整体成果直接应用于依托工程，并已推广应用到四川汶马高速朴鸭脚、卓克基隧道等工程中，近三年累计新增销售额6.1亿余元，产生直接经济效益4300多万元。特别是依托项目先后被中央电视台新闻联播、辉煌中国等节目8次专题报道，引起了良好的社会反响。

雀儿山隧道混凝土优化配合比 表8

使用位置	水泥强度等级	混凝土强度	材料用量				
			项目	水泥	水	砂	石子
隧道仰拱	P·O42.5R	C30	单方用量(kg/m³)	381	198	800	1018
			配合比	1	0.5	2.1	2.7
涵洞盖板		C40	单方用量(kg/m³)	467	215	738	1019
			配合比	1	0.5	1.6	2.2
隧道仰拱回填		C15	单方用量(kg/m³)	264	238	887	961
			配合比	1	0.9	3.4	3.6
隧道二衬		C30	单方用量(kg/m³)	451	194	788	963
			配合比	1	0.4	1.7	2.1
路面基层、整平层、检查井、洞外水沟		C20	单方用量(kg/m³)	275	198	891	1005
			配合比	1	0.7	3.2	3.7
套拱、洞口端墙、柱墙、护壁、基座、基础		C25	单方用量(kg/m³)	328	200	804	1066
			配合比	1	0.6	2.5	3.2
初期支护		C25	单方用量(kg/m³)	488	283	777	777
			配合比	1	0.6	1.6	1.6

三、发现发明及创新点

1. 高海拔"三低"环境下隧道作业人员健康安全保障技术体系

建立了考虑海拔高度、隧道进尺、机器消耗的"三低"环境下空气含氧量多源衰减计算模型，首次提出了基于肺泡氧分压理论的人体缺氧危险等级划分及控制标准，开发了基于穿戴设备的人员机体健康实时监控系统。解决了9%低含氧量特长隧道独头掘进4000m的通风供氧难题。

2. 高海拔"三低"环境下隧道作业机械效能提升方法

开发了高海拔隧道风机升效节能技术，构建了"富氧＋涡轮增压"的双控组合机械效能提升方法，形成了高海拔特长公路隧道施工通风综合设计方法与施工设备配置与效能提升技术，为制定高海拔特长隧道施工组织管理体系提供了直接的理论依据。

3. 高海拔寒区隧道结构混凝土保温防冻设计施工关键技术

提出了能考虑衬砌和围岩约束条件的隧道冻胀力理论方法和冻害设防等级及设地段的划分原则，首次研发了适用于寒区隧道的离壁式保温衬套抗防冻结构，开发了智能温控冻害抑制养护系统，确保了高海拔地区特长隧道结构的抗防冻性能。

四、与当前国内外同类研究、同类技术的综合比较

"高海拔气候"是地下工程建设中必须面对的技术难题，而当前可供参考的工程案例、完善的技术成果缺乏。主要体现在以下几个方面：

1）在现行设计规范中，对高海拔隧道施工供氧的规定较少，未建立起相应控制标准。

2）目前规范对于隧道施工风管的漏风率和洞内CO浓度已有相关内容，但规定较少，对于高海拔隧道的施工适用性还存在差异。

3）在人员劳动强度等级划分方面尚无法考虑高海拔地区与平原地区人体的代谢率差异，规范中的劳动强度等级标准难以适用于高海拔地区。

4）目前规范对于高海拔隧道混凝土施工时温控的措施规定较少，同时缺乏高海拔隧道施工期内温度沿进尺深度的预测方法。

五、第三方评价、应用推广情况

1. 第三方评价

（1）2011 年 5 月 16 日，《高海拔地区复杂地质条件下公路隧道设计与施工技术研究》通过了交通运输部西部交通建设科技项目管理中心组织的专家鉴定，鉴定结论为"整体达到国际先进水平"。

（2）2016 年 8 月 28 日，《高海拔地区（海拔高度 4380m）特长公路隧道施工关键技术研究》通过了中国建筑工程总公司组织的专家鉴定，鉴定结论为"成果总体达到了国际先进水平。其中高海拔地区特长隧道施工的人体健康保障技术、施工人员与机械设备配置技术达到国际领先水平"。

（3）2017 年 10 月 16 日，《高海拔复杂地质特长公路隧道关键施工技术》通过了中铁总公司组织的专家鉴定，鉴定结论为"成果具有创新性、经济、社会和环境效益显著，达到国际领先水平"。

（4）发表 SCI 论文 1 篇，EI 论文 6 篇，并被多次引用，其中《寒区隧道冻胀压力的约束冻胀模型》被引用 21 次。

2. 应用推广情况

从 2012 年开始，项目成果直接应用于依托工程，并已推广应用到四川汶马高速朴鸭脚、卓克基隧道等工程中，取得了显著的经济、社会和环境效益。

六、经济效益

项目成果直接应用于依托工程，并推广应用到四川汶马高速朴鸭脚、卓克基隧道等工程中，近三年累计新增销售额 6.1 亿余元，产生直接经济效益 4300 多万元。

七、社会效益

项目研究以实现高海拔隧道安全高效施工为目的，在高海拔特长隧道施工人员保障技术、施工组织及人员、设备配置技术等方面取得系统的创新性研究成果，形成高海拔特长公路隧道施工关键技术，并在雀儿山隧道予以有效应用，为该隧道的优质顺利修建提供有效的技术支撑。雀儿山隧道工程先后被中央电视台新闻联播、辉煌中国等节目 8 次专题报道，引起了良好的社会反响。

项目研究培养了一批高水平的设计、科研、施工、管理等人才，填补了企业空白，为未来诸多高海拔隧道等近接工程建设项目提供了支撑及示范，产生了巨大的社会效益。

建筑工程设计与施工 BIM 集成应用及产业化研究

完成单位：中国建筑股份有限公司、中国建筑股份有限公司技术中心、中国建筑第八工程局有限公司、中建三局集团有限公司、中国中建设计集团直营总部、中国建筑一局（集团）有限公司、中建科技有限公司

完成人：毛志兵、李云贵、邱奎宁、张　琨、叶浩文、邓明胜、郭海山、赵中宇、薛　刚、彭明祥、韦永斌、段　进、陈晓明、罗　兰、刘金樱

一、研究背景

BIM 技术的发展得到了我国政府和行业协会的高度重视，从"十五"开始直至"十三五"，在国家科技攻关技术和科技支撑计划中持续开展 BIM 研究工作。住建部于 2011 年 5 月发布了《2011～2015 建筑业信息化发展纲要》（建质〔2011〕67 号），第一次从国家层面将 BIM 列为重点推广的支撑行业产业升级的新技术和核心技术。随后，住建部推出了《关于推进建筑信息模型应用的指导意见》（建质函〔2015〕159 号）、《2016-2020 建筑业信息化发展纲要》（建质函〔2016〕183 号）等一系列推动 BIM 应用的技术政策。

在此背景下，中建非常关注以 BIM 为核心的新技术发展，从 2011 年开始在 BIM 技术集成和产业化应用方面持续立项，进行深入、系统的研究。中建组织和动员了全集团的研究力量开展相关研究工作，旨在系统研究大型企业建筑工程设计与施工 BIM 集成应用的关键技术、关键标准和系统集成技术，并将其产业化推广，提升中建乃至行业的工程设计、施工的水平、质量和效率，支撑企业技术升级和生产方式转变。

二、研究内容

中建 BIM 应用发展分为三个阶段：引导应用阶段、规范应用阶段和提高应用阶段。"建筑工程设计与施工 BIM 技术集成及产业化应用"研究项目（以下简称"项目"）的研究工作也据此分阶段、分层次有序开展，如图 1 所示。

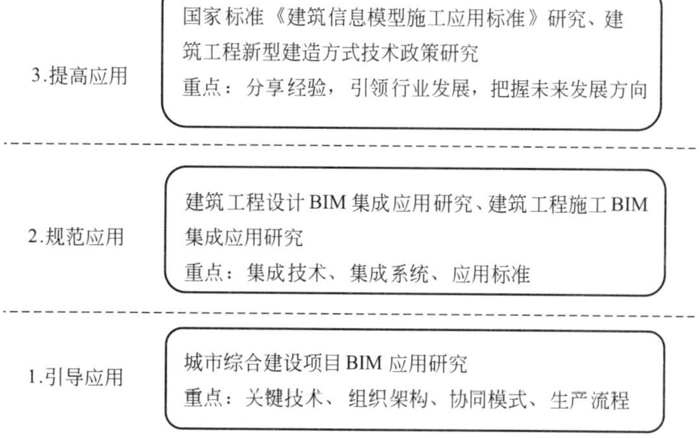

图 1　项目研究总体思路

1. 城市综合建设项目建筑信息模型（BIM）应用研究

项目结合企业发展需求，对城市综合开发建设项目应用BIM的关键技术、组织模式、建设生产流程，以及相关方协同配合模式等进行了深入研究。以建筑工程规划与设计BIM技术、机电设计BIM技术、机电施工BIM技术和基于BIM施工项目管理为研究重点。

（1）建筑工程规划与设计BIM技术应用研究

在建筑工程规划阶段，研究将BIM与仿真模拟技术相结合，辅助提升项目规划的合理性、建筑设计的科学性，最大限度地减少因各方数据沟通不畅带来的决策失误，为后期项目绿色建筑评价打下良好基础。

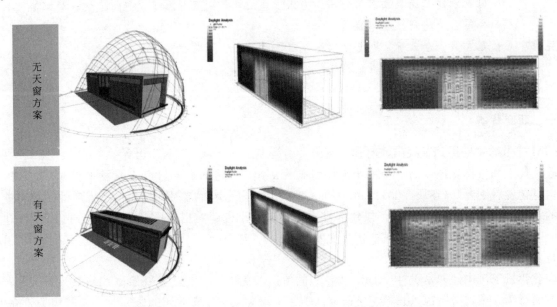

图2　中建技术中心实验楼示范工程采光分析和环境模拟

（2）建筑工程机电施工BIM技术应用研究

项目进度计划管理是指项目管理者围绕目标工期要求编制计划，实施且在此过程中经常检查计划的实际执行情况，并在分析进度偏差原因的基础上，不断调整，修改计划直至工程竣工交付使用；通过对进度影响因素实施控制及各种关系协调，综合运用各种可行方法、措施，将项目的计划工期控制在事先确定的目标工期范围之内，在兼顾成本，质量控制目标的同时，努力缩短建设工期。基于BIM技术的虚拟施工，可以根据可视化效果看到并了解施工的过程和结果，且其模拟过程不消耗施工资源，这样可以很大程度地降低返工成本和管理成本，降低风险，增强管理者对施工过程的控制能力，更容易观察施工进度的发展。

（3）基于BIM的施工项目管理研究

国内建筑施工企业在进行BIM实施过程中，往往会遇到如下的问题的困扰：如何依托BIM技术，搭建出适合于国内建筑施工企业日常施工管理的组织架构；如何能够确保该组织架构能够同施工现场的施工组织模式密切结合，充分发挥BIM技术在信息化建造中的辅助性管理作用。针对这一问题，同时结合中建八局BIM实施过程中的实际经验。课题建立起了"局总部—二级公司—工程项目部"为体系层次的3级BIM实施组织架构。

（4）基于BIM的机电施工管理系统研究

通过研究，项目组将基于BIM的机电协同设计流程划分为三个阶段：①模型样板准备；②模型创建；③模型校审。模型搭建前，由于机电设计中各专业的技术要求不同，项目组将项目样板按专业分为暖通项目样板、给水排水项目样板、电气项目样板。其中，不同的项目样板包括不同的内容设置，比如族类型、线宽、材质、视图样板和对象样式、共享参数、机电系统设置、标注样式、颜色填充方案和填

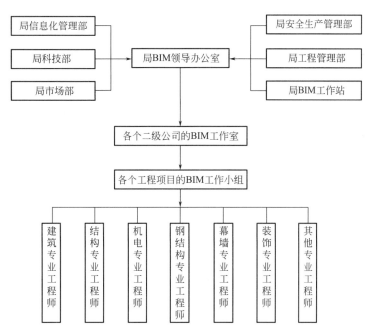

图 3　适合于国内建筑施工企业日常施工管理的组织架构

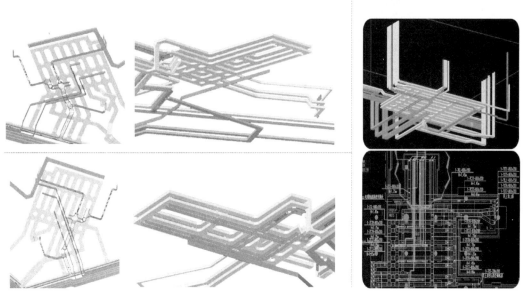

图 4　无锡恒隆示范工程机电管线综合

充样式以及打印设置等。

2. 建筑工程设计 BIM 集成应用研究

项目结合 BIM 应用发展趋势和中建各子企业实际需求，对建筑工程设计 BIM 集成应用进行了系统深入研究。重点研究内容包括：设计 BIM 应用企业标准、设计 BIM 软件集成技术，以及基于 BIM 的工程安全仿真计算平台。

（1）设计阶段 BIM 技术集成研究

基于 BIM 的设计协同（简称 BIM 协同）是通过一定的软件工具和环境，以 BIM 数据交换为核心的设计协作方式，其目标是让 BIM 数据信息在设计不同阶段，不同专业之间尽可能完整、准确地传递与交互，从而更好地达到设计效果，提高设计质量。

基于 BIM 的设计协同需要在一定的网络环境下实现项目参与者对设计文件（BIM 模型、CAD 文件等）的实时或定时操作。由于 BIM 模型文件比较大，对网络要求较高，一般建议是千兆局域网环境，对于需要借助互联网进行异地协同的情况，鉴于目前互联网的带宽所限，暂时还难以实现实时协同的操作，建议采用在一定时间间隔内同步异地中央数据服务器的数据，实现"定时节点式"的设计协同。

（2）BIM 软件评估研究

课题组广泛收集了相关信息，于 2014 年组织编写了《BIM 软硬件产品评估研究报告》（1.0 版本，内部发行），并于 2017 年由中国建筑工业出版社公开发行了《BIM 软硬件产品》（第二版）。

《BIM 软硬件产品评估研究报告》通过在一定范围内收集整理资料，并设定一些评估指标，希望能帮助读者深入认识 BIM 产品。资料来源既包括中建一些子企业 BIM 技术应用的工程实践，也包括有关 BIM 产品开发商提供的资料。通过设定一些 BIM 技术应用的关键指标，重点评估各项产品对 BIM 技术应用的支持程度。

（3）基于 BIM 的工程安全仿真计算平台研究

项目针对常用设计软件（如 PKPM、MIDAS、YJK、ETABS 等）计算性能的限制无法很好地满足复杂结构分析计算需求，而通用有限元软件（如 ABAQUS、ANSYS 等）虽然具有强大的分析功能，但其前处理模块不适用于建筑结构建模，且计算结果无法直接用于工程设计。项目基于自主研发的数据处理中心（含模型处理和结果处理），采用接口模式集成国内外常用结构设计软件（比如 PKPM、YJK、MIDAS、ETABS 等）和大型有限元商业软件（比如 ANSYS、ABAQUS 等）并对其进行二次开发，最终形成了建筑工程仿真集成系统（Integrated Simulation System for Structures，简称 ISSS），其简略流程如图 5 所示。该系统能够为超高层和大跨等复杂结构设计提供仿真咨询，适用于各种复杂混凝土结构、钢结构以及钢－混凝土混合结构的弹性和弹塑性动力时程分析，为复杂结构设计的安全性和舒适性提供计算保证，必要时还将提供结构优化方案。

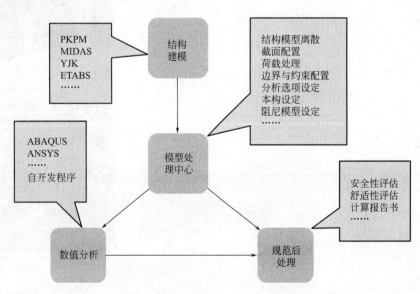

图 5 仿真集成系统（ISSS）的流程图

（4）企业标准《建筑工程设计 BIM 应用指南》研究

鉴于 BIM 技术应用过程的复杂性，课题目标成果之一就是《建筑工程设计 BIM 应用指南》（第一版、第二版，以下简称"指南"）。在中建 BIM 技术委员的策划指导下，课题组组织编写了本指南。指南作为一份重要的技术资料，将用于指导、推动中建施工企业的 BIM 应用。

3. 建筑工程施工 BIM 集成应用研究

项目结合 BIM 应用发展趋势和中建各子企业实际需求，对建筑工程施工 BIM 集成应用进行了系统、深入的研究，重点研究内容包括：施工阶段 BIM 应用企业标准、施工阶段 BIM 集成应用解决方案和基于 BIM 的测控与可视化平台。

图 6 《建筑工程设计 BIM 应用指南》(第一版、第二版)

(1) 施工模拟 BIM 应用研究

施工模拟主要是通过运用 BIM 技术,将二维图纸转变成三维模型,在模型中确定施工方案。通过对施工全过程或关键过程进行模拟,以验证施工方案的可行性,以便指导施工和制定出最佳的施工方案,从而加强可控性管理,提高工程质量、保证施工安全。

图 7 某电视塔塔楼悬挑平台施工模拟

(2) 复杂部位技术交底 BIM 应用研究

与传统流程相比,项目部施工员编制的技术交底方案,经过项目 BIM 工作组的转换,变成可视的三维模型或者视频文件，再对劳务分包商进行技术交底。对于更加复杂部分的技术交底，即便有三维模型，可能钢筋过密，肉眼看起来也很费劲，可以进一步做拆分，进行可视化处理，通过 Navisworks 的 Animator 工具做成小视频，导入视频编辑软件，加上配音和字幕，导出为更加直观的视频动画进行交底。

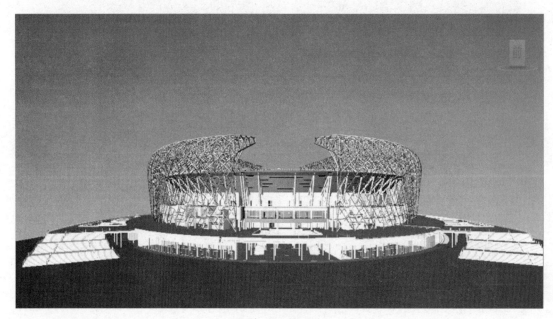

图 8 建模效果 1

图 9 建模效果 2

（3）土方平衡 BIM 应用研究

土方平衡就是通过"土方平衡图"计算出场内高处需要挖出的土方量和低处需要填进的土方量，进而知道计划外运进、出的土方量。在计划基础开挖施工时，尽量减少外运进、出的土方量的工作，不仅关系土方费用，而且对现场平面布置有很大的影响。基于 BIM 的土方平衡计算，利用三维 BIM 模型，不但能提升设计质量和设计效率，还能大大提高算量的准确性。

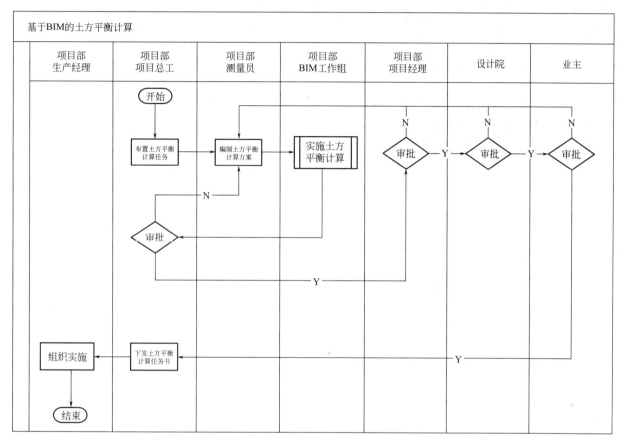

图 10　基于 BIM 的土方平衡计算

（4）施工总承包 BIM 应用研究

项目建立工程 BIM 实施体系，在工程施工阶段应用 BIM，引入 BIM 软件，为工程的施工总承包管理提供支撑，提升项目的精细化管理水平，实现工程实体与数字模型的同步交付，便于业主的后期物业运营维护。

（5）施工信息集成管理研究

对于 BIM 竣工模型，其数据不仅包括建筑、结构、机电等各专业模型的基本几何信息，同时还应该包括与模型相关联的、在工程建造过程中产生的各种文件资料，其形式包括文档、表格、图片等。竣工模型数据及资料包括但不限于：工程中实际应用的各专业 BIM 模型（建筑、结构、机电）；施工管理资料、施工技术资料、施工测量记录、施工物资资料、施工记录、施工试验资料、过程验收资料、竣工质量验收资料等。

（6）基于 BIM 的测控与可视化平台研究

项目组结合多年来的实际工程项目需求，自行研制了工程综合测试仪系统，该系统通过配置相应传感器可以完成结构试验静态数据采集、结构静态力学参数采集（位移、应变等）、环境参数采集（温度、湿度、风速、风向、气压、太阳辐射强度等）、气体浓度监测等功能；土木工程综合测试系统可以兼容三种电气接口模式；软件可以适应几乎所有的传感器配置，具有高阶非线性传感器的修正能力。整套系统如图 11 所示。硬件结构框图如图 12 所示。

（7）企业标准《建筑工程施工 BIM 应用指南》研究

鉴于 BIM 技术应用过程的复杂性，课题目标成果之一就是《建筑工程施工 BIM 应用指南》（第一

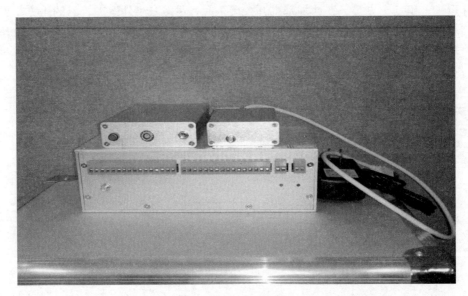

图 11 综合测试仪

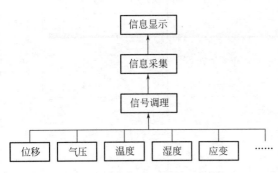

图 12 综合测试仪硬件结构框图

版、第二版以下简称"指南")。在中建 BIM 技术委员的策划指导下，课题组组织编写了本指南。指南作为一份重要的技术资料，将用于指导、推动中建施工企业的 BIM 应用。

4. 新型建造方式技术政策研究

项目提出的新型建造方式就是指在建造过程中，通过应用绿色、低碳、环保、健康等设计和管理理念、技术、方法和装备，特别是集成应用 BIM、物联网、大数据等新一代信息技术和机器人等智能设备，实现最大限度地提升建筑品质、节能环保、保证安全、提高效率等建设目标的建造方式。到 2025 年，建筑业新型建造方式初具规模，以工程总承包为主流的模式逐步替代传统组织方式，建筑业科技创新能力明显提升、建筑业强国地位得到发展与巩固，企业创新主体地位明显强化、科技成果转化步伐明显加快、科技创新人才明显增多、创新创业环境明显优化，建成布局合理、支撑有力、产业体系融合，适应并引领建筑业发展需要的科技创新体系。形成一批具有较强国际竞争力的跨国公司。

5. BIM 施工应用国标研究

《建筑信息模型施工应用标准》是根据住房和城乡建设部《关于印发〈2013 年工程建设标准规范制订修订计划〉的通知》（建标〔2013〕6 号）的要求，由中国建筑股份有限公司（以下简称"中建"）和中国建筑科学研究院会同有关单位编制而成。

《建筑信息模型施工应用标准》是我国第一部应用层面的国际标准，给出了"建筑信息模型""建筑信息模型元素""模型细度""施工建筑信息模型"等准确术语定义，特别是有关"模型细度"条文，给出了模型细度等级代号规定，即与国际通行方法接轨，又体现和结合了国情，保证了标准的落地应用。通过"深化设计""施工模拟""预制加工""进度管理""预算与成本管理""质量与安全管理""施工监理"和"竣工验收"等章节，全面阐释和规范了施工 BIM 应用要求，为全面推广应用打下坚实基础。

三、创新点

通过"建筑工程设计与施工 BIM 技术集成及产业化研究"项目研究，取得了丰富的成果，主要创

图 13 《建筑工程施工 BIM 应用指南》（第一版、第二版）

新包括：

1. 多层次填补了国内 BIM 应用标准研究和编制的空白
2. 注重顶层设计，构建企业 BIM 集成应用体系架构
3. 构建完整的 BIM 集成应用软件体系，支撑国产软件发展
4. 积极探索 BIM 应用新模式，引领行业 BIM 发展

四、与同类技术的综合比较

"十二五"期间，中建顺应时代潮流，积极投身到 BIM 技术应用之中，全面开展 BIM 技术研究与应用。"十二五"期间，中国建筑紧跟时代发展潮流，准确把脉建筑产业现代化特征之一的信息化脉搏，积极主动开展 BIM 技术应用工作，从初期的分散式探讨研究应用到后来的系统性应用，特别是自发布《关于推进中建 BIM 技术加速发展的若干意见》以来，中建 BIM 技术应用在系统内得以全面展开。具有中建特色的 BIM 应用模式已经形成。

分析比对中建 BIM 技术应用具有如下特点：

一是具有顶层设计指引，2012 年 12 月出台了《关于推进中建 BIM 技术加速发展的若干意见》（中建股科字［2012］677 号），并坚决加以贯彻实施。

二是加强人才队伍建设，加快 BIM 人才培养，接受 BIM 培训人数近两万人，在不同程度上掌握 BIM 应用技能，具有实战能力与经验。

三是倡导有用 BIM、有效 BIM、有根 BIM，结合实际工程培养掌握 BIM 应用技能，直接应用率达 70％，明显高于行业平均应用率 33％，具有明显优势。

四是应用范围广泛，特别是在房建施工领域占有主导和引领地位。据 2016 统计，应用 BIM 项目数量达 2933 个，总体质量水平较高。

五是率先开始 BIM 示范工程建设，以中建技术中心"四位一体"集成项目交付（IPD 模式）和广州东塔项目为代表的一大批示范工程项目，有力促进了中建 BIM 技术应用与发展。

六是中建在 BIM 标准编制及政策制订中，发挥重要作用。主编国标一本，参编国标四本，并协助住房和城乡建设部起草多项 BIM 技术政策，引领 BIM 技术发展方向。

五、成果评价和应用推广

2018 年 6 月 20 日，"建筑工程设计与施工 BIM 集成应用及产业化研究"项目的科研成果通过了股份公司的科技成果评价。与会专家认为项目对建筑工程设计与施工 BIM 应用的关键技术、组织模式、业务流程、标准规范、应用方法等进行了深入研究，形成了适合国情的 BIM 应用顶层设计架构、技术体系和实施方案，研究成果达到国际领先水平，已得到广泛应用，取得了显著的经济和社会效益。

为了推进项目成果的落地和应用，为企业重大工程提供了良好的技术支持，中建在业内率先开展了 BIM 示范工程建设工作。从 2013 年开始，在中建总公司科技推广示范工程计划中，增加了"BIM 类示范工程"，并首期批准了 25 项 BIM 应用示范工程，2014 年批准 7 项，2015 年批准 15 项，2016 年批准 13 项，2017 年批准 14 项，总计开展了 74 项 BIM 示范工程。这些示范项目涉及众多工程类型，既有超高层建筑，又有公建项目、EPC 项目、地下交通项目和安装项目等，广州东塔、中建技术中心试验楼等一批项目已经成为行业 BIM 应用范例，对推动中建乃至整个行业的 BIM 应用，起到了良好的示范作用。

六、经济效益

在 BIM 示范工程的带动下，各子企业纷纷开展工程项目的 BIM 应用实践，不仅 BIM 技术的应用项目在数量上可观，而且 BIM 技术应用水平也处于行业领先地位。到 2016 年止，中建开展 BIM 应用的项目数量已达到 2932 项，且在全国 BIM 大赛中，中建取得了良好成绩。近五年（2013～2017 年）中建总计获得各类 BIM 大赛一、二等奖项 277 项，在全行业获奖成果中，一半以上的一、二等奖出自中建。

"十二五"期间，面对中建各企业 BIM 应用需求，特别是项目需求，科技与设计管理部和技术中心开展了一系列技术支持和服务工作。帮助企业开展 BIM 培训，编制重大项目 BIM 技术应用策划，协助企业整合社会技术资源，开展重大项目 BIM 咨询等工作。涉及重大项目多项，典型的有天津富力大厦、天津 117 大厦、上海中博项目等几十个重点项目。

七、社会效益

为满足国家 BIM 技术标准体系建立需求，致力于中国 BIM 技术、标准和软件研发，为中国 BIM 技术应用提供支撑服务交流平台。由中国建研院与中国建筑等多家单位发起成立了"中国 BIM 发展联盟"，创新开展具有中国特色 P-BIM 技术应用标准研究。联盟为我国 BIM 技术与标准筹集资金，促进 BIM 软件开发企业技术交流，为中国 BIM 技术应用提供支撑平台，为全面推动我国 BIM 技术发展和应用提供技术服务。由中国 BIM 发展联盟发起，在中国工程建设标准化协会下，组建 BIM 标准化专业委员会（简称"中国 BIM 标委会"）。中建作为发起单位之一，在下设的设计施工等七个 BIM 技术组中，为施工组主任单位。

中建在积极推动企业 BIM 技术研究与应用的同时，也在大力助推行业 BIM 技术应用和发展，积极参与行业标准和研究报告的研究、编写工作。主要工作包括：参与编写《住房城乡建设科技创新"十三五"专项规划》、参与编写《中国建筑施工行业信息化发展报告》、主持编制《2016～2020 建筑业信息化发展纲要》、主持编写《关于推进建筑信息模型应用的指导意见》及调研报告。

严寒地区大型室内滑雪场关键技术

完成单位： 中国建筑第二工程局有限公司、中建二局第四建筑工程有限公司、北京市建筑设计研究院有限公司、北京维拓时代建筑设计有限公司、铭星冰雪（北京）科技有限公司、天津大学、江苏沪宁钢机股份有限公司、浙江精工钢结构集团有限公司

完成人： 张志明、王全遠、王健涛、朱忠义、仇　健、杨艳红、张　运、李洪求、王广宇、荣彬、胡　杭、罗瑞云、董　鹏、杨文侠、邓良波

一、立项背景

随着社会发展，我国综合实力的不断提升，体育运动产业正在蓬勃发展。2013 年 6 月，国际奥委会宣布启动 2022 年第 24 届冬季奥林匹克运动会的申办程序，而我国的首都北京以及联合主办城市张家口已经提出申请，这标志着近年来，我国的冰雪运动项目势必将会出现一次爆发性的发展。

本成果依托于哈尔滨万达茂工程，建筑面积 36.82 万平方米，工程投资约 60 亿元，包含世界最大的室内滑雪场，已经载入吉尼斯世界纪录。该室内滑雪场创下四项世界之最：面积最大——滑雪场面积 8 万平方米，数量最多——内设 6 条滑雪道，落差最大——雪道落差 80m，坡度最大——雪道坡度 25.4°。

该大型室内滑雪场包含以下五大技术特点：

1. 室内滑雪场为新颖、灵动的"大钢琴"造型，长度 487m，最大跨度 151m，结构落差 75m
2. 工程地处严寒地区，冬季最低气温 39.8℃，冬夏最大温差 79.6℃
3. 室内落差大，斜向烟囱效应明显，环境要求高，控制难度大
4. 多业态空间交错布置，施工空间小
5. 大面积大倾角室内滑雪道切向变形和混凝土裂缝控制难

针对以上特点，有必要对该工程，尤其是室内滑雪场进行详细的研究，为公司发展、行业进步尽一份绵薄之力。

图 1　哈尔滨万达茂全景照片

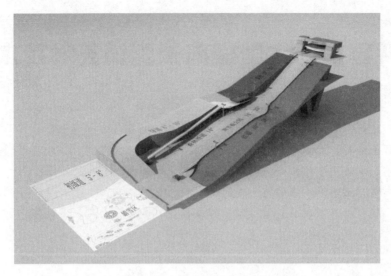

图2 室内滑雪场雪道模型图

二、详细科学技术内容

严寒地区大型室内滑雪场关键技术形成了 6 项创新技术，如表1所示。

6 项创新技术 表1

序号	创新技术名称
1	大倾角巨型框架结构体系和"纵向框架＋黏滞阻尼器"的支承耗能系统
2	大倾角巨型框架结构抗震扭转效应计算及适应于大温差和低温环境的结构设计技术
3	大跨钢结构大倾角带支架滑移技术
4	大倾角大面积多层复合雪道层施工技术和新型防滑防开裂构造方法
5	大空间大落差多目标的环境营造技术及制冷系统废热回收技术
6	基于 BIM 的信息化建造技术

1. 大倾角巨型框架结构体系和"纵向框架＋黏滞阻尼器"的支承耗能系统

重载大跨、大落差是滑雪场的设计难点，为了减小结构长度影响，简化结构受力的复杂性，将其划分为东、中、西三个区。

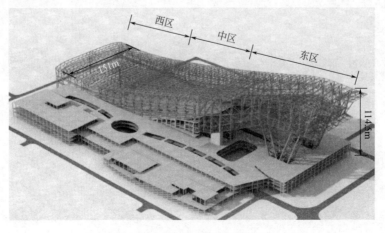

图3 哈尔滨万达茂结构模型图

对滑雪场东侧，进行了系统的研究，先后对双根斜钢柱＋混凝土结构支撑模型、双根斜钢柱＋双根直钢柱模型等进行反复论证和优化修改，形成了合理的受力的大倾角巨型框架结构体系，该体系组成部分包括钢筒体（即巨型框架柱）、滑雪层楼面结构（其中主桁架为巨型框架梁）、侧面大桁架以及屋面结构组成，解决了之前方案中钢柱水平推力大、结构异形引起的不利扭转效应等问题。

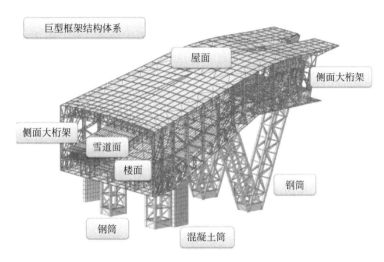

图 4　大倾角巨型框架体系模型图

滑雪场中、西区位于下部的混凝土结构上，采用减少超静定约束的设计方案，保证结构纵向刚度，减小了温度响应和地震下结构的安全性：

（1）横向桁架、纵向框架结构，根部铰接，柱间不设斜撑；

（2）为减小上部钢结构纵向地震作用时的地震反应，在纵向两端设置黏滞阻尼器，实现了上下部结构刚度匹配。

（3）通过拓扑优化，得到了合理的结构形体，大幅度减小了构件的次弯矩。

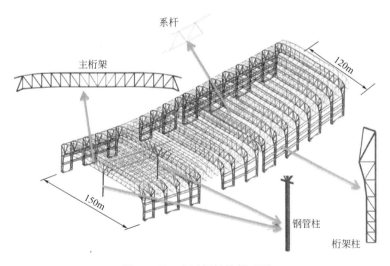

图 5　西、中区钢结构模型图

工程使用期间历经最低温度－37℃，该结构体系在低温条件下结构安全可靠，西区、中区通过抗震阻尼器的使用，地震波下位移平均值为 16.3mm，与无阻尼器方案相比减小 39%，典型构件地震输入下应力减小率的平均值在 37% 左右。

2. 大倾角巨型框架结构抗震扭转效应计算及适应于大温差和低温环境的结构设计技术

大倾角巨型框架楼面扭转位移比 1.68，扭转不规则，提出考虑结构高度的扭转效应评估，即结构

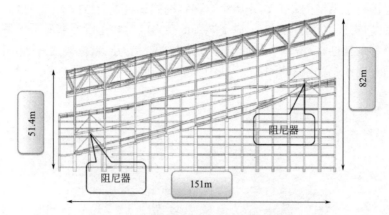

图6 中区钢结构抗震阻尼布置示意图

变形与变形处结构高度的比值做为扭转位移比的判断标准，按该方法计算的扭转位移比为1.48，考虑刚性楼板后扭转位移比1.40。经分析研究，该结构地震下侧移很小，侧移比1/2600，放松扭转位移比限值。将质量简化与质心附近，为避免局部振型，计算时考虑刚性楼板协调，简化后考虑高度的扭转位移比1.32。将简化后的质量沿长向偏心总尺寸的5%，偏心后考虑结构高度的扭转位移比为1.38。

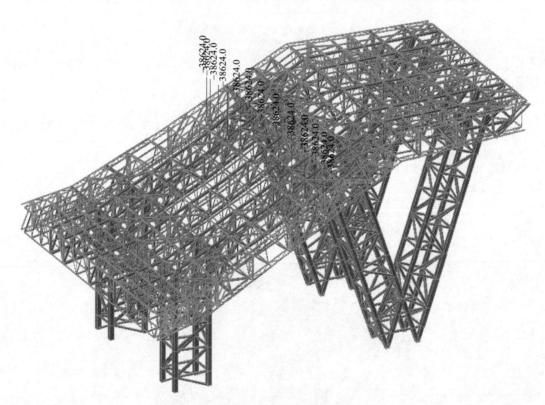

图7 大倾角巨型框架质量简化示意图

严寒地区大型钢结构建筑经验少，各规范规定不详尽。通过对欧洲钢结构设计规范、《铁路桥梁钢结构设计规范》、《钢结构设计规范》及其新版送审稿进行研究，总结其低温破坏机制、不同温度下钢板厚度选用、连接工艺、工艺标准等进行研究，针对本工程，从钢材材质、板厚选择及节点要求提出专门要求：

（1）钢材材质的选择：采用 Q345C、Q345D 级钢；对于板厚 $t < 36mm$ 的钢板，材质 Q345C；板厚 $t \geq 36mm$ 的钢板，材质 Q345GJD；

（2）控制受拉构件的最大钢板厚度不大于 36mm；

图 8　简化后结构的前两阶阵型 1.86s

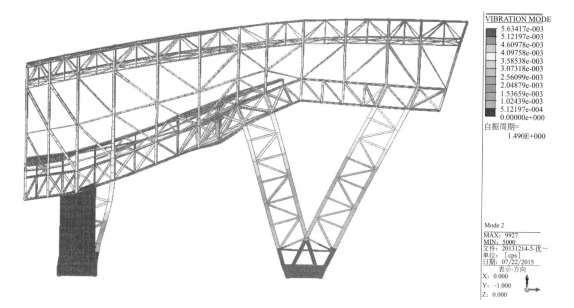

图 9　简化后结构的前两阶阵型 1.49s

（3）根据钢板厚度与构件的重要性，现场采用螺栓连接，避免焊接带来的低温冷脆问题。

3. 大跨钢结构大倾角带支架滑移技术

东区屋盖有以下特点：

（1）跨度大，盖最大宽度 103m；

（2）吊装高度高，构件最高点标高为 114.5m；

（3）工程体量大，屋盖钢结构总量约 2500t；

（4）屋盖为双曲面，自东向西弧线形下降，从东西向的中轴线向南北两侧弧形下降；

（5）屋盖下方的雪道层钢桁架为变坡倾斜面，位于东端的水平段高度最高，自东向西呈 25°角下倾，屋盖最低点低于雪道层最高点；

（6）钢结构吊装场地狭窄，且与土建施工交叉作业，只有位于钢结构东侧的区域能够长期使用。

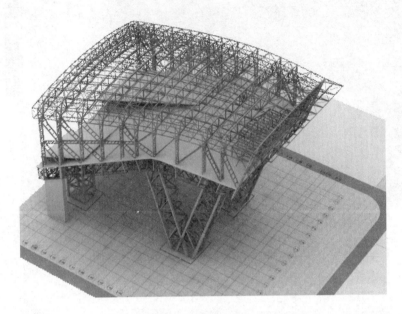

图 10　大倾角巨型钢结构模型图

采用滑移方案，在结构东侧设置拼装场地和组装平台。根据屋盖与楼板之间的关系图可知，轨道需要设计为下倾式，选择 4°的最小轨道倾角。

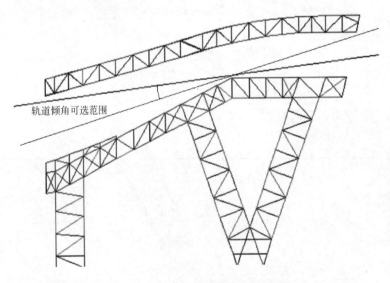

图 11　轨道倾角选择范围示意图

选用南、北侧位于外侧的主桁架以及中间的主桁架用作滑移轨道支点，即三组轨道，同时能较大幅度地减少屋盖变形，并降低胎架用量。

在轨道与楼板之间设置支架。为保证滑移支架整体稳定，沿着轨道布置方向在支架之间设置连续的纵向支撑，同时在高度较大的部位设置横向支撑和斜撑。

轨道支架在只受到轴向力而不受弯矩的时候，是支架最经济的设计工况，所以将轨道与支架之间的连接节点设计为铰接，而根部与楼板的连接节点则设置成刚接，用以确保支架的稳定性。

屋盖分为 8 个滑移分块，1～4 块为一个滑移分段，5～8 块为一个滑移分段。每个滑移分段内的支架为一个整体，两个滑移分段相互独立。

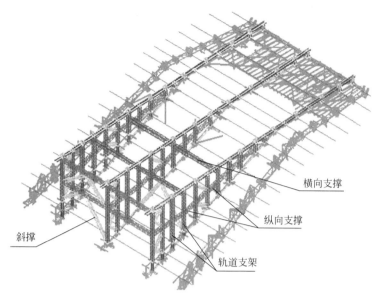

图 12　轨道及支撑系统模型图

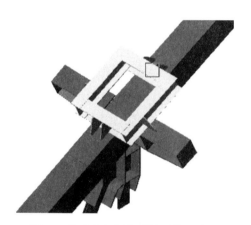

图 13　轨道支架根部刚性连接示意图

图 14　支架顶端铰接连接示意图

　　为确保滑移支撑与屋面分块连接处节点的牢固性，对支架与分块所有连接节点采取钢管加固方式进行连接。

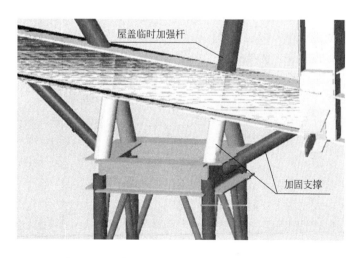

图 15　滑移支架与屋盖临时刚性连接做法示意图

屋盖及支架在顶推滑移过程中，沿滑移方向容易出现变形，为确保施工过程中整体稳定性，在滑移竖向支撑第 2、4、6、9 跨增加斜向格构支撑，在未设斜向支撑部位采用钢丝绳对拉布置。在滑移二段，因支架高度较高，为保证支架整个体系的侧向稳定，在第二、四排支撑横向设置斜撑。

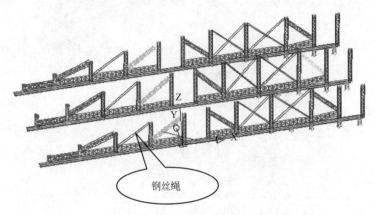

图 16 屋盖支架体系模型图

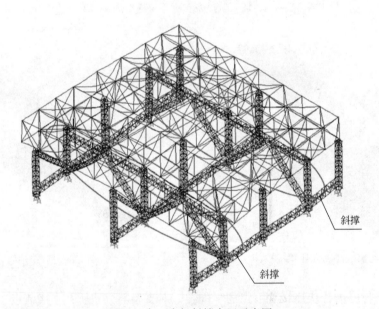

图 17 高区支架斜撑布置示意图

在滑靴一侧设置顶推油缸，另一侧为防滑夹轨器。顶推油缸收缸期间，滑靴另一侧的防滑夹轨器则与轨道夹死，防止屋盖及支架在外力作用下自行下滑。

选用由计算机智能控制的电液比例控制技术，并在滑移结构和油缸上设置精密传感器，确保多个油缸在顶推时动作一致，从而保证滑移结构姿势正确、就位精准。

4. 大倾角大面积多层复合雪道层施工技术和新型防滑防开裂构造方法

雪道面积大，共计 6.5 万 m²，最大倾角达 25.4°，远大于目前室内滑雪场的 17°最大倾角，而且雪道做法层多，雪道层自下而上有 10 余道做法层，沿斜面方向易变形，设计、施工无经验可循。

为深入了解复合雪道性能，制作试件，对其进行抗滑移能力测试，同时研究 SBS 防水卷材的蠕变性能和混凝土面层抗裂性能。通过试验，形成以下结论：

（1）聚氨酯涂膜厚度较大的两个试件的破坏荷载较小；

（2）涂抹相对均匀，有效粘结面积大的试件破坏荷载较大；

（3）保温层与底层砂浆之间由于产生滑动而导致变形较大，SBS 防水卷材层变形值大；

（4）SBS 防水卷材蠕变量大；

（5）随着坡度增大，混凝土结构由温差作用引起的应力逐渐增大。

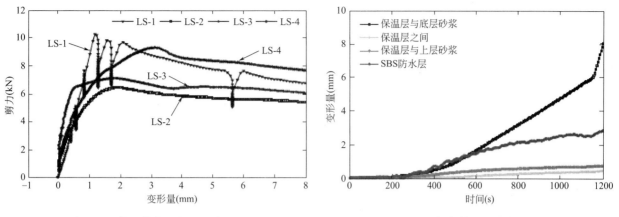

图 18　试件承载力和变形量关系图　　　　图 19　试件各做法层间位移量图

根据以上结论，对雪道进行优化设计，发明一种新型防滑防开裂节点解决上述问题：

（1）在面层设置通长防滑混凝土带，将大面积面层分隔成块，防止裂缝产生；

（2）在混凝土基层上设置通长混凝土反坎，解决保温材料与聚氨酯涂膜之间层间滑移量大的问题；

（3）在混凝土反坎和混凝土带之间设置内部填充发泡聚氨酯的方钢抗剪键，同时实现两者之间的连接和防止冷桥的作用；

（4）混凝土反坎和混凝土带之间的保温材料隔热系数提高，采用真空板。

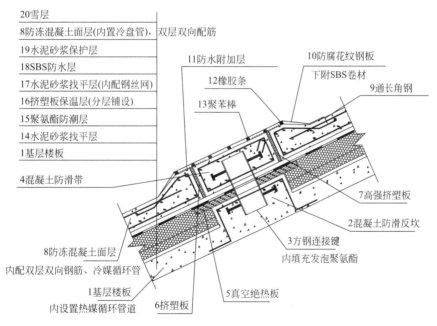

图 20　复合雪道新型防滑防开裂构造方法

施工中，提出以下要求：

（1）根据雪道层剪切试验结果，控制防潮层聚氨酯涂膜厚度≤0.9mm，分两层涂刷；

（2）为避免聚氨酯涂刷成膜过程中表面灰尘过多，缩短聚氨酯成膜时间，利用基层楼板内的热水循环管，对基层进行加热处理，热水入口温度控制不超过 50℃，出口温度 25~30℃；

（3）本工程雪道层挤塑板厚度 150mm，采用了底层 100mm＋顶层 50mm 的组合形式。底层挤塑板与基层 100%涂刷胶粘剂粘结，顶层挤塑板与底层挤塑板用改性聚醋酸乙烯胶粘剂粘贴，再使用 12mm

长苯板钉进行固定。

5. 大空间大落差多目标的环境营造技术及制冷系统废热回收技术

室内滑雪场 8 万 m^2，室内最大净高 30m，室内空间高差 100m，斜向烟囱效应强烈，而且室内环境要求高，除了达到积雪状态之外，还要确保温度、湿度、CO_2 浓度、风速等满足人员的舒适度要求。

（1）保温系统

室内滑雪场温度一般维持在 $-3\sim-5$℃之间，造雪模式下为 -7℃，哈尔滨夏季最高温度将近 40℃，冬季最低温度接近 -40℃，保温性能要求非常高。

保温体系整体位于钢结构内部。地面采用 150 厚高强挤塑板（抗压强度≥300kPa）；内保温系统采用整体传热系数为 $0.19W/(m^2 \cdot K)$，芯材采用岩棉和 PIR 两种芯材复合形式。

（2）制冷及热回收系统

冷源由四套并联螺杆式制冷压缩机组提供冷源，螺杆机头并联，制冷剂为 R22（二氟一氯甲烷），载冷剂为乙二醇溶液，主要供给冷风机、地面冷盘管、除湿机、造雪水箱等。

制冷机组运转期间产生大量废热，通过回收氟利昂显热热量，持续加热热乙二醇溶液，可使水温达到 $25\sim35$℃，为融雪坑融雪、除湿机融霜、冷风机融霜及地面防结露系统等提供热源。

（3）新风除湿系统

根据雪场尺寸及游客数量，确定新风量。将风管引至冷风机上方，均匀布置风口，风口位于冷风机回风处，通过冷风机向雪场深处输送新风。

除湿机后表冷为两个换热器且设有切换装置，可实现同时融霜、制冷，不间断地为雪场提供新风，低温环境下不易结霜，除湿机可 24h 连续工作。

（4）造雪系统

研发使用冷源分离式造雪机，不但节约投资成本，节能效率同样明显，同样造雪条件下，造雪成本仅为 $43kWh/m^3$，比国外机器节能 28% 以上。

图 21 新型造雪机照片

（5）照明系统

按照灯具分区设置配电箱，配电箱内设多路智能照明控制器；照明配电箱设置于网架层内；灯具安装采用嵌入式安装，上开盖（开盖的开口开向网架层内），方便检修。

图 22　室内滑雪场实景照片

（6）智能控制系统

现场布置 9000 多个传感器，实现精确的自动控制能力。检测和控制的主要内容包括：滑雪场内温度、湿度、CO_2 浓度、低温乙二醇系统及氟利昂系统压力检测、各水系统循环供回温度检测、根据系统冷、热负荷变化，自动控制设备投入使用数量、各电动阀及电磁阀自动控制、机房内氟利昂浓度，以及各系统压力超标时声光报警信号等。

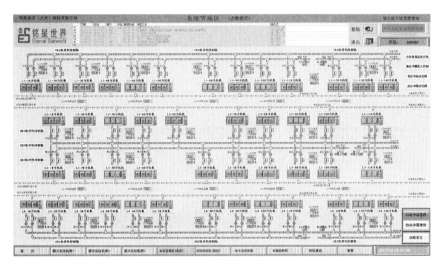

图 23　系统雪场区界面

（7）热成像校验

造雪前采用了热成像扫描仪，对雪场内部全角度扫描，确定了各散热点；经热成像扫描仪全方位扫描后，确定风险热源，对风险点位进行二次深化设计。

6. 基于 BIM 的信息化建造技术

（1）视线分析

运用 BIM 技术模拟运动人员第一视角，合理优化吊顶高度，节约建造成本。

（2）异形构件指导

滑雪道为复杂的空间曲面，难以通过传统的 2D 图纸进行表述和复核，通过 BIM 软件建立三维模型，直观交底；通过模拟放样控制钢构安装精度，模拟施工，提前发现不可预见的问题。

图 24 餐厅、咖啡厅外围护结构散热   图 25 雪场服务区观景窗散热

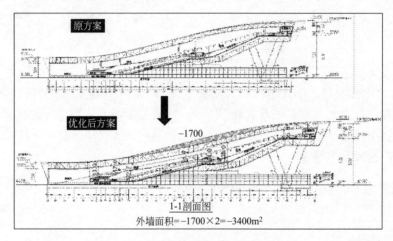

图 26 屋面桁架曲线优化

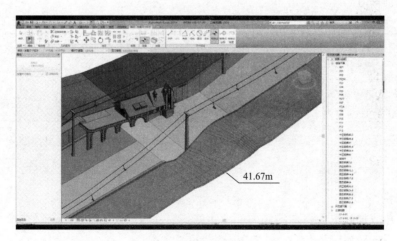

图 27 雪道信息模型

（3）结合 GIS 技术的 BIM 辅助深化设计

为消除深化设计产品与现场偏差之间的矛盾，利用 GIS 技术采集现场构件三维坐标，导入 Revit 中，建立出与现场完全一致的模型用于深化设计。

（4）基于 BIM 的施工部署

图 28　基于 GIS 技术建立的 BIM

东区巨型框架柱共计 4 处，其中两处为双向倾斜的组合格构柱，在进行塔吊布置时，不同的塔吊布置高度与斜柱之间的水平距离关系不同，通过 BIM 进行塔吊高度和水平位置模拟，检测其与巨型框架之间的安全距离，提供最优的垂直吊运覆盖范围。

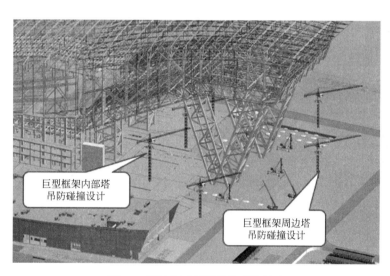

图 29　钢结构下部塔吊防碰撞检查

（5）基于 BIM 的物联技术

利用 BIM 模型的各项数据信息，对安装构件快速放样，每个构件加工后都贴有"身份信息"的二维码，通过物联网技术，实现构件的制造、运输、吊装、验收跟踪。

（6）基于 BIM 的管综排布

借助 BIM 模型，优化机电管线布置。通过管线综合深化设计，发现解决碰撞点近 6000 处，合理分布机电工程各专业管线位置，可以最大限度地实现设计和施工的衔接。

（7）基于 BIM 的 4D 进度管控

通过 4D 模拟与施工组织方案的结合，使设备材料进场、劳动力配置、机械排班等各项工作的安排变得最为经济、有效。设备吊装方案及一些重要的施工步骤，利用四维模拟及场地布置等方式很明确地展示出来。

（8）基于 BIM 的 5D 成本管控

在模型上附加工程量计算规则、明细表计算获得的准确的工程量统计，配合工程量计价清单，作为施工开始前的工程量预算和施工完成后的工程量决算比对依据。

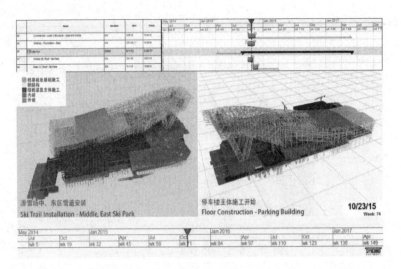

图 30 滑雪场施工流水 4D 模拟

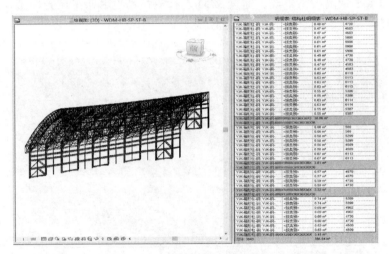

图 31 工程量统计

三、发现、发明及创新点

工程已授权发明专利 5 项、实用新型 7 项、软件著作权 6 项，近期受理发明专利 4 项。

序	状态	类型	名称
1	授权	发明	带倾角的大跨度屋面高支架支撑系统及其滑移施工方法
2	授权	发明	一种斜坡屋盖桁架滑移结构及其施工方法
3	授权	发明	一种限制被提升结构水平位移的施工装置及施工方法
4	授权	发明	滑雪场拼装结构及其施工方法
5	授权	发明	一种双向倾斜大截面箱形格构柱无支撑安装方法
6	授权	实用新型	一种安全性较高的巨型钢结构
7	授权	实用新型	一种计算机控制液压滑移系统
8	授权	实用新型	一种限制被提升结构水平位移的施工装置
9	授权	实用新型	滑雪场工装胎架
10	授权	实用新型	用于滑雪场拼装的胎架结构
11	授权	实用新型	一种用于倾斜作业面的轨道运输装置

续表

序	状态	类型	名称
12	授权	实用新型	两端悬臂式预应力对拉挡土墙
13	授权	软件著作权	铭星降雪设备控制系统 V1.0
14	授权	软件著作权	造雪机设备自动控制系统 V1.0
15	授权	软件著作权	铭星雪场新风除湿控制系统 V1.0
16	授权	软件著作权	铭星底面冷冻盘管系统 V1.0
17	授权	软件著作权	铭星雪场设备配电系统 V1.0
18	授权	软件著作权	铭星制冰设备控制系统 V1.0
19	受理	发明	一种大坡度室内滑雪场雪道及防滑做法
20	受理	发明	一种用于冷库板吊顶反装施工工艺节点及施工工法
21	受理	发明	用于金属屋面板传输的可伸缩抗风索道系统及施工方法
22	受理	发明	一种轨道式可移动基础及其施工方法

公开发表论文 25 篇，其中核心期刊 13 篇。

序	名称	期刊
1	哈尔滨万达滑雪场钢结构方案优化设计	《建筑结构》
2	哈尔滨万达茂室内滑雪场雪道基层抗滑移能力及破坏模式研究	《建筑技术》
3	哈尔滨万达滑雪场钢屋盖卸载方案研究	《建筑科学》
4	哈尔滨万达茂钢结构复杂 X 形节点制作技术	《施工技术》
5	哈尔滨万达茂滑雪乐园东区钢结构工程施工技术	《施工技术》
6	哈尔滨万达茂滑雪乐园东区钢结构临时支撑系统设计及卸载分析	《施工技术》
7	哈尔滨万达茂滑雪乐园东区钢屋盖滑移技术	《施工技术》
8	哈尔滨万达茂滑雪乐园东区双向倾斜巨型框架柱施工关键技术	《施工技术》
9	万达茂滑雪乐园西区钢结构提升施工关键技术	《施工技术》
10	万达茂滑雪乐园中西区钢结构工程施工方案比选	《施工技术》
11	万达茂滑雪乐园中西区钢结构工程施工技术	《施工技术》
12	万达茂滑雪乐园中西区钢结构提升支撑系统设计	《施工技术》
13	一种基于风致水平位移智能控制系统的新型液压提升施工技术的研究与应用	《施工技术》

获得省级工法 4 篇，中建集团工法 2 篇。

序	名称	级别
1	超长大空间预应力"接力"施工工法	黑龙江省
2	两侧悬臂式对拉预应力挡土墙施工工法	黑龙江省
3	带滑移支撑的大跨度屋盖高空倾斜累积滑移施工工法	江苏省
4	一种提升施工中被提升结构风致水平位移自动控制工法	浙江省
5	大跨钢结构大倾角带支架滑移施工工法	中建集团
6	大跨屋盖跨中两点式有约束提升施工工法	中建集团

四、与当前国内外同类研究、同类技术的综合比较

经国内外查新，未见与本项目研究内容相同的文献报道。

五、第三方评价、应用推广情况

该成果已经通过中国建筑集团有限公司组织的专家评价，评价委员会一致认为，该成果总体达到国际领先水平。

六、经济效益

该成果通过技术创新，共计产生科技进步效益 3148.94 万元，合同额 17.25 亿元，进步效益率 1.83％。

七、社会效益

工程已获中国钢结构金奖杰出工程大奖、住建部绿色施工科技示范工程优秀项目、全国 AAA 级安全文明标准化样板工地、黑龙江省"龙江杯"、黑龙江省新技术应用示范工地（金牌）、中建总公司科技推广示范工程等荣誉。

哈尔滨万达茂已经成为哈尔滨市的地标性建筑，以万达茂为核心的哈尔滨万达城直接创造 5 万个就业岗位，年收入约 60 亿元，年纳税将近 5 亿元。工程超高的施工难度推动了企业人才管理水平的大幅提高，对整个建筑行业起到了促进作用。

工程多次获得中央电视台、黑龙江卫视的报道，CCTV4《走遍中国》栏目以《冰雪筑梦》为题深入报道了哈尔滨万达茂项目。

施工安全 LCB 理论与技术体系及其工程应用

完成单位： 中建一局集团建设发展有限公司、清华大学、中国建筑股份有限公司、中国建筑一局（集团）有限公司

完 成 人： 方东平、周予启、郭红领、吴春林、关 军、黄玥诚、陈 新、薛 刚、廖钢林、蒋中铭、来交交、廖彬超、王鸿章、李 楠、吴浩捷

一、立项背景

全球建筑业快速发展，中国建筑业更是以骄人的业绩领跑全球，然而施工安全形势仍然非常严峻。数十年来，世界各国在法规与政府治理、企业与项目安全管理体系等方面做了大量工作，取得了重要进展。但过去 10 余年安全绩效停滞不前，已成为全球建筑业最大的难题。

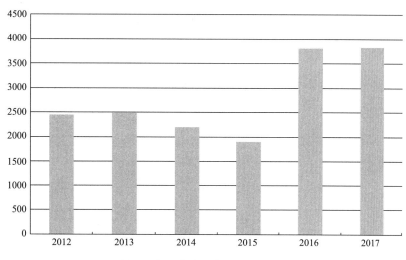

图 1　中国建筑业事故年死亡人数

长期的研究与实践表明，"人（行为）"作为一个非常复杂的因素被忽视是根本原因。人的不安全行为不仅是事故的主要诱因，也是减少事故与伤亡的关键所在。国内外对人的不安全行为产生机理及管控方法的研究一直备受关注，但受行为及其交互的复杂性限制，无论是理论还是监测预警技术都不够深入、有效；安全文化的理论与方法虽有大量研究，但其观点与结论存在极大差异，文化对行为的影响机理仍不清楚；安全领导力的研究大都以基层管理者为对象，未充分关注各参加方中更高层的管理者，也尚未针对建设项目中安全领导力的作用机理进行规范和系统的研究；行为、文化、领导力之间紧密的联系与互动作用不仅鲜有系统性的理论研究，更没有形成适用的技术平台以实现对行为的实质性管控。因此，探索以"人"为基础的事故预防关键理论、方法与技术，以有效防范人的不安全行为及其诱发的事故，具有重要理论意义和实用价值。

二、详细科学技术内容

1. 建筑工人个体认知失效模型与行为监测预警技术

针对建筑工人不安全行为，从心理、生理和环境因素等方面展开了系统的理论研究与技术开发，基

于这些理论成果开发了工人不安全行为与不安全环境的监测预警技术。

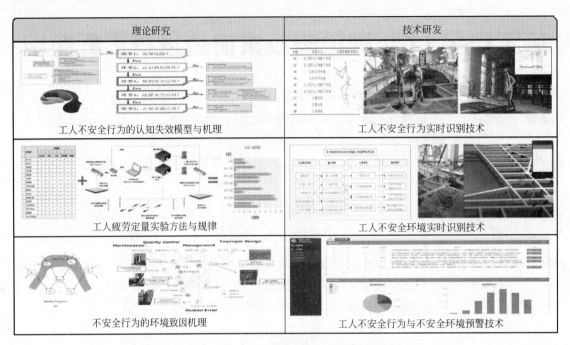

图 2 建筑工人个体认知失效模型与行为监测预警技术

图 3 建筑工人危险环境与行为监测

（1）建立了建筑工人不安全行为产生的认知失效模型，并揭示了导致工人不安全行为产生的认知心理学机理，加深了对工人不安全行为的理解，同时提升了行为管控中的针对性。

（2）设计了建筑工人疲劳量表和疲劳与安全绩效关系的定量试验分析方法，实现了对工人疲劳规律的科学测度。

（3）以真实数据为载体、机器学习为依托构建了基于 Bootstrap 的不安全行为触发路径概率估计模型，揭示了施工环境隐患诱发不安全行为的方式和途径，为现场工人的不安全行为管控提供依据。

（4）基于认知失效模型设计了新的管理流程和重点内容，更有针对性地对建筑工人的行为进行管控，工人安全行为绩效得到大幅改善。

（5）开发了基于计算机视觉的现场工人危险行为实时识别技术，实现了对工人作业动作的连续捕捉及危险前置动作的有效识别与预警，大幅提升对工人行为管控的智能化水平。

（6）开发了基于 BIM 和定位技术的现场工人环境安全预警技术，实现现场危险环境的动态预警。

2. 管理者-工人组织安全行为仿真模型与可视化管控技术

针对施工现场中管理者与工人的不安全行为及其交互情况，通过系统动力学建模和多主体建模，构建了组织安全行为的混合仿真模型，并基于这些理论成果开发了组织安全行为的可视化管控系统。

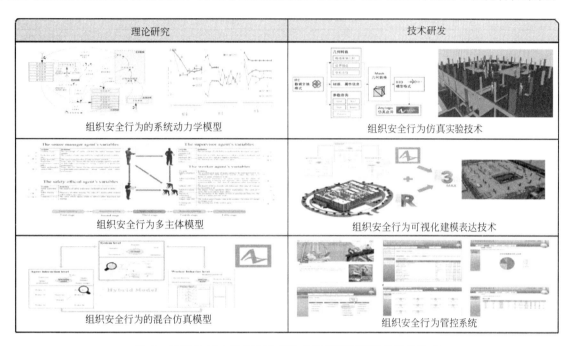

图 4　管理者-工人组织安全行为仿真模型与可视化管控技术

图 5　行为安全 BBS 管理系统

（1）建立了工程项目（组织）层面安全相关行为的系统动力学模型，为施工现场中多方人员的行为交互仿真奠定了重要基础。

（2）建立了管理者-工人安全相关行为的多主体模型，为多主体仿真提供了支持。

（3）建立了集成 BIM 和 Anylogic 的安全行为仿真方法，实现了多情境下施工不安全行为特征与规律的仿真分析和计算试验。

（4）开发了基于 BIM 模型和 Anylogic 仿真结果的不安全行为可视化建模技术，实现了不同情境下现场作业不安全行为的三维可视化表达。

（5）开发了适于建筑企业的行为安全 BBS 管理系统（Behavior-Based Safety Tracking and Analysis System），实现了 BBS 分析与管控的信息化。

3. 建设项目安全文化模型与测评改进技术

针对以安全文化干预并改善人及其行为中的系列难题，提出了建设项目安全文化互动模型，并在该模型的基础上深入研究了安全文化对行为的影响机理；基于这些理论成果，开发了建设项目安全文化测评管理系统。

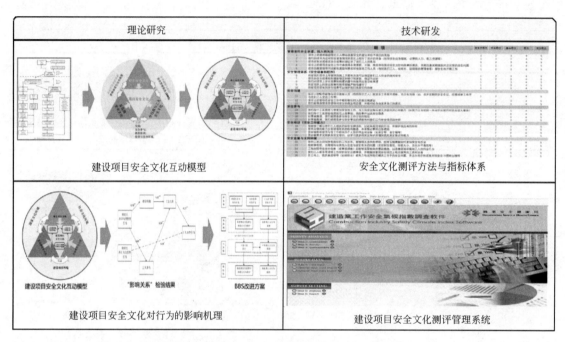

图 6　建设项目安全文化模型与测评改进技术

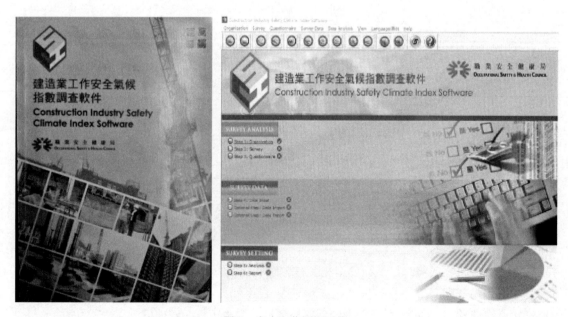

图 7　安全文化测评系统

（1）提出并不断发展建设项目的安全文化模型，建立了建设项目安全文化互动模型，阐明建设项目安全文化的构成要素、内涵、形成和演化规律以及项目主要参与方间的动态交互机理。对于理解建设项目层面的安全文化，进而高效提升安全文化具有重要的理论和现实意义。

（2）提出了基于安全文化的 BBS 的改进方案，强化了文化对行为影响机理的应用，有效改善了工人的不安全行为。

（3）自主开发了简洁、有效、适用性好的建设项目安全文化测评指标体系及评价方法，实现了工程项目中不同参建方安全文化的准确评估。

（4）自主开发了建筑业安全文化测评系统，使安全文化评估及管理工作得到大幅简化。

4. c 和技术平台

为解决建设项目中安全文化与安全行为管理落实的有效性问题，提出建设项目安全领导力概念及理论模型，并据此研究安全领导力影响安全文化和行为的关键路径与机理，发现并验证了安全领导力、安全文化和安全行为三者相互作用的规律，在此基础上建立了完整的 LCB 理论与技术体系。

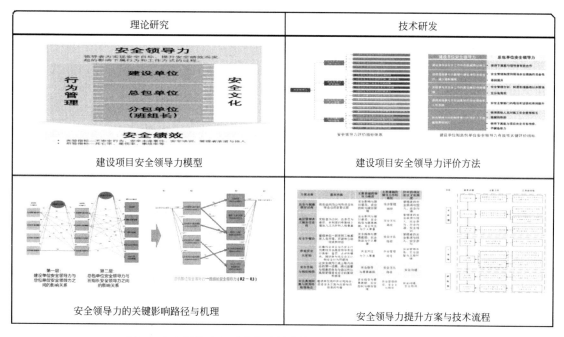

图 8 安全领导力驱动的行为管控与文化建设理论和技术体系

（1）建立了建设项目安全领导力模型，阐明了项目安全领导力的内涵与因子结构。基于大量调研和工程实践，发现安全领导力能通过行为管理和安全文化两大路径作用于建设项目安全绩效。

（2）建立了建设项目安全领导力的评价方法体系，实现了对项目各方主体安全领导力的准确测量。

（3）提出了基于行动式研究的安全领导力提升方法、流程及系列措施，并提供了各个阶段可依据的理论或使用的工具，为本理论成果应用及改善安全绩效提供了明确的指导。

（4）发现并验证了安全领导力、安全文化和安全行为三者相互作用的规律，建立了 LCB 理论体系及相应的应用技术平台，提升了工程的应用效能。

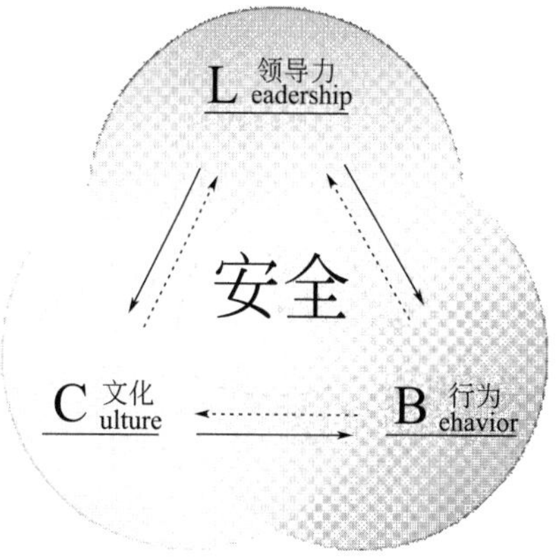

三、发现、发明及创新点

紧密结合一批建筑项目、铁路项目和海外项目的安全管理现状，以创新驱动为导向，以产学结合为载体，经过理论研究、方法设计、技术研发、实证应用等方式，完成了对施工安全 LCB 理论与技术体系的系统研究及其工程应用，获得如下主要创新点：

（1）建筑工人个体认知失效模型与行为监测预警技术

图 9 安全领导力驱动的行为
管控与文化建设理论体系

在理论层面，建立了建筑工人不安全行为产生的认知失效模型，设计了工人疲劳量表和疲劳与安全绩效关系的定量试验分析方法，构建了基于 Bootstrap 的不安全行为触发路径概率估计模型；在技术层面，开发了基于计算机视觉的现场工人危险行为实时识别技术，以及基于 BIM 和定位技术的现场工人环境安全预警技术。

（2）管理者-工人组织安全行为仿真模型与可视化管控技术

在理论层面，建立了工程项目（组织）层面安全相关行为的系统动力学模型、多主体模型及混合模型，以及集成 BIM 和 Anylogic 的安全行为仿真方法；在技术层面，开发了基于 BIM 模型和 Anylogic 仿真结果的不安全行为可视化建模技术，以及建设项目行为安全管控系统。

（3）建设项目安全文化模型与测评改进技术

在理论层面，提出了建设项目安全文化互动模型，明确了管理行为对工人行为的影响路径和影响强度；在技术层面，提出了行为安全管控的改进方案及工作流程，开发了适于工程项目安全文化测评的系统。

（4）安全领导力驱动行为管控与文化建设的理论体系与技术平台

在理论层面，提出了涵盖建设项目各参与方的安全领导力理论模型，构建了安全领导力测评指标体系与多样化的量表工具，分析了安全管理和安全文化两条安全领导力对项目安全绩效的作用路径；在技术层面，提炼出了建设项目管理者的安全领导行为规范，以及领导力提升系列基础方法和技术流程与工具，建立了安全领导力驱动行为管控与文化建设的理论体系与技术平台。

四、与当前国内外同类研究、同类技术的综合比较

本项目所研发的理论与技术成果，经科技查新，与当前国内外同类研究与成果对比后，四项主要创新点在如下技术指标中均有显著的提升与突破。

本项目关键技术与国内外同类技术比较   表 1

关键技术及创新点	国内外同类技术先进性对比
建筑工人个体认知失效模型与行为监测预警技术	工人不安全行为的监测预警技术有效考虑了生理、心理和环境三类因素，通过综合途径对不安全行为进行纠正；同时，相应动态监测与预警技术具有识别速度快、识别类型多、预警智能化等诸多优点，大幅提高了监测预警效能
管理者-工人组织安全行为仿真模型与可视化管控技术	首次建立了管理者-工人的组织安全行为仿真模型，实现了管理者、个人和环境因素之间关系的多复杂情景模拟，且能将模拟结果进行可视化，为行为管控提供了丰富、灵活、准确的科学依据
建设项目安全文化模型与测评改进技术	自主开发的安全文化测评指标体系及评价方法具有简洁、有效、适用性好等特点，易于各类人员理解与应用
安全领导力驱动文化建设与行为管控理论体系与技术平台	首次建立的理论体系综合考虑了安全领导力、安全文化和行为之间的影响关系，并实现了三者在实践中的综合联用，能显著提高建设项目的安全绩效

五、第三方评价、应用推广情况

1. 第三方评价

（1）英国工程院院士 Chimay Anumba 教授指出，这些研究通过提出原创的系统、范式、理念和实用方法，对工程管理研究和工程实践产生了重要影响；这项既严谨又全面的研究具有创新性贡献，它通过独特视角研究建筑安全中的根源问题而不仅仅停留于表面现象，从而带来非常不同的效果。

（2）2018 年 4 月 21 日，中国建筑集团有限公司在北京组织召开了项目科技成果评价会。包括五位院士在内的评价委员会一致认为：本项成果总体上达到国际先进水平，其中行为管控、安全文化测评等理论与技术达到了国际领先水平。

2. 应用推广情况

随着建筑业的蓬勃发展，工程的设计与施工复杂化程度的日益加剧，对施工安全形成巨大的挑战。

LCB 理论与技术体系作为一种适宜的安全科学预防对策，将以其显著的优势越来越广泛地被采用。本成果已在一批建筑项目、铁路项目和海外项目上得到成功应用，为工程项目的安全管理与事故预防提供了有力的保障，取得了良好的社会效益与经济效益，同时为提升我国施工安全领域整体的理论与技术水平和国际影响力做出了重要贡献。

六、经济效益

通过广泛的推广应用，LCB 理论与技术体系实现了各类工程项目安全绩效的大幅提升，有效防范了事故伤亡情况的发生。参照同期全国平均安全事故水平下未发生伤亡事故所产生的经济减损量，LCB 理论与技术体系的应用为项目创造了可观的经济效益。

七、社会效益

本项目成果共获得软件著作权 6 项，企业标准 2 项，出版专著 2 部，发表论文 30 余篇，其中高被引论文 3 篇，为今后同类工程的施工安全提供了完整的可借鉴性技术文件。同时。本成果在一批建筑项目、铁路项目和海外项目上得到应用推广，均实现了"零死亡、零重伤"的安全目标，并在安全领导力、安全文化、行为安全绩效等方面实现了大幅提高。应用结果显示，施工安全 LCB 理论与技术体系能够持续提升建设项目安全文化和安全领导力水平，显著减少施工现场的不安全行为和安全事故，有效降低人员伤亡和经济损失，保证施工项目的顺利进行，具有显著的社会效益。

二等奖

近海陆域形成施工技术研究与应用

完成单位：中国建筑土木建设有限公司、中国建筑第八工程局有限公司

完 成 人：刘永福、贾同安、童　辉、赵德志、屈　翔、马明磊、王志成、陈扩晋、王世卿、宋　辉

一、立项背景

围海造地是人类海洋开发活动中的一项重要的海洋工程，是人类向海洋拓展生存空间和生产空间的一种重要手段，研究其施工技术具有重要意义。

福建莆田填海项目是我局承接的局重点工程，本工程地处江口与三江口之间的滩涂海域，海洋环境特殊：本区潮汐性质为不正规半日潮，潮位落差大，退潮后整个陆域形成施工区域以及海测以外的区域均为滩涂，其陆域形成总占地面积约 $28.416km^2$，总投资约 150 亿。

综合地理情况以及施工条件，本项目具有以下施工难点：

1）沿海滩涂地质情况复杂，潮汐影响极大，环境影响因素多。特别是在海堤工程常有深厚淤泥及砂卵石夹层、互层等常规施工方法无法克服的地质难题。

2）施工区域距离周边村庄近，距离约为 1km，爆破药量控制及爆破方式尤为重要。

3）近海滩涂区域受潮汐影响大，水深变化频繁，填料均来自海上，大型海工船舶作业严重受限，效率极低。开挖航道工作量大、工期长、费用高。

4）近海滩涂浮淤厚，通行难，地形变化大，测量布点难；陆域形成工程面积大，测量要求高，水情复杂，精确进行地形测量难度极大。

二、详细科学技术内容

项目主要内容涉及较厚砂卵石夹层"切割式"爆破挤淤施工技术、海洋筑岛储砂转运法陆域形成施工技术、"3D"无人机航测施工技术等内容。本技术包括 3 项创新核心技术，主要内容如下：

1. 较厚砂卵石夹层"切割式"爆破挤淤施工技术

针对砂卵石夹层地质难点，研发一种采用"钻进式"装药器装药（见图 1）、两次切割爆破、两次侧向爆破，由堤中心向两侧坡脚推进的爆破挤淤施工方法。在保证设计断面的同时，确保了工程质量。

（1）布药器改进

研发了一种钻进式布药器（见图 2），由振动锤、钢管、装药仓组成，冲击力强，可穿透 2～5m 厚的砂卵石夹层。

（2）爆破方法的改进

常规的布药方式主要是堤头推进，即在抛石体堤头加高，以堤头爆破，炸开淤泥形成空腔，堤头加高抛石体滑入空腔形成泥石置换，因港前路的地理环境及地质条件都比较特殊，常规爆破方法无法爆开厚重的砂卵石夹层，完成泥石置换。经过仔细的研究及实践，采用"切割式"爆破方法，即先抛填石堤，在抛填体两侧进行小药包小间距的两排布药，在两侧炸开夹层制作排淤通道，再经多次爆破的方式完成泥石置换。

1）第一次切割爆破、侧向爆破

① 第一步，沿海堤中心线填筑子堤（长度 30m，宽度 9m），在子堤两侧 4～5m 范围内进行切割爆

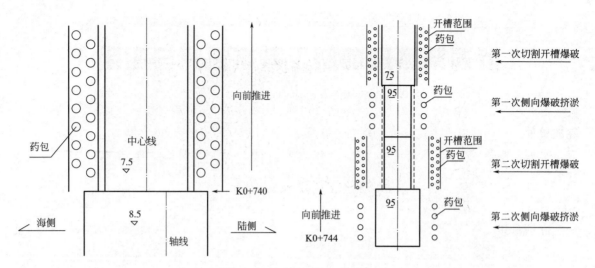

图1 切割式爆破装药布置图

图2 钻进式布药设备

破，粉碎夹层，形成排淤通道（见图3、图4）。

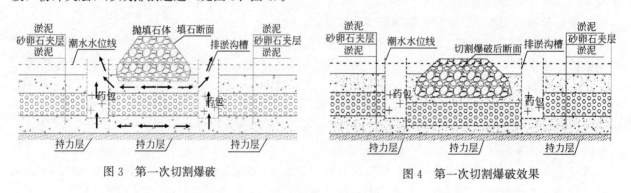

图3 第一次切割爆破　　　　　　　图4 第一次切割爆破效果

　　② 第二步，加宽加高子堤，采用常规侧向爆破将子堤加宽至第一次切割爆破区域，使子堤完全落底至夹层上（见图5、图6）。

　　2）第二次切割爆破、侧向爆破

　　① 在加宽后的子堤外侧进行第二次切割爆破，爆破外延线宽度应超过设计海堤宽度3m（切割爆破范围5～6m），粉碎夹层，形成排淤通道，促使淤泥形成"触变"效应，子堤下沉（见图7、图8）。

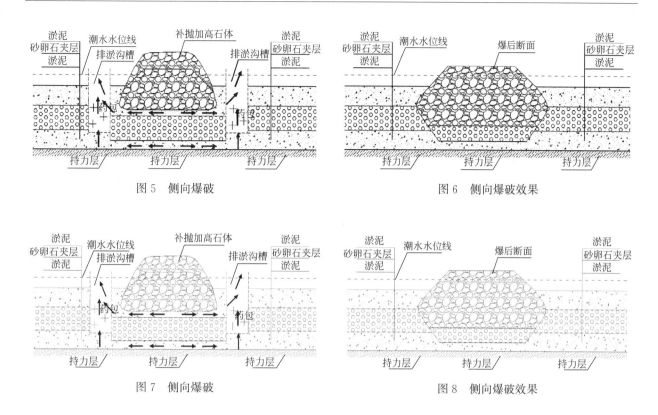

图 5 侧向爆破　　　　　　　　　　图 6 侧向爆破效果

图 7 侧向爆破　　　　　　　　　　图 8 侧向爆破效果

② 再次加高加宽子堤，采用常规侧向爆破，使子堤完全落底，并达到设计断面（见图 9、图 10）。

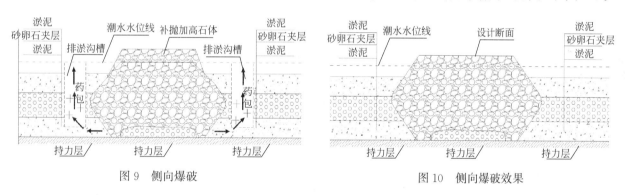

图 9 侧向爆破　　　　　　　　　　图 10 侧向爆破效果

（3）实施效果

1）经地质雷达检测本技术完成的海堤工程，爆破落底泥石混合厚度（实测值 50cm＜设计值 200cm）和工后最大沉降量（46mm）均满足设计要求。提前工期 92d。

2）改变常规堤头式循序推进和抛填、爆破方式，先以子堤方式直接抛填，然后进行子堤两侧布药进行砂卵夹层切割爆破实现开槽创造排淤通道，同时可使子堤石料落到卵石层上，避免堤心夹层，再以侧向爆填方式向两侧扩展，直至完成全断面泥石置换。

3）此爆破方法可使砂卵夹层为堤身所用，不会因爆破随淤泥排走，节省部分石料。

4）切割式爆破挤淤针对较厚砂卵夹层有较好的适用性，块石落底达到设计要求，基础整体稳定性好。

5）此方法主要以子堤抛填、侧爆进行主要爆破，不会因为布药等施工环节而影响陆运石料的抛填，从而减少整体施工时间，机械设备投入较少，比较经济。

2. 海洋筑岛储砂转运法陆域形成施工技术

针对近海陆域形成大型船舶施工效率低、开挖航道费用高的问题，研发了采用海中临时储砂码头及海中便道，由汽车陆运海砂回填的施工方法。即在陆域形成区域中选择运沙船方便运输的区域填筑砂岛，运砂船乘潮存储海砂；再修筑通往滩涂施工区域的海上临时便道，汽车二次倒运至施工区域（见图11）。

图11　陆域形成阶段效果图

（1）在陆域形成区域内，乘潮水深达到运砂船要求的位置，先行由运砂船直接抛填海砂至设计标高。

依据运砂船满载（2000m³）吃水深度约4m，平台平面位置的确定需在陆域施工区域内原地面高程最低的位置，即在潮水位一定时，水深可以达到最大，保证每月最低潮时（＋2.5m，85高程）的水深可以进行运砂船储砂工作，因此水深要大于5m左右，依据设计图纸，码头位置选择原地面约为－1.7～－2.2m（85高程）（潮水深大于5m）的区域进行筑岛施工（见图12）。

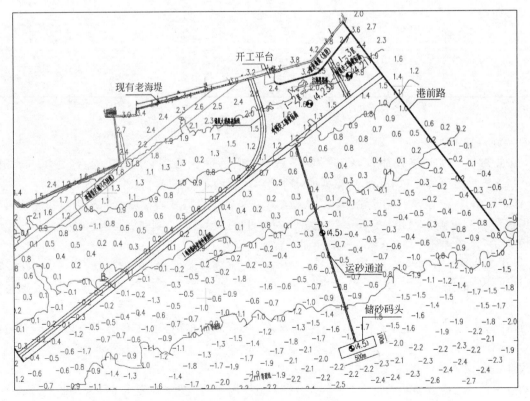

图12　海中临时筑岛示意图

（2）利用低潮水位进行水泥搅拌桩软基处理、充填袋装砂边坡防护，抛石理坡驳岸施工，形成海洋筑岛储砂转运码头（见图 13、图 14）。

图 13　充填袋围堰

图 14　码头抛砂

（3）利用船运汽车至码头，采用汽车进占法填筑施工便道至陆域形成区域，为防止海浪冲刷，便道边坡采用钢管固定土工布的坡面防护方法（见图 15）。

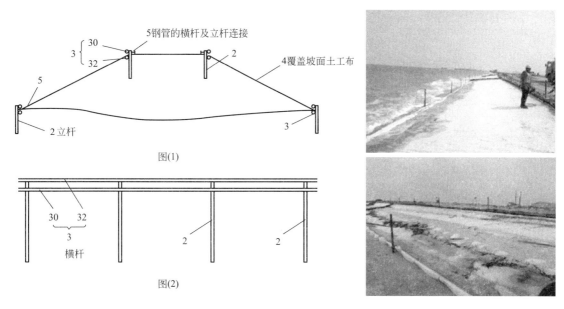

图 15　边坡防护

（4）实施效果

1）临时筑岛码头和施工便道安全度过两次十级以上台风，施工功效为航道转运法的两倍，节约一半工期（90d）。

2）本技术对浅海、滩涂等复杂的地质环境有较强的适应性。

3）改变陆域形成施工对潮水的依赖性（如吹砂泵船、绞吸船等），以施工区域筑岛作为临时储砂码头，多艘运砂船只可乘潮同时打砂至储砂码头，并以施工便道的形式通往陆域施工区域，配合自卸车进行二次倒运，不受潮水影响。

4）此筑岛方法一次可供多艘运砂船只供砂，海砂储存至临时储砂码头，满足退潮期间陆域形成海砂回填的海砂需求量，施工工作面大。

5）筑岛施工的临时储砂码头选址于陆域形成施工区域内，是陆域形成的一部分，施工完成后不需要进行码头清除，最后将临时储砂码头降至陆域设计标高即可，不会造成海砂损失。

6）此方法不受潮汐影响，可24h作业且二次倒运距离远小于吹砂泵船的吹填距离，施工速度快，社会可组织资源多，整体资金的投入少，节约成本，比较经济。

3. "3D" 无人机航测施工技术

（1）技术难点

针对海洋滩涂常规测量无法实施，普通航测受风力、滩涂表面水膜反光、海水水深较大的影响，测量结果误差很大的难题。

（2）技术措施

本技术使用携带RTK固定翼的无人机、高精度红外线照相机，采用姿态测绘方法，最终形成高精度的滩涂地形图和三维实景地图（见图16、图17）。

图16 无人机规划航线

图17 工作原理图

1）无人机设备

选用带有RTK的Avian固定翼，性能可靠、可有一定载荷、续航能力强、安全系数高的无人飞行器（见图18、图19）。它的起飞质量为4.5kg，航摄相机采用高清相机，焦距为20mm，像素不低于2400万。

图18 Avian固定翼无人机

图19 固定翼无人机弹射起飞

2）扫描形成高精度3D实景地图（见图20、图21）。

（3）实施效果

1）本技术可以穿透1~2m深的海水，实现大面积浅海滩涂地形测量。

图 20　正射影像图

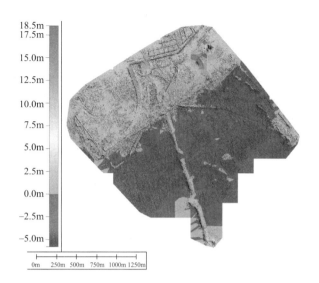

图 21　3D实景图

2）改变常规的依靠渔民使用"泥马"配合测量的方法，大大提高了工作效率。

3）因测量区域之大，距离控制点之远以及难以避免的人为操作因素，在测量的过程中会产生误差，不能得出准确的测量成果。本项目以新型测量手段——无人机取代传统的测量方式，旨在大大减少人工测量的难度，提高工程测量的精度，特别是有效提供了高程精度。

4）利用计算机对图像、数据信息进行处理，最终形成 3D 模型。获取高精度航空制图成果，为填海造田项目、近海岸滩涂项目提供更为精确的数据参考。

5）将 DOM 与地形图进行叠加，将 DOM 上采集坐标与地形图同名点、检查点坐标进行比较。误差在允许范围之内。

三、发现、发明及创新点

1. 核心技术创新点

1）研发了"切割式"爆破挤淤施工技术，使厚层淤泥中夹 2～5m 砂卵的特殊地质条件下的爆破挤淤施工顺利实现，工程质量良好。该技术改变常规堤头式循序推进和抛填、爆破方式，先以子堤方式直接抛填，然后进行子堤两侧布药进行砂卵夹层切割爆破实现开槽创造排淤通道，同时可使子堤石料落到卵石层上，避免堤心夹层。解决了较厚砂卵石夹层及复杂地质环境下的爆破挤淤难以处理夹砂层，导致抛填块石难以落底的难题。

2）研发了"筑岛"储砂进行海砂转运施工技术，在施工区域筑岛，作为临时储砂码头，多艘运砂船只可乘潮同时打砂至储砂码头，并以施工便道的形式通往陆域施工区域，配合自卸车进行二次倒运的方式。解决了陆域形成海砂回填过程中受海洋半日潮的影响，导致工期严重受阻的难题。

3）研发了"3D"无人机航测技术，以新型测量手段——无人机取代传统的测量方式，解决了施工区域大，测量困难、作业量大以及滩涂淤泥地质测量人员工作环境安全保证的难题，大大减少人工测量的难度，提高工程测量的精度，特别是有效提供了高程精度。

2. 其他重要技术创新点

1）研发了机械化的碎石装袋技术及水中插板机施工技术，对插板机械进行了改进，解决了排水板施工回带问题，提高了工作效率，并研制了碎石装袋机械，解决了碎石装袋效率低等问题，大大提高了装袋功效，缩短了工期，利用堤心石进行堆载预压，较好地解决了潮水对堆载区的冲刷问题，而且卸载的石料继续用于爆破挤淤段路基填筑，节约了成本。

2）研发了采用机械无水填充砂袋，解决了有退潮后充填袋装砂施工的难题，大大提高了装袋功效，缩短了工期。并研发了边坡防护技术，采用钢管与防水土工布进行临时工程防护，利用海砂填筑围堤无纺土工布与充填砂袋做防护，较好地解决了吹填施工时悬浮泥沙对海洋环境的污染及潮水对回填区冲刷问题，节约了成本。

3）研发了块石理坡及四脚块的安装技术，该护坡施工方法主要是以陆运块石至理坡地点，多台挖机退潮作业，进行块石理坡；采用"跳仓"理念以吊车进行四脚块吊装施工，并研制出四脚空心块吊装装置，解决了海洋半日潮对防波堤施工的影响和工期的制约。

四、与当前国内外同类研究、同类技术的综合比较

根据"近海陆域形成施工技术"的国内外技术查新报告结论，本工程所采用的上述 3 项关键技术和 3 项其他技术均未见报道，本项目具有新颖性。

五、第三方评价、应用推广情况

1. 第三方评价

2017 年 12 月 7 日，成果经北京市住房和城乡建设委员会鉴定认为："该成套技术在填海工程中得到了成功应用，解决复杂的地理环境及施工条件对施工的制约，保证了工程进度、安全及质量，取得了显著的环境、社会及经济效益，具有广阔的推广应用前景。该成果具有良好的社会和经济效益，其技术达到国际先进水平，通过鉴定"。

2. 应用项目的测试评价

港前路爆破挤淤抛石落底检测，于 2015 年 9 月 15 日经浙江大学土木工程测试中心探地雷达检测，满足设计及规范要求；陆域形成工程开始至结束由厦门捷航检测中心进行长期跟踪检测，满足设计及规范要求。

3. 应用推广

本技术依托的福建莆田兴化港区涵江作业区后方临港产业园陆域形成工程质量良好，其相应的港前路筑堤探地雷达检测落底、地基承载、海砂沉降稳定性及排水板软基处理后固结度等均能满足相关的规范要求，均顺利通过质量验收。近海陆域形成施工技术综合研究由 6 项单项技术组成，成果均可在近海陆域形成施工等多方面加以推广利用，施工技术使用方便、成本低，可为工程的安全、质量、工期、成本管理提供保障，具有良好的应用空间和推广价值。

六、经济效益

在项目实施过程中，我们积极推广和应用新技术，通过新工艺解决施工中的技术难题，加快施工速度，降低工程成本。从项目的实施效果来看，工程施工过程中应用了本成果创新技术，获得经济效益 3033.9 万元。

七、社会效益

莆田填海项目是福建省重点工程，深受社会各界关注，社会影响很大。通过技术攻关，解决陆域形成施工、爆破挤淤砂卵石夹层、无人机原地面测量等先进的技术应用理念，同时积累了施工经验，为将来同类项目的施工提供了技术依托，施工技术得到业主及监理的好评，社会效益显著。

260米跨单层索膜屋面场馆设计施工综合技术

完成单位：中建三局集团有限公司、上海建筑设计研究院有限公司、中建钢构有限公司、东南大学

完成人：丁勇祥、徐晓明、罗　斌、张晓冰、陈　韬、程大勇、刘晓龙、谢云柳、张鹏武、李宏坤

一、立项背景

大跨度空间结构是衡量一个国家建筑科学技术水平的重要标志，也是一个国家文明发展程度的象征，因此世界各国都十分重视大跨度空间结构理论和技术的研究、应用与发展。我国的大跨度空间结构的形式不断创新，科技成果十分丰富。

大跨空间结构大致可以根据构成要素的不同分为三类：第一类是以刚性构件（梁、桁架、杆件等）组成的；第二类是以柔性拉索为主、配以少量受压刚性构件形成的，或者完全由拉索构成的，如索穹顶结构、轮辐式索网结构和正交单层索网结构；第三类是刚性构件和拉索杂交形成，两者对结构受力作用不可分割，如张弦梁结构和弦支穹顶结构。

这三类结构中，柔性结构是构件受力效率最高的，拉索全截面受拉，不存在构件的失稳问题。柔性结构又被称为张拉结构，此类结构的自身质量小、受力效率高，具有适应跨度更大、材料更节约、现场装配化程度更高、施工速度更快和施工环境更加环保等优点。

单层索网结构，是第二类柔性结构的典型代表，其结构构件所占建筑空间达到了极限，如苏州奥体中心体育场260m超大跨度单层索网结构，单索直径120mm，用钢量仅10.3kg/m²。而采用刚性结构、刚柔并济结构或其他柔性结构，结构高度至少在5m以上。单层索网结构建筑效果极为简洁，深受建筑师的欢迎。

根据索网形状，单层索网结构可分为轮辐式单层索网结构和正交单层索网结构。

国内单层正交索网屋盖结构在20世纪有一定发展，但跨度未能超过100m，而且为了抵抗风吸荷载，多采用混凝土重屋面。进入21世纪，单层索网玻璃墙如雨后春笋般出现，但大跨度单层索网屋盖结构发展却陷入停滞。

国内轮辐式单层索网屋盖结构一直未有工程案例出现。

主要原因在于，单层索网屋面刚度小，采用常见的膜屋面、直立锁边屋面时，屋面附属结构如何适应其大变形难以得到较好的解决，而且超大跨度单层索网结构施工精度要求高，施工经验欠缺。

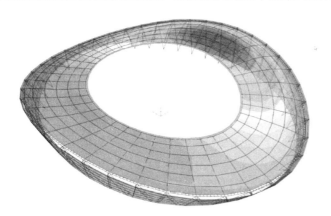

图1　单层索网结构大变形

因此，本报告从设计与施工两个方面进行系统研究，解决超大跨度单层索网结构设计、施工所面临的问题，包括形态研究、双非线性整体稳定分析、高应力索抗腐蚀试验研究和数值分析、柔性索网结构在风荷载下的流固耦合性能研究、附属结构适应单层索网超大变形研究、关键节点创新设计与分析、超大跨单层索网结构的高精度成型技术、健康监测技术。为单层索网结构在国内大跨度建筑屋盖中的应用提供全方位解决方案，实现绿色和高效能建造全过程，填补国内超大跨度单层索网结构空白。

图 2　轮辐式单层索网结构

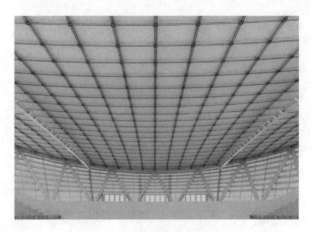

图 3　正交单层索网结构

二、详细科学技术内容

1. 总体思路

设计创新，形成新型大跨空间结构体系，进行找形分析、双非线性整体稳定分析，形成屋面附属结构适应柔性屋面大变形的设计方法。

对典型轮辐式单层索网结构，采用数值分析和气弹性风洞试验两种方法，对单层索网结构在风荷载下的流固耦合性能进行了研究。

对高应力状态下索的防腐蚀性能进行试验分析，为单层索网结构在游泳馆等高腐蚀环境下的应用提供依据。

根据超大跨度单层索网结构设计需要，开发新型节点，建立节点实体模型，进行试验验证。

利用张拉过程，创新设计和施工方法，钢柱设置临时伸缩缝，张拉后焊接闭合；优化边界结构受力，节约用钢量。

通过各施工关键工序的精度控制，减小累积误差，实现大跨结构的超高精度成型。

减少施工支架量和高空作业量，减少大吨位提升系统的需求量，降低安装费用，实现工装轻型化，缩短工期和提高施工效率，分别针对轮辐式单层索网和正交单层索网研究合理、可行的无支架绿色施工方法。

为精确保证施工成型之后的形态，确定结构在零应力状态下的安装位形，研究高效的零状态找形分析方法；为精确掌握柔性索网在牵引提升过程之中的形态，研究确定索杆系静力平衡状态的分析方法。

在施工控制指标方面，为掌握索长误差、张拉力误差以及外联节点坐标误差对索网结构形态影响的特性，确定合理的各误差控制指标，制定验收标准，基于随机误差影响分析，研究多种误差的耦合分析方法以及各误差控制指标的计算方法。

对超长清水混凝土结构的温度应力、配合比、收缩徐变、施工工况进行研究，以实现超长清水混凝土结构无预应力、不设缝，提高清水混凝土效果。

建立健康监测机制，保障结构施工、使用全生命周期的安全。

2. 技术方案

本报告对马鞍形轮辐式单层悬索结构的初始形态进行了优化研究，经过广泛对比，本报告选取遗传算法作为主要研究方法。使用 MATLAB 调用 ANSYS 进行遗传操作，解决了两种软件信息交换的关键问题，编制了相应程序。

采用通用有限元程序 ANSYS，对结构进行了考虑几何非线性和材料非线性的整体稳定分析。

附属结构设计中，细致分析了各静力工况下环向马道、径向排水管、环向排水槽的变形量，设置了大量滑动、转动连接以释放索网变形的不利影响。应用 SAP2000 有限元软件，考虑几何非线性效应，用瞬态分析方法计算了结构的风致响应，得到附属结构的竖向动力放大系数，并应用到静力计算当中。同时，将风致响应计算得到的索网节点三维位移时程作为输入荷载，加到附属结构上，复核其节点滑动量及杆件应力比。

对典型轮辐式单层索网结构，采用数值分析和气弹性风洞试验两种方法，对单层索网结构在风荷载下的流固耦合性能进行了研究。

调查了典型游泳馆的腐蚀环境，按照上述条件设计了恒温恒湿腐蚀试验和中性盐雾加速腐蚀试验。对高应力状态下索的防腐蚀性能进行试验分析，为单层索网结构在游泳馆等高腐蚀环境下的应用提供依据。

根据超大跨度单层索网结构设计需要，开发新型节点，包括双向双索创新索夹、环索创新索夹、可上下滑动的关节轴承支座、可上下左右滑动的关节轴承铰接支座、可上下滑动的关节轴承铰接套筒节点，建立 1：1 节点实体模型，进行有限元分析和试验验证。

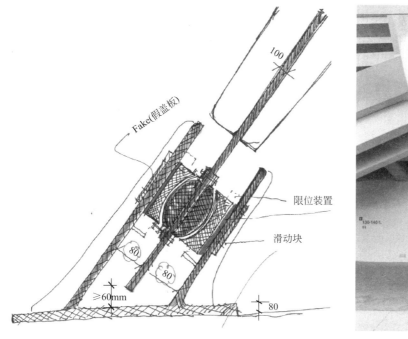
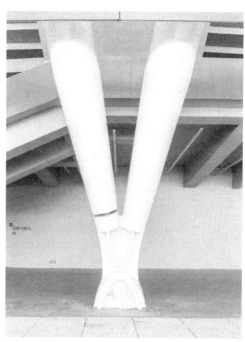

图 4　可滑动的关节轴承铰接支座

索网结构相比一般刚性结构，多了预应力张拉的过程，这一过程，会让边界结构部分构件产生压应力，部分构件产生拉应力。因此，可以利用张拉过程，创新设计方法，优化边界结构受力。选择部分钢柱在柱顶临时设缝，在索网张拉、屋面安装完成后，幕墙安装前，再封闭临时缝。钢柱在使用过程中的受力变得均匀，降低了结构的用钢量。柱截面尺寸也可以趋近于统一，从而可以采用最少的用钢量来实现最佳的建筑效果。

通过各施工关键工序的精度控制，减小累积误差，实现大跨结构的超高精度成型。

减少施工支架量和高空作业量，减少大吨位提升系统的需求量，降低安装费用，实现工装轻型化，缩短工期和提高施工效率，分别针对轮辐式单层索网和正交单层索网，研究合理、可行的无支架绿色施工方法。

为精确保证施工成型之后的形态，确定结构在零应力状态下的安装位形，研究高效的零状态找形分析方法，为精确掌握柔性索网在牵引提升过程之中的形态，研究确定索杆系静力平衡状态的分析方法。

在施工控制指标方面，为掌握索长误差、张拉力误差以及外联节点坐标误差对索网结构形态影响的特性，确定合理的各误差控制指标，制定验收标准，基于随机误差影响分析，研究多种误差的耦合分析方法以及各误差控制指标的计算方法。

对超长混凝土结构的温度应力、配合比、收缩徐变、施工工况进行研究，以实现超长混凝土结构无预应力、不设缝，提高清水混凝土效果。

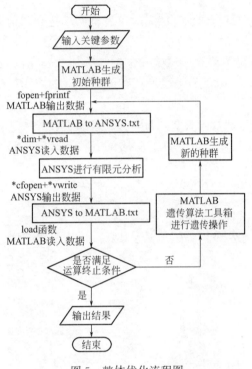

图 5　整体优化流程图

建立健康监测机制，保障结构施工、使用全生命周期的安全。

3. 关键技术

（1）结构体系创新及设计关键科学技术研究

① 本报告对马鞍形轮辐式单层悬索结构的初始形态进行了优化研究。经过广泛对比，本报告选取遗传算法作为主要研究方法。使用 MATLAB 调用 ANSYS 进行遗传操作，解决了两种软件信息交换的关键问题，编制了相应程序。

② 采用通用有限元程序 ANSYS，对结构进行了考虑几何非线性和材料非线性的整体稳定分析。

③ 附属结构设计创新，细致分析了各静力工况下环向马道、径向排水管、环向排水槽的变形量，设置了大量滑动、转动连接以释放索网变形的不利影响。应用 SAP2000 有限元软件，考虑几何非线性效应，用瞬态分析方法计算了结构的风致响应，得到附属结构的竖向动力放大系数，并应用到静力计算当中。同时，将风致响应计算得到的索网节点三维位移时程作为输入荷载，加到附属结构上，复核其节点滑动量及杆件应力比。

④ 对典型轮辐式单层索网结构，采用数值分析和气弹性风洞试验两种方法，对单层索网结构在风荷载下的流固耦合性能进行了研究。

⑤ 调查了典型游泳馆的腐蚀环境，按照上述条件设计了恒温恒湿腐蚀试验和中性盐雾加速腐蚀试验。对高应力状态下索的防腐蚀性能进行试验分析，为单层索网结构在游泳馆等高腐蚀环境下的应用提供依据。

图 6　有应力无涂装拉索腐蚀（136d）

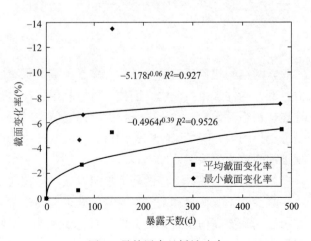

图 7　最外层索丝锈蚀速率

⑥ 根据超大跨度单层索网结构设计需要，开发新型节点，包括双向双索创新索夹、环索创新索夹、可上下滑动的关节轴承支座、可上下左右滑动的关节轴承铰接支座、可上下滑动的关节轴承铰接套筒节点，建立 1：1 节点实体模型，进行有限元分析和试验验证。

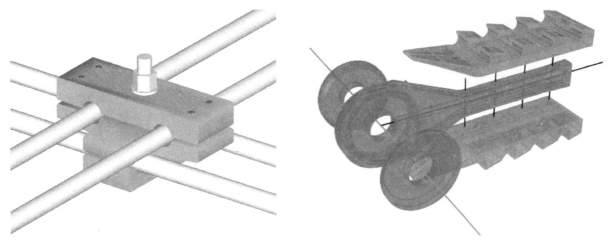

图 8 双向双索创新索夹   图 9 环索创新索夹

⑦ 索网结构相比一般刚性结构多了预应力张拉的过程，这一过程会让边界结构部分构件产生压应力，部分构件产生拉应力。因此，可以利用张拉过程，创新设计方法，优化边界结构受力。选择部分钢柱在柱顶临时设缝，在索网张拉、屋面安装完成后，幕墙安装前，再封闭临时缝。钢柱在使用过程中的受力变得均匀，降低了结构的用钢量。柱截面尺寸也可以趋近于统一，从而可以采用最少的用钢量来实现最佳的建筑效果。

（2）索网张力结构高精度施工成型关键技术

为高精度施工成型和绿色建造，从施工方法、分析方法、施工控制指标、节点试验方法等方面展开了创新性的研究和应用。

①在施工方法方面，针对轮辐式单层索网结构，提出了一种轮辐式单层索网整体提升、分批逐步锚固的施工方法；针对双向单层索网结构，提出了一种双向单层索网结构的无支架高空溜索施工方法。

A. 一种轮辐式单层索网整体提升、分批逐步锚固的施工方法：索网结构主要包括立柱、外压环梁、内环索和径向索，且各径向索的外端锚固节点存在明显高差，根据外压环梁锚固节点的高差，将径向索从结构低点到结构高点分为不同批次，批次数量根据实际情况确定，利用千斤顶提升整体索网，在提升过程中从低点至高点，分批逐步将各批径向索与外压环梁连接锚固，最终结构成型。该施工方法可减少施工支架量和高空作业量，减少大吨位提升系统的需求量，降低安装费用，实现工装轻型化，缩短工期和提高施工效率。

B. 一种双向单层索网结构的无支架高空溜索施工方法：采用空中溜索的方式依序安装承重索和稳定索，并在高强度螺栓上设置中间螺母和端头螺母，实现过程中两次紧固索夹，分别夹紧承重索和稳定索。首先在地面上顺直展开承重索并安装、紧固索夹的底板和中板，通过导索和牵引索将承重索依次安装至设计位置与外压环连接锚固；然后在地面上顺直展开稳定索，在已安装的承重索上沿稳定索方向铺设猫道，将稳定索牵引至高空猫道上展开，并安装和紧固索夹的顶板，张拉稳定索与外压环连接锚固，结构张拉成型。该方法无需支架和大面积工作面，主要设备和工装周转使用，投入量少；拉索在空中运转，易于保护；施工简便，效率高，措施费低，工期短。

② 在施工分析方法方面，为精确保证施工成型之后的形态，通过迭代正算法零状态找形，确定结构在零应力状态下的安装位形；为精确掌握柔性索网在牵引提升过程之中的形态，提出了确定索杆系静力平衡状态的非线性动力有限元法。

A. 迭代正算法零状态找形：基于需求工程，结合轮辐式张力结构零状态找形的概念、找形理论以

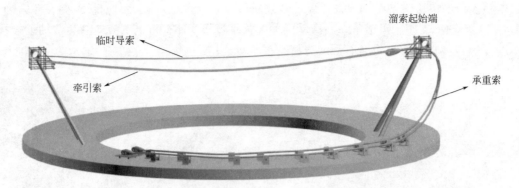

图 10 单层索网无支架高空溜索

及两种零状态找形方法，对比了正算法和反算法的验算精确度，以设计恒载态的索力和位形为目标，利用迭代正算法对苏州奥体体育场挑篷结构进行零状态找形分析。基于该零状态，按顺施工过程分析得到的成型态与设计目标对比，索力和位形最大误差分别为 2.59% 和 4.99%，符合要求，证明了利用迭代正算法进行零状态找形的精度高，最后利用迭代正算法得到的零状态位形提取钢结构关键节点拼装坐标，准确指导了钢结构的下料和拼装。

B. 确定索杆系静力平衡状态的非线性动力有限元法：在牵引安装和张拉成形的施工过程中，作为机构的索杆系存在超大位移、机构位移和拉索松弛，采用常规的线性静力有限元法无法获得其施工阶段的静力平衡状态。采用非线性动力有限元法的找形分析，通过引入惯性力和黏滞阻尼力，建立非线性动力有限元方程，将难以求解的静力问题转为易于求解的动力问题，并通过迭代更新索杆系位形，使索杆系的动力平衡状态逐渐收敛于静力平衡状态。索杆系在分析前处于静力不平衡状态，在分析中处于动力平衡状态，在收敛后达到静力平衡状态，即索杆系由初始的静力不平衡状态间断地运动（非连续运动）至稳定的静力平衡状态。

③ 在施工控制指标方面，轮辐式马鞍形单层索网由径向索、环向索、外压环和柱子构成，结构形式简洁，传力明确，其索力是影响结构性能的重要因素，也是施工验收的关键指标。采用该结构形式的苏州奥体中心体育场挑篷，其所有拉索为定长索，因此该工程在施工成型时，影响索力的主要误差因素有：径向索长、环向索长和外联节点坐标。提出了随机误差影响分析方法，分别进行了上述三因素的独立误差和组合误差分析研究，掌握了各误差对索力的影响特性，并确定了合理的各误差控制指标，从而保证最终索力达到验收标准。

④ 在节点试验方法方面，针对工程中的索夹安全性能，设计了一种拉索-索夹组装件抗滑移承载力的试验方法：先在索体上安装试验索夹和预紧高强度螺栓，其中在高强度螺栓下安设紧固压力传感器监测高强度螺栓紧固力；然后张拉拉索至设计索力；然后，静置至高强度螺栓紧固力衰减稳定，以制动索夹为制动点，采用千斤顶顶推试验索夹的主体，同步监测高强度螺栓紧固力、千斤顶顶推力和索夹滑移量，直至索夹明显滑移，测得索夹抗滑承载力。该试验方法是精细化的试验，试验过程符合实际施工过程，充分考虑了索力增加、高强度螺栓应力松弛、索体蠕变及其时间效应对索夹抗滑承载力的影响，并根据顶推力-滑移量曲线明确索夹抗滑承载力，再结合高强度螺栓的有效紧固力推算出索体和索夹间的综合摩擦系数。通过试验，掌握了螺栓应力松弛的变化规律，揭示了索夹抗滑的机理，提出了索夹抗滑的计算公式，确定了试验工程的计算参数，明确索夹制作和施工的工艺，保证了结构的安全性。

⑤ 通过采用全过程 BIM 技术和数值模拟分析技术、外压拼五留三预拼技术、V 形柱和压环梁仿形工装技术，实现了压环梁的法兰连接，达到了压环与索头连接的销轴孔中心点关键节点±20mm 以内超高精度成型。

（3）超长清水混凝土看台抗裂技术研究

创新性地采用了不设预应力筋、不设缝的超长清水混凝土看台结构体系，通过多参数高精度混凝土温度应力分析，优化配合比、跳仓施工、添加高效抗裂纤维顺利实现了 800m 超长混凝土不设缝，形成了一套超长清水混凝土抗裂防渗漏关键技术。

（4）全生命周期健康监测技术研究

体育场、游泳馆结构设计多方面突破国家规范，创新节点多，跨度挑战大，科技含量高。因此，设置了健康监测系统，对钢结构屋盖的施工过程和长期工作状态进行监测和故障预警。监测内容包括风向、风速、钢构件应力、索力、变形、内环加速度等。同时，监测数据可视为 1 : 1 的实体模型试验数据，可以用于检验、修正、完善和发展现有单层索网结构理论体系。

4. 实施效果

本报告研究成果在苏州奥体中心成功运用，实现了国内首个体育场 260m 超大跨度轮辐式单层索网结构，实现了国内首个 107m 大跨度游泳馆上覆直立锁边刚性屋面正交单层索网结构。体育场屋盖用钢量仅 10.3kg/m²，游泳馆屋盖用钢量 10.4kg/m²，索网精度偏差仅 17mm，目前均已建成。举办多次国家级、省级技术交流观摩会，为单层索网大跨屋盖结构设计施工综合技术的推广奠定了良好的社会基础。

项目所开发的可滑移关节轴承节点技术，在苏州奥体中心得到成功应用，为今后在其他工程推广应用该节点技术提供了宝贵的经验，并促进节点技术在其他工程项目中的应用，产生良好的经济效益和社会效益。例如，位于地下 700m 的中科院江门中微子项目，其中的连接节点就采用可滑移的关节轴承节点，获得相关单位的高度认可。随着国内大型建筑的兴起，可滑移关节轴承节点技术在建筑行业内的应用将会越来越广泛，并推动行业内的节点技术的进步，为实现轻量化绿色建造的目标做出突出贡献。

图 11　体育场轮辐式单层索膜屋面实景　　图 12　游泳馆单层正交索网金属屋面实景

三、发现、发明及创新点

本报告从设计与施工两个方面进行系统研究，解决超大跨度单层索网结构设计、施工所面临的问题，包括形态研究、双非线性整体稳定分析、高应力索抗腐蚀试验研究和数值分析、柔性索网结构在风荷载下的流固耦合性能研究、附属结构适应单层索网超大变形研究、关键节点创新设计与分析、超大跨单层索网结构的高精度成型技术、健康监测技术。

为单层索网结构在国内大跨度建筑屋盖中的应用提供全方位解决方案，实现绿色和高效能建造全过程，填补国内超大跨度单层索网结构空白。

1. 设计创新技术

（1）本报告研究成果在苏州奥体中心成功运用，实现了国内首个体育场 260m 超大跨度轮辐式单层索网结构，实现了国内首个 107m 大跨度游泳馆上覆直立锁边刚性屋面正交单层索网结构。体育场屋盖用钢量仅 10.3kg/m²，游泳馆屋盖用钢量 10.4kg/m²，目前均已建成；

（2）创新设计单层索网屋面附属结构，以适应柔性索网大变形；

（3）创新双向双索索夹，创新环索索夹，创新环梁索端连接节点，创新可上下滑动的关节轴承铰支座、可上下左右滑动的关节轴承铰接支座、可上下滑动的关节轴承铰接套筒节点；

（4）创新钢柱临时伸缩缝的设计方法。

2. 施工创新技术

（1）创新线性动力有限元（NDFEM）法，进行索网施工全过程分析；

（2）创新一种轮辐式单层索网整体提升、分批逐步锚固的施工方法；

（3）创新一种双向单层索网结构的无支架高空溜索施工方法；

（4）创新一种拉索-索夹组装件抗滑移承载力的试验方法。

采用以上方法，索网结构成型后实测数据与模拟分析相比最大差值仅 17mm，精度极高。

四、与当前国内外同类研究、同类技术的综合比较

与常规大跨空间结构相比：本成果关键技术采用单层索网结构，解决了屋面附属结构适应柔性索网大变形的难题，创新了节点和设计方法，结构构件所占建筑空间达到了极限，建筑效果极为简洁，用钢量仅 10kg/m² 左右，节约钢材明显。创新了施工分析方法和工艺，索网安装无支架，减少高空作业量，减少大吨位提升系统的需求量，降低安装费用，实现工装轻型化，缩短工期和提高施工效率。

与常规钢结构施工相比：采用本成果关键技术，受压环梁可全部采用超大法兰盘连接，大大减少现场焊接量；外压环采用工厂拼五留三预拼装技术，V 形柱和压环梁安装采用胎架顶部仿形工装技术，实现了压环梁与索头连接的销轴孔中心点关键节点 ±20mm 以内高精度控制。

与常规大型体育场馆钢筋混凝土看台相比：创新性地采用了不设预应力筋、不设缝的超长清水混凝土看台结构体系，通过多参数高精度混凝土温度应力分析，优化配合比、跳仓施工、添加高效抗裂纤维顺利实现了 800m 超长混凝土不设缝，形成了一套超长清水混凝土抗裂防渗漏关键技术。

本课题在关键技术研究中取得了多项技术创新，经查新，国内外未见报道，具体如下：未见国内外体育场馆采用 260m 跨轮辐式单层索膜屋面及现场高精度施工控制的报道；未见国内外采用可滑动关节轴承铰支座设计施工的报道；未见国内外有钢环梁法兰制作循环预拼技术及法兰连接钢环梁现场合拢技术的报道；未见环向马道设计成直接安装在内环索上方，径向马道布置在膜拱上方，并采用单元间滑动连接技术，有效适应索膜屋面大位移的报道；未见环索索夹采用 Q390C 钢板和 GS20MN5V 铸钢索槽焊接的组合式索夹的报道；未见有工程采用 800m 超长混凝土结构、不设置预应力梁及相关抗裂控制施工技术的报道。

研究成果经江苏省土木建筑业学会组织科技鉴定，专家委员一致认为：成果总体达到国际先进水平，其中组合式环索索夹、单向和面内滑动的特种关节轴承铰支座、压环梁与索头连接的销轴孔中心点最大偏差 20m 以内高精度成型控制技术达到国际领先水平。

五、第三方评价、应用推广情况

1. 第三方评价

本研究成果得到了江苏省、苏州市委、苏州工业园区管委会的高度肯定，得到高度评价。

某中国工程院院士——"苏州园区体育中心体育场出彩之处在于屋面结构设计。通过精密的构思，真正融建筑与结构设计于一体，实现目前国内跨度最大的单层索膜屋面体育场"；

某全国工程勘察设计大师——"苏州园区体育中心体育场向心关节轴承设计巧妙，为国内首次使用，技术含量高，安装难度大，工程的结构设计达到了与国际接轨，提升了我国的整体结构设计与施工水平"；

空间钢结构协会某教授——"苏州园区体育中心项目体育场无论是结构设计还是索网施工，都有许多技术特点和创新之处，在世界上都属于难得一见的工程"。

2. 应用推广

本报告研究成果在苏州奥体中心成功运用，实现了国内首个体育场 260m 超大跨度轮辐式单层索网

结构，实现了国内首个 107m 大跨度游泳馆上覆直立锁边刚性屋面正交单层索网结构，体育场屋盖用钢量仅 10.3kg/m²，游泳馆屋盖用钢量 10.4kg/m²，日前均已建成，取得了广泛的社会关注，各大媒体（科技日报、中国建设报、扬子晚报、苏州日报等）和网站（人民网、新华网、央视网、苏州政府网、网易、新浪网、中广网等）也纷纷进行了大篇幅报道，为单层索网结构设计施工综合技术的推广奠定了良好的社会基础。

正在施工的上海浦东足球场，建成后将作为上港队主场，满足未来上海承办世界杯、奥运会等国际顶级赛事的需要。项目总建筑面积 13.9 万 m²，固定座席数为 34000 个，上部屋盖平面尺寸 211m×173m，采用了本报告的关键技术，目前已通过上海市抗震专项审查和施工图审查，正在进行结构施工。

3. 论文引用情况

江苏省土木建筑业学会、中国空间钢结构协会，施工技术杂志社等学术组织和专业刊物就本技术成果展开多次交流，关键技术成果发表 SCI 论文 2 篇，EI 论文 1 篇，其他中文核心期刊 7 篇。

六、经济与社会效益

1. 实现经济效益 1653 万元；

2. 过程各类质量与技术观摩达到 118 次，累计接待 10023 人；

3. 成功举办 2016 年江苏省建筑施工技术创新与质量管理标准化现场观摩会、第三届全国索结构技术交流会；

4. 受到国内知名媒体累计报道 40 余次；受到业界一致好评，取得良好的综合效益。

基于联合投资人（UIP）的雄安市民服务中心园区高效建造技术

完成单位：中国建筑股份有限公司、中建三局集团有限公司、中海地产集团有限公司、中国中建设计集团直营总部、广东中集建筑制造有限公司、中国节能环保集团有限公司、中建钢构有限公司

完成人：汤才坤、彭明祥、曾运平、郭　磊、李云贵、黄文龙、刘　创、周千帆、许立山、游德强

一、立项背景

设立雄安新区是千年大计、国家大事。雄安新区将在绿色智慧新城、优美生态环境、高端高新产业、优质公共服务、绿色交通体系、体制机制改革、全方位对外开放七个方面，着力建设成国际一流、绿色、现代、智慧城市。

雄安市民服务中心项目位于河北省容城东部的小白塔及马庄村界内，是雄安新区投资建设的首个工程，是新区面向全国乃至世界的窗口。工程总占地 24.24 万 m^2，总建筑面积 10.02 万 m^2，由 7 栋 2～5 层钢结构和 1 栋 3 层集成化模块房屋构成。该项目是雄安新区面向全国乃至世界的窗口，承担着雄安新区政务服务、规划展示、会议举办、企业办公等多项功能，是雄安新区功能定位与发展理念的率先呈现。

图 1　雄安市民服务中心项目效果图

项目由中建三局集团有限公司（简称中建三局）、中海地产集团有限公司（简称中海地产）、中国中

建设计集团有限公司（简称中建设计）、中建投资基金管理（北京）有限公司（简称中建基金）组成的联合体中标。创新性地采用投资、建设、运营、基金管理一体化模式，为国内首例联合投资人（简称UIP）模式，由中国雄安建设投资集团（简称雄安集团）与中标的中建联合体组成联合投资人共同设立基金并负责基金的管理，打破了"投资人不管建设、建设者不去使用"的传统模式。

项目采用矩阵式联合总承包施工管理，大量采用装配式建造技术、基于BIM的信息化建造技术、绿色建造技术、海绵城市，研发了冬期施工成套技术，实现了112d严苛工期条件下的高效施工，打造了低碳、共享、开放的数字化园区，为雄安新区后期建设起到了示范引领作用。

二、详细科学技术内容

1. 联合投资人（UIP）项目管理技术

突破常规提出联合投资人模式，丰富了多元化融资渠道，共同拓展收益空间。通过对传统常规模式设计施工分离、服务过程具有局限性问题分析，提出设计单位作为联合投资人一员，提供全生命周期设计咨询高效的管理服务，实现项目服务范围、服务周期全覆盖。针对传统项目施工管理协调量大、资源分散及冬期施工效率低等难点，提出基于联合投资人角度的联合施工总包的架构组成，实现采购及施工全面协调的方式集成管理。

（1）有限合伙基金为核心的项目投资管理

本项目由雄安集团、中建三局、中海地产、中建设计、中建基金五家共同构成联合投资人。该联合投资人的主营范围有效覆盖了土地开发、投融资、规划设计、建筑施工、运营管理等建筑行业全产业链的服务内容。

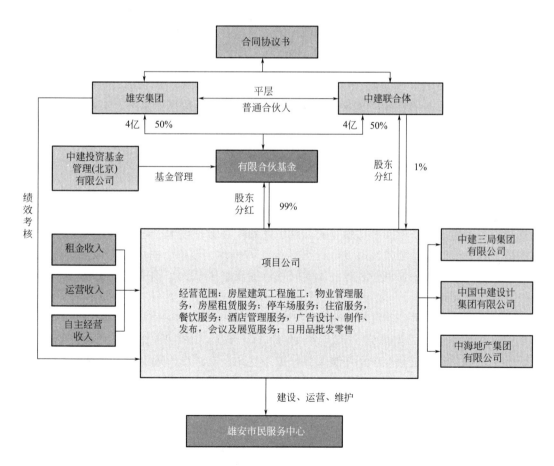

图2　联合投资人建设模式交易结构简图

在雄安市民服务中心项目操作过程中，基金用于投资项目建设和后期产业导入，项目公司负责园区的设计、施工、运营，并实现资金平衡的具体实施和管理。本项目的实施全过程分为建设期与运营期两个大的阶段，建设期通过项目公司股东实投资本（基金）与项目建设投资之间达到平衡；运营期通过经营收入覆盖经营支出实现平衡。在项目投资管理中引入基金突破了常规建筑方式的限制，提供了多元化的融资渠道去解决建设资金来源问题，同时由于拥有可证券化的基础资产，也为投资人展示了巨大的收益拓展空间。

（2）建筑师负责制的设计总承包管理

在以往的建设过程中，设计单位执行建设单位的要求进行设计工作。在 UIP 模式下，设计单位也是联合体的一员，其作为投资方，使自己不再以追求获取设计合同的最大利润为目标，而是综合考虑建筑产品性能最优，以期未来能获取的最大收益。

分析 UIP 模式下设计单位的特点，实质上是建筑师负责制的一种表现形式。建筑师负责制是以担任民用建筑工程项目设计主持人或设计总负责人的注册建筑师为核心的设计团队，依托所在的设计企业为实施主体，依据合同约定，对民用建筑工程全过程或部分阶段提供全寿命周期设计咨询管理服务，最终将符合建设单位要求的建筑产品和服务交付给建设单位的一种工作模式。在雄安市民服务中心项目中，中建设计作为设计总包，充分考虑建筑的整体设计品质，从参与规划、提出策划、完成设计、监督施工、指导运维、更新改造、辅助拆除多个维度实现其价值。设计团队设置了驻场代表，在项目合约期内全程提供支持。

（3）矩阵式联合总承包施工管理

为保证园区按预期开展运营并获取收益回报，建筑产品的施工建造过程十分重要，要能在快速建造的同时确保工程的质量。中建三局作为投资人之一，承担了施工总承包的工作任务，在实施过程中将生产高品质的建筑为第一目标，以超常规的资源投入和超高效的团队执行力实现了园区的完美交付。

在 UIP 的模式下，项目公司负责 ECPO 全过程管控，中建三局在深化设计（E）、施工（C）和采购（P）三个过程都具备丰富的资源储备，为项目公司对应的工程管理部、设计部、合约商务部、质量安全部、大数据部提供了大量的信息和资源通道，有效压缩了整体施工周期。

整个项目部架构基于集成管理思想，强化总承包管理职能，采用扁平化、标准化的矩阵式架构。横向为联合总包部各职能部门，纵向为工区个专业执行小组。由于工区界面采用物理切分，工序间衔接交叉较少，现场以纵向工作部门协调指令为主。

2. 基于装配化的高效建造技术

通过对雄安市民服务中心项目工程特点分析，针对项目工程 112d 工期、横跨春节、涉及专业广且关系复杂的特点提出超细颗粒度工程计划、动态网络计划控制管理技术。通过对项目绿色、低碳建设理念分析，保证工程施工质量及建筑舒适度，提出涵盖主体机构、装饰、机电全专业的装配式建造技术。针对项目规模、施工复杂性、协调管理难度大的问题，提出基于 BIM、物联网、大数据、云端处理的信息化建造技术。

（1）超细颗粒度全过程动态进度计划管理

结合本项目建筑体量及工期因素，2017 年 12 月 7 日开工，2018 年 3 月 28 日竣工，合同总工期112d，横跨春节，项目施工过程短、工序交叉多，关系复杂，对进度管理提出了很高要求。

结合项目各阶段施工特点，梳理项目关键线路，以项目工期管理为主线，按照设计线、工程线和招采线三条线对项目进度计划进行综合分析，齐头并进。

（2）多种类全专业装配化建造技术

为响应新区建设绿色、低碳的理念，同时确保在快速建造过程中的施工质量和建筑舒适度，本项目在建设过程中采用了大量的装配式施工技术，有效克服解决项目各专业现场施工周期短、现场专业施工工序烦琐、劳动力技术水平参差不齐，影响施工质量及工期进度问题，为此类项目施工的顺利开展如期履约提供了坚实保障。

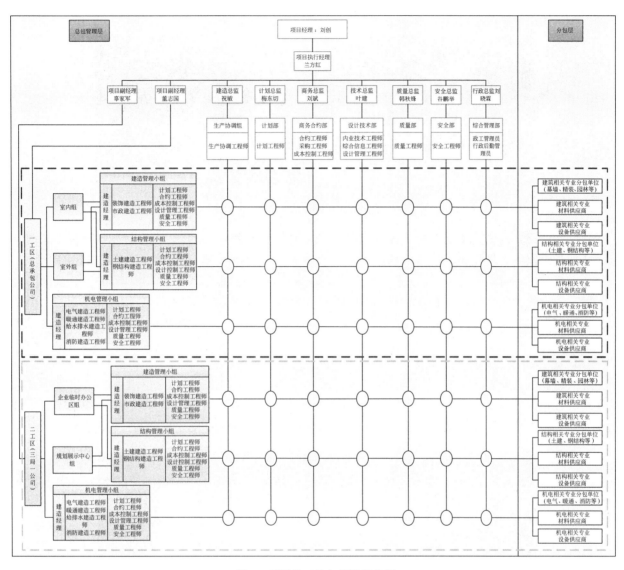

图 3　项目施工总包组织机构图

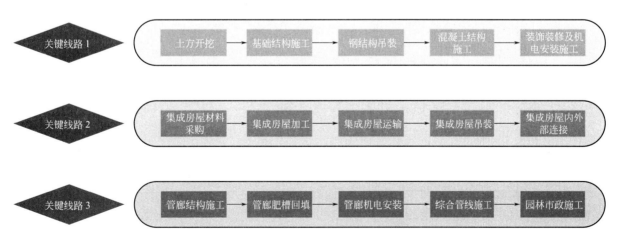

图 4　关键线路图

　　装配式钢结构的应用，提高生产效率节约能源，发展绿色环保建筑，并且有利于提高和保证建筑工程质量。与传统现浇施工相比，可有效减少环境、人为因素影响，压缩工序技术间歇时间，实现立体交叉作业，提高工效。

图 5　钢结构预制加工

本工程建立了机电设备安装数字化预制加工基地，设置办公及展示区、VR 展示区、原材料堆放区、半成品堆放区、生产加工区等区域，占地面积 3000m²，通过专业软件完成三维建模、加工制作，具备图纸自动生成、材料统计生成、碰撞检查、消隐处理及管路等级生成等功能。

绿色工业化全装修选用标准化、工厂化生产的部品材料，部品制作安装、湿作业工序大部分工作于工厂内的标准流水线中完成，保证了部品质量、具有更高效生产力，有效减少部品现场作业，工程实施进度更为可控。

（3）基于 BIM 的信息化建造技术

雄安市民服务中项目探索基于 BIM 的信息化建造技术，开工时就引入云筑智联智慧工地平台，以该平台为数据集成枢纽，承载项目建设的所有工程数据，包括监控、进度、质量、安全等数据，通过集约化管理，将建造过程的环境、数据、行为近乎透明地展示在决策者面前，辅助项目管理。

图 6　智慧建造管理平台

该平台将传统的智慧工地、BIM、施工信息化管理融合到了一起，其集成度达到了新的高度。该平台作为数据集成枢纽，将虚拟的 BIM 模型、无人机航拍图像、监控影像、施工管理的记录、大量环境监测水电能耗监测等物联网设备的数据全部囊括，实现建筑施工全过程的数据自动采集、分析并预警。

（4）寒冷条件下的质量保证措施

雄安新区地处中纬度地带，属暖温带季风型大陆性气候，具有四季分明、春旱多风、夏热多雨、秋凉气爽、冬寒少雪等特点。全年平均气温 12.4℃，极端最高气温 41.2℃，极端最低气温－22.2℃，年均无霜期 204d。年极值平均最大冻土深度 66cm，历年最大冻土深度为 97cm。

项目成立冬期施工领导小组，落实具体责任人，明确责任。从技术、质量、安全、材料、机械设备、文明施工等方面为冬期施工的顺利进行提供有力的保障。例如，对冬期施工混凝土采取热水搅拌，对出罐及入模温度持续监测，同时采取围护及加热措施，保证施工温度，实时记录养护温度，保温覆盖等措施落实到位，确保混凝土质量。

| 楼板底聚苯板保温 | 楼面岩棉被保温 | 结构外立面防风油布 | 室内热风机升温 |

| 值班人员记录实时温度 | 质量员抽查结构表面温度 | 电子测温仪测温记录 |

图 7 混凝土浇筑质量监控

（5）绿色施工组织管理

本工程整个施工过程中的绿色施工均实施动态管理，对施工策划、深化设计、方案编制、技术交底、材料采购、现场施工、工程验收等各阶段进行管理和监督。对项目管理人员进行绿色施工知识培训，增强职工绿色施工意识，对各部门绿色施工协调人员进行资料收集和过程监督培训。

项目通过制定绿色施工方案，加强环境、现场施工能源管理，确保设计所选择的材料符合绿色施工标准，采用创新建筑施工技术，对本项目建筑工程施工现场原材料、水、电、机械消耗的现状进行分析，列举施工现场原材料、水、电、机械降低消耗的方法。

此外，项目借助智慧建造管理系统，通过物联网技术，采集项目环境、能耗、监测的实时数据，通过对数据的分析，实现对现场的综合管控，达到绿色施工和经济效益最大化相辅相成的目的。

3. 低碳共享模式的数字化高品质园区构建技术

园区贯彻将雄安新区建成"绿色智慧新城"的规划理念，按照绿色、智能、创新要求，推广绿色低碳的生产生活方式和建设运营模式，使用先进环保节能材料和技术工艺标准进行项目建设。

（1）能源复合利用的低碳园区

园区采用"浅层地源热泵＋蓄能水池冷热双蓄＋再生水源"复合能源供应方式，打造项目供暖、制冷、生活热水一体化系统。

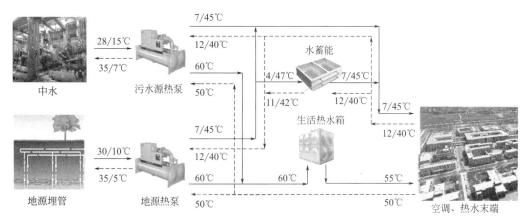

图 8 园区"浅层地源热泵＋蓄能水池冷热双蓄＋再生水源"复合能源供应

经统计，复合能源供应系统年节约用电达 1447kW·h。

园区复合能源供应系统节能统计
表1

序号	能源利用方式	可利用量	装机冷负荷(kW)	年冷负荷贡献(万 kW·h)	装机热负荷(kW)	年热负荷贡献(万 kW·h)
1	再生水	500t/d	140	27	174	33.7
2	浅层地温能	按需配置	6807	473.5	5812	371.8
3	水蓄能	冷负荷的20%	1737	270	1737	271
	合计		8684	770.5	7723	676.5

（2）以个人信用账户为核心的数字园区

雄安新区在本地区设置专用的雄安云，建设首个打破数字壁垒的块数据平台，通过物联网、移动通信、大数据等技术，将城市治理过程中所有需要的信息进行收集并归类处理，打造交互映射、融合共生的"数字孪生城市"。在"数字孪生城市"指引下，就需要对所有的人和物都进行数字化管理，建立"1+2+N"的个人信用账户及诚信系统，并提供信用服务。

图9 大数据信用评估体系

围绕市民服务中心整个园区基于 BIM 技术的智慧园区可视化运维管理平台，可实现对园区内部的所有数据进行全面搜集、大数据在线整理分析、智慧管控、在线智能控制分析的智慧园区运营管理平台。

三、发现、发明及创新点

本研究的创新性、先进性主要体现在：

（1）提出了一种新的工程建设投资模式；解决了工程融资、建筑设计、产品施工和运营维护全流程关系方多、协调难度大、整体周期长的难题；实现了投资人同时完成设计、施工、运营、基金一体化管理的创新。

（2）研发了一种基于装配化的高效建造技术；解决了在寒冷地区全冬季高品质施工的难题；实现了综合园区的超短工期高效建造。

（3）研发了一种基于适用于工程建设管理的信息综合平台；解决了建设过程中参与方多、沟通协调难、信息不对称的难题，实现了建筑信息、管理信息、环境信息的融合，提高了整个建设团队的工作效率。

（4）构建了低碳、共享的数字园区，在新区建设纲要的框架之下，将综合管廊、海绵城市、智慧园区等概念进行了实际的落地，起到了为后期建设样板示范的作用。

四、与当前国内外同类研究、同类技术的综合比较

较国内外同类研究、技术的先进性在于以下几点：

（1）项目采用联合投资人模式（UIP），该模式与工程领域传统的 PPP、BT、BOT 等均不同，是国内首次使用的投资建设模式。在联合投资人模式下，发包人与投资人共同投资成立基金，并由基金注资成立项目公司，承包人带有设计、施工、运营及基金管理资质，组成高度集成的项目管理团队，完成项目全生命周期内各阶段的工作。

（2）项目为装配式建筑，除主体结构采用钢结构之外，二次结构、装饰、机电等多专业都大量采用预制部品进行安装，其中企业办公区采用了可生长模块多功能综合体集成房屋，预留了未来可弹性扩张的可能，单个模块内部集成装配率超过 85%。

（3）园区"海绵城市"设计综合采用雨水沟、植草沟、生态净化群落、石笼挡墙等，与目前已有的海绵城市设计相比，技术综合性更强。

（4）项目在建设过程中集成 BIM、项目管理过程及物联网设备信息的"智慧建造管理平台"，该平台与传统的项目管理平台相比，集成度更高，分为质量、安全、进度、劳务、监控及资料等模块，辅助工程总承包对项目的多维度管理。

（5）项目在建设过程中采用三维斜侧摄影＋监控锚点的全景监控系统，以无人机航拍建立现场三维实景模型，将监控锚点挂接在实景模型之上，管理者可以在"智慧建造管理平台"的实景模型监控锚点查看现场情况，比传统的工地视频监控系统更直观。

（6）园区在建设过程中采用一卡通＋人脸识别＋GPS 定位技术的劳务实名制综合管理技术，多种技术同步使用，使劳务管理更加准确、便捷。

（7）采用数字化园区设计，通过在建筑内的两万多个传感器，实现对楼宇的智能控制，并通过"1＋2＋N"的个人账户体系，实现人员在园区内的各种智慧场景应用。

（8）园区内基本实现职住平衡，除了办公空间，还配备有公寓及酒店、超市、健身房、幼儿园、快递驿站、书店、商铺等，加上分散在园内的篮球场、羽毛球场、健身步道等，实现办公生活的生态圈。

五、第三方评价、应用推广情况

1. 第三方评价

（1）中建集团科技成果鉴定

2018 年 6 月 26 日，中国建筑集团有限公司在武汉组织召开科技成果评价会，市民中心项目"基于联合投资人（UIP）的雄安市民服务中心高品质园区高效建造技术"参与评价，成果总体达到国际先进水平。

（2）科技查新

2018 年项目委托亚太建设科技信息研究院公司（原建设部科技信息研究所）对项目《基于雄安市民服务中心项目的新型建造方式的研究与应用》、《一种项目集成智慧建造管理平台研究与应用》两项成果进行科技查新。结果显示，在国内所查文献范围内，未有与两项成果特点完全相同的报道。

2. 推广应用

雄安市民服务中心项目为新区的建设做出了样板，其海绵园区、智慧共享、职住平衡、综合管廊、复合能源等先进的设计理念充分响应了新区建设《规划纲要》中的目标。施工过程中，在确保工期履约的同时，将质量、环保、人文的管理要求贯穿始终，为新区下一步的建设提供了大量可借鉴的经验。研究的整体技术具有良好的可推广性，将成为短期内新区建设的示范。

六、经济效益

项目设计中充分考虑绿色考虑建筑的评价标准，选用了多种节能技术及环保材料。在施工过程中，

大量使用建筑业十项新技术，践行"四节一环保"的绿色施工指导方针，预期累计节约施工成本约1060万元。

其中，基于BIM的管线综合技术节约成本约50万元；机电管线及设备工厂化预制技术节约成本约20万元；金属风管预制安装施工技术节约成本约10万元；防水卷材机械固定施工技术节约成本约50万元；钢结构深化设计、钢与混凝土组合结构应用技术创造效益约270万元；钢结构住宅应用技术节约成本约70万元；建筑物墙体免抹灰技术节约成本约70万元；预制构件工厂化生产加工技术创造效益约220万元；智慧工地与BIM全周期应用，为项目建造及后期运营创造效益约300万元。

七、社会效益

雄安市民服务中心项目作为雄安新区建设的第一个工程项目，社会关注度极高。项目被中央电视台报道28次，被人民网报道12次，被人民日报报道7次，被新华网报道20余次；此外，本地媒体河北日报、河北电视台、中国雄安网等也对项目进行了多次报道。国家部委及河北省领导也曾莅临项目考察指导。项目在绿色、智能、装配式等多个方面的创新实践具有一定的引导示范意义，园区在超严苛的时空限定下顺利交付体现了中国建筑的品牌实力，也体现了央企在支持雄安新区建设的责任与担当。

雄安市民服务中心项目在建设过程中始终贯彻"创新、协调、绿色、开放、共享"的发展理念，强化执行、狠抓落实，成为雄安新区"高起点规划、高标准建设"的典范。而此项目打造的雄安模式、雄安质量、雄安智慧和雄安精神，也将继续为中国以及世界未来城市的发展贡献中国样板和中国智慧。

基坑补偿装配式 H 型钢支撑体系研究与应用

完成单位：中国建筑第八工程局有限公司、中建八局第三建设有限公司
完成人：孙　旻、王　浩、冉岸绿、王俊侠、方兴杰、夏小军、王国欣、程建军、田惠文、韩　磊

一、立项背景

随着城市地下空间的开发规模不断扩大，每年全国基坑施工的面积和数量亦不断增加。这些基坑的一般特点是基坑面积较大，达到数千乃至上万平方米。而在我国南方软土地区，基坑往往设置内支撑，内支撑体系一般采用混凝土支撑体系。众所周知，混凝土支撑体系在地下空间结构完成过程中需进行拆除，产生大量的废弃混凝上。这些废弃混凝上虽然部分可以作为 些再生建筑材料的原料，绝大多数作为建筑垃圾废弃，对环境造成破坏。

相比混凝土内支撑体系，钢结构内支撑可反复使用，使用过程中不产生废弃物，具有绿色环保的特点。但在我国，钢结构内支撑往往只在狭长形基坑，诸如地下通道、地下立交、地下车站基坑中使用，支撑均单向设置且长度一般不超过 40m，应用范围受到限制。

钢支撑特别是超长钢支撑，随着基坑的长期暴露，支撑轴力有可能出现衰减，造成支撑变形，从而引起围护结构和周边环境的变形增加。尽管可以采取复加轴力措施，但二次复加轴力施工难度很大，而且不能做到及时、迅速复加轴力，对基坑变形控制造成不利。对于超长钢支撑体系，现有的用于 $10\sim20m$ 短支撑的轴力补偿系统已不再适用，需开发超长钢支撑轴力补偿系统，对支撑轴力进行自动补偿，从而达到保护周边环境的目的。

现阶段我国钢支撑设计主要需遵循《建筑基坑支护技术规程》JGJ 120—2012 及《钢结构设计标准》GB 50017—2017 的相关规定。现有钢支撑设计理论未考虑托梁刚度、接头半刚性、组合体系对支撑稳定性的影响，也未给出温度、立柱隆起、施工误差对钢支撑受力的影响。

综上所述，为实现基坑绿色建造的目标，减少混凝土废弃量，在深大基坑应用钢支撑技术，急需开展理论研究，解决现有钢支撑体系缺少设计理论和设计方法的问题，同时研发施工精度高、施工速度快的新型补偿装配式 H 型钢支撑体系。

二、详细科学技术内容

1. 总体思路

（1）钢支撑设计理论研究

研究托梁刚度、构件接头半刚性、组合体系平面稳定、立柱隆起、温度荷载、施工误差和轴力补偿因素对钢支撑稳定性及受力性能的影响。

（2）新型 H 型钢支撑设计方法研究

研究整体、构件、节点及附属结构的新型钢支撑设计方法。

（3）新型 H 型钢支撑制造和施工技术

研究钢支撑制作标准、施工流程及施工控制参数。研发轴力自动监测系统和轴力自动补偿系统。开展预加轴力施工技术研究。

（4）研发新型 H 型钢支撑组合体系

研发的 H 型钢-混凝土组合支撑、超大角撑及双拼双层支撑体系应用于示范工程，形成新型 H 型钢

支撑设计、施工、监测成套技术。

2. 技术方案

研究首先针对新型钢支撑桁架式、预制拼装的特点，并考虑立柱隆沉、温度荷载、施工误差对钢支

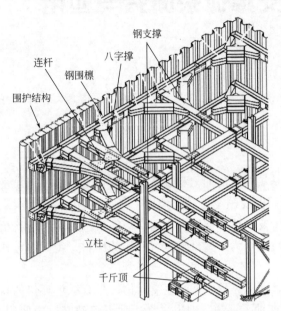

图 1　基坑补偿装配式 H 型钢支撑体系

撑受力的影响，以推导理论解和有限元数值模拟为手段开展设计理论研究。在形成相应的设计理论的基础上，开展钢支撑单一构件及结构体系设计方法的研究，完善新型支撑节点设计。之后在设计理论和设计方法的指导下，制造新型钢支撑构件及节点，研究施工技术。最后开展示范工程，在工程中形成新型钢支撑组合体系设计、施工、监测的成套技术。

3. 关键技术

关键技术一：完善钢支撑设计理论

现有钢支撑理论未考虑托梁刚度、构件接头半刚性、组合体系平面稳定对钢支撑稳定性的影响，也未考虑立柱隆起、温度荷载、施工误差对钢支撑受力性能的影响。项目依据新型 H 型钢支撑体系（图 1），建立了相应的力学模型（图 2～图 4）和微分方程，通过理论公式推导和计算方法研究，揭示了托梁刚度、构件接头半刚性、组合体系平面稳定、立柱隆起、温度荷载、施工误差等因素对钢支撑体系稳定性和受力特性的影响，

完善了钢支撑设计理论。

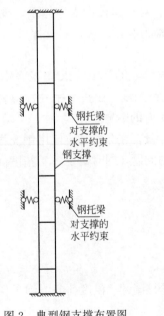

图 2　典型钢支撑布置图

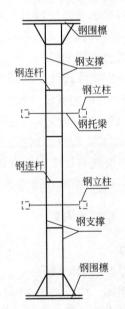

图 3　计算模型（水平向）

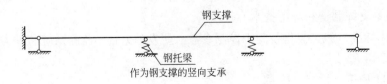

图 4　计算模型（竖向）

（1）托梁作为钢支撑的弹性支撑，其刚度对钢支撑的稳定性有较大影响。托梁刚度不足时，支撑无法达到极限承载力。托梁刚度足够时，达到极限承载力的钢支撑失稳曲线如图 5 所示。通过对支撑轴力下多跨弹性支座连续梁微分方程的求解，得到当钢支撑极限承载力达到最大时所需要的最小托梁刚度的理论公式（式 1）。

$$K = \frac{\alpha \pi^2 EI}{L^3} = \frac{4N_{cr}}{L} \qquad 式（1）$$

式中：α 为弹簧刚度系数，L 为跨度，EI 为支撑抗弯刚度。

图 5 钢支撑失稳曲线（托梁刚度足够）

（2）拼装式钢支撑，支撑间存在采用连接板及螺栓进行连接的接头。带有半刚性节点支撑的力学模型如图 6 所示。其节点半刚性必然对钢支撑的计算长度造成影响。根据力学模型形成微分方程 [式 (2)]，结合边界条件，求解得到预制拼装钢支撑构件计算长度的理论公式 [式 (3)]。

$$0 \leqslant x \leqslant L_1, EI y''_1 + N y'_1 = 0$$
$$L_1 \leqslant x \leqslant L, EI y''_2 + N y'_2 = 0 \qquad 式（2）$$

$$\frac{EIk}{R_s} \sin kL_1 \sin kL_2 - \sin kL = 0 \qquad 式（3）$$

式中：R_s 为节点半刚性刚度，EI 为支撑抗弯刚度，k 为刚度。

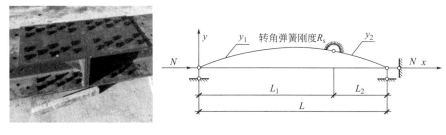

图 6 节点半刚性力学模型

（3）在水平支撑平面内，钢支撑由两根支撑及中间连接系杆形成"梯子"形组合体系。支撑组合体系分析基本单元如图 7 所示。支撑计算长度将受到连接系杆约束的影响。通过求解方程研究组合支撑体系中连杆位置及抗弯刚度对支撑平面计算长度的影响，得到带连杆支撑体系平面计算长度的理论公式（式 4）。

$$\left(k \tan kL_2 - \frac{Kb}{EI} \right) \tan kL_1 = k \qquad 式（4）$$

式中：L_1 为上半部分长度，L_2 为下半部分长度，k 为刚度。

图 7 支撑组合体系分析基本单元

（4）当基坑开挖造成立柱隆起时，钢支撑将产生内力变化。连续支撑立柱隆沉计算简图如图 8 所示。开展了立柱隆起对超长钢支撑受力性能影响的研究，并提出相关计算理论。

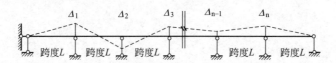

图 8　连续支撑立柱隆沉计算简图

（5）钢支撑施工实践证明，温度对于钢支撑受力有显著影响，而现阶段缺少温度对钢支撑受力影响的研究。项目基于温度对支撑影响的力学模型（图 9），在考虑围护墙后土体刚度影响下，单位温度变化对超长钢支撑轴力的影响，得到钢支撑轴力随温度和支撑长度变化的理论公式，见式（5）。

$$N = \frac{\alpha \Delta t L}{\frac{(1+\alpha \Delta t) L}{EA} + \frac{2}{k}}$$ 式（5）

式中：N 为温度膨胀造成钢支撑的轴力，L 为钢支撑长度，E 为支撑弹性模量，A 为钢支撑面积，α 为支撑膨胀系数，Δt 为温度变化，k 为土体弹簧刚度。

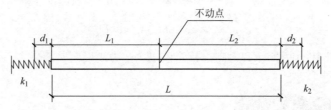

图 9　支撑温度影响计算模型

（6）钢支撑施工中安装精度不足造成误差，支撑轴力将由于施工误差而产生次生弯矩。施工误差影响计算模型如图 10 所示。项目开展了支撑轴力在支撑施工误差引起次生弯矩的理论研究，得到相关计算理论并通过有限元计算软件加以验证。

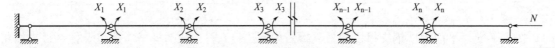

图 10　施工误差影响计算模型

关键技术二：提出新型 H 型钢支撑设计方法

（1）传统钢支撑构件设计不能定量考虑温度、立柱隆起及施工误差对受力的影响。结合新型 H 型钢支撑实际的工作条件，对于气温变化、立柱隆起及施工误差，以表格的形式给出了具体数值，可直接用于支撑构件设计，补充规范的不足。单位摄氏度轴力变化见表 1，立柱隆起产生的弯矩见表 2，施工误差产生的次生弯矩见表 3。

单位摄氏度轴力变化表（kN）　　　　　　　　　　　　　　　　　　　　　表 1

弹簧刚度 k （$\times 10^4$ kN/m）	支撑长度（m）				
	30	50	70	100	120
5	7.6	11.6	14.8	18.8	22.9
10	13.3	18.8	22.9	27.4	31.5
20	21.0	27.4	31.5	35.4	38.7
50	32.3	37.7	40.6	43.1	44.9

立柱隆起产生弯矩（kN·m）　　　　　　　　　　　　　　　　　　　　　表 2

跨度(m)	模式 1		模式 2		模式 3	
	支座 1	支座 2	支座 1	支座 2	支座 1	支座 2
8	129	0	94.2	3	60	18
10	83	0	60.3	3	38	12
12	51.2	0	42	4	26.5	8
14	42	0	30.8	3	20	6

施工误差产生次生弯矩（kN·m）　　　　　　　　　　　　　　　　　　　表 3

跨度(m)	N＝3000kN	
	支座 1	支座 2
8	42	−57
10	38	−53
12	34	−49
14	30	−45

（2）基于支撑接头半刚性对支撑计算长度影响的研究成果，推导支撑连接盖板厚度的计算公式［式（6）］，并根据实际参数开展接头设计。新型钢支撑连接接头如图 11 所示。

$$t_x = 40\,\frac{I_x}{bLh^2}L_j \quad t_y = 120\,\frac{I_y}{Lb^3}L_j \qquad 式（6）$$

式中：t_x 为绕 x 轴所需要的盖板厚度，t_y 为绕 y 轴所需要的盖板厚度。

（3）基于托梁刚度对钢支撑计算长度影响的研究成果，在满足钢支撑承载力的前提下，推导了托梁截面惯性矩随托梁跨度变化的理论公式和立柱截面惯性矩随立柱高度变化的理论公式。并基于新型钢支撑的具体参数，以表格的形式给出了不同托梁刚度下托梁截面惯性矩的数值以及不同立柱高度下立柱截面惯性矩的数值（表 4）。

图 11　新型钢支撑连接接头

不同托梁刚度下托梁截面惯性矩的数值　　　　　　　　　　　　　　　　表 4

截面刚度 (cm⁴)	托梁跨度(m)						
	6	7	8	9	10	11	12
I_b	3750	5955	8889	12656	17361	23107	30000

关键技术三：提出新型 H 型钢支撑制作和施工技术

（1）新型 H 型钢支撑全部为模数化的钢构件，所有构件均在工厂加工完成，运至施工现场直接采用螺栓拼接，加工精度要求高。提出新型钢支撑制作的工艺标准。钢支撑制作精度如图 12 所示。

螺栓孔孔距范围	≤500	501～1200	1201～3000	＞3000
同一组内任意两孔间距离	±1.0	±1.5	—	—
相邻两组的端孔间距离	±1.5	±2.0	±2.5	±3.0

图 12　钢支撑制作精度

（2）新型 H 型钢支撑施工精度高，受力简单、可靠。提出远高于规范标准的新型钢支撑施工误差控制参数。钢支撑安装精度见表 5。

安装精度要求 表5

比较项目	《建筑基坑支护技术规程》《钢结构设计标准》	新型钢支撑安装要求
轴线竖向偏差	3cm	±1cm
轴线水平偏差	3cm	±1cm
支援两端的标高差	±2cm	±2cm
水平面偏差	支撑长度的1/600	支撑长度的1/600
支撑的挠曲度	支撑长度的1/1000	支撑长度的1/1000

（3）基于施工方便、施工精度高，针对新型钢支撑的特点和工艺特点，提出新型钢支撑的施工参数和施工流程。钢支撑安装流程如图13所示。

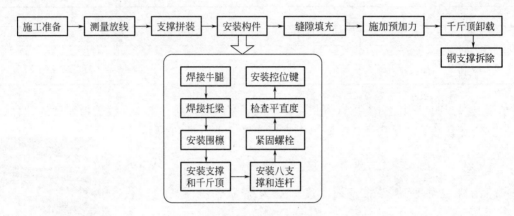

图13 钢支撑施工流程

（4）在温度影响下，超长钢支撑轴力变动幅度大，为控制基坑变形，需采用自动伺服系统实时监测、补偿支撑轴力。项目研发了适用于超长钢支撑的伺服系统，提出新型钢支撑的自动轴力补偿施工技术和控制参数。

关键技术四：研发了H型钢-混凝土组合支撑、超大角撑和双拼双层支撑等新型钢支撑体系的设计和施工方法

传统钢支撑一般单独、十字交叉或井字形设置，应用于狭长形基坑，支撑长度不超过40m，应用范围受到限制。本项目结合基坑特点，因地制宜研发了H型钢-混凝土组合支撑、超大角撑和双拼双层支撑等体系，突破了传统钢支撑的应用形式。并在工程实践中研发型钢-混凝土组合支撑变形协调控制技术、超大角撑轴力补偿和侧向变形控制技术、超长双层双拼钢支撑多千斤顶轴力同步控制技术等关键施工技术（图17），最终形成完整的型钢-混凝土组合支撑、超大角撑、双拼双层支撑设计、施工和监测成套技术。监测结果表明新型体系可应用于环境保护等级为一级的深大基坑。H型钢-混凝土组合支撑、超大角撑和双拼双层支撑等新型钢支撑体系如图14～图16所示。

4. 实施效果

示范项目的应用证明了新型钢支撑体系的安全、可靠；在工期、质量、安全等方面发挥出巨大的优势；在装配式施工、不产生建筑废弃物、践行绿色施工、钢构件重复使用等方面，创造了巨大的经济效益和社会效益。

三、创新点

（1）完善钢支撑设计理论。首次提出保证支撑整体稳定性所需的托梁刚度公式；首次提出考虑接头和连杆影响的支撑计算长度公式；首次提出立柱隆起、温度、施工误差对钢支撑内力影响的计算理论。

（2）提出包括整体、构件、节点及附属结构的新型钢支撑设计方法。提出考虑预加轴力的钢支撑体系平面分析方法。补充现有规范的不足，提出可定量考虑基坑隆起、温度应力和施工误差因素的支撑构

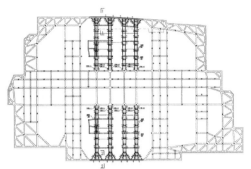

(a) H型钢-混凝土组合支撑设计

(b) H型钢-混凝土组合支撑施工

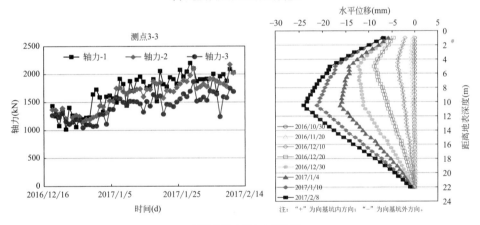

(c) H型钢-混凝土组合支撑监测

图 14　型钢-混凝土组合支撑设计、施工、监测技术

件设计方法。提出支撑接头、立柱、托梁刚度的设计方法。

（3）提出新型 H 型钢支撑制作的工艺标准；形成新型 H 型钢支撑的施工参数和施工流程，其施工误差控制参数远高于现行规范标准；形成超长 H 型钢支撑设定轴力的自动轴力补偿技术。

（4）研发了 H 型钢-混凝土组合支撑、超大角撑及双拼双层支撑三种新型钢支撑体系的设计和施工方法，形成了新型 H 型钢支撑设计、施工、监测成套技术。

四、与当前国内外同类研究、同类技术的综合比较

本技术在国内外的同类研究、同类技术主要有：传统混凝土支撑体系、预应力鱼腹梁装配式钢支撑体系、钢管支撑体系及同类钢支撑产品。经过分析，本技术对同类研究、同类技术存在以下优势：

1. 对传统混凝土支撑

（1）绿色环保，可重复利用，不产生建筑垃圾

传统混凝土支撑拆除时往往产生大量的建筑垃圾，一个中等规模基坑往往要产生数千吨的破碎混凝

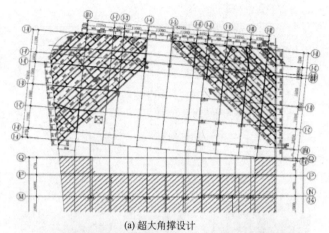

(a) 超大角撑设计

(b) 超大角撑施工

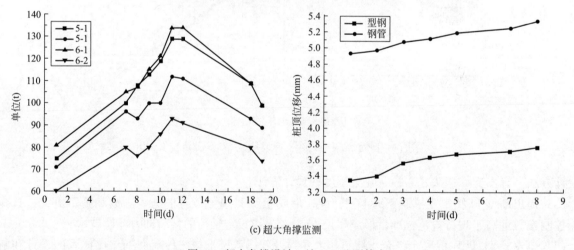

(c) 超大角撑监测

图15　超大角撑设计、施工、监测技术

土垃圾。

（2）快速形成支撑刚度，减小基坑变形

混凝土支撑在混凝土达到强度过程中，支撑刚度很小，基坑的变形往往发生在这一阶段。而采用钢支撑辅以预加轴力后，可以在十几个小时内快速形成支撑刚度，大大减小基坑变形。

2. 对鱼腹梁体系

鱼腹梁体系钢支撑数量少，可靠度低，基坑变形大，不利于周边环境保护。而采用本产品，钢支撑数量适中，可靠度高，基坑变形小，可适用于各级变形保护等级的基坑。

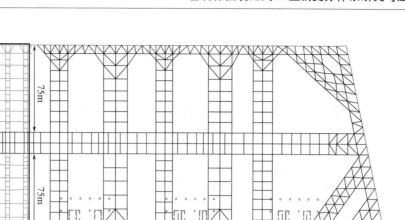

(a) 双拼双层支撑设计

(b) 双拼双层支撑施工

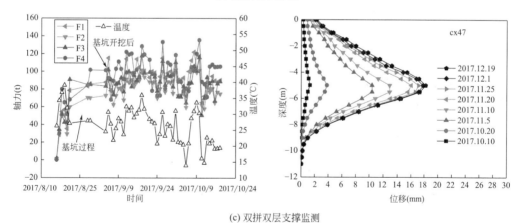

(c) 双拼双层支撑监测

图 16　双拼双层支撑设计、施工、监测技术

3. 钢管支撑体系

　　钢管支撑体系，现场焊接量大。新型钢支撑全部采用螺栓装配连接。钢管支撑采用活络头施加预加力，预加力损失大。新型钢支撑采用液压千斤顶，实时监测和调节轴力。钢管支撑难以形成桁架体系，整体性差。新型钢支撑组合方便，平面刚度大，支撑长度可达 120m。钢管支撑可能从内部锈蚀，变形后不易校正，H 型钢支撑不易内部锈蚀，变形后矫正方便。钢管支撑运输、堆放、吊装，相比 H 型钢支撑均复杂。

图 17　钢支撑轴力补偿系统

4. 对同类钢支撑产品

本产品还具有超长钢支撑轴力补偿系统及基坑智能全自动监测系统。其中超长钢支撑轴力补偿系统可以拓展本产品的适用范围，使其应用于周边重要环境基坑。而基坑智能全自动监测系统则能保证对基坑状态的实时掌握，极大地增强了钢支撑基坑的安全性和可靠性。

五、第三方评价、应用推广情况

1. 第三方评价

（1）鉴定评估情况

2018 年 4 月 23 日，上海市住房和城乡建设管理委员会科学技术委员会组织专家组对成果进行鉴定，专家组一致认为，该成果总体达到国际先进水平。

（2）科技查新

2018 年 3 月 19 日，经中国科学院上海科技查新咨询中心查新，新型钢支撑体系、钢支撑设计理论、设计方法、组合形式、超长钢支撑自动轴力补偿系统等方面均具有新颖性。研究成果总体达到国际先进水平。

2. 应用推广情况

本技术目前在上海市北高新技术服务业园区 N070501 单元 10-03 地块 II 期项目、南京国际博览中心三期项目、南京 N0.2014G45 地块、郑州东站交通中心等项目上成功应用。

上海市北高新技术服务业园区 N070501 单元 10-03 地块 II 期基坑面积约 20000m²，周长 630m，开挖深度 8.70~9.25m。原方案基坑为地下二道混凝土支撑，新方案为第二道支撑部分采用双拼钢支撑替换。本项目钢支撑用量约 300t，节约混凝土 600m³，总体节约工期 26%。

南京国际博览中心三期项目基坑面积约 7.4 万 m²，周长约 1215m，基坑开挖深度约 9.3~11.5m，基坑总体支护方案采用竖向围护结构＋内支撑体系。原方案为一道混凝土支撑，新方案为局部采用双拼双层组合钢支撑体系。本项目钢支撑用量约 590t，替换混凝土 1300m³，总体节约工期 22%。

南京 N0.2014G45 地块基坑面积约为 15294m²，周长 498m，开挖深度 14.0~15.5m，原方案基坑采用钢筋混凝土灌注桩排桩做外围护结构，逆作法施工，地下一层开挖时采用圆钢管做临时支撑，B₁ 层底板满足强度要求后拆除圆钢管。新方案将部分圆钢管替换为 H 型钢支撑体系。本项目钢支撑用量约 300t，替换 360t 圆钢管支撑，总体节约工期 20%。

六、经济效益和社会效益

1. 经济效益

上海市北高新技术服务业园区 N070501 单元 10-03 地块 II 期基坑，节约工期 26%。钢材租赁使用，安装和拆除直接吊装，无需破除混凝土和垃圾处理，综合效益为 98 万。南京 N0.2014G45 地块节约工期 20％，创造效益 90 万。南京国际博览中心三期项目节约工期 22％，创造效益 80 万。钢材租赁使用，安装和拆除直接吊装，无需破除混凝土和垃圾处理，综合效益为 229 万。

综上分析，钢支撑可完全回收，重复使用寿命超过 20 年，实现了地下工程绿色施工。经测算，每吨钢材可替换 2～2.5m³ 混凝土。每替换 1m³ 混凝土可产生直接经济效益约 1000 元，节省工期 20％以上。

2. 社会效益

基坑双拼双向自动补偿装配式钢结构内支撑系统项目在助推国家战略、行业发展方面起到积极作用。与传统混凝土相比有如下优势：

1）自重轻，安装和拆除方便，无需养护和凿除，施工速度快；

2）可以重复利用，不产生建筑垃圾，绿色施工；

3）安装后能立即发挥支撑刚度，减小由于时间效应而引起的基坑变形；

4）可通过千斤顶施加和调节预加轴力，主动控制基坑变形；

5）可重复使用 20～30 年，具有价格优势。

与国内外钢支撑相比，本体系具有可靠度高、安全稳定等优势。产生巨大的社会效益如下：

1）提升基坑施工的安全性、智能化、信息化；

2）减少行业施工风险、财产损失、人员伤亡；

3）助推基坑安全生产，构建和谐社会；

4）促进基坑智能化技术、绿色施工技术发展；

5）助力国家长期战略规划，加速城市化建设，实现 2030 年中国城市化率超过 70％。

装配式劲性柱混合梁框架结构技术规程

完成单位：中国建筑第七工程局有限公司、山东聊建集团有限公司、重庆大学
完 成 人：焦安亮、李正良、黄延铮、冯大阔、张中善、张　鹏、刘红军、郑培君、鲁万卿、
　　　　　郜玉芬

一、立项背景

面对迅猛发展的城市化水平，城市住宅需求量越来越大。传统住宅存在施工速度慢、质量不易控制、生产成本高、能耗污染高等诸多问题，基于以上问题，以及国家和各地市相关政策对建筑产业现代化的大力支持，装配式建筑成为住宅建造的发展趋势。

在装配式建筑中，框架结构具有较广的应用范围，通常应用于厂房、办公楼、学校等开间较大的建筑，对于装配式框架结构，梁柱节点的连接方式以及框架结构层高限制是其需要解决的关键问题，传统装配式框架结构的连接方式多采用无粘结预应力连接、浆锚套筒连接、法兰连接等连接方式，然而这些连接方式对施工要求较高，施工质量和进度难以得到保证。

中国建筑第七工程局有限公司紧跟时代潮流，响应国家号召，自 2010 年开始，积极研究新型装配式建筑结构体系，通过大量的试验研究、理论分析及反复论证，最终形成一种新型的装配式结构——装配式刚接劲性组合框撑结构。

2014 年 12 月，住房和城乡建设部下达《关于印发 2015 年工程建设标准规范制订、修订计划的通知》（建标［2014］189 号文），由中国建筑第七工程局有限公司、山东聊建集团有限公司会同有关单位制订行业标准《装配式刚接劲性组合框撑结构体系技术规程》。

为体现《规程》特色，2016 年 4 月，根据专家建议并报住房和城乡建设部批准，《装配式刚接劲性组合框撑结构体系技术规程》更名为《装配式劲性柱混合梁框架结构技术规程》。

2017 年 4 月，住房城乡建设部发布公告（1520 号），批准《装配式劲性柱混合梁框架结构技术规程》为行业标准，编号为 JGJ/T 400—2017，自 2017 年 10 月 1 日起实施。

二、详细科学技术内容

1. 总体思路

本规范的编制主要根据我国装配式框架结构的研究现状，充分考虑现行的国家及相关标准，本着"技术先进、安全适用、经济合理、节能减排"的原则，编制组在规程编制过程中，广泛收集文献资料，采用中国建筑第七工程局有限公司（简称中建七局）的装配式框架结构的最新研究成果，借鉴并吸收国内外先进经验和新理论、新技术，进行大量理论试验研究、专题讨论及反复论证，最终形成了《装配式劲性柱混合梁框架结构技术规程》。

2. 技术方案

1）广泛搜集资料，收集现行相关国内外标准、国内外装配式框架结构的设计与施工方法，归纳总结，找到施工技术突破点。

2）深入工程实际，进行专项调研，并积极参与相关技术会议，邀请相关专家参与编制工作。

3）对每个技术难点分别进行深入、细致的理论研究，寻找解决方案。

4）对计算方法、计算公式的编制要有充分论据，重大技术问题进行专项研究，提出专题报告。

5）编制组编写形成《装配式劲性柱混合梁框架结构技术规程》。

3. 关键技术及实施效果

（1）研发了装配式劲性柱混合梁框架结构体系

1）研发提出了以劲性柱、混合梁为基本构件的新型结构体系

装配式劲性柱混合梁框架结构是由劲性柱、混合梁和混凝土叠合楼板通过可靠连接方式装配而成的框架结构。劲性柱采用外包混凝土进行防腐、防火，柱内设置竖向加劲板来提高梁柱节点处的抗剪承载力，混合梁两端可埋置一定长度工字形钢接头，也可采用型钢混凝土梁，劲性柱和混合梁通过工字形钢接头进行连接，工字钢接头的腹板通过高强度螺栓连接，翼缘采用焊接连接。混合梁箍筋间隔伸出梁顶，并与叠合板板端预留钢筋绑扎连接。

① 劲性柱

劲性柱为钢管混凝土柱，柱内竖向加劲板外伸至钢管壁外一定长度并外包混凝土，外包混凝土仅起防火、防腐作用，在竖向加劲板外伸段预留高强度螺栓连接孔并焊接工字形钢接头的上下翼缘。钢管外焊接栓钉，并外挂钢丝网片，浇筑外包混凝土。

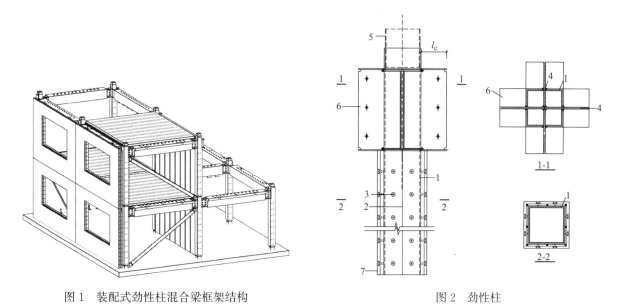

图 1 装配式劲性柱混合梁框架结构　　　　　　图 2 劲性柱

② 混合梁

混合梁两端为工字形钢接头，并预留螺栓连接孔，中间部分为钢筋骨架，梁主筋应与钢结构上下翼缘焊接，混合梁应设置两端焊接栓钉。

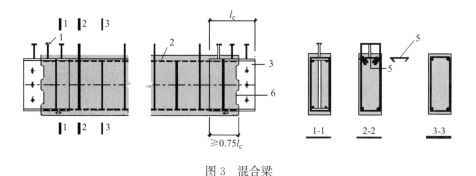

图 3 混合梁

③ 支撑

支撑宜采用双轴对称截面的钢构件，钢构件可选用圆钢管、H 型钢等。支撑与节点板可采用销轴连接、高强度螺栓连接或焊接连接。

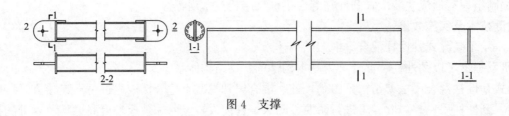

图 4　支撑

④ 楼板

楼板宜采用叠合楼板，叠合楼板可采用桁架钢筋混凝土叠合板或预制带肋底板混凝土叠合板。

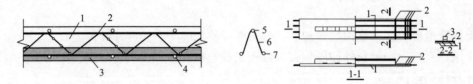

图 5　钢筋混凝土叠合板断面构造

⑤ 墙板

外墙板采用预制混凝土夹心保温外墙板，内墙板采用陶粒混凝土整体浇筑而成。

⑥ 楼梯

预制装配楼梯宜为整体预制构件，梯段板面、板底均应配置通长的纵向钢筋，固定铰支端应预留插筋洞口，施吊位置处设置吊点加强筋。

2）确定了不同形式构件间的连接构造措施

① 混合梁-劲性柱连接

劲性柱、混合梁钢接头腹板处通过附加连接钢板和高强度螺栓连接，上下翼缘焊接。

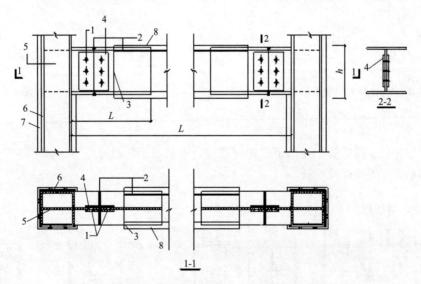

图 6　混合梁与劲性柱连接构造（正方形截面钢管劲性柱）

② 主次梁连接

主次梁连接时，应沿次梁方向埋置工字形钢接头，主次梁通过工字形钢接头进行连接。

③ 支撑与梁柱连接

支撑与梁柱可采用销轴、高强度螺栓、焊接连接或两种方式的组合连接。

④ 叠合板与混合梁连接

叠合板板端预留钢筋应伸过支座中心线，并且应与混合梁间隔伸出的箍筋绑扎连接。

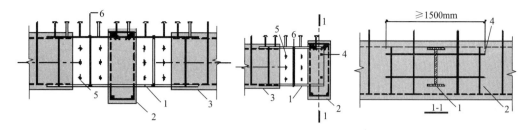

图 7　主次梁连接节点构造

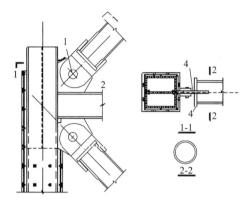

图 8　支撑与梁柱销轴连接的构造示意

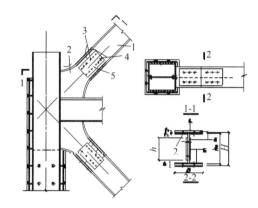

图 9　支撑与梁柱高强度螺栓连接构造示意

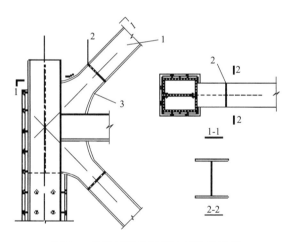

图 10　支撑与梁柱焊接连接构造示意

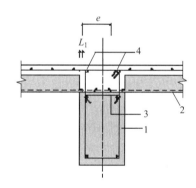

图 11　叠合板与混合梁连接构造

⑤ 外墙板与劲性柱连接

外墙板与混合梁连接时，墙板的四个角点预留槽钢，劲性柱焊接带有豁口矩形钢管，矩形钢管底部焊接钢板，下部应焊接底托，外墙板的预留槽钢套入劲性柱的矩形钢管内后，上部角点用发泡混凝土填充缝隙。

⑥ 内墙板与主体结构连接

内墙板上下端、混合梁底部、楼板顶部宜预留插筋孔，插筋插入混合梁、楼板的长度不宜小于50mm、插入内墙板的长度不宜小于150mm。内墙板下部座水泥砂浆，上部用柔性混凝土填充。

（2）进行了装配式劲性柱混合梁框架结构设计

1）进行了装配式劲性柱混合梁框架结构整体性和抗震性能试验研究

① 结构节点拟静力试验

为了使试件较真实地反映实际工程中节点的受力状态，试验选取在水平力作用下中间层端节点梁、

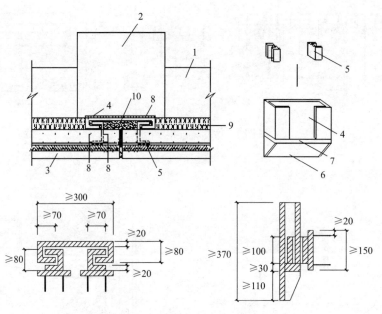

图 12　外墙板与劲性柱连接

板与上下柱反弯点之间的梁、柱、板组合体作为试件。往复加载制度采用《建筑抗震试验方法规程》规定的荷载-变形双控加载制度，即在弹性阶段采用荷载控制加载，开裂或屈服后用位移控制加载。

通过结构节点拟静力试验，分析了各节点的滞回曲线、骨架曲线、屈服强度、极限强度、延性、耗能能力、刚度退化、钢筋应变等规律，总结了节点破坏模式，验证了劲性柱和混合梁连接节点的承载力和抗震性能较好、刚接头工作性能和节点延性良好，框架结构节点可广泛用于工程实际中。

②　混合梁拟静力试验

通过混合梁拟静力试验，分析了混合梁的受弯和受剪破坏模式，发现其与普通钢筋混凝土梁非常类似。受弯破坏模式为：纵向受拉钢筋先屈服，受压区边缘混凝土随后压碎，在此过程中钢筋要经历较大的塑性变形，随之引起裂缝的急剧开展和梁挠度的激增，有明显的破坏征兆，属于延性破坏类型；受剪破坏模式为：先在拉应力最大的跨中纯弯段内出现竖向弯曲裂缝，接着在弯剪段截面下边缘也出现一些较短的竖向裂缝，然后发展成向集中荷载作用点延伸的斜向裂缝，即出现下宽上细的弯剪斜裂缝。从而验证了带钢接头的混合梁具有更好的延性和抗震能力。

③　框架拟静力试验

通过框架拟静力试验，分析了滞回曲线、骨架曲线、延性及变形能力、耗能能力、强度退化、刚度退化、纵筋应变、钢接头应变、箍筋应变、板筋应变、斜撑应变、斜撑连接板应变、楼层位移、层间位移角、梁柱截面转角和框架整体变形等参数特征，发现钢筋混凝土梁-钢管混凝土柱框架在低周反复荷载下，承载能力较高，变形能力较强，刚接头的工作性能好，具有较好的延性、耗能能力和抗震性能。

④　振动台试验

开展了装配式劲性柱混合梁框架结构框架原型振动台试验，分析了模型结构加速度反应、振动形态、震型频率等动力特性以及柱方钢管、梁纵筋和型钢、斜撑等的震动应变，发现了装配式框撑结构体系的清晰失效路径：破坏始于梁型钢接头梁段与钢筋混凝土梁段的交界截面附近的裂缝开展，随着地震激励加大，斜撑失效，结构刚度降低，进而加剧了失效斜撑附近梁的破坏，在整个试验过程中，梁柱节点核心区域保持完好，柱亦无明显的破坏，验证了该体系具有"强柱-弱梁"、"强节点-弱构件"的理想失效路径。

2)　建立了混合梁的混凝土斜截面受剪承载力计算公式

混合梁在斜裂缝形成前，与钢筋混凝土梁受力类似，但随着荷载增大，端部钢接头的存在阻碍了支座处的开裂，斜裂缝倾角较普通钢筋混凝土梁更陡峭，混合梁失效模式改变，试验结果小于规范值，因而不能按国家标准《混凝土结构设计规范》GB 50010 计算混合梁的受剪承载力。《规程》通过引入折减后的剪跨比 λ 来考虑钢接头作用，并建立了混合梁的混凝土斜截面受剪承载力计算公式，其中因箍筋屈服后受剪承载力不再提高导致箍筋折减系数 α_1 不大于 1。

混合梁的混凝土斜截面受剪承载力应按下列公式计算：

$$V_b = \frac{1.75}{\lambda'+1} f_t b h_0 + \alpha_1 f_{yv} \frac{A_{sv}}{s} h_0 \qquad \text{式（1）}$$

$$\lambda' = 0.85\lambda - 0.37 \qquad \text{式（2）}$$

$$\alpha_1 = (\lambda - 1)/2 \qquad \text{式（3）}$$

3）建立了连接节点域承载力计算公式

① 混合梁与劲性柱连接节点域受剪承载力计算公式

《规程》采用等效面积的方法将正方形截面钢管等效为圆形截面钢管进行分析计算，从而得出钢管的环向拉应力 $\sigma_{\theta t}$，因此该计算公式既适应于正方形截面钢管梁柱连接节点域受剪承载力分析，又适应于圆形截面钢管梁柱连接节点域受剪承载力分析。

劲性柱节点内部只有竖向放置的竖向板，没有与钢管混凝土柱壁形成钢板框架，因而不考虑斜压杆作用。根据试验结果可以将混凝土抗剪模型简化为上升段和水平段式，考虑到混凝土受到钢管的约束作用，认为其抗剪强度达到后保持恒定值，取 $\tau_p = 0.42 f_{cu}^{0.55}$。

混合梁与劲性柱连接节点域受剪承载力应按下列公式计算：

$$V_j = V_1 + V_2 + V_c \qquad \text{式（4）}$$

$$V_1 = \frac{A_w}{\sqrt{3}} \sqrt{f_{v1}^2 - \sigma_{sN}^2 - \sigma_{\theta t}^2 + \sigma_{sN}\sigma_{\theta t}} \qquad \text{式（5）}$$

$$\sigma_{sN} = \frac{N}{\alpha_E A_{c,j} + A_{s,j}} \qquad \text{式（6）}$$

$$\sigma_{\theta t} = p \cdot r'/t' \qquad \text{式（7）}$$

$$p = \frac{\sigma_{sN}\left[2r't' - t'^2\right]}{(r'-t')^2} \qquad \text{式（8）}$$

$$r' = B/\sqrt{\pi} \qquad \text{式（9）}$$

$$t' = 2t/\sqrt{\pi} \qquad \text{式（10）}$$

$$V_2 = \frac{A_g f_{v2}}{\sqrt{3}} \qquad \text{式（11）}$$

$$V_c = \tau_p A_{c,j} \qquad \text{式（12）}$$

② 叠合板与劲性柱钢管翼缘接触处的受压承载力计算公式

叠合板对劲性柱-混合梁节点梁端抗弯承载力有一定的增强作用，在节点梁端抗弯时，本规程通过分析，主要考虑叠合板钢筋抗拉承载力及叠合板与柱钢管翼缘接触处的受压承载力两个作用，提出了叠合板与劲性柱钢管翼缘接触处的受压承载力计算公式：

$$F_{con} = 0.67\beta_1 b_{cf} h_c f_c \qquad \text{式（13）}$$

③ 正负弯矩作用下梁柱连接处梁端受弯承载力计算公式

本规程根据劲性柱-混合梁节点的特点，计算时考虑混凝土局部受压、栓钉抗剪等因素对节点承载力的影响，同时考虑混凝土楼板及楼板钢筋的贡献，提出了节点梁端抗弯承载力的计算公式。

当中和轴位于工字形钢接头上翼缘内时，负弯矩作用下梁柱连接处梁端受弯承载力应按以下公式计算：

$$M_j = f_{bf} b_{bf} t_{bf}\left(h_{bw} + \frac{t_{bf}}{2}\right) + \frac{1}{2} f_{bw} h_{bw}^2 t_{bw} + \frac{1}{2} f_{bf} b_{bf} t_{bf}^2 +$$

$$F_r\left(h_c - a_{s1} + \frac{t_{bf}}{2} + a_s\right) + f_c b_{cf}\left(\frac{t_{bf}}{2} + h_{bw} + a_s' - \frac{x_c}{2}\right) \qquad \text{式（14）}$$

$$x_c = \frac{(F_r - f_{bw}h_{bw}t_{bw})}{f_c b_{cf}}$$ 式（15）

当中和轴位于工字形钢接头腹板内时，负弯矩作用下梁柱连接处梁端受弯承载力应按以下公式计算：

$$M_j = 2f_{bf}b_{bf}t_{bf}\left(\frac{h_{bw}}{2} + \frac{t_{bf}}{2}\right) + 2f_{bw}t_{bw}\left(\frac{h_{bw}}{2} - x\right)\left(\frac{h_{bw}}{4} + \frac{x}{2}\right)$$
$$+ f_c b_{cf}x_c\left(\frac{h_b}{2} - \frac{x_c}{2}\right) + F_r\left(h_c - a_{s1} + \frac{h_b}{2}\right)$$ 式（16）

$$x_c = 0.8\left(\frac{h_b}{2} + x\right)$$ 式（17）

$$x = \frac{F_r - f_c b_{cf}x_c}{2f_{y,bw}t_{bw}}$$ 式（18）

当中和轴位于叠合板内时，正弯矩作用下梁柱连接处梁端受弯承载力应按以下公式计算：

$$M_j = F_{con}x'$$ 式（19）

$$x = \frac{(f_{bw}b_{bw}t_{bw} + 2f_{bf}b_{bf}t_{bf})}{0.67\beta_1 b_{cf}h_c f_c}$$ 式（20）

$$x' = \frac{h_b}{2} + h_c - x$$ 式（21）

当中和轴位于工字形钢接头截面内时，正弯矩作用下梁柱连接处梁端受弯承载力应按以下公式计算：

$$M_j = F_{con}x' + 2f_{bf}b_{bf}t_{bf}\left(\frac{h_{bw}}{2} + \frac{t_{bf}}{2}\right) + 2f_{bw}t_{bw}\left(\frac{h_{bw}}{2} - x\right)\left(\frac{h_{bw}}{4} + \frac{x}{2}\right) + f_c b_{cf}x_c\left(\frac{h_b}{2} - \frac{x_c}{2}\right)$$
式（22）

$$x_c = 0.8\left(\frac{h_b}{2} - x\right)$$ 式（23）

$$x = \frac{f_c b_{cf}x_c + F_{con}}{2f_{bw}t_{bw}}$$ 式（24）

$$x' = \frac{h_c + h_b}{2}$$ 式（25）

（3）提出了装配式劲性柱混合梁框架结构构件生产要求

1）装配式劲性柱混合梁框架结构构件制作要求

模具的精度是保证构件质量的关键，因此《规程》根据《混凝土结构工程施工质量验收规范》GB 50204、《装配式混凝土结构技术规程》JGJ 1 等国家及相关现行行业标准，制定了模具尺寸允许偏差及检验方法，生产前应按要求进行尺寸偏差检验，合格后方可投入使用。

2）装配式劲性柱混合梁框架结构构件存放与运输

根据装配式劲性柱混凝土框架结构构件的特点，《规程》根据现行国家及相关行业标准，对预制构件存放方式、存放场地进行了相关规定，并对构件运输车辆、运输时构件的固定方式，构件的强度等提出了要求，解决了构件生产和运输过程中存在的难题。

（4）研发了装配式劲性柱混合梁框架结构体系的施工技术

装配式劲性柱混合梁框架结构作为一种新型装配式框架结构，其装配施工规定参照《工程测量规范》GB 50026、《建筑变形测量规范》JGJ 8 等现行国家及行业相关标准要求，并根据实际情况，规定了施工测量前平面控制网和高程控制网的建立，施工测量过程中控制点布置、控制线和标高的设置、沉降观测等基本内容，严格控制了施工过程中的构件安装误差满足了施工测量的要求。

预制构件安装过程中，针对劲性柱的钢管拼装焊接问题，通过采用有效措施减少焊接残余应力和变形；预制构件间高强度螺栓安装应符合《钢结构高强度螺栓连接技术规程》JGJ 82 的有关规定；并对劲性柱钢管内混凝土浇筑施工、叠合板叠合层和混合梁顶水平后浇带的混凝土施工、外墙板接缝防水施工进行了相关规定，保证了装配式劲性柱混合梁框架结构施工的顺利进行。

（5）提出了装配式劲性柱混合梁框架结构体系验收方法要求

1）装配式劲性柱混合梁框架结构预制构件、安装与连接的验收方法

《规程》规定了预制构件进场时的结构性能、外观质量要求，对劲性柱的连接内衬、竖向加劲板、栓钉及钢丝网片的规格和数量提出了验收标准，并对劲性柱拼装焊缝质量做出了有关规定；《规程》给出了预制构件允许偏差标准及检验方法，对混合梁纵向受力钢筋与工字形钢接头翼缘的搭接电弧焊接头的尺寸偏差允许值及检验方法进行了规定，给出了混合梁纵向受力钢筋与工字形钢接头翼缘的搭接电弧焊接头的尺寸偏差允许值及检验方法。

针对装配式劲性柱混合梁预制构件安装与连接问题，在符合《钢筋焊接及验收规程》JGJ 18、《钢结构工程施工质量验收规范》GB 50205 等现行国家及相关行业标准的前提下，本《规程》对预制构件临时固定措施提出了要求，规定了不同连接方式下其质量要求，并提出了劲性柱钢管内混凝土、劲性柱钢管内混凝土施工缝的设置等项的检查数量及方法；对于预制构件安装与连接一般项目，提出了装配式劲性柱混合梁框架结构中预制安装部分的位置和尺寸偏差要求，保证了工程顺利通过验收。

2）装配式劲性柱混合梁框架结构子分部工程验收要求

《规程》提出了装配式劲性柱混合梁框架结构子分部工程合格质量标准、子分部工程验收时所需提供的文件和记录，规定了验收文件应存档备案，为确保工程质量提供了重要依据。

三、发现、发明及创新点

（1）研发了装配式劲性柱混合梁框架结构体系，研发提出了以劲性柱、混合梁为基本构件的新型结构体系，确定了不同形式构件间的连接构造措施，发展了我国装配式混凝土结构标准体系。

（2）基于劲性柱混合梁框架结构的系列创新试验研究，建立了混合梁的混凝土斜截面受剪承载力、混合梁与劲性柱连接节点域受剪承载力、叠合板钢筋受拉承载力、梁柱连接处梁端受弯承载力等计算公式，提出了系统成套的结构分析计算方法，奠定了劲性柱混合梁框架结构设计应用的理论基础。

（3）规程对构件的制作、存放与运输进行了规定，规定了构件模具尺寸、模具预埋件、预留孔洞中心位置的允许偏差及检验方法，对预制构件生产过程中混凝土试块的留置、构件的存放形式、运输时构件的固定方式等问题提出了要求，为预制构件生产运输提供了重要的技术支持。

（4）规程对装配式劲性柱混合梁框架结构施工过程中的测量、构件吊装、构件安装施工等各环节进行了规定，为装配式劲性柱混合梁框架结构高效、高质量施工提供了保障。

（5）规程对装配式劲性柱混合梁框架结构预制构件、安装与连接验收的主控项目和一般项目进行了规定，并对子分部工程验收提出了要求，为确保工程质量提供了重要依据。

四、与当前国内外同类研究、同类技术的综合比较

国内外装配式框架结构柱与柱连接方式一般采用榫式柱连接、浆锚式连接及插入式柱连接，随着装配式结构的发展，逐渐提出了用钢管混凝土接头与钢筋连接的方式，但是该种连接方式并未得到广泛应用。

中国建筑第七工程局有限公司联合山东聊建集团有限公司、重庆大学开展的劲性柱混合梁框架结构的研究不仅限于柱与柱的连接，还包括了混合梁与钢管混凝土柱的连接、叠合板与混合梁的连接、支撑与梁柱节点的连接等，并对其进行了节点拟静力试验、框架结构整体振动台试验等，验证了该连接方式的可靠性，形成了行业标准《装配式劲性柱混合梁框架结构技术规程》。《规程》填补了国内外对柱与柱、梁柱节点连接等研究的空白。

五、第三方评价、应用推广情况

2016 年 1 月 30 日，住房和城乡建设部建筑结构标准化技术委员会在郑州召开行业标准《装配式刚

接劲性组合框撑结构体系技术规程》送审稿审查会，审查专家委员会认为，《规程》编制组较全面地总结了我国近年来装配式建筑工程的研究成果和工程实践经验，借鉴了国外先进技术并开展了相关专题研究。《规程》送审稿主要技术指标设置合理，能满足工程建设需要，操作性强，无重大遗留问题，总体达到国际先进水平。

六、经济效益

基于中国建筑第七工程局有限公司的研究成果，应用于新密年产 100 万平方米装配式预制构件建设项目综合楼，使得工程质量得以保证，节约了成本和工期，取得了显著的经济效益，产生经济效益 286 万元。

七、社会效益

装配式劲性柱混合梁框架结构首先在新密市节能环保产业园办公楼项目中应用，通过高度集成化的设计方案，提高了建筑部品的集成化水平；通过工厂集中生产，提高了单位构件生产用工效率及建筑部品质量水平；通过现场施工装配化的特点，大量应用机械、安装工具，提高了施工效率，缩短了施工周期，保证了施工质量，降低了施工安装成本，减少了环境污染。经济效益、社会效益和环境效益十分显著。

装配式劲性柱混合梁框架结构具有典型的节能、环保、绿色、低碳的特点，与传统建筑相比具有很大的优势，符合国家建筑产业现代化及绿色建筑的政策导向，具有广泛的应用前景。

高震区装配式离心柱设计与施工关键技术

完成单位： 中建股份阿尔及利亚分公司、中建三局第三建设工程有限责任公司
完 成 人： 吴文胜、王良学、葛志雄、魏　嘉、苏海勇、钱世清、李宽平、杨习勇、吴章熙、
金铭功

一、立项背景

阿尔及利亚大清真寺项目是中国建筑工程总公司于 2011 年度承接的最大的海外 EPC 公建项目，项目位于阿尔及利亚首都阿尔及尔港湾的中轴线位置，毗邻地中海畔。项目总占地面积 27.8 万平方米，建筑面积 40 万平方米。建成后将成为继伊斯兰圣地麦加禁寺和麦地那圣寺之后的世界第三大清真寺。包含宣礼塔、祈祷大厅、文化中心及图书馆等 12 幢建筑，其中项目宣礼塔总高 265m，建成后将成为非洲最高的单体建筑和世界最高的宣礼塔。

项目地处海边，且为地震多发地带。为结合伊斯兰风格建筑要求，满足高大、开阔空间需要，根据建筑所在地的自然环境，将广场和庭院设计成开阔的大空间结构，大量使用大直径预制离心中空混凝土八角柱和混凝土预制柱帽。在清真寺祈祷大厅、庭院、广场和南区连廊之间布置了采用 618 根直径 0.81～1.62m 超白离心混凝土八角柱。室外部分布置 422 个"马蹄莲"造型预制混凝土柱帽，组成三角排架体系，形成抗震防腐性能超强的屋面结构。

图 1　八角柱及柱帽效果图

单根八角柱最长 17m，重 30t，单个柱帽直径 8.1m，高 5.4m，重量达 32t，柱帽底距离地面 17m，呈现倒"喇叭花"造型。在强震区施工如此超大异形的装配式构件，对结构设计和施工要求极高。

针对设计和施工的重难点，课题组积极展开课题攻关，取得了一系列成果，高效、优质地完成了建造目标。

二、详细科学技术内容

1. 高震区大直径预制离心混凝土八角柱设计

在现今大部分建筑物中，垂直支撑体系主要采用现浇实心钢筋混凝土柱、钢结构柱、钢管混凝土柱、型钢混凝土柱及剪力墙等，其优点是设计简单、施工方便、相对成本低等，但却有一些难以克服的缺点，如自重大、耐久性差、表面需二次处理、施工周期相对较长、无法进行工业化施工等。而采用预制离心混凝土八角柱（以下简称离心柱）可有效克服这些缺点。

（1）离心柱特点

1）重量轻、抗弯刚度大

因采用中空设计，可有效减少柱体自重，比如直径1.62m离心柱在相同抗弯刚度下，其重量只有实心柱的52.6%。

2）优良的耐久性

离心技术的基本原理是将密封在模板内的混凝土在离心机床上高速旋转，使得混凝土在高达20g离心力作用下形成空心、致密的混凝土构件。混凝土构件内部孔隙率小，可有效减少混凝土的碳化作用，因而有效延长其耐久性。

3）美观、实用

离心柱的表面都是清水面，不需要二次处理，且其混凝土的颜色及感观可依据建筑师要求实现，在其柱的中空部分可安装排水管，柱壁中可放置预埋管，实现柱内排水及柱中布线的功能要求。

4）快速安装

离心柱和其他预制构件一样，可进行快速吊装（对于大型构件也可采用分段组装），减少现场支模和浇筑混凝土及外表面装修的过程，进一步缩短现场施工工期。

5）适宜大规模工厂流水线生产

结合清真寺的具体情况，经综合考虑离心柱与钢柱优缺点，最终选择离心柱作为结构竖向支撑构件。

（2）离心柱设计

清真寺项目在采用的离心柱，清水表面（白色混凝土），共计618根，其中直径1.62m的32根、0.81m的164根、1.10m的422根。

根据离心柱按直径分为三大类：1.62m、0.81m和1.10m，柱体依据柱长和约束不同，分为10个子类。

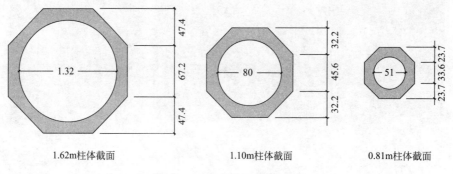

1.62m柱体截面   1.10m柱体截面   0.81m柱体截面

图2　八角柱截面尺寸图

柱体设计荷载主要包含0.65g地震作用、自重、风荷载和施加于柱体顶部的结构荷载。

主体混凝土选用C50/60纯白混凝土，钢筋为B500B高强度钢筋及ST1660/1860预应力筋。

柱体配筋表 表 1

柱体编号	钢筋面积	配筋率	选筋
part 1	14.90cm²	0.18%	16ϕ1/2″+8ϕ25
part 2	14.90cm²	0.18%	16ϕ1/2″+8ϕ25
part 3	89.40cm²	1.11%	16ϕ1/2″+16ϕ25

（3）离心柱机电系统设计

八角柱内部中空，内部设置机电雨水管、强弱电连接点等。由于八角柱混凝土强度很高，外表为装饰面，为避免在八角柱上钻孔，所有安装机电管线和末端设备所需的锚固点、线管等，均需要在八角柱预制时进行预留预埋。

2. 超大异形混凝土柱帽及其连接件设计

依据建筑外观、传力路径及抗震的要求，柱帽采用预制构件组合成空间三角形单元支持体系。柱帽和柱帽间采用排架设计，即三个柱帽为一个受力单元。因此，整个混凝土柱帽结构分为两个部分：一部分是八个近似直角三角形的异形预制混凝土构件单元；第二部分是连接这八个预制构件的现浇节点，共同形成柱帽的骨架体系，柱帽间则采用型钢构件连接，形成排架受力体系。此体系可很好地节省自重和抵御水平荷载，满足强震区设计要求。

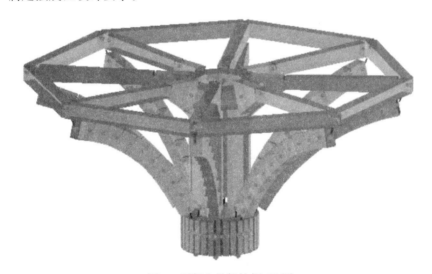

图 3　混凝土骨架柱帽 3D 图

柱帽间连接件是保证排架体系工作的核心点，其设计原则是"强节点弱构件"，节点间的连接钢梁要考虑其可更换性。即当强震来临时，确保钢梁先于节点破坏，并在更换钢梁后整个柱帽依旧可正常工作。

3. 预制混凝土八角柱成品保护及精确安装技术

清真寺项目属于宗教性建筑，严格执行欧洲标准及宗教标准，在八角柱安装上要求极其苛刻，因此八角柱安装是大清真寺施工的重点及难点，加上其属于超大超重构件安装，国内没有类似的施工经验，在没有任何这种类似构件吊装经验的情况下，在设计、制作中就应考虑安装的细节，包括安装的吊点及安装对接方式，在安装过程中严格控制构件安装精度，保证八角柱表面不会破坏。在项目前期策划时，也需要在场地、起吊、设备、安装、稳定及校正等方面进行充分考虑，保证每个细节的完美。

本项目八角柱保护和安装主要包括 6 个关键技术点。

（1）成品保护：由于八角柱是成品预制构件，完成面即为装饰面，主体纯白色，局部带花纹，因此对表面混凝土的成品保护要求非常高，八角柱在德国生产，通过海运至现场，需经历出厂火车发运至港

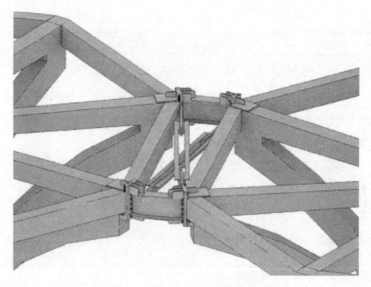

图 4　混凝土骨架柱帽 3D 图

口，海上运输、港口卸货、现场堆放及施工过程中，每个环节的成品保护非常重要。如何进行成品保护，也是本技术的一大关键点。

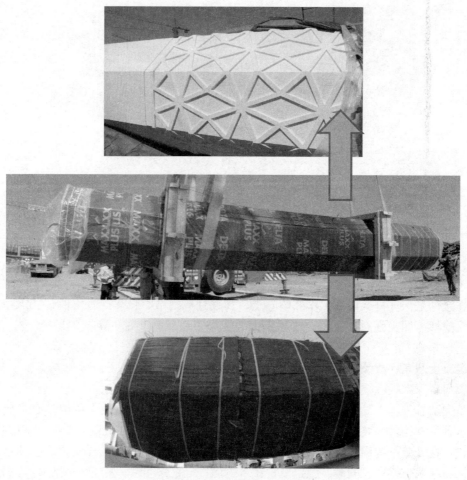

图 5　八角柱运输过程中的成品保护

（2）八角柱基础埋件预埋精度控制。按照设计图纸要求，安装后埋件的偏差只允许有 3mm，如何采取措施保证埋件精度，是确保顺利安装的前提。

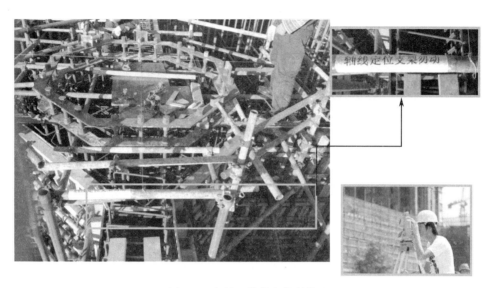

图 6　八角柱埋件精度控制措施

（3）吊点设计：在八角柱设计制作阶段需要考虑八角柱吊装的吊点，本技术采用一种特殊的夹具设计，完美地实现了八角柱的吊装施工。

（4）八角柱起吊下部保护方法：八角柱在起吊过程中，要防止八角柱下部与地面直接接触破坏混凝土表面，如何对八角柱下部进行保护是关键。所以，需要采用专门的措施来对八角柱下部进行保护。

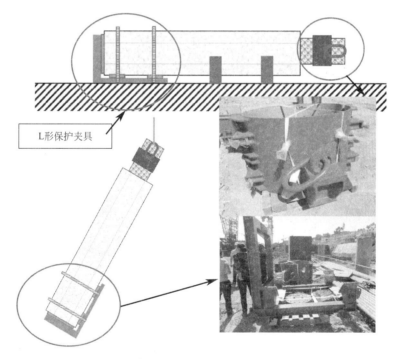

图 7　八角柱下 L 形保护夹具及吊点示意图

（5）八角柱安装垂直度控制。通过调节和测量，保证柱身的整体垂直度满足要求。

（6）八角柱对接连接。1.62m 八角柱分 3 段进行安装。每段对接部分是通过插隼连接，将八角柱顶部变截面的一段插入到上节八角柱里面，八角柱之间的间隙通过灌浆料进行密封连接。

4. 超大异形混凝土柱帽预制、拼装及吊装施工技术

（1）施工方案选择

对于柱帽施工方案的选择，技术人员经过多次探讨，最终形成如下四种施工方案进行比选：

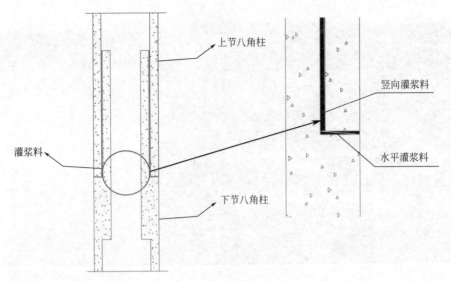

图8 八角柱插隼对接示意图

（图中标注：上节八角柱、竖向灌浆料、水平灌浆料、灌浆料、下节八角柱）

方案一：直接在预制厂内将柱帽拼装完成拖运到现场吊装；

方案二：型钢搭设超高支模架，直接在八角柱上进行拼装；

方案三：在吊装区域履带吊工作范围内进行拼装吊装；

方案四：在施工现场选一个较大的场地进行拼装，拼装完成后运输到履带吊吊装范围内吊装。

柱帽安装方案对比分析表　　　　　　　　　　　　表2

方案	优点	缺点及不足
方案一	直接利用预制厂设备拼装能更有效地控制质量； 减少预制单元的运输费用	预制厂拼装费用较高； 预制厂离现场太远，柱帽超大、异形，无法进行城市道路运输
方案二	可完全消除误差； 施工直接、方便	超高支模架安全风险大，成本费用高； 容易污染破坏八角柱； 分区域流水施工，安装速度慢； 由于吊装距离远，需长时间占用大型吊装设备，费用高
方案三	拼装完成后脱模可直接使用吊装的履带吊，节省机械设备费	占用施工场地太大，影响周边结构施工； 吊装完一个区域后需要转移拼装场地
方案四	释放施工场地，对吊装区域的影响降到最小	需要增加一台龙门吊进行拼装和脱模； 需要解决超大异形构件场内运输问题

方案一和方案二受运输与施工措施的影响，无法满足施工的要求。方案三由于占用大面积施工区域场地且时间太长，周边区域的地下室结构无法施工，对工期影响太大，也被否决。方案四需要解决柱帽运输问题，经创新设计一种专用运输拖车解决了这一问题。因此，项目选用方案四作为最终施工方案。

（2）施工流程

整个安装过程分生产、拼装、吊装三部分。生产在预制厂内完成，拼装在现场空旷场地内完成，吊装在现场吊装点进行。工艺流程分以下3大步19小步。

（3）施工特点

本成果从柱帽预制构件生产、拼装到吊装整个过程进行研究分析，解决超大异形预制柱帽施工过程中的各种问题。本成果主要特点有以下几点：

1）采用特殊办法解决超大异形预制构件生产拼装问题：将异形构件分解成由多个规则构件拼装而成，设计连接节点将8个规则构件拼装成异形柱帽，将预制混凝土构架和现浇混凝土完美结合，实现工业化生产；

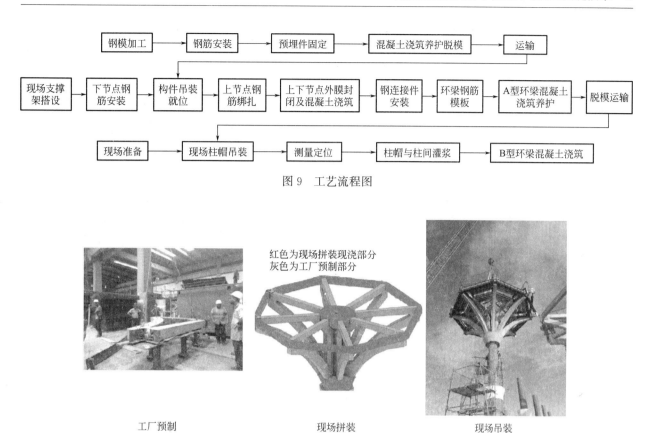

图 9　工艺流程图

工厂预制　　　　　　　　现场拼装　　　　　　　　现场吊装

图 10　柱帽生产、拼装、安装过程图

2）误差消除技术：采用预拼装的办法在地面将整个区域的柱帽按照吊装完成后的定位全部拼装完成，并且将柱帽分为 A、B 两种类型。在预拼装过程中将连接件连接好，将 A 型的环梁和连接件埋件浇筑到混凝土内。B 型的环梁和埋件待吊装完成，调整埋件定位后，再浇筑混凝土。这样做能消除连接件埋板的误差，保证连接件能完美连接，起到抗震作用；

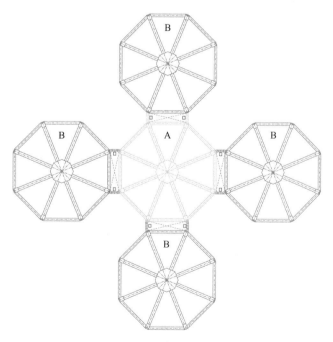

图 11　柱帽 A/B 型分类示意图

3）自制满足超大异形构件转运的拖车，场外预拼，释放场地：在半挂牵引车的基础上进行改造，满足柱帽场内转运的要求。释放吊装区域周边的场地，减小柱帽施工对结构施工的影响，节省总工期；

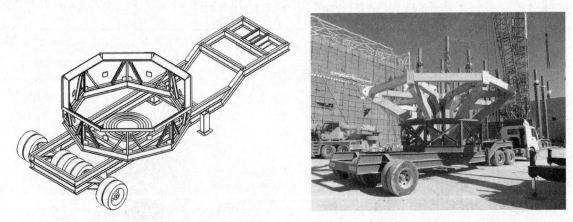

图12　自制柱帽拖运车进行场内运输照片

4）构件钢模设计：将钢模设计成上大下小的梯形，构件建筑完成后直接将构件往上提，可轻松脱模；

5）吊点选择：采用哈芬专用吊点，吊点承载力大，预留洞口小，对结构影响小，吊装操作方便、安全、可靠；

6）柱帽拼装支架模板：根据柱帽外形特点设计由多部分组成的支撑架和模板，以满足异形构件拼装要求；

7）自制拆卸式葫芦吊支撑三脚架：设计一种简易的三脚架，用锁扣固定在预制构件横梁上。在三脚架上挂葫芦吊，进行钢结构埋件的定位调整；

8）测量控制：预制柱帽的标高及垂直度通过钢垫块进行调节。

图13　八角柱及柱帽施工完成照片

三、发现、发明及创新点

发明发现创新点表   表 3

序号	创新点	创新性描述
1	高震区大直径预制离心混凝土八角柱设计	1) 创新的采用直径 0.81~1.62m 预应力离心混凝土柱作为建筑上部支撑构件,达到刚度大、强度高、质轻的效果; 2) 首次在柱间节点采用内置插隼设计,插隼与柱体间采用高强灌浆料连接,方便施工; 3) 创新性的将柱体设计成中空,柱中设计排水管、电管、小型预埋件及维修门等来满足机电专业的排水、灯具、防雷、喇叭及维修的功能要求,避免后期安装开孔; 4) 设计一种支腿可调节的三角形管道固定支架,方便管道在狭小空间内安装并能有效抵抗地震作用; 5) 离心柱宗教装饰纹样一次成型。 经国内外查新检索,发表的文献中,未见与该技术特点完全相符的报道
2	超大异形混凝土柱帽及其连接件设计	1) 首次设计采用马蹄莲造型的八角形柱帽组成屋面支撑体系,采用排架形式,预制安装更便捷,结构更牢固; 2) 超大异形预制构件,拆解成多个形状规则单元进行工厂预制,然后进行现场拼装,实现了异形预制构件工业化生产; 3) 将金属屋面埋件、装饰埋件、检修结构埋件、钢连接件埋件、挑檐埋件综合设计在预制构件内; 4) 连接件设计成钢结构柔性连接,并方便更换,当地震发生时,连接件先变形破坏从而保护柱帽。 经国内外查新检索,发表的文献中,未见与该技术特点完全相符的报道
3	预制混凝土八角柱成品保护及精确安装技术	1) 产品从生产到运输安装全过程进行保护,防止被污染破坏; 2) 基础埋件安装过程中,设置两套支撑架,一套用于固定埋件,一套单独设置作为轴线定位架; 3) 创新地在预制八角柱接头部位预留吊装孔,采用专门设计的抱箍与吊装孔连接,卡住八角柱,进行吊装; 4) 在柱底设计 L 形保护夹具,起吊时一端吊,夹具着地,避免预制柱直接着地,破坏混凝土。 经国内外查新检索,发表的文献中,未见与该技术特点完全相符的报道
4	超大异形混凝土柱帽预制、拼装及吊装施工技术	1) 构件预制采用底部微微缩小的钢模,方便脱模; 2) 现浇与预制结合的误差消除技术,采用 A/B 分类的方法消除拼装将误差控制在 5mm 内; 3) 自制转运拖车完成超大异形预制构件的场内转运。 经国内外查新检索,发表的文献中,未见与该技术特点完全相符的报道

四、与当前国内外同类研究、同类技术的综合比较

预制装配式混凝土结构在国外已有多年发展历史,但直到钢筋桁架式叠合楼板的问世,其才得到广泛应用,目前预制构件的应用多集中于楼板、墙柱等规则构件上;预制装配式随着"建筑工业化"的浪潮,已受到越来越广泛的关注,但国内预制构件无论应用规模或造型的灵活度均有待进一步发展。

本研究成果为满足具有宗教特色的建筑外观要求和使用要求,八角柱采用超白混凝土离心高速旋转浇筑成型,直径 1.62m,单根总长 34m,重 36t 且采用中空设计,使得检修口的留设和机电管线埋布均对外立面清水效果无影响,无论造型和规模均为国内外罕见;此外,离心浇筑工艺有效提高了混凝土的密实度,保证了八角柱的抗震性能和耐久性。

八角柱帽作为屋面支撑结构,为超大异形(花瓣形)结构,采用分瓣预制和现场拼装吊装工艺,解决了模板和运输限制的问题,该工艺在国内外相关文献中均未发现有完全相符的案例。

与国内外同类技术相比较,本成果主要有两大技术难点:

(1) 对于大型中空异形预制构件,因国内外可参考资料较少,从深化设计到施工工艺的选择均具很高的自主创新性;

(2) 因材料的特殊性,混凝土预制构件较钢结构预制构件更为脆弱,尤其是大型预制构件,其吊点

设计、垂直度控制、预留预埋件位置误差控制、连接处理等，均具有较大难度。

五、第三方评价、应用推广情况

1. 第三方评价

2018年2月5日，中科合创（北京）科技成果评价中心组织专家，在武汉召开了由中建阿尔及利亚公司、中建三局第三建设工程有限责任公司共同完成的"高震区装配式离心柱设计与施工关键技术"科技成果评价会。专家形成如下意见：该成果总体达到国际先进水平，其中高震区装配式大直径离心混凝土八角柱、超大异形混凝土柱帽及其连接件的设计和施工技术，达到国际领先水平。

2. 推广应用情况

通过该技术的研究，形成《预制空心混凝土八角柱及柱帽施工工法》获得2017年中建总公司工法。获得授权实用新型专利3项，授权发明专利1项，受理发明专利1项。

六、经济效益

（1）八角柱通过采用1～3mm的钢板进行垂直度调节，而非传统的揽风绳进行调节，不需要拉设揽风绳、倒链，也避免安装相应的揽风绳埋件锚固点，节约成本约10万。

（2）八角柱的吊装点，采用在八角柱上预留圆孔，通过专门的夹具进行吊装（夹具可以循环使用），避免了传统的埋设埋件的办法。节约成本约5万。

（3）预制柱帽场外拼装，拖运到吊车附近吊装的办法，大量地释放了施工场地，将吊装点对周边结构施工的影响降到最低。且节省场地费用180万元。且释放了安装区域的场地，将吊装点对周边结构施工的影响降到最低。间接节省场地周转费用30万元。

（4）阿尔及利亚大清真寺项目共有预制混凝土柱帽422个，通过本技术的成功实施，以每天不小于两个的速度（每天完成屋面面积不少于131.22m²）完成柱帽吊装，为项目节省工期约4个月。

七、社会效益

阿尔及利亚大清真寺项目作为世界第三大清真寺，寄托了阿尔及利亚全社会甚至是全世界伊斯兰教的理想和信念。宏伟的建筑空间、马格里布式的宗教样式是阿尔及利亚人民的骄傲。

大直径预应力离心混凝土八角柱和马蹄莲造型的柱帽，完美地表达了建筑师的设计意图，体现了阿尔及利亚人民的精神。新华网、人民网以及阿尔及利亚当地媒体多次报道阿尔及利亚大清真寺项目预制空心混凝土八角柱和预制混凝土柱帽的施工。提升了中建形象。

通过该技术的应用，解决传统的预制构件外形不够灵活的缺点，实现预制构件与现浇构件完美结合，推动装配式建筑形式多样化的发展。具有很强的推广价值。

地铁车站智能建造技术及平台的研发与应用

完成单位： 中建华东投资有限公司、中国建筑第五工程局有限公司、上海同筑信息科技有限公司、同济大学、中建八局轨道交通建设有限公司

完成人： 宫志群、宋　旋、袁晏仁、尹仕友、李　阳、龚益军、廖少明、张　峰、高东波、李念国

一、立项背景

当前，欧美发达国家分别发布了推进信息化与工业化融合的一系列战略规划。我国也发布了"中国制造2025"、"互联网＋"行动计划、新一代人工智能发展规划等实质性政策。其中，国家《2016-2020年建筑业信息化发展纲要》强调：要全面提高建筑业信息化水平，着力增强BIM、大数据、智能化、移动通讯、云计算、物联网等信息技术集成应用能力，建筑业数字化、网络化、智能化取得突破性进展[3]。在政策与需求的推动下，智能建造成为未来工程建筑行业转型升级的方向，并在建筑规划、设计、施工及运营等阶段取得很好的经济效益和社会效益。与此同时超大规模车站也不断涌现，大型地铁车站施工及管理的复杂性给传统的建造技术及管理方式带来了极大的挑战，随着各类先进信息技术的发展和建筑行业对信息化施工的探索，"智能建造"应运而生。智能建造技术是工程建造领域的发展方向，也是新形势下轨道交通建设发展的必然趋势。

本课题依托的徐州地铁1号线彭城广场站是国内首座集明-暗-盖挖为一体的大型换乘车站，国内首座隧道群和坑中坑空间立体交错的半明半暗车站，见图1和图2，被业界专家评为"全省最难、全国罕见"，其整体造价近7亿元，最深达34m，规划17个出入口、3组风亭及2个下沉广场，体量为普通车站的6倍，诸多世界性难题给车站施工带来了巨大挑战。本工程周边环境敏感、结构形式复杂、地质问题突出，同时由于前期拆迁滞后，项目工期紧张、技术要求高，施工管理与协调量大。因此，需要项目管理层借助以BIM为核心的智能手段，通过管理方式创新，提高工程项目管理的效率。

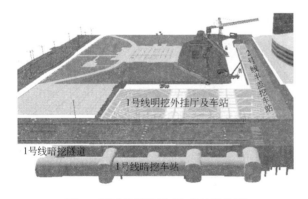

图1　彭城广场站明-暗-盖挖结构图

图2　彭城广场站主体结构BIM模型

中建华东大力推进关键技术创新、加快智能建造研究，重点以BIM技术为核心，综合运用物联网、GIS、VR、云计算、移动互联、大数据等信息技术，从技术和管理层面推进智能建造技术与地铁车站的融合，探索以信息智能采集、高效协同管理、数据科学分析、过程智慧预测等为主要内容的智能建造，全面提升地铁建设智能水平，为智能建造技术应用提供了新的思路和参考。

本课题由中建华东投资有限公司牵头，由中建五局隧道公司、上海同筑信息科技有限公司、同济大学、中建八局轨道公司联合研发，以施工阶段过程管理为主线，研发了集试验、探测、评价与控制一体的地铁车站智能建造技术体系以及基于构件级 BIM 的地铁车站智能建造管理平台，解决了传统 BIM 与现场管理脱节的问题，实现了工程项目施工阶段进度、成本、远程监控、安全、质量、文明施工等管理要素对象可视化、流程清晰化、过程可追溯的施工全过程动态智慧化管控。

二、主要研究内容

1. 地铁车站智能建造技术及平台的总体思路

本课题所提出的地铁车站智能建造技术及平台的总体思路如图 3 所示。本体系主要包括信息化施工技术及管理平台研发两个方面，其中信息化施工技术主要通过设备研发及理论创新，解决了工程基础信息的获取与处理，信息化平台的搭建主要解决了施工要素管理、资源管理和集成管理问题。通过轻量化、快速化和标准化建模技术突破，建立了符合施工流水的地铁车站构件级 BIM 模型，实现了工程地质及结构信息、项目管理要素信息的集成与交互。其中，构件级 BIM 模型是桥梁、信息化施工技术是基础、信息化管理手段是关键。

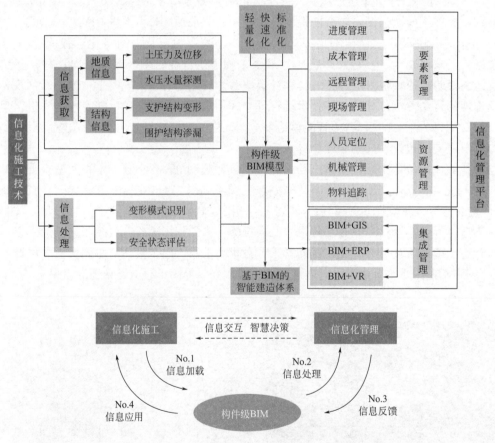

图 3　地铁车站智能建造技术及平台研究的总体思路

2. 主要内容

以下，（1）主要解决车站施工信息的智能化探测及处理；（2）和（3）是核心技术，主要解决 BIM 模型轻量化问题，并提高与现场管理的匹配度；（4）是核心成果，通过建立轨道交通智能建造信息平台实现智能建造。

（1）集试验、探测、评价与控制一体的地铁车站智能建造新技术体系

本课题针对土压力及位移、水压水量及排水方式等关键地质信息和地下连续墙的渗漏检测、桩的完

整性检测等支护结构信息，研发了一系列智能探测装置（部分见图4、图5），实现车站基础信息的智能探测。总结围护结构8种典型变形模式（见图6），并基于贝叶斯概率理论将实测数据进行特征值矩阵转化，通过其变形形态早期预警，弥补了现行规范仅以变形大小和速率为报警指标的不足，同时利用数据挖掘理念实现对基坑安全风险智能监控与预报。最终将智能探测装置获取的地质及结构信息加载至BIM模型上作为智能建造的基础依据；将基于贝叶斯概率理论的基坑风险预报体系作为管控平台智慧决策的理论内核。

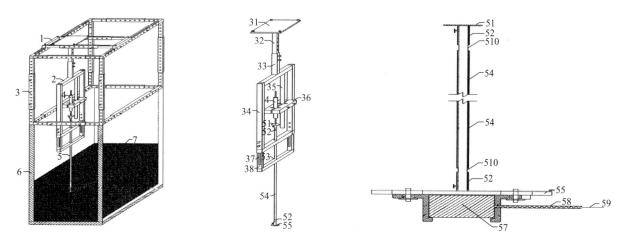

图4　地铁车站土压力及位移信息一体化观测装置

图5　一种可定量分析预应力管桩完整性并能准确判定缺陷位置的智能孔内成像仪

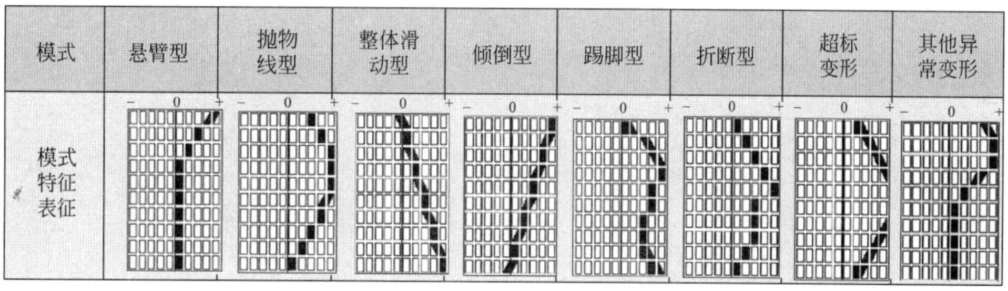

模式	悬臂型	抛物线型	整体滑动型	倾倒型	踢脚型	折断型	超标变形	其他异常变形
模式特征表征								

图6　围护结构8种典型变形模式

（2）BIM标准化、快速化建模及轻量化技术

BIM模型是智能建造技术的核心部分，模型的构建必须既能满足施工管理对模型颗粒度的要求，又能满足根据现场实时数据进行模型数据动态加载、更新及移动端流畅使用的要求。传统施工BIM应用

是碎片化、静态化、孤立化的，都只能起到辅助施工的作用。一是 BIM 与现场项目管理要素融合度不高，没有与施工流水划分统一；二是 BIM 技术对人员专业化程度及设备配置要求相对较高，制约 BIM 推广；三是没有发挥 BIM＋优势，不能系统的解决问题。本课题从现场施工实际出发，按施工分区分段建立 BIM 模型，通过 BIM 标准化、快速化建模及轻量化技术，解决了 BIM 应用的痛点问题，真正为现场施工服务。

a）地铁车站 BIM 标准化、快速化建模技术

针对地铁车站工程建模烦琐和没有统一族库的问题，通过建立轨道交通工程专用族库和开发面向对象的 Revit 二次插件，以便建模时直接调取使用，实现标准化建模；通过研发面向过程管理的 Revit 二次插件，如符合轨道交通工程清单工程量计算规则的构件扣减插件、快速分专业插件等，相关工程人员可直接以 Revit 模型为基础数据来源进行工程量在线计算（见图 7、图 8）。

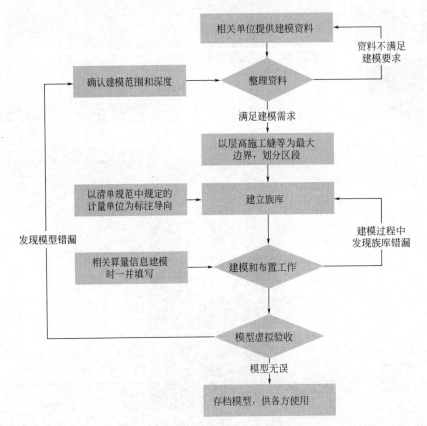

图 7　标准化建模流程

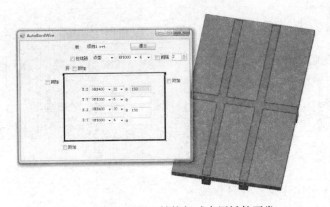

图 8　钢筋、混凝土结构扣减专用插件开发

b）地铁车站 BIM 模型轻量化技术

在轻量化方面通过不同尺度模型随需调取、SAT/FBX 中间格式转化技术实现三维轻量化网格细分（见图 9），通过三维 BIM 模型构件信息重建技术实现信息无损的同时轻量化存储（见图 10），使得 BIM 在移动端能飞速运转，为 BIM 大面积推广和低门槛应用奠定基础。以彭城广场站为例，模型体积压缩率 95%，信息保有率 100%。

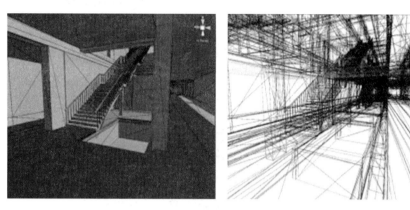

图 9　SAT/FBX 中间格式转化技术实现三维轻量化网格细分

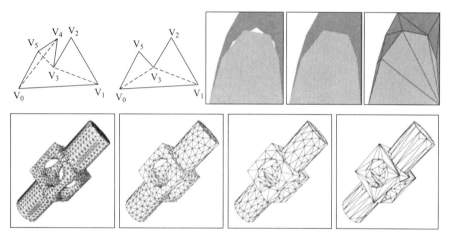

图 10　三维 BIM 模型构件信息重建技术实现轻量化存储

（3）地铁车站管理行为与 BIM 模型深度融合技术

针对当前 BIM 模型与现场管理行为脱节的问题，在"构件级"BIM 的基础上，充分应用"BIM＋"技术深度融合现场施工。"BIM＋物联网"实现施工现场人、机、物动态追踪（见图 11）。"BIM＋移动互联"实现现场管理与 BIM 模型动态关联。"BIM＋大数据"实现基坑周边墙体测斜以热力图形式形象展示（见图 12）。"BIM＋VR 虚拟现实展示方法和系统"实现真实、快速、低成本沉浸式体验（见图 13）。

（4）基于 BIM 的轨道交通智能建造信息平台

a）平台整体构架

将上述理论和技术融合，对项目管理的重点管理要素结合 BIM 进行流程重构，规划相应规则以事件为导向，将重点管理行为作为数据加载到相应的模型构件上，搭建了基于 BIM 的轨道交通智能建造信息平台。平台的整体架构如图 14 所示，采用四层开放式的 B/S 结构，包括基础数据采集层、支撑层、应用层及统一展现层。其中，基础数据采集层包括监测传感器、监控摄像头、手机 APP 等手段；支撑层包括 Revit 二次开发、轻量化技术研发、三维图形引擎 API 开发等技术支持；应用层根据项目管理需求分为各个要素模块；统一展现层根据移动互联时代用户习惯，有 Web 端、手机端和 iPad 端三种，安

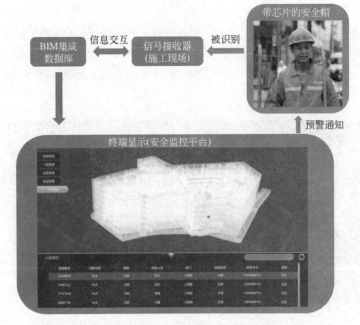

图11　基于 BIM 的 RFID 工地人员自动定位系统

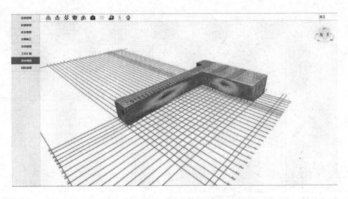

图12　BIM＋大数据：基坑周边墙体测斜以热力图形式形象展示

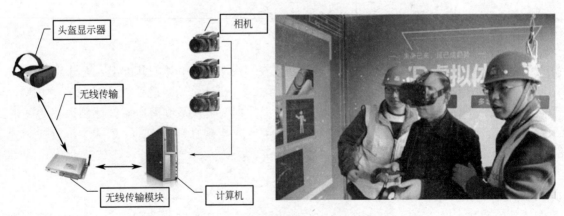

图13　BIM＋VR 实现真实、快速、低成本沉浸式体验

装客户端软件即可操作平台系统，方便、快捷。

　　b）平台主要功能

　　结合 GIS 技术在线性工程中信息表达的优势，本课题建立了 BIM 与 GIS 数据统一展示和交互的方法。平台后台将用户分配到企业管理员、项目管理员、项目成员等权级和设计、施工等岗位角色。每个

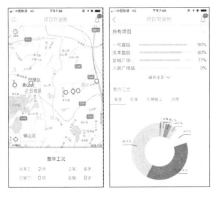

图 14　地铁车站施工信息化管理平台整体构架

账户在 GIS 模块可以看到相关的工程进度、质量安全相关汇总情况（自己权限范围内的），可以处理与自己相关的任务事件，可以安排自己的日程，可以直接跳转到自己相关工程的 BIM 视图（见图 15）。

　　基于所建立的构件级 BIM 模型，本平台可实现工程进度（见图 16）、成本（见图 17）、远程监控（见图 18）及工程现场（见图 19）的智能化管控。以进度管理为例，其智能管理逻辑如下：将 BIM 模型中的构件按分部分项工程拆分，与施工进度计划相关联；通过平台将每周任务发送给参建单位相关责任人，随时随地查看相关项目成员和计划的执行情况，施工单位人员可在平台中对任务逐个销项，监理单位和建设方可通过平台进行进度追踪和纠偏，实现项目建设过程中的每一环都可追溯的同时，有效保证工程进度。

图 15　BIM＋GIS：移动端项目群工况信息汇总　　　　　　　　图 16　智能进度管理

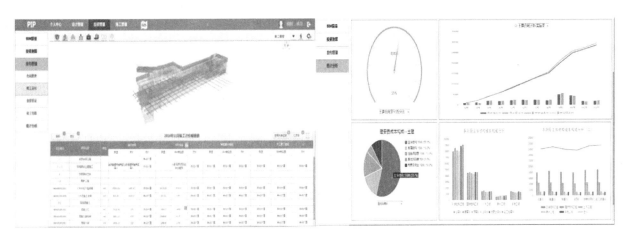

图 17　智能成本管理

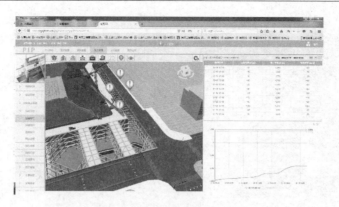

图 18　智能监测预警

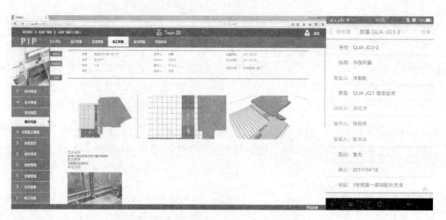

图 19　智能现场（质量、安全、文明施工）管理

三、主要创新点

（1）形成了集试验、探测、评价与控制为一体的大型复杂地铁车站建造技术体系，研制了具有自主知识产权的土体位移压力一体化测试和超前水压水量探测等装置，实现了地铁车站智能建造有关的基础数据与关键信息的采集。

（2）首次提出了基于贝叶斯概率准则的基坑变形 8 种变形模式及其对应的安全状态，实现了围护结构实测变形模式的识别，弥补了现行计算方法及相关规范中仅以变形大小和速率为预警指标的不足。

（3）基于 Revit 的多尺度模型融合技术和三维 BIM 模型构件信息重构技术等方法，首创了 TZM、TOS 等 BIM 轻量化数据格式，实现了信息无损平移及海量模型数据移动端的流畅使用。

（4）建立了地铁工程 BIM 建模专用族库，开发了面向全过程管理的二次插件，实现了直接以 Revit 模型为基础进行进度计划实时管理和工程量的在线计算。

（5）研发了基于 BIM 的现场人、机、物动态追踪管控技术，现场管理行为与 BIM 模型的动态关联技术，以及 BIM 模型对现场行为的三维实时再现技术，实现了 BIM 与现场全过程施工管理的深度融合。

（6）研发了基于 BIM 的轨道交通智能建造的管控平台，建立了与现场管理行为完全匹配的"构件级" BIM 模型，实现了施工全过程跟踪管理。这是我国轨道交通领域第一个投入实际工程并与施工管理逻辑完全吻合的智能建造平台。

四、与当前国内外同类研究、同类技术的综合比较

1. 建立了集试验、探测、评价与控制为一体的地铁车站智能建造技术体系

国内外已有集成试验、评价为一体的地铁车站施工体系的报道，但地铁车站施工智能建造技术体系

能集成试验、探测、评价与控制为一体未见报道。

2. 实现了基于贝叶斯概率准则的基坑围护结构实测变形的模式识别

国内外已见基于贝叶斯网络预测的基坑变形特征分析的报道，国外已见地铁深基坑变形模式统计规律分析的报道，但地铁车站基坑变形的 8 种变形模式及其对应的安全状态并提取模式识别几何特征尚无相关研究。

3. 研发了多尺度 BIM 模型轻量化技术

国内外已见基于移动客户端和 WEB 端的 BIM 模型的报道，但多尺度 BIM 模型轻量化技术尚无报道。

4. 实现了 BIM 模型与现场管理行为的深度融合

国内已见基于 BIM 的智慧工地管理体系，未见实现现场管理行为与 BIM 模型的动态关联及人、机、物料追踪管控的报道，国内外已见基于 BIM 的虚拟现实展示方法的报道，但地铁车站施工 BIM 模型对现场行为的三维实时再现技术未见报道。

5. 形成了基于"构件级"BIM 模型的轨道交通智能建造管理平台

国内外已见基于 BIM 模型的施工现场管理系统的报道，国外已见基于 BIM 技术的智能建造管理的报道，与现场管理逻辑完全匹配的构件级 BIM 模型，并搭建了轨道交通智能建造管理平台尚未见报道。

五、第三方评价、应用推广情况

课题研究过程中授权及受理发明专利 11 项，授权实用新型专利 3 项、软著 6 项、中文核心期刊以上论文 8 篇。经江苏省土木建筑学会鉴定，课题成果整体达到"国际先进"水平，其中基于贝叶斯概率准则的基坑变形安全状态识别方法和 BIM 轻量化技术两项核心技术"国际领先"。成果已在徐州、郑州、青岛、上海等 5 条地铁线、10 余个车站中应用。开发的智能建造平台可复制、可拓展、可推广，项目成果推广性、适用性强，可以在项目全生命周期及其他土木工程中大规模推广应用。

六、经济效益

以徐州地铁 1 号线彭城广场站为例。基坑开挖阶段：将原方案中的 9 个月工期缩短至 7 个月，节约工期约 60 天。期间人工费用约 3000 元/天，机械设备约 7300 元/天，合计（3000＋7300）元/天×60 天＝61.8 万元。暗挖隧道施工阶段：优化暗挖工序，工效提升 20%，每延米节约成本约 7 万元，190m 暗挖隧道节约成本小计 7 万元/m×190m＝1330 万元。车站主体施工阶段：采用平台实现现场三维技术交底，能够避免 10%～15% 预埋件、管道、孔洞的返工，节约人工材机设备成本 0.3%～1%，约 210 万；节省工期 1-3 个月，折算经济效益约 246.37 万元。管理成本：消除 60 多起施工预警，大幅度提高了项目整体管控水平，节约管理成本约 45 万。合计经济效益约：1.8＋1330＋210＋246.37＋45＝1893.17 万元。

七、社会效益

本课题的研究和应用示范解决了 BIM 与现场管理脱节的问题，提升了中国建筑地铁车站智能建造的技术水平、品牌效益和工程业绩，对促进企业在地铁领域信息化施工技术进步和管理水平提高具有十分重要的意义。

项目应用期间承接了"中国建筑 2017 年基础设施科技创新示范工程启动仪式"、"2015 年度江苏省城市轨道交通建设学术年会"、"江苏省城市轨道交通建设'926'科技创新工作推进暨现场观摩会"等多次大型科技活动，获得多位院士及业内权威专家的高度评价，成果已成为全国地铁行业 BIM 应用标杆。

课题成果应用与多个示范工程，各施工过程中均未发生任何安全、质量事故，为后续施工提供了有力保障，得到了业主及地方政府的高度肯定，并且得到了人民网、经济日报、新华网、光明网、环球网等十几家省市及国家媒体集中报道，树立了良好的社会形象，创造了巨大的社会效益。

上海迪士尼乐园特色建筑和景观设施施工
关键技术研究与应用

完成单位： 中国建筑第八工程局有限公司
完 成 人： 张友杰、陈新喜、吴刚柱、张学伟、袁建勋、颜峻生、李　赟、余少乐、章小葵、郭
　　　　　志鑫

一、立项背景

1. 工程概况

近年来，随着我国社会经济的发展和城市生活的需要，大型主题乐园项目越来越受到人们的欢迎，其建设也方兴未艾。世界主题公园巨头迪士尼进驻中国市场，给中国主题公园建设和建设者提出了严峻的挑战。上海迪士尼乐园工程体量大，建筑独具特色、结构复杂，采用了大量的现代技术与传统工艺结合技术及新技术、新材料、新设备，科技含量高，施工难度大，是上海市重点工程，也是中建八局的重点工程。本工程主入口和花园区占地面积 10.5 万 m^2，21 个建筑单体建筑面积 $16785m^2$，建成后将成为上海市的又一个靓丽景观。工程于 2013 年 11 月 29 日开工，于 2016 年 6 月 16 日全面竣工。工程航拍图见图 1。

图 1　上海迪士尼乐园工程

2. 工程特点、难点

上海迪士尼乐园是大陆首个迪士尼主题乐园，建筑独具特色、造型复杂，科技含量高，给中国主题公园建造提出了严峻的挑战。工程具有以下特点和难点：

（1）特色主题文化外立面雕刻工艺成效要求高

200 幅特色外立面，每一幅外立面都由不同的材料构成，节点、界面繁多，雕刻工艺效果要求呈现出仿砖、仿石材、仿木、仿金属以及仿 GRC、GRP、土、砂等效果。

（2）特种游艺设备安装工程种类多、精度高

游乐设施（旋转木马、小飞象）定位地脚螺栓 9000 多套，不允许使用固定支架焊接，要求一次性成型且误差在±1mm；灯塔超深（埋深 20m）地下钢管高垂直度埋设施工难度大，对碳钢护筒的打设定位和垂直度要求高：要求偏差 1/1000（国内要求 1/300）。

（3）主题乐园超大多层复杂地下综合管线综合施工难度大

园区地下基础设施综合公共管廊 11 类、13 根干管、总里程约 58.5km，涵盖 20 多个系统（CE、RE、EMS 等）。110 万 m 多系统超大型地埋管线错综复杂，施工交替作业，综合施工难度大。所有底板内是不允许敷设管线的，需敷设的管线都必须敷设在底板以下，埋深最深超过 9m，上下重叠交叉管线最多达 11 层，定位精度达到误差控制在 2mm 以内，管线抗变形要求高。

（4）主题特色＋精彩中国风呈现难度大

建设之初确定经典迪士尼＋精彩中国风的主基调。在主题乐园的设计中，无论是建筑、游艺设施设计和家具摆设都大量还原了迪士尼经典故事和童话中的场景和画面，除此之外乐园内首次大量运用了中国元素，体现了精彩中国风，主基调呈现难度大。迪士尼园区乔灌木 51 万余株，地被 115 万余株，草坪 4 万 m²，园林施工难度大、任务重。

为此，我们需要组织攻关，开展立项课题研究，解决施工中的诸多难题，同时，系统总结多项外资大型主题乐园领域施工新技术，可为类似工程提供借鉴和参考。

二、详细科学技术内容

1. 总体思路、技术方案

本项目以上海迪士尼乐园主入口和花园为载体，在充分分析建筑外立面呈现与施工难点、特种游艺设备安装特点、深埋多层地下综合管线施工难点、主体乐园园林及景观道路施工特点的基础上，通过工艺试验、技术集成与创新、数字化技术应用等手段，对技术方案进行优化，解决工程建造中面临的技术与管理难题，为工程实施提供质量与安全保障，并进行技术总结、提炼、集成，最终形成关键技术，为后续类似工程建设提供借鉴。总体思路如图 2 所示。

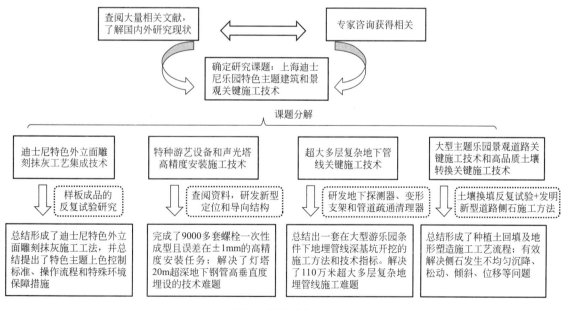

图 2　总体研究思路

2. 关键技术

（1）特色主题建筑外立面施工关键技术

分布于米奇大街两侧的 6 栋建筑物共有约 200 幅特色外立面，每一幅外立面都由不同的材料构成，

而且构造各异。具有以下技术难点：特色外立面要求呈现不同的效果，仿砖、仿石材、仿木、仿金属以及仿GRC、GRP、土、砂等效果，雕刻难度大；雕刻抹灰层厚度一般20～65mm，假山更厚一些，达70mm，普通砂浆的粘结性和抗裂性达不到效果要求；主题上色对温度、湿度、天气、光线、酸碱度有特殊要求。为解决上述问题形成的创新技术如下：

① 开发了特色外立面雕刻抹灰工艺集成技术

总结形成了迪士尼特色外立面雕刻工艺的标准施工工艺流程，创新性地提出了特色外立面主题抹灰的三种标准节点形式：基于混凝土基面、基于"轻钢龙骨＋水泥纤维板"基面、基于钢结构基面（适用于假山外立面），解决了迪士尼特色外立面节点多、界面繁杂，施工协调难度大问题，如图3所示。

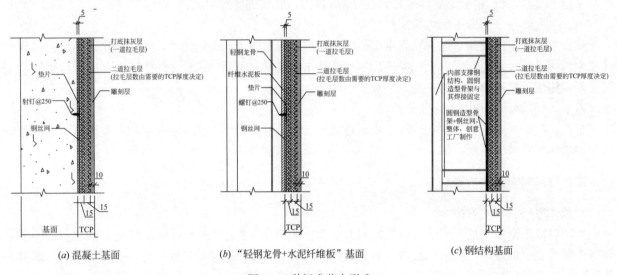

图3　三种标准节点形式

创新性的在迪士尼特色外立面雕刻层中运用了聚合物水泥砂浆，解决了普通水泥砂浆的抗裂性、粘结力、防渗性、抗变形能力差等问题，如图4所示。

图4　聚合物水泥砂浆应用

总结形成了特色主题上色控制标准、操作流程和特殊环境保障措施，如图5和图6所示。特色主题上色控制标准：

1）温度：5～35℃；

2）湿度：确保表面含水率＜14％；

3）天气：在不利和恶劣天气期间，不得上色；

4）光线：禁止在夜间进行主题上色；

5）酸碱度：pH≤10，使用石蕊试纸、pH笔、便携的数字pH计测试。

特色主题上色操作流程：

1）涂刷密封粘结层，共2层，6MILS（0.15mm）；

图 5　pH 值测试

图 6　温度测试

2）涂刷底漆涂层，共 2 层，6MILS；

3）涂刷主题漆面，此层必须由专业的上色师完成；

4）面层清漆，共 2 层，6MILS。

特殊环境保障措施：打设防护棚、冬期施工暖风机升温。

（2）特种游艺设备高精度安装施工技术

主题乐园内，存在大量的游乐设施，有旋转木马、小飞象等，还包括呈现夜间景观的声光塔，其多数为全球采购的进口设备，采购周期长，更换困难。施工难点如下：特种游乐设施安装精度要求高，9000 多套螺栓要求不允许使用固定支架焊接，要求一次性成型且误差在 ±0.2mm；灯塔超深（埋深20m）地下钢管高垂直度埋设施工难度大，对碳钢护筒的打设定位和垂直度要求高（要求偏差 1/1000）。为解决以上难题，形成创新技术如下：

① 研发了钢结构地脚螺栓高精度预埋施工技术

研发了一种地脚螺栓精确定位结构，使用 6mm、开孔直径比螺栓大 2mm 的钢制定位板，中间镂空减轻重量，在定位板上开孔固定地脚螺栓，如图 7 所示。通过发明的地脚螺栓精确定位结构，解决了游乐设施 9000 多套地脚螺栓的一次性高精度预埋难题。

② 研发了灯塔超深地下不锈钢管高垂直度埋设成套施工技术

研发了一种钢护筒的定位导向结构，通过多根钢管立柱和多道焊接于钢管立柱之间的工字形连系梁，形成定位导向结构，通过工字型连系梁的内侧与钢护筒的外侧壁相切，并在外侧壁上设置定位导向结构，如图 8 所示。利用定位导向结构引导钢护筒垂直埋设于地基内，解决了灯塔钢护筒埋设

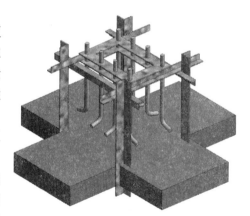

图 7　钢结构地脚螺栓预埋定位结构

精度高的难题，同时钢护筒可以作为灯塔基坑开挖时的支护、挡水结构和混凝土结构的模板，满足多方位需求。

发明了一种地下基础的定位结构，如图 9 所示。通过地下基础的定位结构中第一定位机构和第二定位机构的配合使用，保证了灯塔超深地下不锈钢管结构的轴心处于铅垂线方向，实现了地下基础结构的精确定位，满足基础垂直度偏差 1/1000 的要求。

研发了一种混凝土下料导管的定位装置，其中门扇结构包括开合于支架结构上的第一扇门和第二扇门，并分别在扇门上开设缺口，第一缺口和第二缺口在第一扇门和第二扇门闭合时拼接形成供下料导管插设的下管通道，解决了超深薄壁混凝土浇筑施工的难题。

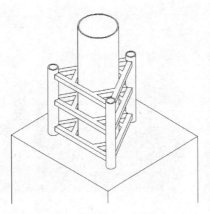
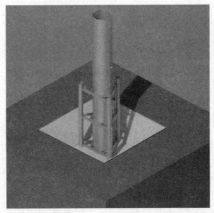

图 8　钢护筒的定位导向结构

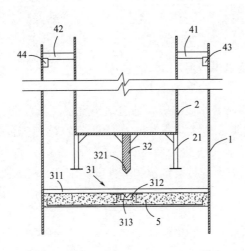
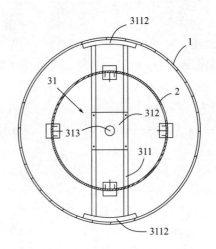

图 9　地下基础的定位结构

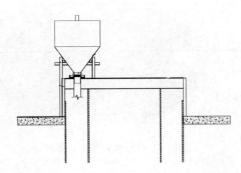
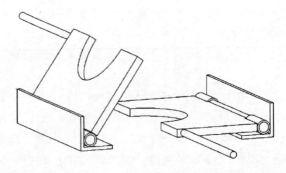

图 10　混凝土下料导管的定位装置

（3）深埋多层地下管线施工关键技术

园区地下管线总里程约 110 万米，多系统超大型地埋管线错综复杂，涵盖 20 多个系统（CE、RE、EMS 等），且底板内不允许敷设管线，如图 11 所示。管道安装完成后，后期基本不具备检修条件，施工过程中的质量控制将直接影响后续管线运营期的稳定性。施工难点主要有：园区地下基础设施综合公共管廊 11 类、13 根干管、总里程约 58.5km，涵盖 20 多个系统（CE、RE、EMS 等）；110 万米多系统超大型地埋管线错综复杂，施工交替作业，综合施工难度大；所有底板内不允许敷设管线的，需敷设的管线都必须敷设在底板以下，埋深最深超过 9m，上下重叠交叉管线最多达 11 层，定位精度达到误差控制在 2mm 以内，管线抗变形要求高；迪士尼对环保方面有严格的要求，现场最大限度地减少湿作业，

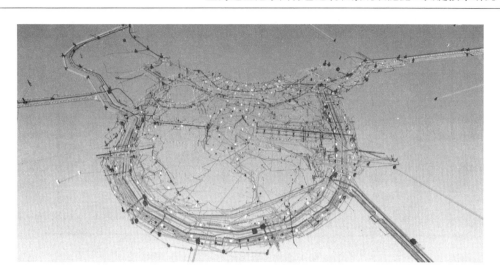

图 11　迪士尼复杂地下管线

电力与通信排管系统预制结构域现浇结构交界面容易发生开裂、渗漏水、不均匀沉降，质量控制难度大。

为解决以上难题，形成创新技术如下：

① 大型主题乐园的深埋、多层、复杂地埋管线深基坑开挖施工技术

研发了一种便携式地下探测器，克服了现有技术的缺陷，解决了现场挖掘地面时引开挖深度以及开挖位置的误差产生的损坏电气包封的情况及导致电缆损坏的问题，如图 12 所示。

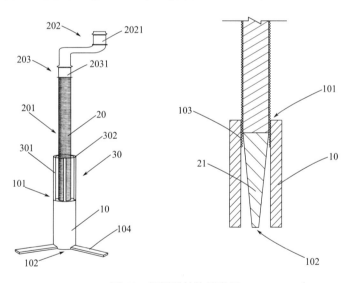

图 12　探测器结构示意图

② 大型主题乐园的地埋管线安装施工技术

研发了一种调整管道间距的变形支架，解决了地埋管线管道间隔距离必须相同，且大于 2.5cm 的严格要求，如图 13 所示。

发明了一种新型管道疏通清理器及其施工方法，对施工后管内滞留的垃圾、淤泥甚至是积水进行清理，解决了大型管道清理困难的难题。尤其是对电气管道，为后期的线缆敷设提供便利，如图 14 所示。

研发了大型主题乐园电气管道专属包封保护，LVP&LVE 系统采用砂浆进行填充，COMM 系统管道包封结构形式为钢筋混凝土，相应间隔还需进行结构伸缩缝节点设置，如图 15 所示。

③ 大型主题乐园项目地下管线与地基处理施工技术

为了解决现浇混凝土结构质量缺陷，采用组合式预制电力及通信检查井，如图 16 所示；为了解决

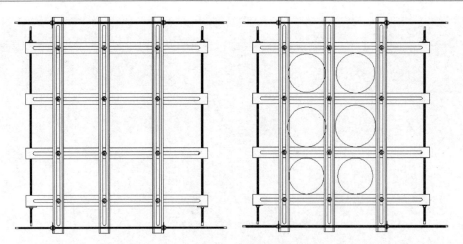

图 13　调整管道间距的变形支架

图 14　管道疏通清理器

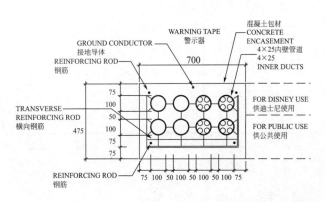 

图 15　电气管道专属包封保护

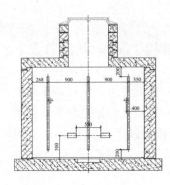  

图 16　预制装配式检查井制作及安装

原设计排管与预制井体植筋连接易导致渗漏和破坏井体完整性的缺点，发明了 L 形钢筋＋直螺纹套筒＋凹口式连接的关键节点，解决了预制钢筋混凝土结构（电缆井）、现浇混凝土结构（电缆排管），这两种结构在交界面容易发生开裂、渗漏水问题，如图 17 所示；为了解决排管混凝土包封易受到整体沉降和差异沉降的破坏导致结构开裂、漏水和排管破坏等问题，在排管上增加伸缩缝，并发明了一种可以自由伸缩、不会产生渗漏和可以抵抗整体沉降与差异沉降的排管混凝土包封伸缩缝连接技术，如图 18 所示。

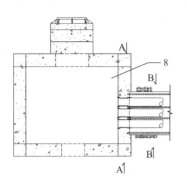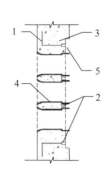

图 17　接缝连接构造图

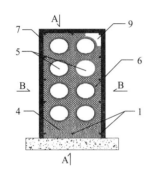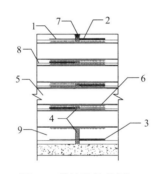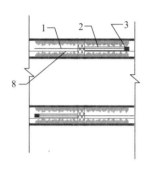

图 18　伸缩缝结构图

（4）大型主题乐园园林及景观道路施工关键技术

园区内绿化种植区域土壤需要进行整体置换，换填总量达到 100 万 m³；特种树胸径基本在 35cm 以上，最大土球直径达 4.2m，景观道路为配合主体景观造型需形成多种不规则混凝土板块。施工难点如下：上海迪士尼主题乐园硬质铺装道路为配合主体景观造型而产生了不规则混凝土板块，这种板块易出现裂缝和不均匀沉降，普通施工方法不能满足；特种树的胸径规格基本在 35cm 以上，最大土球直径达 4.2m。根据 SPEC 要求全冠移植，保持原有的完美形态移植到公园现场。如此大规格、长距离、不做修剪、原形态的移植，在苗木栽植中施工难度极大。为解决以上难题，形成创新技术如下：

① 发明了车行混凝土路面多形式分缝施工技术

发明了传力杆胀缝作为混凝土路面伸缩缝的施工方法，如图 19 所示；研发传力杆加强型缩缝，配合传统形式的切缝，组成混凝土路面的板块分缝系统，释放混凝土路面内部的拉力，减少路面裂缝的产生。传力杆上部钢筋断开，改由通过传力杆传递应力，上部的切缝更好地发挥作用，如图 20 所示。

② 发明一种防止道路侧石与道路不均匀沉降的基座

通过在混凝土基座设置钢筋与道路连接和在预制侧石设置不锈钢锚栓与混凝土基座连接，可使道路、混凝土基座、侧石连接成整体，可有效解决侧石发生不均匀沉降、松动、倾斜、位移等通病。如图 21、图 22 所示。

③ 研发了大型特种树移植施工关键技术

研发了大型特种树移植关键技术，形成了三种种植池（侧石围成的、有结构土种植池；侧石围成的、无结构土种植池；有树格栅的、有结构土的种植池）对应的施工标准流程，如图 23～图 25 所示。

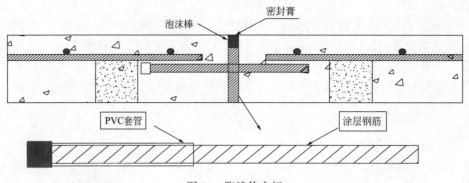

图 19　胀缝传力杆

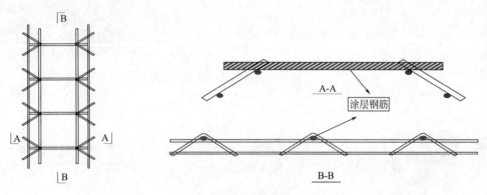

图 20　加强型缩缝

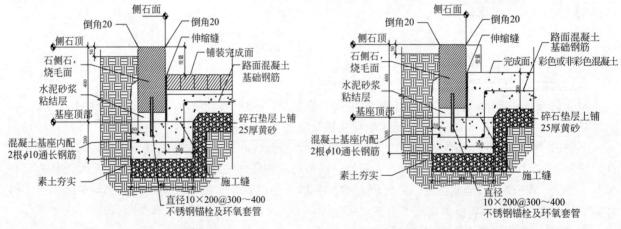

图 21　铺装道路基座剖面图　　　　图 22　彩色或非彩色道路基座剖面图

根据苗木生长对土壤结构要求，通过大量室内配方试验，确定改良种植土原材料为原土＋黄沙＋泥炭＋有机肥＋石膏，共确立 4 大类 31 个指标体系，解决了胸径 35cm 以上，最大土球直径达 4.2m 的大型特种树的移植难题。

国内首创种植土配制，根据苗木生长对土壤结构要求，通过大量室内配方试验，确定改良种植土原材料为原土＋黄沙＋泥炭＋有机肥＋石膏，共确立 4 大类 31 个指标体系，其中黄沙、原土对粒径、含水率均有严格的要求，需要进行严格筛分、破碎处理，如图 26 所示。

三、发现、发明及创新点

(1) 研发了迪士尼特色外立面雕刻施工工法，总结形成了迪士尼特色外立面雕刻工艺的标准施工工

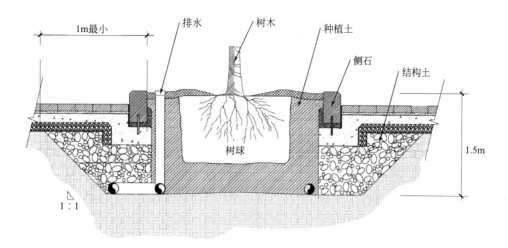

图 23　侧石（或侧石和景墙）围成的、有结构土的种植池

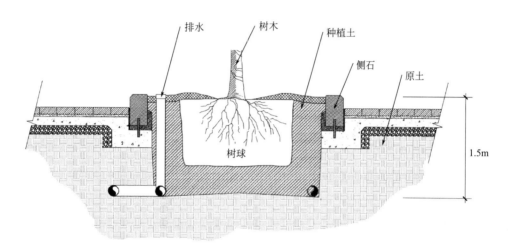

图 24　侧石（或侧石和景墙）围成的、无结构土的种植池

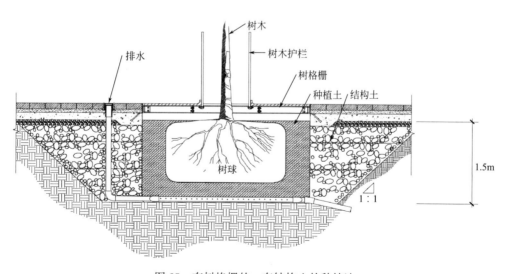

图 25　有树格栅的、有结构土的种植池

艺流程，创新性地提出了特色外立面主题抹灰的三种标准节点形式：基于混凝土基面、基于"轻钢龙骨＋水泥纤维板"基面、基于钢结构基面（适用于假山外立面），解决了迪士尼特色外立面节点多、界面繁杂、施工协调难度大等问题。

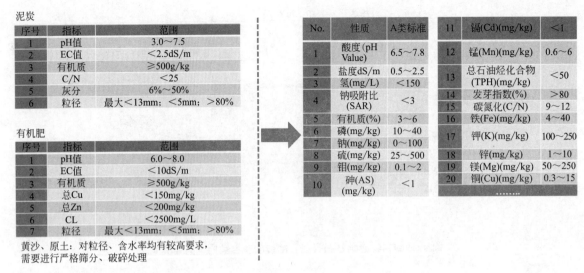

泥炭

序号	指标	范围
1	pH值	3.0～7.5
2	EC值	<2.5dS/m
3	有机质	≥500g/kg
4	C/N	<25
5	灰分	6%～50%
6	粒径	最大<13mm；<5mm；>80%

有机肥

序号	指标	范围
1	pH值	6.0～8.0
2	EC值	<10dS/m
3	有机质	≥500g/kg
4	总Cu	<150mg/kg
5	总Zn	<200mg/kg
6	CL	<2500mg/L
7	粒径	最大<13mm；<5mm；>80%

黄沙、原土：对粒径、含水率均有较高要求，需要进行严格筛分、破碎处理

No.	性质	A类标准			
1	酸度(pH Value)	6.5～7.8	11	镉(Cd)(mg/kg)	<1
2	盐度dS/m	0.5～2.5	12	锰(Mn)(mg/kg)	0.6～6
3	氢(mg/L)	<150	13	总石油烃化合物(TPH)(mg/kg)	<50
4	钠吸附比(SAR)	<3	14	发芽指数(%)	>80
5	有机质(%)	3～6	15	碳氮化(C/N)	9～12
6	磷(mg/kg)	10～40	16	铁(Fe)(mg/kg)	4～40
7	钠(mg/kg)	0～100	17	钾(K)(mg/kg)	100～250
8	硫(mg/kg)	25～500	18	锌(Zn)(mg/kg)	1～10
9	钼(mg/kg)	0.1～2	19	镁(Mg)(mg/kg)	50～250
10	砷(AS)(mg/kg)	<1	20	铜(Cu)(mg/kg)	0.3～15

图26 种植土中各种成分配方

（2）发明了一种钢护筒的定位导向结构，解决了灯塔20m超深地下钢管高垂直度埋设的技术难题；研发了一种混凝土下料导管的定位装置，解决超深薄壁混凝土浇筑施工的难题；研发了一种钢结构地脚螺栓的预埋定位结构，并总结形成了钢结构地脚螺栓高精度预埋施工工法，解决了游乐设施9000多套地脚螺栓的一次性高精度预埋的施工难题；研发了一种钢护筒的定位导向结构，解决了灯塔钢护筒埋设精度高的难题，同时钢护筒可以作为灯塔基坑开挖时的支护、挡水结构和混凝土结构的模板，满足了多方位的需求。

（3）发明了电缆井与电缆排管现浇结构连接方式及施工方法、电力及电缆混凝土包封伸缩缝及连接方式，解决了软土地基条件下预制结构和现浇结构接缝及超长线性结构不均匀沉降难题；研发了一种便携式地下探测器，解决了现场挖掘地面时引开挖深度以及开挖位置的误差产生的损坏电气包封的情况及导致电缆损坏的问题；研发了一种调整管道间距的变形支架，解决了地埋管线管道间距的严格要求；研发了一种新型管道疏通清理器，对施工后管内滞留的垃圾、淤泥甚至是积水进行清理，解决了大型管道清理困难的难题；研发了大型主题乐园电气管道专属包封保护，LVP&LVE系统采用砂浆进行填充，COMM系统管道包封结构形式为钢筋混凝土，相应间隔还需进行结构伸缩缝节点设置。

（4）发明了混凝土路面加强型伸缩缝结构及其施工方法、新型道路侧石施工方法及道路侧石结构，解决了侧石和混凝土路面的不均匀沉降、错台、接缝失效、随机裂缝等问题；总结形成了迪士尼高品质土壤置换施工工艺流程，解决了100万m³高品质土壤换置难题；总结形成了迪士尼大型特种树移植关键技术，并形成了三种种植池对应的施工流程，解决了最大土球直径达4.2m的大型特种树的移植难题。

四、与当前国内外同类研究、同类技术的综合比较

1. 特色主题建筑外立面施工关键技术

开发了特色外立面雕刻抹灰工艺集成技术，改进特色外立面主题抹灰的三种标准节点形式，解决了外立面仿砖、仿石、仿木等效果呈现难度大难题，未见相同报道，具有新颖性。

2. 特种游艺设施高精度施工技术

发明一种地下基础的定位结构及定位方法，研发一种地脚螺栓精确定位结构，解决了游乐设施9000多套地脚螺栓一次性高精度预埋难题；研制一种钢护筒定位导向结构，研发一种混凝土下料导管的定位装置，解决了声光塔基础超深薄壁混凝土浇筑施工的难题，相关技术未见相同报道，具有新颖性。

3. 深埋多层地下管线施工关键技术

复杂地质条件下深基坑地埋管线关键技术中研发了一种便携式地下探测器、新型变形支架和新型管道疏通清理器，未见相同报道，具有新颖性。

4. 大型主题乐园园林及景观道路施工关键技术

发明了混凝土路面加强型伸缩缝结构及其施工方法、新型道路侧石施工方法及道路侧石结构，解决了不规则混凝土路面的应力集中、接缝失效、不均匀沉降等控制难题，相关技术未见相同报道，具有新颖性。

五、第三方评价、应用推广情况

2018 年 4 月 27 日，由中国建筑集团有限公司组织的科技成果评价会对《大型主题乐园特色建筑和景观设施关键技术研究与应用》进行了成果鉴定，评审组鉴定结论为：研发出特色外立面雕刻施工技术，提出特色外立面雕刻工艺流程及上色控制标准，解决了外立面节点多、界面繁杂难题，完美呈现外立面仿砖、仿石、仿木等效果；研制出钢护筒定位导向结构与混凝土下料导管定位装置和游乐设施钢结构地脚螺栓预埋定位方法，解决了特种游艺设备和声光塔高精度安装技术难题；研发出超长多层复杂地下管线施工技术，研制出便携式地下管道探测器、调整管道间距的变形支架及管道疏通清理器，解决了110 万米错综复杂超大型地埋管线施工难题；研发了新型道路侧石施工方法及基于跳仓施工的景观道路成套施工技术，实现了景观道路的多样性呈现。评价委员一致认为，成果总体达到国际先进水平。

成果在荷兰花海旅游度假区小镇客厅项目、上海颛桥万达广场项、上海移动临港 IDC 研发与产业化基地项目一期工程等工程中得到成功应用，具有广泛的推广应用前景。

六、经济效益

2015～2017 年，公司在承建的"颛桥万达广场""盐城机场""中国移动临港""荷兰花海木屐广场"等项目中采用上海迪士尼乐园特色建筑和景观设施施工关键技术。具有安全、环保，绿色施工，生态修复、现代技术与传统工艺相结合的工业化建造、智慧化建造等优点，降低了材料损耗、缩短了安装时间，极大提高了施工效率及工程质量，经济效益显著。

七、社会效益

项目解决了国际化主题乐园建设项目中特色主题外立面呈现、特种游艺设备安装、深埋多层地下综合管线安装、园林及景观道路施工的难题，形成了上海迪士尼乐园特色建筑和景观设施施工关键技术。这些关键技术在在"颛桥万达广场""盐城机场""中国移动临港""荷兰花海木屐广场"等工程中推广应用，依托项目上海迪士尼乐园，荣获中国建设工程鲁班奖，进一步提高了企业在大型主题乐园建设领域的技术水平，促进了行业的科技进步，取得了良好的社会效益。

泥水盾构穿越富水粉细砂地层及锚索区关键施工技术研究

完成单位：中建交通建设集团有限公司

完 成 人：王文学、尹清锋、庞　林、曹金鼎、吴拥军、韩维畴、王春河、乔永虎、赵志龙、练　明

一、立项背景

随着我国城市化进程的不断加快，越来越多的地下空间被开发利用，盾构法因在施工速度、安全等方面具有明显的优越性，已在地铁、铁路、公路、市政、水电等基础建设领域得到广泛应用。由中建交通建设集团有限公司承建的佛山南海新型公共交通工程采用泥水盾构施工，该工程主要穿越富水粉细砂地层、锚索区，施工难度较大，为有效控制地层变形、保证施工安全，需要开展专门的技术攻关，保障项目顺利履约。

此次研究主要依托佛山市南海区新型公共交通系统试验段第 1 标段，标段范围起于蟛岗站，止于康怡公园站，共计 5 站 4 区间，线路长 3.681km，其中 2.2km 采用泥水盾构工法施工。主要研究适应地质及环境条件的循环泥浆配比、环流系统、掘进参数以及相关的辅助施工技术，形成一套泥水平衡盾构施工工法，以期更好地适应国内施工的实际，提高施工的安全性，节约施工成本，增强企业市场竞争力。

二、详细科学技术内容

1. 总体思路

课题研究路线分三方面：一方面是查阅资料，引进中建系统外其他单位成熟的施工技术，吸收利用；一方面是自主开发施工新技术；一方面是引用其他行业成熟的节能环保技术，研究其移植应用可能性，并进行工程实践。

2. 总体方案

① 泥水平衡盾构循环泥浆配比研究：通过试验室试验和工程应用，研究循环泥浆性能，确定适应本工程地层的泥浆配比。

② 泥水平衡盾构环流系统控制与应用：通过理论计算和现场实践，调整优化环流系统参数，确保盾构顺利、安全掘进。

③ 泥水平衡盾构主要掘进参数研究：通过理论计算和工程应用，研究泥水平衡盾构主要掘进参数的计算方式、设定标准和控制技术。

④ 盾构泥渣分离与弃浆再利用技术研究：结合现场实际情况，研究泥渣分离系统的应用技术，形成一种废弃泥浆作为壁后注浆浆液组分的同步注浆配比。

⑤ 泥水平衡盾构开仓换刀施工技术研究：通过试验室试验和工程应用，研究换刀工艺，形成一项泥水平衡盾构开仓换刀施工工法。

3. 关键技术

（1）泥水平衡盾构循环泥浆配比研究

以依托工程地质条件为基础，将地层分为围护结构及端头加固区、全断面中砂层、含大量黏性土复合地层段、粉砂层与少量淤泥质土层段。通过取土样进行试验室试验，即以膨润土、水、外加剂为组分进行配比试验，研究不同配比下的泥浆密度、漏斗黏度、析水率、塑性黏度等性能指标，并通过改变外加剂的成分试验泥浆的性能，以确定适合本工程不同地质的泥浆配比。

（2）泥水平衡盾构环流系统控制与应用

针对盾构穿越富水粉细砂层中锚索区等特殊地段，通过穿越前锚索预拔除及盾构机相关装置适应性改造，研究盾构穿越过程中环流系统的管路压力、冲刷阀压力、泥浆泵进出口压力、送浆流速、排浆流速，同时考虑管路直径、送浆密度、排浆密度、掘进速度、泥浆分离能力、泥浆泵进出泥浆负载情况等，通过调整优化，保证环流系统的运送能力，确定合理的参数标准，维持环流系统动态平衡、循环顺畅，停机实时性好，系统稳定，达到安全掘进和携渣的目的。

（3）泥水平衡盾构主要掘进参数研究

以佛山南海新型公共交通工程为依托，针对盾构始发、接收段（围护结构及加固区）、全断面中砂层、含大量黏性土复合地层段、粉砂层及少量淤泥质土层段、上软下硬段（砂层与泥质粉砂岩）等不同地段的工程实际情况，通过不同理论公式计算泥水压力，并进行工程应用。然后，根据地面沉降监测数据的反馈情况及送浆流量和排浆流量的测试，调整优化得到合理的施工参数，并通过对大量的施工数据进行整理、统计，得出一套合理的泥水压力计算方式、设定标准和控制技术，保证开挖面密闭性，避免因泥水压力控制不当而引起地面沉降，最大限度减少辅助措施，保护沿线建（构）筑物和地下管线。

针对盾构掘进的不同地层，研究盾构泥水压力、掘进速度、盾构推力、刀盘扭矩、滚动角、俯仰角、轴线偏差、壁后注浆量和注浆压力、盾尾油脂注入参数等关键参数，确定合理的设定标准和控制技术，尽量避免因泥水压力、推进速度及盾构推力不合理导致开挖面不稳定，降低因盾构大幅度纠偏而扰动地层的概率，导致地面沉降，减小因同步注浆压力和注浆量不合理及盾尾漏水、漏浆导致地面沉降。

（4）盾构泥渣分离与弃浆再利用技术研究

首先，测定废弃泥浆的参数，检测弃浆用作壁后注浆浆液组分的可能性，通过试验室试验，分析浆液的胶凝时间、固结体强度、浆液结石率、浆液稠度、浆液稳定性，确定试验室配比，再进行工程应用，调整优化浆液性能参数，确定浆液施工配合比，减少废弃泥浆的处理或排放。

结合现场地质条件，按照盾构掘进速度，明确每日泥浆处理量和每小时泥浆处理量，确定泥浆分离系统的功率，并对整个系统各个部分进行标准化设计，将设备和各个联动系统的功率相一致，以达到整个系统自动同步、处理效率能够满足施工要求。

（5）泥水平衡盾构开仓换刀施工技术研究

结合现场地质条件，确定适合本工程地质条件的开仓换刀技术。本工程地质均为地富水砂层、淤泥层极为不利的地质条件，常规带压开仓旋喷桩加固效果不明显，经决定采用 WSS 工法注浆＋衡盾泥建泥膜的方式进行保压处理，地面注浆加固＋衡盾泥建泥膜，保证开仓换刀过程中掌子面的稳定。

盾构机停机后，首先对前盾、中盾及泥水仓内注入衡盾泥，一方面可起到隔水的效果，另一方面，能够防止 WSS 注浆时，浆液渗透到盾体，引发盾体抱死问题。完成盾体密封后，对盾尾后管片施作止水环，确保盾尾隔水性，防止地下水通过盾尾涌向刀盘区域，同时进行 WSS 地面注浆加固，将刀盘区域封闭，隔离地下水的同时，也能够对土体进行加固处理，达到稳定地层的目的。最后，通过逐级加压建泥膜，同时借用泥仓压力，将盾体后移 5～8cm，留出刀具拆卸空间。最后，进行泥仓的保压试验，试验满足规范要求后，进行仓内作业。

4. 实施效果

（1）泥水平衡盾构循环泥浆配比研究

按照试验室泥浆配比进行工程应用，观测配比的地层适用性，并不断根据使用情况进行泥浆配比优化，确定最优施工泥浆配比，一方面保证掌子面泥膜性能，最大限度地保证掌子面稳定；一方面保证泥浆的携渣与悬浮功能，使开挖面切削下的渣土顺畅输送。

（2）泥水平衡盾构环流系统控制与应用

通过总结泥水盾构穿越锚索区施工工艺，对盾构施工进行技术分析，设置各设备参数预警值，加强设备参数管理及巡视，预防设备损坏，为掘进参数优化及泥浆制备提供了相关经验，降低了盾构在锚索区施工的安全隐患，保证了盾构在锚索区施工的安全、顺利实施。通过该施工技术穿越锚索区，无需对盾构进行开仓清理及刀具检查。一次开仓作业时间为 40d，同时需要投入大量劳动力。该技术能够有效缩短施工周期，降低施工风险，保证锚索区顺利穿越，可为今后类似工程的施工提供借鉴，社会效益和经济效益显著。

（3）泥水平衡盾构主要掘进参数研究

针对盾构掘进的不同地层，研究盾构泥水压力、掘进速度、盾构推力、刀盘扭矩、滚动角、俯仰角、轴线偏差、壁后注浆量和注浆压力、盾尾油脂注入参数等关键参数，确定合理的设定标准和控制技术，尽量避免因泥水压力、推进速度及盾构推力不合理导致开挖面不稳定，降低因盾构大幅度纠偏而扰动地层的概率，导致地面沉降，减小因同步注浆压力和注浆量不合理及盾尾漏水、漏浆导致地面沉降。

（4）盾构泥渣分离与弃浆再利用技术研究

通过弃浆再利用技术，将弃浆作为壁后注浆浆液组分，提高盾构泥浆利用率，降低弃浆处理成本，有利于环境保护。

（5）泥水平衡盾构开仓换刀施工技术研究

通过 WSS 地面注浆加固，使盾构刀盘周围土体固结稳定，增强气压开仓的地层保压性。同时通过衡盾泥在隧道开挖面形成泥膜，减少气压开仓时气体的泄漏并将地层中的水隔离，使土体稳定。极大地降低了盾构带压开仓的安全风险，解决了盾构带压开仓工作量大（71 仓）、作业时间长（25d）等难题，保证了盾构带压开仓的顺利进行。

三、发明及创新点

本研究以佛山南海新型公共交通工程为依托，针对盾构穿越富水粉细砂地层、锚索区等施工难题展开了技术研究，总结形成了"泥水盾构穿越富水粉细砂层及锚索区施工技术"。主要创新成果如下：

1. 创新技术一

针对盾构机穿越 138 束锚索，提出了相应泥水盾构穿越锚索区施工方法，即穿越前预拔除，并对盾构机相关装置进行适应性改造。

佛山南海新型公共交通工程夏西站～夏东站区间沿佛平路隧道南侧地下遗留有废弃的预应力锚索，此锚索作为佛平路下穿隧道明挖法施工时基坑支护用。锚索影响区长度约为 161.83m，影响区段内共有遗留的锚索 138 根，每根锚索长 33～38m。鉴于在盾构始发井～华翠路站施工过程中，盾构在掘进中突遇锚索，对盾构设备造成不同程度的损坏，影响施工进度。必须对锚索进行预拔除，方可进行盾构施工。

（1）地面排索

锚索预处理采用旋挖钻干钻孔进行排索，钻孔至设计锚索地下 1m。旋挖干钻孔在垂直于隧道方向的线路左、右轮廓线及中线布设三排，每排沿隧道方向的钻孔交叠密布。

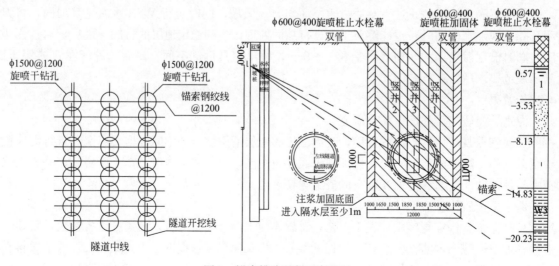

图 1　锚索排除平断面布置图

（2）盾构机适应性改造

① 管路安装闸阀

在采石箱与土仓排浆闸阀间安装一道手动闸阀，排浆闸阀因锚索被卡、损坏，或开采石箱清理锚索时可关闭此闸阀，保证盾构机前方切口环压力稳定性，避免土仓失压地层失稳，导致地面沉陷。

② 采石箱改造

为防止残留锚索钢绞线进入排浆泵造成泵壳及叶轮损坏，且锚索进入后续管路堵塞位置难以确定，清理难度较大，特对采石箱的容积与内部结构进行改造，保证盾构正常掘进施工。

a.将原采石箱椭圆形改成矩形；在有限空间里最大限度地增大采石箱容积，减少开采石箱次数，减短盾构停机时间，保证盾构机以最短时间穿越锚索区。

b.采用双仓隔断结构，两仓中间增设锚索隔离网，同时双开门清理，提高后续管路隔离效果与采石箱清理效率，如图2所示。

c.采石箱内底板由里往外设置15°坡度，有利于采石箱内滞排物清理，如图3所示。

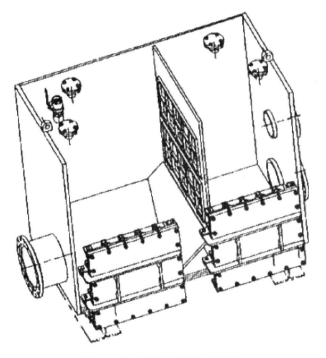

图2　采石箱内部结构示意图

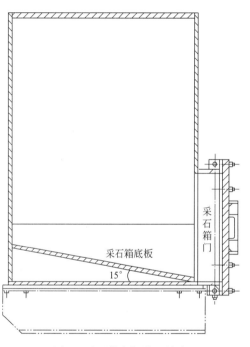

图3　采石箱底板设置坡度

（3）实施效果

通过总结泥水盾构穿越锚索区施工工艺，对盾构施工进行技术分析，设置各设备参数预警值，加强设备参数管理及巡视，预防设备损坏，为掘进参数优化及泥浆制备提供了相关经验，降低了盾构在锚索区施工的安全隐患，保证了盾构在锚索区施工的安全、顺利实施。通过该施工技术穿越锚索区，无需对盾构进行开仓清理及刀具检查。一次开仓作业时间为40d，同时需要投入大量劳动力。该技术能够有效缩短施工周期，降低施工风险，保证锚索区顺利穿越，可为今后类似工程的施工提供借鉴，社会效益和经济效益显著。

该成果已发表《泥水平衡盾构穿越锚索区施工技术学术论文》1篇；形成省部级工法《泥水平衡盾构穿越锚索区施工工法》1部；授权国家实用新型专利《一种泥水平衡盾构机采石箱装置》1项；受理国家发明专利《一种泥水盾构长距离穿越锚索区的掘进方法》（201711062957.9）；《一种泥水平衡盾构机采石箱装置及其施工方法》（201711062956.4）共两项。

2. 创新技术二

开发了废浆再利用技术，即将废浆作为管片壁后注浆浆液的组分，降低了废浆处理成本，利于节能环保。

首先测定废弃泥浆的参数，检测弃浆用作壁后注浆浆液组分的可能性，通过试验室试验，分析浆液的胶凝时间、固结体强度、浆液结石率、浆液稠度、浆液稳定性，确定试验室配比，再进行工程应用，调整优化浆液性能参数，确定浆液施工配合比，减少废弃泥浆处理或排放。

本研究旨在提供一种泥水盾构废弃泥浆再利用壁后注浆，具有价格低廉、凝结时间长、流动性高等优点。初步拟定两套注浆方案：1. 单液浆壁后注浆；2. 双液浆壁后注浆。所述配制工艺流程如下：

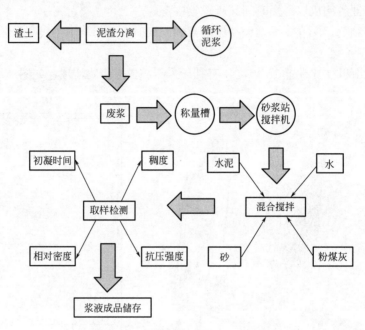

图 4　泥水弃浆再利用工艺流程图

本研究通过 5 组弃浆为组分的配比分别对单液浆与双液浆进行研究，将配制好的砂浆按照《建筑砂浆基本性能试验方法》JGJ/T 175—2009 中规定的方法进行稠度、密度、凝结时间和抗压强度试验。将符合性能指标的浆液配比运用到工程中。

该成果已发表《泥水盾构泥浆再利用技术研究》学术论文 1 篇；授权国家发明专利《盾构机注浆管路清洗的浆液和水回收再利用系统及操作方法》《盾构泥渣净化回收再利用系统用于盾构掘进施工的方法》共两项。

3. 创新技术三

集成创新了较长时间（25d）带压进仓技术，即采用 WSS 注浆工法加固地层、利用衡盾泥建泥膜，实现了在富水粉细砂层中工作面稳定。

根据现场施工情况，盾构顺利穿越锚索区后，由于设计图纸不明，盾构在掘进过程中突遇联兴（1）桥桩基，造成刀盘刀具损坏，无法正常掘进。同时，本工程地质均为地富水砂层、淤泥层极为不利的地质条件，常规带压开仓旋喷桩加固效果不明显，经研究采用 WSS 工法注浆＋衡盾泥建泥膜的方式进行保压处理，地面注浆加固＋衡盾泥建泥膜，保证开仓换刀（25d）过程中掌子面的稳定。

在盾构气压开仓检查前，首先做好盾构机停机准备工作；接着，进行盾构机密封保护、衡盾泥置换泥水仓泥浆；再施作盾尾止水环，同时，为保证泥水仓内建泥膜时地层气密性效果，进行地面注浆加固；然后，为保证气压开仓作业的密闭性和防水效果，采用衡盾泥建泥膜；最后，进行气压开仓作业，作业中应确保安全，待存在问题处理完成后恢复掘进施工。

衡盾泥材料为 A 液（改性黏土）、B 液（塑性剂）两种材料按照一定比例混合搅拌制成，塑化黏度高，呈软塑状，无法直接渗透到地层中，但可以在密闭空间内，通过一定的分级加压，能够填充、挤压、劈裂并进入到地层孔隙和裂隙，及时封堵地层中漏水、泄气通道，克服了盾构在特殊不稳定地层下进仓作业的难题。

经研究，衡盾泥 A 液配比（质量比）为 A 粉：水＝0.8：2，检测其塑化黏度达到 45～50s、相对密度达到 1.267g/cm³ 左右后，方可进行 A、B 液混合；衡盾泥配比（质量比）为 A 液：B 液＝16：1，检测其塑化黏度达到 600s、相对密度达到 1.317g/cm³ 以后，方可进行施工。

衡盾泥建泥膜前，需要采用衡盾泥填满泥水仓，还通过前盾盾体径向孔多点位注入衡盾泥充分填充开挖直径与盾体间空隙，以及利用同步注浆系统，向盾尾注入衡盾泥，并将同步注浆管路充满，进行盾构机密封保护，防止进行地面 WSS 注浆加固时浆液串入盾体外侧包裹盾体。

建泥膜时，根据气压开仓压力设定值，分阶梯、升级加压，每个阶梯 0.2bar，共分五级加压。分级加压过程中可以低速转动刀盘（0.1～0.5r/min，转半圈），以保证注入和渗透的均匀性。

浆液可分为悬浊型（由 A 液和 C 液组成，简称 AC 液）和溶液型（由 A 液和 B 液组成，简称 AB 液）两种。AB 液强度较低，但止水效果好，AC 液强度较高。为了达到止水加固的目的，注浆孔上部采用 AC 液，下部采用 AB 液，不同浆液的加固深度范围详见图 5 和图 6。

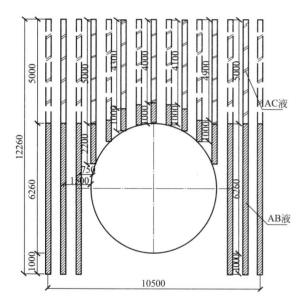

图 5　WSS 注浆加固范围横剖面及布孔图

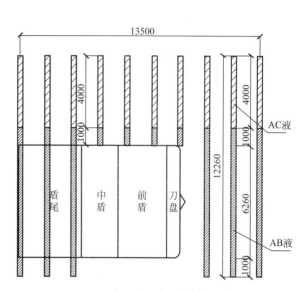

图 6　WSS 注浆加固范围纵剖面及布孔图

实施效果：本次气压开仓作业共耗时 25 日，仓内作业共 71 仓。通过 WSS 地面注浆加固，使盾构刀盘周围土体固结稳定，增强气压开仓的地层保压性。同时通过衡盾泥在隧道开挖面形成泥膜，减少气压开仓时气体的泄漏并将地层中的水隔离，使土体稳定。极大地降低了盾构带压开仓的安全风险，保证了盾构较长时间带压开仓的顺利进行。

该成果已发表《泥水盾构机带压开仓技术》学术论文 1 篇；形成企业级工法《衡盾泥＋WSS 注浆双保压盾构开仓施工工法》1 部。

4. 创新技术四

改进了盾构施工采用钢套筒始发、接收装置，拓展了钢套筒适用范围。

端头加固采用高压旋喷桩进行加固，盾构始发和接收洞门采用橡胶帘布密封，难以保证盾构始发和接收的安全性。为提高日系焊接盾构机使用钢套筒始发、接收适用性，将传统钢套筒进行改进，拓展其使用范围。

钢套筒在下井之前已对钢套筒进行割口处理，钢套筒开口尺寸图钢套筒两侧各需开口两处，开口大小为 600mm×1200mm。采用图 7、图 8 所示开口位置和尺寸，仅需将盾体左右各旋转 45°，即可实现

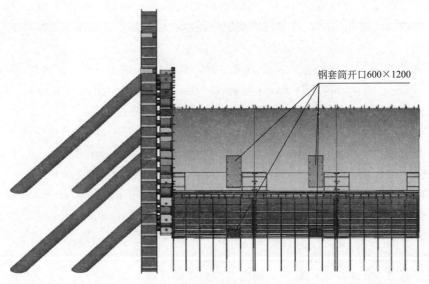

图 7　钢套筒开口位置

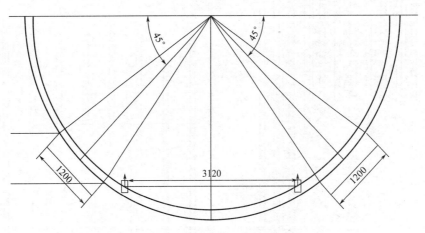

图 8　钢套筒开口尺寸图

对盾体的焊接。

盾构机翻转采用 120t 液压千斤顶，千斤顶伸长总长度为 1.2m 左右，盾构机下井之前在钢套筒内滑轨上和盾壳外侧涂抹润滑油，为以后翻转减少摩擦力。盾构机组装完毕后现将盾壳上部所有焊缝焊接完成，然后利用钢套筒开口处在盾壳上焊接反力墩，用液压千斤顶顶住反力墩进行慢慢翻转，翻转 45°后对未焊接部位进行焊接，完成以后反方向翻转 90°后对另外一半未焊接部位进行焊接，直至完成。待加固完成后再次进行反方向翻转 45°（与第一翻转方向一样），利用平移千斤顶将盾构机前移至刀盘能转动的位置。在保证钢套筒密闭前提下，缩短盾体焊接工期，减少盾体翻转器具的投入。

四、与当前国内外同类研究、同类技术的综合比较

以往，泥水平衡盾构施工技术，在很多方面进行了研究，并取得了丰硕的成果，但是某些方面还存在一定的不足，需要一些有益的补充。

本研究针对泥水盾构在穿越富水粉细砂层及锚索区进行研究，根据其地层特点研究泥水盾构循环泥浆配比、环流系统、掘进参数以及相关的辅助施工技术，形成一套泥水盾构穿越富水粉细砂地层及锚索区关键施工技术研究，更好地适应国内施工的实际，提高施工的安全性，节约施工成本，增强企业市场竞争力。

随着国内经济的发展及各城市修建地铁规模的增加，在富水地层使用泥水盾构掘进施工情况将越来越多；然而，盾构在掘进过程中，受各种因素影响制约，将会面临各种重难点问题。本研究针对依托佛山市南海区新型公共交通系统试验段第1标段盾构始发井～夏东站区间盾构工程，经过大量数据记录和分析，并不断优化，得出一系列的研究成果，节约的施工成本，提高了施工安全性，经济和社会效益显著。

五、第三方评价、应用推广情况

① 2015年4月，积极响应"绿色交通，幸福南海"的理念，严格对各项标准的执行与落实，有效促进了绿色地铁标准化建设，荣获"第四批全国建筑业绿色施工示范工程"。

② 深圳市地铁集团有限公司以及相关建设、监理、设计单位莅临本项目进行盾构穿越138束锚索区施工技术交流。各单位一致对该项目穿越锚索区施工计划的总体筹划及实施高度评价。

③ 2018年4月，中国铁道科学研究院科学技术信息研究所针对本研究创新点进行查新，得出"在目前国内外检索范围内，在泥水平衡盾构施工综合采用上述技术的文献报道未见"。

④ 2018年4月，北京市住房和城乡建设委员会组织召开了"泥水盾构穿越富水粉细砂地层及锚索区施工技术"科技成果鉴定会。鉴定委员会听取了课题组的汇报，并审查了成果资料，经质询和讨论，鉴定委员会一致同意通过鉴定，认为该成果整体达到国际先进水平，可为类似工程施工提供借鉴。该成果在依托项目中成功应用，减少了材料使用，节省了成本投入，利于环境保护。

⑤ 应用本研究成果的佛山南海新型公共交通工程穿越138束锚索区，得到南方网深圳频道、交通界讯、矿山建设网等多家媒体关注。

六、经济效益

该课题研究已在佛山市南海新型公交系统试验段盾构工程中应用，共创造经济效益876万元，减少了材料使用，节省了成本投入，利于环境保护，取得了显著的社会、经济效益，具有广泛的推广应用前景。对项目作出如下贡献：

① 密闭钢套筒始发及接收技术有效解决洞门不良地质始发带来的风险，提高施工安全性，同时可减少端头加固长度，经济效益显著，整个项目总计节省费用510.6万元。

② 泥水盾构长距离穿越锚索区的掘进方法提供安全、高效的施工方法，降低泥水盾构在长距离锚索区施工风险，保证施工节点顺利完成。

③ 泥水平衡盾构机采石箱装置及其施工方法有效避免后续管道堵塞，保证各工序有效衔接。

④ 盾构泥浆循环利用技术减少泥浆废弃处理费用，减少环境污染，整个项目总计节省费用130.4万元。

⑤ 泥水盾构机带压开仓施工技术提供一套完成泥水盾构带压换刀技术，保证带压换刀安全性，效果良好。同时，实现创造效益235万元。

七、社会效益

该研究已发表科技论文5篇，形成了省部级工法3部，授权国家发明专利2项，授权国家实用新型专利4项，受理国家发明专利6项。可为同类工程提供借鉴，具有广泛的推广应用前景。

装配式建筑智慧建造系统研究与应用

完成单位：中建科技有限公司、中国建筑股份有限公司、中建科技湖南有限公司、中建海峡建设发展有限公司、南京国际健康城投资发展有限公司

完成人：樊则森、叶浩文、张仲华、孙　晖、李新伟、周　冲、李张苗、苏世龙、徐牧野、林　林

一、立项背景

全球层面，从历史发展规律看：人类社会的每一次产业革命，都会在建筑行业引起巨大的变革。第三次产业革命以计算机革命和信息革命为核心的社会全方位变革，在建筑领域影响了那些需要计算机辅助才能完成的复杂性的建筑的全面爆发式发展，极大地提升了行业的设计建造水平。当前人类社会正处于互联网、大数据、人工智能引导下的第四次产业革命浪潮中，必将为建筑业带来深远的影响，新时代的建筑业必将走向与互联网、大数据、人工智能高度融合的智慧建造时代。

国家层面，我国建筑业虽然取得巨大成就，但是目前仍是一个劳动密集型、建造方式相对落后、大而不强的传统产业。在党和国家创新、协调、绿色、开放、共享发展理念指引下，中国建筑业必将迈上绿色化、工业化、社会化、信息化发展之路。需要通过转型升级，实现建筑产业现代化。全面提升建筑工程的质量、安全和品质，其中的关键在于全面对标中国制造2025，用智能制造的理念和技术改造建筑业，通过建筑业与信息化、工业化深度融合，促进行业的大发展。

企业层面，中国建筑集团公司为探索建筑科技创新创业的"蓝海"，于2015年成立了中建科技有限公司，定位为专注于绿色、智慧、装配相关业务，以EPC工程总承包商业模式为主的科技型投资建设集团。在研究、实践、创新、创业过程中，叶浩文先生提出了"建筑、结构、机电、内装一体化；设计、生产、装配一体化和技术、管理、市场一体化"的装配式建筑"三个一体化"的发展思想，并得到住建部主管部门的高度认可和同行的一致共识，并在近几年编制的相关政策和标准中得到充分体现。

总之，装配式建筑发展的主要矛盾为"系统性产品"与"碎片化要素"的矛盾。装配式建筑作为一个复杂的系统，应该以总体最优为目标，用系统集成的理论和方法，融合设计、生产、装配、管理及控制等要素手段，通过工业化、信息化、数字化和智慧化的集成建造，才能推进装配式建筑有质量、可持续的大发展。

二、详细科学技术内容

1. 总体思路

围绕装配式建筑设计、生产、施工一体化；建筑、结构、机电、内装一体化和技术、管理、产业一体化（简称三个一体化）集成建造的需要，系统性集成BIM、互联网、物联网、装配式建筑等技术，创新研发建筑＋互联网平台。

平台由线下和线上两大部分构成。线下是基于"企业云"的BIM一体化协同设计平台，通过"全员、全过程、全专业"的三全BIM应用，形成数字化设计成果服务于线上平台；线上支撑设计、采购、生产、施工和使用等全链条的云端应用，包括五个环节：设计环节、采购环节、生产环节、施工环节、使用环节。顺应互联网、大数据、人工智能发展的大趋势，突破条块分割的建造模式下产业链中的信息化壁垒，对标中国制造2025，用工业互联网技术改造建筑业，引领智慧建造产业新发展。

2. 技术方案与关键技术

基于国家"十三五"重点研发计划项目研究内容及专题项目组研究资源、人力资源，成立专项研究课题组及专家顾问团队。制订翔实、可行的科研计划，采用文献调查、市场调研、专家咨询、产品对比分析及项目试点等研究方法，通过不定期组织专项研讨会商议并决策本系统开发相关事项。本项研究主要包括产品初步构思、市场调研、梳理系统管理功能、系统的研发、产品试用、专家咨询、产业链各端功能完善、示范项目推广测评、专家鉴定和总结及产品升级开发等阶段，技术路线见图1。

3. 功能应用

系统由线下和线上两大部分构成。线下是基于"企业云"的BIM一体化协同设计平台，通过"全员、全过程、全专业"的三全BIM应用，形成数字化设计成果服务于线上平台；线上支撑设计、采购、生产、施工和使用等全链条的云端应用，包括五个环节：

设计环节："数字设计"以项目为单位，将数字化的构件和部品拼装成楼层单元、楼栋单元等轻量化模型，实现设计信息的数字化集成。

采购环节："云筑网购"应用专业软件对BIM轻量化模型进行数据提取和数据加工，自动生成工程量及造价清单，依托云筑网完成采购。

生产环节："智能工厂"具备五大功能：设计、排产、品控、物流、验收全过程质量可追溯；生产状况的实时统计及管控；云端监控，记录及分析工人不安全行为；用BIM信息驱动工厂装备完成生产；工业机器人实现智能化生产。

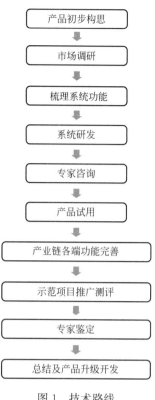

图1 技术路线

施工环节："智慧工地"主要包括：进度跟踪、大数据分析及管控；项目资金情况实时监控、预警；基于人脸识别和芯片识别的工地实名系统；基于机器视觉的工地不安全行为识别和亚米级的人员定位系统；管人、管物、管过程的质量追溯系统；基于点云技术的实测实量等。

使用环节："幸福空间"基于VR、全景虚拟现实技术，提供新居全景导航、物业全景导航等建筑使用环节的云端服务。

以下以裕璟幸福家园项目为例，说明如何通过智慧建造系统实现项目在设计、生产、施工全产业链的信息交互和共享，提高全产业链的效率和项目管理水平。

在设计阶段利用装配式建筑智慧建造系统进行各专业协同建模、预制构件三维拆分设计、深化设计、三维出图、各专业模型碰撞检查、设计优化及精装设计等。实现了将数字化的构件和部品拼装成楼层单元、楼栋单元等轻量化模型，实现设计信息的数字化集成。

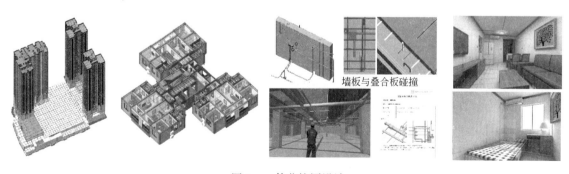

图2 一体化协同设计

采购阶段实现了对BIM轻量化模型进行数据提取和数据加工，自动生成工程量及造价清单，依托云筑网完成采购。

生产阶段实现了五大功能：①设计、排产、品控、物流、验收全过程质量可追溯；②生产状况的实

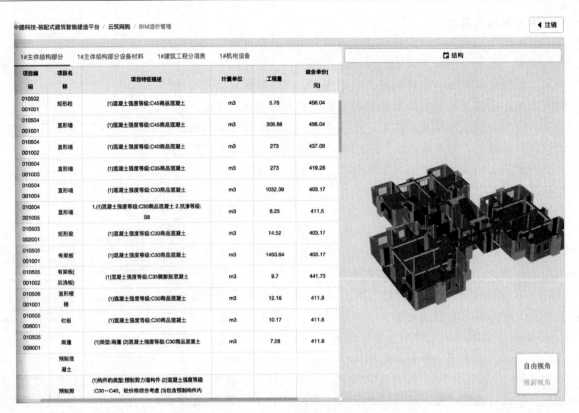

图 3　自动生成工程量及造价清单

时统计及管控；③云端监控，记录及分析工人不安全行为；④用 BIM 信息驱动工厂装备完成生产；⑤工业机器人实现智能化生产。

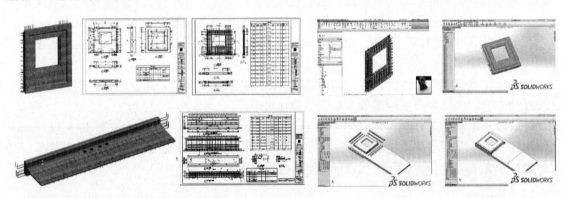

图 4　智能化生产

施工阶段实现了：①进度跟踪、大数据分析及管控；②项目资金情况实时监控、预警；③基于人脸识别和芯片识别的工地实名系统；④基于机器视觉的工地不安全行为识别和亚米级的人员定位系统；⑤管人、管物、管过程的质量追溯系统；⑥基于点云技术的实测实量等。

现场平面布置模拟、施工方案模拟、施工信息协同应用及工程量统计，进度跟踪、大数据分析及管控，项目资金情况适时监控、预警。形成了管人、管物、管过程的质量追溯系统。

基于人脸识别和芯片识别的工地实名系统与劳务实名制系统相关联，通过门禁系统可以实时显示各专业工种人员到岗情况，可以实时查看工人考勤情况、安全教育情况、工资发放情况、劳务合同情况；基于机器视觉的工地不安全行为识别和亚米级的人员定位系统。

视频监控系统与便携式终端设备相关联，随时调动现场摄像头，可以实时查看现场施工情况。

预制构件二维码追溯、结构二维码追溯、人员二维码追溯集成的二维码追溯系统。

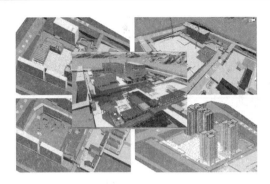

图 5　智能施工模拟

图 6　智能劳务管控

图 7　智能监控系统

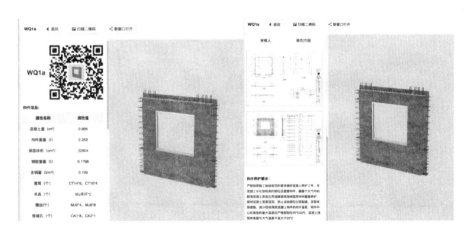

图 8　预制构件二维码追溯

塔吊监控系统（黑匣子）等大型设备的监控，主要监控风速、载重、力矩、高度、角度、幅度等。

 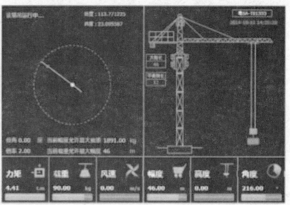

图 9　智能塔吊监控

项目通过装配式建筑智慧建造系统实现安全三级巡检，项目部安全常规检查（日检、周检、月检）、重点部位专项检查、安全整改等通过便携式移动终端来实现信息的收集、整理及分析统计。

图 10　安全三级巡检

基于 VR、全景虚拟现实技术，提供新居全景导航、物业全景导航等建筑使用环节的云端服务。

图 11　VR、全景虚拟现实技术运用

三、主要创新点

1. 装配式建筑 REMPC 工程总承包的模式创新

中建科技率先提出的装配式建筑"建筑、结构、机电、内装一体化；设计、生产、装配一体化和技术、管理、市场一体化"（简称："三个一体化"）发展思想，破解行业困局，形成行业共识。采用 REMPC 工程总承包模式创新，是本智慧建造系统基于三个一体化发展思想全面引领下的研发基础。

本智慧建造系统在装配式建筑建设全过程应用中，全面配合了研发、设计、采购、生产、施工、运维中的应用点和标准流程，从前期策划、组织架构、应用流程、人员配置、网络和软硬件配置、技术标准等方面进行总结实践，形成装配式建筑标准化应用方案，为全国的装配式建筑 REMPC 工程总承包的协同应用提供参考范本。

2. 基于装配式建造的 BIM＋互联网＋物联网系统架构

通过查新可知，德国在工业自动化方面全球领先，但其 PC 工厂仅能实现基于 BIM 软件直接驱动智能机械手的智能化应用；美国、英国、新加坡、北欧 4 国等发达国家在 BIM 应用方面均起步早、技术领先，但一直处于 BIM 软件开发及将建筑信息在软件之间传递的特点，具备一定的信息化能力，但离基于网络、大数据和人工智能要求相比有较大差距。

本智慧建造系统将 BIM、互联网、物联网等技术在装配式建造全过程系统性集成应用，系统架构具备独创性和引领性，属全球首创。

3. 基于网页的建筑信息传输技术

基于网页的信息传输是互联网技术新的突破点，我们比较熟悉的摩拜单车和滴滴打车等，都是基于底层大数据平台的网页数据传输技术应用的典型案例。建筑业在过去 BIM 应用中，过度依赖软件对其他软件的数据提取和数据加工，因此，数据丢失、数据误差以及软件开发的瓶颈等往往成为制约其发展的关键因素。本系统突破用软件读软件的旧模式，引进基于网页的信息传输新技术。实现不同软件均能通过系统统一的数据标准接入，结合设计成果审查机制，过滤掉无用的和错误的信息；结合全产业链的协同机制，形成有用和正确的信息，直接在网页端通过轻量化模型进行传递，将正确有效的信息传递到采购、生产、施工、运维全过程。并将过程中产生的信息交互到每一个关联构件和部品部件，形成类似于制造业的信息交互方式，突破建筑业 BIM 应用瓶颈，实现全产业链的"智慧互联"。

传统的 BIM 应用，尚停留在 BIM 数字设计——构件详图——工人录入——数控加工的流程，不能实现数字信息的闭环无损高效传递；2016 年，中建科技和中国建筑科学研究院联合开发了基于 PKPM-BIMS 软件，将 BIM 数据信息与 Unitechnik 等设备加工软件数据衔接，实现生产信息零误差传递。2018 年，进一步升级到 BIM 数字设计——网页信息——统一数据标准——包括数控加工的智慧互联。

4. 一系列自主软件及互联网技术开发

本系统的开发，不是以一两个软件开发为目标，而是以全面系统地集成应用所有有助于装配式建筑设计、采购、生产、施工、运维全过程的 BIM 软件和互联网＋技术，实现云端协同的 REMPC 工程总承包模式为目标。通过制定统一的协同规则、数据标准和接口标准，将线下平台通过协同设计产生的数字设计信息传递到线上应用平台，在线上支持设计、采购、生产、施工、运维五大环节的云端应用。本成果两大平台、五大模块及其间的信息交互，形成了中建科技装配式建筑智慧建造系统从数字化到信息化再到智慧化的系统开发框架，围绕系统目标，结合工程实际需要，我们开发了一系列的自主软件及互联网技术。

5. 基于统一数据接口的模块化开发模式

本系统以三个一体化发展思想贯穿始终，用系统工程方法将设计、采购、生产、施工、运维各个环节进行模块化开发，通过统一的数据接口接入互联网平台。形成了在统一数据基础上的不同环节、不同阶段、不同功能兼顾的一体化系统。本开发模式具备如下特点：

（1）开放性、兼容性：通过统一数据接口，全面兼容中建科技已有的信息化管理平台，比如开放接入 PC 工厂管理系统、工厂（工地）远程视频监控系统等，并能开放接入智慧安全监管云平台，比如光明新区建设工程工地智慧监管平台、龙岗智慧工务监管平台等。

（2）集成性：集成中建科技设计、采购、生产、施工、运维各环节信息化系统，实现数据互通，体现"互联一切"的智慧化管理。融合 BIM 技术与传统的项目管理平台优势，实现传统平台离散的文件基于同一 BIM 模型进行数据汇总，传统项目管理平台模式下，所有资料本质上还是基于 Word、Excel、jpg 等进行的重新逻辑关联，实现数据的汇总统计，但是本质上并没有将以上文档汇总成一套完整的"建筑数据"，没有为建筑进行全面的画像，采用 BIM 技术将工程建设过程中所有的资料与 BIM 模型进行关联，可精确到构件级别，该数据可以从设计阶段开始创建，然后进行采购、生产、施工、运维阶段的信息添加，实现同一 BIM 模型的建筑全生命周期应用。

（3）可迭代开发性：本系统基本具备"智慧建造"基础功能，属于 1.0 版，未来将继续迭代开发 2.0、3.0，可以通过模块的升级持续迭代升级。2.0 版将进一步完善现场协调、投资管理、质量管理、物料管理等关键过程有效监管、保证有效决策、风险控制和精细管理等功能。在 1.0 版线下平台的权限管理基础上，开发线上平台的权限管理系统。3.0 版将实现一站发布，多渠道使用：目前部分模块间数据交互需要借助人工指令，未来将建成以用户数据、模型数据以及其他业务数据为基础，实现对角色权限、BIM 模型相关功能、消息通知的发送和接收等功能的管理，以多终端、多形式的方式实现不同人员、不同环境的用户操作需求。

（4）功能拓展性：本系统的开放性，可以通过数据接口对接建筑全产业链的拓展应用，包括智慧住建系统、智慧物业、智慧租房、智慧社区等。交互式设计模块开发，帮助设计师运用轻量化构件和部品部件拼装成轻量化模型，业主进行个性化选择后下单，自动生成线下设计文件。结合长圳项目，还将开发服务建筑全生命期的智慧住建系统，提供智慧审批、智慧项目管理、智慧安全工地、智慧废弃物管理、智慧安居、智慧社区、智慧物业、智慧租房等服务。

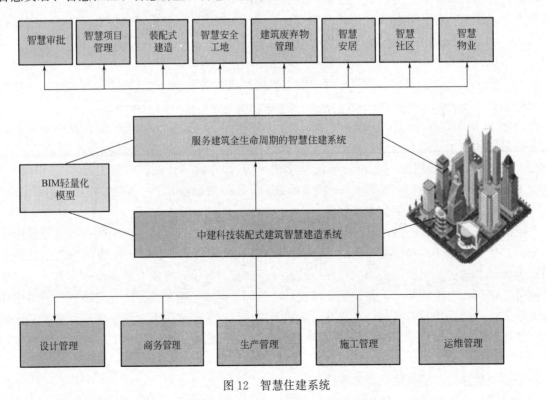

图 12　智慧住建系统

四、与当前国内外同类研究、同类技术的综合比较

基于 BIM 的建筑工程信息化类系统国内外均有部分研究，国外主要是集中在工厂自动化生产管理领域（主要有内梅切克的 TIM、Unitechnik、SAA）和企业及总包信息化管理软件（RIB），国内主要是广联达公司 5DBIM、万达 BIM 总发包管理模式信息化集成管理平台。

序号	名称	特点及优势	待扩展领域
1	TIM	主要用于工厂生产环节,可实现直接读取设计模型信息,管理设计相关信息,构件生产管理、构件运输管理、装配管理	未全面覆盖设计、生产、装配全过程,难以满足 EPC 工程项目管理需求
2	Unitechnik	主要是工厂生产的中控系统,实现构件生产的计划排产、构件生产控制、构件仓储、构件的物流、生产过程中画线、模具安放、布料、振捣等操作的信息化控制	未全面覆盖设计、生产、装配全过程,难以满足 EPC 工程项目管理需求
3	SAA	与 Unitechnik 类似,工厂生产中控系统,实现构件生产的计划排产、构件生产控制、构件仓储、构件的物流、生产过程中画线、模具安放、布料、振捣等操作的信息化控制	未全面覆盖设计、生产、装配全过程,难以满足 EPC 工程项目管理需求
4	RIB(iTWO)	用于企业管理,可实现基于多种 BIM 模型的兼容管理、快速算量组价管理、计划任务管理、物料采购管理、财务资金管理等	偏重于企业级管理,难以满足 EPC 工程项目管理需求;BIM 模型技术数据与管理数据错综复杂,数据链不清晰,导致管理界面功能实用性不强
5	广联达 5DBIM	以 BIM 平台为核心,集成土建、机电、钢构、幕墙等各专业模型,并以集成模型为载体,关联施工过程中的进度、合同、成本、质量、安全、图纸、物料等信息,利用 BIM 模型形象直观、可计算分析的特性,为项目的进度、成本管控、物料管理等提供数据支撑,协助管理人员有效决策和精细管理	基于施工总包的项目管理需求出发,难以覆盖 EPC 全产业链需求;BIM 模型技术数据与管理数据均在同一模型下导致数据量大,但数据链不清晰
6	万达 BIM 总发包系统	通过信息一体化的万达 BIM 平台实现开发方、设计总包、工程总包、监理四方协同工作,对项目从摘牌到竣工交付的全过程进行信息化集成的全新管理模式	基于房地产企业的交付管理,对工程项目的管理不够强化;BIM 模型技术数据与管理数据均在同一模型下导致数据量大,但数据链不清晰
7	本智慧建造系统	以装配式建筑 EPC 工程总承包需求出发,基于 BIM 轻量化和互联网云技术实现设计、加工、施工、采购、交付的全过程智慧建造管理	1.0 版本,数据少但是界面清晰,在数据互通上仍需完善

五、第三方评价及应用推广情况

1. 第三方评价

2018 年 6 月 14 日，组织了装配式建筑智慧建造系统研究与应用成果专家鉴定会。专家们指出：此研究成果是一个阶段性还在发展的成果，针对装配式建筑智慧建造的特点，以深圳裕璟幸福家园，坪山高新区综合服务中心工程为应用目标，集成优化当前的新技术，解决了装配式建筑一体化协同管理与信息互通，大大加快设计与施工实施的效率，体现了工程装配一体化与管理信息化、智慧化，推进了建筑工程的智慧建造；该成果针对装配式建筑建造过程，以工程项目为载体，开发形成了中建科技装配式建造系统化管理平台，与装配式建筑建造特点吻合，支持建筑、机电、内装一体化及设计、生产、装配一体化，并已经投入实施实行，具有明显创新性和可实施性，取得了显著的效益，有广泛的推广应用前景。评价委员一致认为，该成果总体达到国际先进水平。

2. 应用推广

本系统已在中建科技有限公司及其参股、控股企业中全面应用。覆盖全国 7 家预制混凝土构件厂，在 3 个项目中全面应用，总建筑面积约 130 万平方米。

1）示范工程1：深圳市裕璟幸福家园项目

深圳市裕璟幸福家园项目即深圳监狱保障性住房项目，总建筑面积为6.4万平方米，是深圳市首个装配整体式剪力墙结构EPC项目。通过本系统的使用，该项目获得由中国勘察设计协会联合AUTODESK举办的第八届"创新杯"建筑信息模型（BIM）应用大赛，优秀工程建设专业-建筑工业化BIM应用奖、深圳市安全与文明施工优良工地以及2017年度工务署第三方安全文明施工第一名。

2）示范工程2：坪山高新区综合服务中心项目

坪山高新区综合服务中心项目位于深圳市坪山区，项目占地面积约8.6万平方米，总建筑面积约13.3万平方米。该项目管理团队在项目实施过程中勇于突破传统管理模式，利用本系统融合设计、采购、生产、施工和运维五大模块，实现全方位、交互式的信息传递。基于轻量化BIM模型，集成实时项目信息，避免了各参与单位和生产部门获取信息不对等的情况发生。

3）示范工程3：深圳市长圳公共住房项目

深圳市长圳公共住房及其附属工程总承包（EPC）项目，总建筑面积约109.78万 m^2，是深圳市在建最大规模公共住房项目。

在该项目投标阶段，运用智慧建筑管理系统实现"全员、全专业、全过程"三全BIM应用，建筑、结构、机电、内装、造价等专业高效协同，通过BIM模型自动生成4万页工程量及造价清单，节约人工，提高工作效率。在实施阶段，拟通过该系统打造"公共住房项目优质精品标杆""高效推进标杆""装配式建造标杆""全生命周期应用BIM标杆""人文社区标杆""智慧社区标杆""科技社区标杆"和"城市建设领域标准化管理标杆"，树立建设科技跨越式发展里程碑。

六、经济效益

1. 人员减少直接效益

（1）本平台共应用于3个项目，累计应用2年；

（2）每个项目人员减少：设计图纸管理人员减少1人，加工深化图纸对接及管理人员减少2人，现场施工图深化及管理人员减少1人，现场构件质量及施工质量管理人员减少3人，现场安全检查管理人员减少1人，共计每个项目平均减少8人；

（3）人员平均工资为12万/年；

（4）管理人员减少的直接经济效益：3×2×8×12＝576万元。

2. 工效提升直接效益

基于轻量化模型进行技术交底，条件允许的情况下可三级交底同时进行，会议材料准备及参与人员时间投入减少30%，平均每项目节约会议成本50万元；

图纸会审会每项目减少1～2次，每次会议人员、交通、文本打印、时间成本等费用平均约为5000元，则至少节约1.5万元；

高效协同工作减少设计变更至少50%，按商务统计设计变更造成成本浪费约为设计合同额的17%计，则本项研究成果的使用可使三个项目节约变更成本总计1216.16万元。

碰撞检查减少二次改造费用按2元/ m^2 计算，三个项目合计约270万元。

3. 工期提前直接效益

应用本平台，可使设计阶段工期、加工深化、生产、施工前置5%～15%，即裕璟幸福家园、长圳公共住房、坪山高新区服务中心项目可节约工期分别约45d、62d、38d。

裕璟项目每延迟一天罚款5万元，长圳项目每延迟一天罚款80万元，坪山项目每延迟一天罚款10万元，总计节约5565万元。

另外每天的施工外架每万平建筑面积及塔吊设备每天租金分别约为1000元/天、2000元/台，则应工期提前节约施工外架费用约792.5万元、塔吊费用133.2万元。

4. 资源节约直接经济效益

无纸化办公：因减少变更与各类会议次数，按每万平建筑面积打图费用为400元/套、单个项目每次打图 15 套计，共计节约打图及各类材料打印费用约 10 万元。

汇总以上测算，本项成果应用于三个项目，预计节约成本共 8614.36 万元，三个项目共计约 135 万平方米，平均节约 64 元/m²。

七、社会效益

近年来，装配式逐渐成为建筑业转型升级的一个重要方向，各地纷纷开始各种试点示范，由于装配式建筑同时具备传统建筑业和现代制造业的特征，对装配式基于"设计、加工、装配一体化"和"建筑、结构、机电、装修一体化"管理理念具体落地的抓手工具尚未有成熟经验，装配式项目 EPC 管理效率有待提升。

本项目依托深圳市首个装配式 EPC 项目，以一体化管理理念为指导，以 EPC 管理痛点为需求，结合物联网、互联网技术，以 BIM 模型为核心开发了基于企业云的协同设计平台，以 BIM 数据链为抓手开发了全过程的装配式建筑 EPC 管理模块，极大提高了管理效率，并推广到公司多个项目，可为今后其他更多项目提供借鉴。同时，该平台在管理模式、开发技术等多个领域进行了创新，填补了多项行业空白，为国家装配式建筑的推广起到了很好的管理保障作用。

模块化装配式机电安装（BIDA）成套施工技术

完成单位：中建八局第一建设有限公司、中国建筑第八工程局有限公司
完 成 人：于 科、李 云、季华卫、朱 峰、高存金、张宪柱、刘益安、邓 波、张爱军、庞 茜

一、立项背景

传统机电设备及管线施工主要以现场加工、安装为主，存在安全、环保、质量、工期、材料等多方面不足。为解决上述问题，中建八局第一建设有限公司深入研究分析现有装配式设备及管线存在的问题，逐项突破，从而提高技术的可推广、可转化性。目前，装配式设备及管线施工存在的问题如下：

1）BIM化深化设计效率低、效果差，模块设计、划分无标准：目前无针对机电安装模块化装配式施工的专项BIM设计软件，BIM模型构件库体量大、型号多、设计效率低、设计效果差。由于机电设备及管线装配模块的设计形式、组对方式、拆分原则、装配方法等均无相关经验可以借鉴，无相关规范、规程、标准或图集指导，且不同实施项目的业态、区域、形状不同、系统设计形式相差大、设备选型不尽相同、设备及管线布置各异，存在装配模块设计、划分难度大、难复制推广和转化的问题。

2）工厂化预制加工无法实现设计与加工数据对接：设计软件的数据与工厂自动加工设备无法实现直接数据对接，目前无相关插件或方法实现模型信息直接数控设备进行生产。

3）物料配送追踪管理信息量大、信息管理效率低：预制装配模块体积大、形状不规整，运输空间占用率较高，导致运输效益较低。运输至施工现场后，堆放场地面积大。在设计、预制、运输、装配等各阶段均产生大量的数据信息，实施过程中存在上百个分类、上万条信息，目前无成熟且有针对性的系统可有效管理过程中的信息，造成信息的可追溯性差、管理效率低。

4）模块化装配式施工难度大：目前，装配式设备及管线施工中，为了减少装配误差，往往是提高装配单元的集成度。单体最大装配模块可达长4m×宽3.5m×高4m，最大质量约10t，吊装平移难度非常大；另外，装配模块形状不规则、形态各异，无法按传统"支吊架先装、管道后装"的施工方式装配；成排预制管组采用整体提升技术，最多一次性整体提升12段预制管组模块，安装施工难度大。

5）装配误差点多且不易消除：在装配过程中存在土建施工误差、预制加工误差和装配施工误差三类（共17种）误差，各种误差均可对装配施工造成重大影响。由于是预制构件，各环节误差一旦形成即难以消除，累积误差消除更是难上加难，若没有科学、合理的技术措施，装配式设备及管线施工技术的推广将受到较大阻力。

二、详细科学技术内容

1. 总体思路

结合目前工程建设中机电设备及管线的施工工艺与方法，通过调研、理论研究与分析、实施与创新、效果纠偏与分析等手段开展技术研究，以具体的工程项目为载体，以关键技术创新为切入点，开展分阶段、分层次、分重点的研究应用。并进行技术总结、提炼、集成，形成关键技术，为后续类似项目的实施提供借鉴。

2. 技术方案和关键技术

针对机电安装工程装配式施工中装配模块设计拆分难、装配误差点多且不易消除、无成套施工技术、无标准工艺流程和方法等难题开展研究，形成"BIDA一体化"工程技术体系、机电设备及管线模

块化技术及装配综合消差技术、机电设备及管线预制模块装配式施工综合技术、基于 BIM 的建筑信息管理技术等关键技术，如下所述。

关键技术一：基于 BIM 的机电设备及管线模块化技术

（1）基于 BIM 技术的机电设备及管线深化设计技术

技术特点与难点：目前无针对机电安装模块化装配式施工的专项 BIM 设计软件，BIM 模型构件库体量大、型号多，设计效率低、设计效果差。

技术方案：研制出了基于 Autodesk Revit 软件的 BIM 构件库插件，形成了装配模块的标准构件库，实现了机电设备和管线装配模块的快速设计，提升了 BIM 深化设计的效率。如图 1 所示。该构件库插件区分了不同形式的装配模块，根据模块设计需求实现了参数化驱动，通过修改设置参数的方式，实现了不同类型、不同尺寸装配模块的快速设计。如图 2 所示。

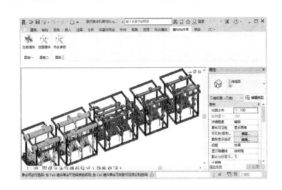 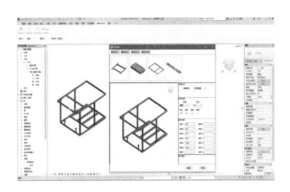

图 1　模块化 BIM 构件库插件　　　　　　图 2　模块化 BIM 构件库参数化设计

创新点：研制出了基于 Autodesk Revit 软件的 BIM 构件库插件，形成了装配模块的标准构件库，实现了机电设备和管线装配模块的快速设计，提升了 BIM 深化设计的效率。

实施效果：本技术采用 BIM 技术指导深化设计，通过自主研发的构件库插件和 BIM 建模样板，实现了模块化装配式机电安装的快速深化设计。与传统 BIM 深化设计相比，采用此技术 BIM 建模效率提高 3 倍，整体深化设计周期缩短 50%。

（2）机电设备及管线模块化技术

技术特点与难点：机电设备及管线装配模块的设计形式、组对方式、划分原则、装配方法等均无相关经验可以借鉴，无国家及行业相关规范、规程、标准或图集指导，且不同实施项目的实施区域不一致、系统设计形式相差大、设备选型不尽相同、设备及管线布置各异，装配模块的设计划分难度大。

技术方案：根据设备的选型、数量、系统分类和管线的综合布置情况，综合考虑预制加工、吊装运输等各环节限制条件，将 2～3 台设备及管路、配件、阀部件、减震块等"化零为整"组合形成整体装配模块。如图 3 和图 4 所示。

图 3　循环泵组装配模块

图 4　预制管组装配模块

创新点：研发出机电设备及管线装配模块设计划分方法，编制形成了《机电设备及管线模块化装配式施工技术标准》，详细地阐述了装配模块的设计划分原则，解决了不同类型装配模块设计划分的难题。

关键技术二：机电设备及管线模块化工厂预制加工技术

技术特点与难点：设计软件的数据与工厂自动加工设备无法实现直接数据对接，目前无相关插件或方法实现模型信息直接数控设备进行生产。

技术方案：研发了一种通过 Excel 方式中间转换的数据互通方法，如图 5 所示。BIM 设计软件中的设计信息和预制信息，通过插件一键提取出不同样式、不同规格的预制加工构件的预制加工信息，形成 Excel 数据表格，工厂操作工人根据数据表格中的预制加工信息，输入至工厂自动加工设备，实现 BIM 软件与加工设备的数据互通，如图 6 所示。

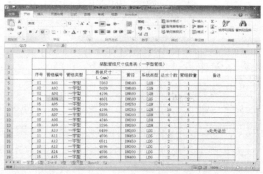

图 5　BIM 软件输出数据

图 6　数据导入自动加工设备

创新点：研发出基于 Autodesk Revit 的数据导出方法，通过输出 Excel 数据的方式，实现了 BIM 设计软件与工厂自动加工设备的数据对接，降低了工厂产业工人的技术要求，加快了预制生产的工作效率。

实施效果：通过 BIM 设计软件导出数据指导设备预制生产的方式，较之前通过图纸信息指导生产的方式，预制加工效率提高 20%，工厂产业化操作工人人力资源投入减少 30%。

关键技术三：基于 BIM 的建筑信息管理技术

技术特点与难点：设计、预制、运输、装配等各阶段均产生大量的数据信息，实施过程中存在上百个分类、上万条信息，目前无成熟且有针对性的系统可有效管理过程中的信息，造成信息的可追溯性差，管理效率低。

技术方案：

1）追踪二维码云计算技术：改进传统二维码"只能看，不能改"的弊端，通过自主研发的二维码云计算平台，将每个预制构件的加工信息、配送信息、验收信息和装配信息等制作成可双向追溯管理的二维码活码，通过不同层级管理人员的权限设置，实现过程信息的修改、审查、追溯等管理，极大地提高了建筑信息在深化设计、预制加工、运输配送过程中的管理效率。如图 7 所示。

图 7　追踪二维码云计算系统

2）基于 BIM 的建筑信息全生命周期管理系统：针对装配模块等预制构件在运输、装配等环节的物料信息追溯，研发了基于 BIM 的建筑信息全生命周期管理系统，如图 8 所示。实现了手持端和电脑端的双向追溯管理，实现了装配模块构件信息的批量扫描管理和远程扫描管理，解决了二维码等信息管理手段需近距离单个扫描的缺陷，提高了建筑信息的可追溯性和管理效率，如图 9 所示。

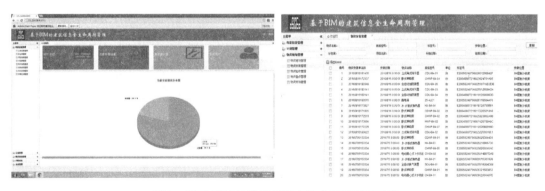

图 8　基于 BIM 的建筑信息全生命周期管理系统

创新点：开发出基于 BIM 的建筑信息管理系统，实现机房机电设备及管线装配模块从设计、预制加工、运输到装配施工的全过程信息跟踪管理，提高了机电设备的可追溯性和管理效率。

实施效果：通过追踪二维码云技术和 RFID 无线射频识别技术，对预制模块实现从加工完成到装配完成全过程的信息化管理，管理人员可实时查询预制构件的状态，实现预制模块的全程有效管控。管理

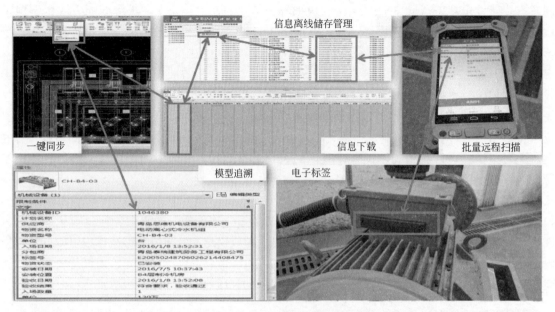

图 9　RFID 系统与 BIM 模型数据对接示意图

人员的过程信息处理工作效率提升 3 倍。

关键技术四：机电设备及管线预制模块装配式施工综合技术

技术特点与难点：单体最大装配模块可达长 4m×宽 3.5m×高 4m，最大质量约 10t，吊装平移难度非常大；另外，装配模块形状不规则、形态各异，无法按传统"支吊架先装、管道后装"的施工方式装配；成排预制管组采用整体提升技术，最多一次性整体提升 12 段预制管组模块，安装施工难度大。

技术方案：

1）栈桥式轨道移动技术：预制模块体积和重量较大，针对施工现场模块水平运输、就位困难的问题，发明栈桥式轨道移动技术。在设备基础间通过型钢搭建栈桥轨道，利用搬运坦克和卷扬机等设备，使模块在轨道上按照设定路线行驶。如图 10 所示。

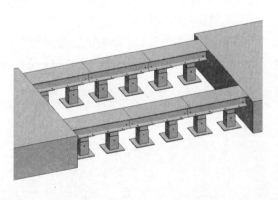

图 10　栈桥式轨道移动技术

2）组合式支吊架技术：根据预制管道形状不规则且吊架安装位置精度要求高的特点，将传统的吊架分为两部分，一部分为吊架生根件，另一部分为吊架主体，装配时预先根据点位进行生根件的安装，待预制管道提升到位后再完成吊架主体的拼接。同时，利用模块主体构架作为连接支撑，将支架横梁通过螺栓与其固定，形成组合式支架。如图 11 所示。

3）组合管排整体提升施工技术：将多段预制管道、管组及预制支吊架进行地面拼接，形成组合式预制管排。利用手动葫芦、电动葫芦或顶升装置在地面作业将预制管排或预制管组模块提升就位实现螺栓栓接固定。如图 12 所示。

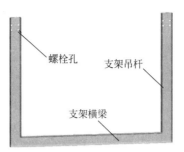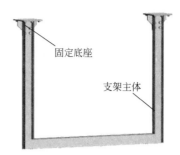

图 11 组合式支吊架

图 12 预制管排整体提升施工技术

创新点：研发出"地面拼装、栈桥移动、整体提升、支吊架后装"的机电设备及管线装配模块综合施工技术，实现了机房机电设备及管线装配模块的快速安装。

实施效果：以天津鲁能绿荫里项目酒店制冷机房模块化技术研究应用为例，将机房内 860 米管道、20 台循环水泵、362 个阀部件，设计划分为 8 个循环泵组装配模块、173 个预制管组装配模块、217 个组合式支吊架模块，现场装配阶段 2 名管理人员、12 名操作工人通过"地面拼装、栈桥移动、整体提升、支吊架后装"的施工方式仅用 40 个小时便全部装配完成，较传统方式施工现场人员投入减少 50%，装配周期缩短约 85%，操作工人高空作业减少 95%，焊接作业减少 90%，声光气污染减少 95%。

关键技术五：机电设备及管线预制装配误差综合补偿技术

技术特点与难点：由于机电设备及管线预制装配过程中，存在土建施工误差、预制加工误差、装配施工误差 3 类误差，误差一旦形成，很难消除。

技术方案：

1）机电设备及管线预制装配精度控制技术：通过对设备及管线模块化装配式施工过程中"四种误差（结构施工误差、图纸出图误差、预制加工误差、装配施工误差）"的分析，重点控制"三种精度（设计精度、加工精度、装配精度）"。采用精细化建模、模型直接生成图纸、工厂自动化数控加工设备、360 放样机器人、3D 激光扫描等手段实现装配误差综合消除。如图 13 所示。

2）机电设备及管线装配模块误差缩减技术：单纯管段预制模式下，装配误差主要是由不同连接件之间的法兰接口处构成，每台水泵进、出水口管路附件约 14 个法兰接口，即为 14 个误差点，如图 14 所示。将循环泵组进行模块整合，法兰装配接口由每台水泵的 14 个，缩减为 1 个模块（2~3 台循环泵）的 4 个主管道法兰装配接口，误差缩减率达 85% 以上，如图 15 所示。

3）机电设备及管线装配模块递推式施工消差技术：将循环泵组装配模块作为控制段，与其对接的机电管线装配模块按规划好的线路进行递推式装配，在机房外侧或两个装配线路之间设置补偿段，采用现场预制的方式进行补偿段误差消除。如图 16 所示。

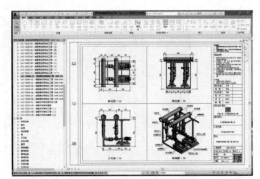

(a) 精细化建模及导出图纸

(b) 工厂自动化数控设备加工

(c) 360 放样机器人

(d) 3D 激光扫描

图 13　精度控制技术

图 14　单纯管段预制误差点分析

图 15　装配模块误差点分析

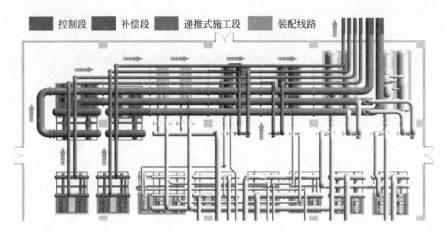

图 16　递推式施工消差

创新点：通过机电设备及管线预制装配精度控制技术、装配模块误差缩减技术、装配模块递推式施工消差技术，实现在不同实施阶段的精度控制方法，形成了一套机电设备及管线模块化装配式施工综合误差补偿体系，解决了机电设备及管线装配式施工误差点多、误差不易消除的难题。

实施效果：采用集成化的机电设备及管线模块化技术，可有效减少误差点的控制量，减少装配模块误差点85%以上，极大提高预制加工的准确性，间接提高装配一次成优率。

三、发现、发明及创新点

1）研制出以工业化预制为基础、建筑信息模型为手段，结合物联网化配送运输，模块化装配式施工的"BIDA"一体化施工技术，实现机电设备及管线施工的技术革新。其中模块化装配式的设计与施工，改变了传统现场制作、现场安装的施工工艺流程，大大提高了安装效率，且保证了施工质量。

2）研发出机电设备及管线装配模块设计划分方法及误差综合补偿技术，形成《机电设备及管线模块化装配式施工技术标准》企业标准，解决了不同类型设备机房装配模块设计划分的难题。其中装配模块设计拆分方法，综合考虑了系统功能、受力状态、预制、运输、组装中的各种因素，适用于不同功能与类型的建筑区域。误差综合补偿技术通过装配模块的递推式施工，装配过程中通过精度控制与误差缩减，并通过预设点位的误差补偿段，消除安装误差。相比传统施工工艺，提高安装精度，同时有效解决了机电设备及管线装配式施工误差消除的难题。

3）研发出"地面拼装、栈桥移动、整体提升、支吊架后装"的机电设备及管线装配模块综合施工技术，实现机电设备及管线装配模块的快速安装。尤其是支吊架后装技术，改变了传统的先安装支吊架，再安装管道的工艺流程，实现"预制管道先装配、支吊架后装"的逆工序安装。

4）开发出基于BIM的建筑信息管理系统，实现机电设备及管线装配模块从设计、预制加工、运输到装配施工的全过程信息跟踪管理，提高了信息的可追溯性和管理效率。其中，RFID物料追踪与BIM技术的有机结合，通过追踪二维码云技术和无线射频识别技术，对预制模块实现从加工完成到装配完成全过程的信息化管理，管理人员可实时查询预制构件的状态，操作工人也可实时掌握预制构件的装配信息等。实现预制模块的全程有效管控。

四、与当前国内外同类研究、同类技术的综合比较

近年来，国内外诸多企业在机电工程的装配式施工方面开始研究应用，主要在设备机房采用单纯管道工厂预制、现场按照传统施工方式实现机房部分管线的装配式施工，少数企业采用循环泵组模块化方式+传统管道施工方式实现机房内水泵单元的装配式施工，其装配率低、装配误差较大、绿色施工程度低。且大部分实施项目采用委托第三方单位进行设计、预制、运输、装配，其核心技术占有率相对较低。

本成果均为自主研究应用，其循环泵组模块化技术、支吊架模块化技术、机电管线模块化技术、预制管井模块化技术，实现了设备机房、地下室大管排、机电水暖管井、标准层密集走廊等多区域、多部位的模块化装配式施工，并形成企业标准，复制推广程度较高。形成了机电设备及管线模块化装配式施工误差综合补偿技术，在核心问题误差消除方面研究深入、措施多、效果好。

五、第三方评价、应用推广情况

2018年4月27日，由中国建筑集团有限公司组织科技成果评价，经评价该成果总体达到国际先进水平。

该成果已在中建八局第一建设有限公司的山东省千佛山医院儿科诊疗基地、中国建设银行山东省分行综合营业楼、惠州大亚湾万达、中国人保财险华东中心一期工程、天津鲁能绿荫里、青岛歌尔科技产业园等10多个工程中得到推广应用，公司提供充足的应用项目并成立专项设计研发团队，以合作+自有的模式在各区域建立预制基地，培养了大批机电装配式产业化队伍。逐步形成了"设计有后台、生产

有基地、装配有队伍"的产业链条，达到了规模化实施。

六、经济效益

近两年，公司在承建的多个工程中采用本技术，具有安全、环保、绿色施工、工业化建造、装配式施工等显著优点，减少了人力资源投入、降低了材料损耗、缩短了安装时间、极大地提高了施工效率及工程质量，经济效益显著，新增产值 5000 余万元。

七、社会效益

该成果实现了"现场模式"向"工业模式"转变，从"劳动密集型"向"技术密集型"转变，在安全、质量、环保等方面有显著优势。为行业内其他类似项目的实施提供了宝贵经验和参考依据。被多家业主单位列入其标准化图集，扩大了推广应用面。实施项目承办多次全国大型观摩，累积达到 5 万余人次，拉动了机电装配式的发展。多家单位到访交流和学习，高度评价"小空间做出了大文章，开创国内机电装配式先河"。

绿色低能耗公共建筑性能设计方法与关键技术研究应用

完成单位：中国中建设计集团直营总部、中国建筑第二工程局有限公司、中国建筑第八工程局有限公司、集佳绿色建筑科技有限公司、天津大学、辽宁科技大学、中资同筑（北京）科技有限公司

完 成 人：薛　峰、李　婷、杨晓冬、黄旭腾、田雨泽、丁　研、欧阳鑫玉、潘常升、靳　喆、殷　莹

一、立项背景

当前，我国缺乏对提升能效和健康性能进行协同整合的方法，公共建筑也多数停留于设计阶段技术措施的集成应用，造成性能品质之间的不匹配现象，对绿色建筑的"感知度"较低，无法达到协同提升的整体目标。

当前，我国的公共机构建筑普遍存在能效低，健康性能有待提升，人性化设施缺乏等问题。特别是对提高能效和健康性能起到很大作用的围护结构构造节点的深化设计、用材、工法等，缺乏深入的研究。对典型公共机构如何在设计中运用通风耦合技术降低能耗，更是缺乏进一步研究。

当前，国内外虽有针对健康建筑的研究和论述，例如国家标准《健康建筑评价标准》，团体标准《住宅健康性能评价标准》、《美国的 WELL 建筑标准（WELL Building Standard）等都有很系统的研究要点，但如何使其与建筑能效性能提升的参数在同一协同平台运用数字信息化手段进行深化设计并进行有效协同整合，如何采用数字协同平台对工程全过程进行多参数的协同优化和数据比较的方法和关键技术都亟待进行深入的研究，却深入的研究和应用实践。

一直以来，绿色建筑是以四节一环保的技术措施为主导，而新时代以性能提升为导向的高质量绿色建筑一方面要提升能效、降低能耗，同时还要增强服务便捷性，环境宜居性，健康舒适性，使用经济性，这种多参数整合优化的设计要求，就亟待研究全过程、全专业、全主体参与的协同工作流程方法。

二、详细科学技术内容

1. 总体思路

针对我国缺乏对低能耗、高能效、健康性和人性化等性能进行全面提升的系统性设计方法，缺乏全过程协同设计工作平台，缺乏协同设计平台与运行平台的链接等问题，以及缺乏提升围护结构构造性能、增强通风耦合性能等关键技术难题的深入研究，建立低能耗、高能效、健康性和人性化性能提升为导向，建筑师负责的公共建筑性能设计方法。创建了工程全寿命、全专业协同、全主体参与的设计与运行协同工作平台，研发了设计与运行平台协同链接软件。并结合 3 项科技示范项目对提升围护结构性能的构造设计、工法和新型墙板，以及提升自然通风性能的蓄热通风耦合技术和设计方法进行研发应用和测试。并使成果在约 200 万平方米的实际项目中进行应用。

本项目所指绿色低能耗建筑的性能提升包括三方面的内容：建筑低能耗高能效性能提升、建筑环境健康性能提升、建筑人性化性能提升。

建筑低能耗高能效性能提升主要包括：围护结构性能、能源效率性能、运行优化性能、智慧监测性能。

建筑环境健康性能提升主要包括：室内热舒适性能、室内空气质量性能、室内声环境性能、室内舒适照度性能。

建筑人性化性能提升主要包括：无障碍接驳性能，人性化性能，通用性能。

要实现以上三个方面的提升，就要实现三个协同并行的设计工作方法，一是设计优化与运行策划的并行，在设计阶段就要协同考虑智慧运行平台的监测、控制、调适和优化。二是包括土建、装修、景观、标识等多专业的一体化并行协同设计，才能真正提升建筑性能和品质。三是设计优化与施工深化的并行协同，施工图设计的节点、设备选型、选材等深化设计应在前期设计中有所研究和策划优化。

本研究主要从性能设计协同方法、关键技术研究、示范项目技术应用三大部分开展系统性研究。

第一部分：性能设计协同方法。主要包括：设计协同方法、协同设计数字平台与 SOP 智能运行监测平台、建筑性能提升目标与性能提升优化设计技术体系。

第二部分：关键技术研究。主要包括：提升蓄热通风耦合性能的关键技术、高性能围护结构构造关键技术。

第三部分：示范项目技术应用。主要包括：工业和信息化部综合办公业务楼项目科技示范项目、山东城市建设职业学院试验实训中心工程科技示范项目、天津南部新城社区文化中心工程科技示范项目、雄安新区市民服务中心 PIM-SOP 协同工作平台应用示范，实测数据分析与评价。

2. 技术方案、关键技术

本研究的建筑性能设计协同方法所涉及的技术内容包括了策划、设计、施工和运行维护等不同的阶段建设全过程的性能提升技术，其示范项目应用以严寒和寒冷地区典型公共机构（行政办公、高校、医院）为主体。

研究成果在本领域首次建立了 1 项建筑性能优化设计技术体系，形成了 1 套优化设计协同方法，开发 2 个数字平台和 2 套应用软件，研发了相关计算公式、研发了基于围护结构性能提升和提升典型公共机构建筑通风蓄热耦合性能的 2 套关键技术。并对其成果应用进行实测验证。

研究成果获得发明专利授权 10 项，实用新型专利授权 16 项，软件著作权 2 部，省部级工法 2 项，发表 5 篇 SCI 论文，1 篇 EI 论文，核心期刊论文 33 篇。获省部级奖 9 项，形成国家、行业和地方标准（图集）9 部，出版专著 3 部，开发 2 个协同工作平台，形成了 23 项低能耗高性能围护结构施工工艺。并在约 200 万 m² 的实际项目成功应用，经鉴定整体水平达到国际先进水平。

1) 研究内容一：建立了以低能耗、高能效、健康性和人性化性能提升为导向，建筑师负责的公共建筑性能设计方法和技术体系。

结合新时代高质量绿色建筑发展要求，发展了公共机构绿色建筑新的内涵。在本领域首次创新性形成了"三高一低，协同并行"的建筑性能设计方法和技术体系。本项目通过大量的实态调研和示范项目的试验实测数据分析得出了该技术体系的目标值。以低能耗性能、高能效性能、高健康性能和高人性化性能提升为重点，突出建筑师负责的"易于感知"的绿色建筑性能提升，形成了工程全寿命性能提升优化的"协同并行"设计方法（图1），为新时代第二阶段高质量绿色建筑发展进行了大胆的探索。

研究成果形成了我国第一部有关行政办公节能管理的国家标准《公共机构办公区节能运行管理规范》，为国家标准《绿色生态城区评价标准》GB/T 51255—2017，北京市标准《北京市绿色建筑设计标准》DB 11/938、《公共建筑节能评价标准》DB11/T 1198—2015 等提供技术支撑。

研究成果在工业和信息化部综合办公业务楼、天津南部新城社区文化中心、山东城市建设职业学院试验实训中心、北京新机场南航运控指挥中心等 20 余项实际项目进行了应用和量化的实际项目试验与测试。有关人性化提升的研究成果应用于雄安新区临时市民服务中心项目之中。

（1）建立了以低能耗、高能效、健康性和人性化性能提升为导向的建筑性能设计技术体系。

通过国内对 246 家严寒和寒冷地区公共机构建筑的实测数据分析和性能化计算，以及 3 项科技示范项目的试验项目的实测数据分析，确定了以低能耗性能、高能效性能、高健康性能和高人性化性能提升的目标值和典型公共机构建筑性能设计协同方法的技术要点。

（2）研发了建筑师负责的公共建筑性能设计方法

针对场地规划和建筑设计，形成了低能耗建筑规划与建筑设计、围护结构与被动式低能耗设计等一

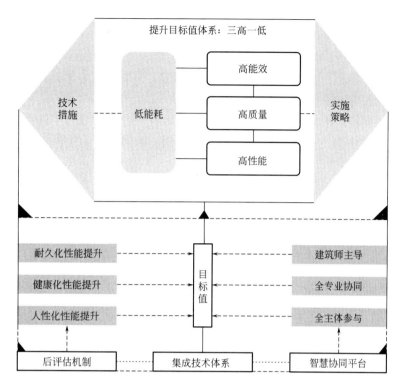

图1 "三高一低，协同并行"的建筑性能设计技术体系构架

套优化提升设计要点和方法。针对设备系统，通过前馈控制和过程优化，形成了照明性能提升和能效优化设计方法和集成技术、空调系统能效优化提升关键技术和中央空调水系统水力平衡系统仿真优化关键技术。针对交付调适的流程方法与运行维护能效提升进行了大量数据分析和性能化计算分析，形成了一套能效优化提升方法与关键技术。

通过此研究成果为协同设计工作平台建立了工作条目，理清了协同关联关系形成了建筑师负责的设计协同方法。

2）研究内容二：创建了工程全寿命、全专业协同、全主体参与的性能设计与运行协同工作平台，研发了性能设计与运行平台协同链接软件。

该研究成果应用于北京新机场南航运控指挥中心和雄安新区临时市民服务中心项目设计总承包项目（图2）。

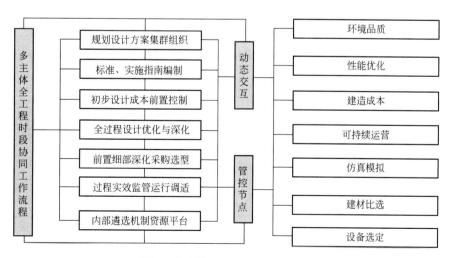

图2 多主体全过程协同工作方法

（1）研发了 BIM 设计＋性能设计协同平台＋PIM-SOP 智慧运行平台和协同链接软件。

首先，按建筑师负责制的工作方法，编制了适合我国建设程序多主体、全专业、全过程协同设计工作流程和程序。针对概念设计、方案设计、初步设计、施工图设计以及深化设计等不同设计阶段之间，不同主体之间的协同工作内容、工作流程进行了详细的规定，并特别规定了当前我国设计管理中较为缺失的性能化设计、优化设计和精细化设计的工作流程。

其次，开发 1 个协同设计平台和 1 个 PIM-SOP 智慧运行平台，并编制了链接两个平台的协同分析软件。采用 BIM 设计手段以数字模型为基础，使协同策划、协同商榷、协同设计、材料遴选、成本控制、运行调适、监测运行等共同使用同一个协同设计平台，将技术措施的适用分析、能耗目标值设定与设计管理集中于一个平台进行控制，由原来的单参数设计，转变为多参数的协同设计。

（2）研发了可视化的能耗监测及反馈提升优化设计分析软件，利用 BIM 数字设计使智慧运行平台形成了可视化的能耗监测优化方法，并对其各类建筑设备、构件和部品性能数据进行智慧监测，并通过加设各类综合传感设备和软件分析控制，根据建筑空间内人体行为的实时状态，智能控制设备运行，监测建筑室内环境质量。并将数据分析及时反馈到协同设计平台进行提升优化。

3）研究内容三：研发了关键技术：基于框架填充围护结构性能提升的无热桥构造设计、工法和新型墙板。

针对提高绿色低能耗建筑性能起到很大作用的高性能透明和非透明围护结构、构造节点及材料的深化设计、用材、工法等进行深入的研究。成果形成国家标准《金属尾矿多孔混凝土夹芯系统复合墙板》GB/T 33600—2017、行业标准《现浇金属尾矿多孔混凝土复合墙体技术规程》JGJ/T 418—2017、辽宁省地方标准《现浇轻质保温复合墙体应用技术规程》DB21/T 2519—2015 等 5 项。获得发明专利《绿色节能现浇保温复合外墙体系的施工方法》《围护结构内外墙抗震与隔声抗裂一体化构造的施工方法》《采光窗的节能保温构造的施工方法》等 5 项，获得实用新型专利 3 项。

（1）研发了提升框架填充围护结构性能的无热桥构造技术、配套材料和施工工法。

优化设计了各类高性能构造节点，包括：外保温墙体构造节点，透明和非透明幕墙构造节点、遮阳设施构造节点、阳点光蓄热间等构造节点。并对各类节点（包括：窗墙节点、墙体穿套节点、屋面保温节点、地下室墙板保温节点等各类高性能围护结构构造节点）进行了计算模拟分析研究，提出了高性能的设计要求和用材要求。

在德国被动房技术体系的基础上，结合我国实际情况以及山东城市建设职业学院试验实训中心项目和工业和信息化部综合办公业务楼项目，针对低能耗建筑围护结构构造节点设计和施工技术要求、形成了适合我国国情的无热桥围护结构构造节点、建筑用材、深化设计、建造工法以及检测方法等无热桥围护结构关键技术。

（2）针对公共机构建筑使用透明幕墙较多的情况，针对窗体和幕墙的玻璃、安装节点、窗框构造、密封材料、窗洞口热工缺陷测试，外窗气密性测试等专项技术进行研究，形成了提升窗体和透明幕墙节能性能的关键技术。

（3）开发了用于框架填充围护结构，利用金属尾矿废料生产的多孔混凝土墙体的生产工艺、设备和施工工法。该围护结构热工性能为传热系数 $0.35W/(m^2 \cdot K)$，比严寒 C 区公共建筑节能设计的限值要求 $0.43W/(m^2 \cdot K)$ 降低了 18.6%。根据能耗模拟对比分析的能耗数据可知，采用新型保温节能环保墙材的建筑与满足标准规定限值的普通保温系统建筑相比，示范建筑冬季供暖负荷减 $143 \times 10^6 kWh$，节能 26%，可降低成本 10%。

4）研究内容四：提升公共建筑自然通风性能的蓄热通风耦合技术理论和设计方法。

该成果应用于工业和信息化部综合办公业务楼、天津南部新城社区文化中心、山东城市建设职业学院试验实训中心、北京新机场南航运控指挥中心等多项科技示范项目之中。获得实用新型专利两项。

（1）研究了夜间通风机理及动态模型、蓄热围护结构的传热控制方程、通风模型与热过程的耦合模型、蓄热通风耦合条件下的传热计算模型。利用相关软件模拟计算不同自然通风效果下的建筑朝向、开口位置以及开口大小的最佳选择尺寸，形成了蓄热通风耦合关键技术。

（2）针对我国的行政办公和高校建筑特有的南北向板式建筑规划布局特点，研究如何利用过渡季自然通风降温，形成蓄热太阳暖房达到降低能耗的目的。针对于此，在本领域首次研发了一套适合我国行政办公和高校建筑蓄热通风耦合被动式设计方法，开发了可调节式蓄热通风墙体构造。

5）研究内容五：结合 4 项示范项目，将研究成果应用于工程全过程之中，研发了 10 余项建造过程优化技术，建立性能提升后评估构架。

开发了 PIM 可视化协同管理平台和 SOP 可视化智慧运营管理平台，获得软件著作权 2 项。

（1）开发了雄安新区市民服务中心设计协同工作平台和 PIM-SOP 智慧运行平台将 BIM 设计＋设计协同平台＋PIM-SOP 智慧运行平台和协同链接软件（图3），以及可视化的能耗监测及反馈提升优化设计分析软件进行实际应用。

图 3　平台登录界面

（2）结合山东城市建设职业学院试验实训中心项目研发了框架填充围护结构性能的无热桥构造技术。

（3）结合工业和信息化部综合办公业务楼和天津南部新城社区文化中心项目研发了多项建造过程优化技术。

开发研制了新型模板模壳、箱型柱临时支撑、抗渗式闸阀、灯具快插式安装结构等，获得了多项提升建造质量和性能的发明和工法。结合以上两个项目典型公共机构板式布局，将蓄热通风耦合技术进行应用。

（4）对示范项目进行现场实测、运行环境质量和能耗数据分析，并构建了低能耗性能、健康性能、耐久性能、无障碍性能提升的后评估技术构架。

针对重点科技示范项目工业和信息化部综合办公业务楼（图4）、天津南部新城社区文化中心（图5）进行了建成后，技术试验和应用现场实测，以及运行环境质量和能耗数据分析，并针对所得实测数据进行再分析模拟，为所建立的系统性技术体系的可量化性能目标值提供试验数据支撑和关联关系。

图 4　工业和信息化部综合办公业务楼

图 5　天津南部新城社区文化中心

三、发现、发明及创新点

创新点 1：建立了以低能耗、高能效、健康性和人性化性能提升为导向，建筑师负责的公共建筑性能设计方法和技术体系。以实测能耗（80％节能）作为低能耗性能推荐值，五步节能（85％节能）作为低能耗性能引导值，环境健康性能 100％达到行业标准和团体标准《健康建筑评价标准》（TASC 02—2016）的标准，针对行政办公、高校、医院的人性化无障碍性能 100％达到国际一流水平。

研究成果在照明系统通过能效优化设计和智慧运行控制等一系列关键技术低能耗贡献率提升约 10％，空调系统通过围护结构优化和能效优化、以及智慧运行平台的监测等一系列关键技术提升低能耗贡献率提升约 8％。

创新点 2：创建了工程全寿命、全专业协同、全主体参与的性能设计与运行协同工作平台，研发了性能设计与运行平台协同链接软件。以建筑师负责制的工作方法，编制了适合我国建设程序多主体、全专业、全过程协同设计工作流程和程序。对当前我国设计管理中较为缺失的性能化设计、优化设计和精细化设计的工作流程进行完善。

创新点 3：研发了关键技术：基于框架填充围护结构性能提升的无热桥构造设计、工法和新型墙板。开发了利用废料生产的新型复合墙板，可节能 26％，降低成本 10％。

创新点 4：研发了关键技术：提升典型公共机构自然通风性能的蓄热通风耦合技术理论和设计方法。

四、与当前国内外同类研究、同类技术的综合比较

关键技术成果与国内外同类技术对比

创新点	技术内容	本成果	对比结论
创新点 1	建筑性能设计技术体系	构建了低能耗、高能效、健康性和人性化性能提升为导向的技术理论体系，发展了绿色建筑的内涵和外延	国际先进，填补国内空白
	建筑师负责的全专业性能设计协同方法	通过前馈控制和全专业过程优化，在示范项目应用，测试节能率 80％以上，编制了国家标准	国际先进，填补国内空白
创新点 2	协同设计工作平台和 PIM-SOP 智慧运行平台	将单参数，转变为多参数协同，形成软件著作权，已应用于雄安新区市民服务中心项目	国际先进
	研发了可视化的能耗监测及反馈提升优化设计分析软件	已应用于雄安新区市民服务中心项目	国际先进，填补国内空白
创新点 3	框架填充围护结构性能的无热桥构造技术	编制国家标准和图集，低能耗贡献率提升 5％～15％，已在示范项目应用	国际先进
	提升透明幕墙节能性能的构造技术	形成设计参数，形成窗框构造、密封材料性能指标及窗洞口热工缺陷测试方法	国际先进
	利用金属尾矿废料生产的多孔混凝土墙体	编制国家标准，围护结构节能性能提升了 26％	国际先进
创新点 4	提升自然通风性能的蓄热通风耦合技术理论	形成计算公式，已在示范项目应用	国际先进
	提升典型公共机构自然通风性能的设计方法和蓄热通风墙体构造	已在示范项目应用	国际先进

五、第三方评价、应用推广情况

该成果创新性强、应用面广，其推广前景良好。所建立低能耗、高能效、健康性和人性化性能提升

为导向的绿色低能耗建筑性能设计方法和技术体系，顺应了我国高质量绿色建筑的发展趋势，发展了绿色建筑的内涵和外延。其工程全寿命、全专业建筑师负责的公共建筑性能优化设计方法和技术体系，以及所研发的 BIM 设计＋设计协同平台＋智慧运行平台的设计协同平台，对我国推广实施建筑师负责制和全过程工程咨询机制起到了重要的技术支撑作用，可在我国大型复杂的公共建筑中进行广泛推广，现该研究成果已应用于雄安新区市民服务中心项目之中。

其研究成果现已形成了 9 部国家、行业和地方标准（图集）。所研发的工程全寿命、全专业性能优化设计方法和技术体系，基于框架填充围护结构高性能透明和非透明围护结构构造节点设计，以及无热桥围护结构施工建造工法，利用废料生产的新型复合墙板，提升典型公共机构自然通风性能的蓄热通风耦合技术理论和设计方法等由于其可有效提升绿色建筑的性能，并可节省造价，并现已在 20 余项项目约 200 万平方米中进行应用，具有很好的推广前景。

六、社会效益

据初步统计，目前我国有公共机构建筑面积达几十亿平方米，超过 190 万家单位和团体组织。2010年消耗能源 1.92 亿吨标煤，占全社会终端能源消费总量的 6.19％，近几年年平均增长速度达到 8％以上，总体呈较快增长态势。经过实测显示，采用本研究成果后，示范建筑的能耗水平介于四步节能至五步节能（节能 85％）之间，根据对示范工程的实际监测结果，公共机构绿色建筑示范项目能耗水平可达到 80％以上的节能率。相当于减少二氧化碳排放 3 亿吨，减少二氧化硫排放 0.86 亿吨，减少氮氧化物排放 0.86 亿吨，减少粉尘排放 0.26 亿吨。

其环境健康性能 100％达到行业标准和团体标准《健康建筑评价标准》TASC 02—2016 的标准，针对行政办公、高校、医院的人性化无障碍性能提升 100％达到国际一流水平。

本项目研究成果顺应了我国高质量绿色建筑的发展趋势，发展了绿色建筑的内涵和外延。使建筑质量和性能得到了大幅度提升，使百姓可以感知到国家经济发展和绿色建筑所带来的获得感，为推动新时代高质量绿色建筑发展提供了技术支撑。

南宁市轨道交通 2 号线关键施工技术研究与应用

完成单位：中建八局轨道交通建设有限公司、中国建筑第八工程局有限公司、中建八局第二建设有限公司

完成人：唐立宪、戈祥林、王　刚、罗方正、邢灵敏、李世军、张永焕、彭伯伦、车家伟、范　波

一、立项背景

日益拥挤的道路使城市对轨道交通的需求越来越迫切，而地铁在城市轨道交通建设中有着不可取代的作用和地位。近几年来，全国各大城市都在加大轨道交通的建设力度。由于在城市中修建地铁，其施工方法受到地面建筑物、道路、城市交通、水文地质、环境保护、施工机具以及资金条件等因素的影响较大，因此各项目所采用的施工方法也不尽相同。

南宁市轨道交通 2 号线工程南部起点为玉洞存车折返线，途径银海大道、星光大道、朝阳路、友爱路、安吉大道、北至安吉综合基地。全线共设车站 18 座，均为地下车站，设安吉综合基地 1 处。本项目 6 次下穿 10kV 地面高压塔和 110kV 高压线塔，4 处分别下穿银海大道 1 号 25 号楼房、玉柴汽车城及市种子公司南宁分公司，6 处下穿暗渠及涵洞，4 处下穿地道桥和立交桥，施工难度大、工程风险高。工程位于邕江两岸，地下水丰富、透水性强，具有承压性，地表水及地下水具有弱腐蚀性；该处地质构造褶皱和断裂较发育，而且普遍具有继承性和多期活动性的特点，淤泥、富水圆砾层、断裂构造、杂填土等不良工程地质、水文地质对施工和安全影响大。施工中存在较大困难。主要体现在：

1）富水圆砾层地下水丰富、地层渗透系数大，端头加固效果差导致盾构机接收风险极大；

2）部分车站不具备盾构机吊装过站及吊装过站成本高、风险大；

3）富水圆砾层中盾构机掘进过程中刀具容易刀圈崩坏、刀轴密封漏油、滚刀不转、整体偏磨等问题，尚未有针对南宁市富水圆砾层盾构刀盘选型设计相关研究资料；

4）车辆段及综合基地内无法采和传统的吊装机械对车辆检修平台进行吊装及安装；

5）超长地铁车站施工工期紧，混凝土结构施工要求高，传统施工工艺中的模架体系有待改进。

为此，我们需要组织攻关，开展立项课题研究，解决施工过程中的诸多难题。同时，系统总结多项关键技术，为类似工程提供指导。

本工程先后被列为中建八局科技研发项目、中建八局新技术应用示范工程。

二、详细科学技术内容

针对富水圆砾层地下水丰富、地层渗透系数大，端头加固效果差导致盾构机接收风险极大，盾构机受限于车站顶板封堵无法转场，主体结构侧墙由于浇筑侧压力大垂直度平整度难以控制、车辆段内车辆检修平台吊装场地受限等施工难点，总结研究出土压平衡盾构机刀具配置及耐磨设计标准，创新研发出盾构机小车整体过站施工技术、盾构机密闭钢套筒接收装置、移动式单侧模板支撑技术等关键创新技术，形成系列成果。

1. 动水环境下盾构机密闭钢套筒接收技术

1）技术特点与难点

（1）富水圆砾层水量丰富渗透系数大，端头加固效果难以保证，极容易出现涌水涌沙，盾构机的始

发接收风险大；

（2）盾构区间位于南宁市繁华老城区，地下管线错综复杂，迁改难度大，难以为区间端头加固施工提高场地条件；

2）创新点

研发了一种盾构机密闭钢套筒接收装置（图 1），即在洞门外车站接收井处，设置一个特制密闭钢套筒与洞门预埋钢环连接，安装完钢套筒后在钢套筒内充填砂土压实，接收钢套筒内预加一定压力与土仓切口压力相同，以模拟隧道内均匀土体，盾构机直接掘进到钢套筒内（即进入车站接收井），随后在盾尾补充注浆，待浆液凝固后，依次拆解钢套筒和盾构机并吊出，完成到达施工（图 2）。相比于传统的接收工艺，具有具备以下优点：

（1）密封性更好，盾构直接掘进至套筒内，减少富水地层中接收涌水涌砂的风险。

（2）钢套筒与洞门环板直接连接，相较于以往橡胶帘布与折页压板的洞门密封方式，密封效果更好，且能承受较大的注浆压力，能保证注浆质量。

（3）对地层的适应性强，相比传统的注浆加固对施工场地要求低。

（4）刀盘切削下来的围护结构经盾构排泥系统输送至渣土坑，改变了以往人工清理完成后盾构再上接收架的施工方法，节约了成本缩短了工期。

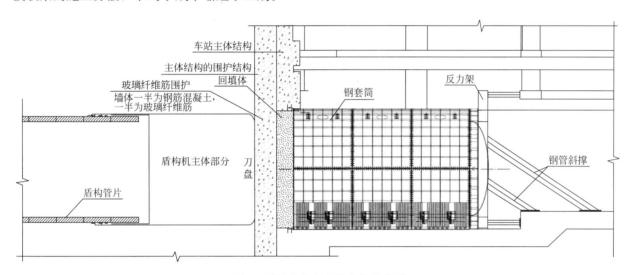

图 1　盾构接收钢套筒安装示意图

3）实施效果

项目福建园站～南宁剧场站区间和明秀路站～秀厢站区间通过采用创新研发的密闭钢套筒接收工法，安全顺利完成盾构机接收，解决了接收端由于受管线改迁和地面交通疏解影响，无法提供场地进行端头加固的难题。

2. 盾构机小车整体过站技术

1）技术特点与难点

（1）盾构机掘进至亭洪路站时，亭洪路站已封顶，车站顶板无预留的盾构吊装井，现场不具备盾构机拆机吊出的条件，盾构机需站内平移过站；

（2）盾构机整体自重大，达到将近 500t 且接收后方向转动困难；

图 2　盾构接收钢套筒现场安装图

（3）车站接收井的标高低于标准段，盾构机过站平移难度加大。

2）创新点

通过研发自制了一种过站小车（图 3 为过站小车构造简图及垂直水平支撑加固示意图），底部安装滚轮，在车站内安装小车轨道，小车尺寸和轨道中心间距根据盾构机尺寸量身定做；过站小车采用20mm 厚 Q235 钢板以及工字钢加工，底部每侧按照 5 个滚轮坐落在过站轨道上，并使用工字钢与过站小车焊接，以确保盾构机出洞推进至过站小车时小车稳固没有位移。盾构机过站小车在接收井内平移采用辅助油缸（2×100t），进入标准段采用卷扬机通过滑轮组牵引进行平移，完成盾构机整体过站（图 4 为过站小车现场安装效果图）。相较于传统的盾构机吊装、运输转场、下井组装的工法具有以下优势：

（1）盾构机通过过站小车在站内铺设的轨道上行走阻力小，一般标准车站 7d 左右顺利过站，而传统的盾构机转场约 30d，工期大大降低；

（2）过站小车方向可控，能够适应一定的弯道和缓坡的车站，适用性强；

（3）盾构机整体过站只需要断开管线路，无需整机拆装，降低了二次始发盾构机组装调试的难度和工作量。

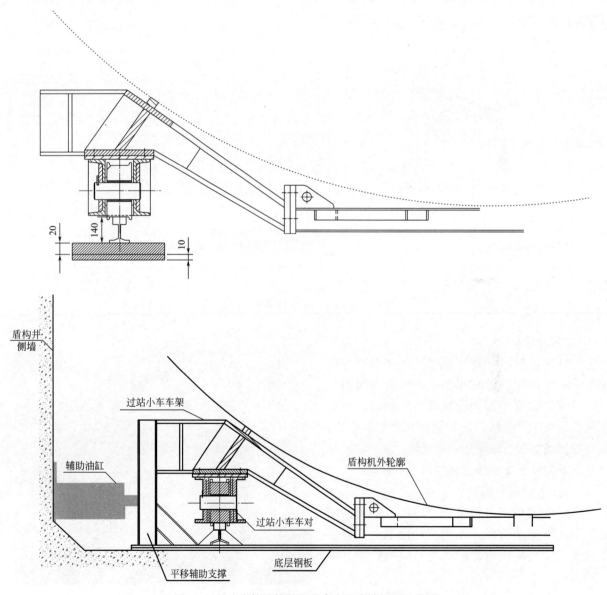

图 3　过站小车构造简图及垂直水平支撑加固示意图

3）实施效果

项目石柱岭站～亭洪路站区间盾构机接收后，通过采取自主创新的盾构机小车整体过站工艺，仅 7d 完成盾构机从亭洪路站顺利过站，工期比传统转场节约 20d，节约费用 477 万元。

3. 富水圆砾层地质条件下土压平衡盾构机选型与刀盘刀具配置设计技术

1）技术特点与难点

富水圆砾层中富含粒径不一的砾石和卵石，盾构机掘进过程中刀具容易出现刀圈崩坏、刀轴密封漏油等损坏情况，而如果掘进速度过慢时滚刀不转，又容易造成滚刀偏磨。减少盾构机刀具磨损，是保证盾构顺利施工的前提。

2）技术创新

总结制定出《土压平衡盾构机刀盘刀具配置及耐磨设计标准》，包括有：

（1）盾构机选型：

根据富水圆砾层地质特点及周边环境，对盾构机注浆系统进行改造，调整同步注浆管的布置点位，并增加 2 个注浆管，并且采用背衬方式增加一套双液注浆系统，提高注浆效率和效果；对皮带输送机角度进行改造（图 5），提高输送稀碴的能力大大提高；渣土改良注入口设计为整体背装式（图 6），便于更换和清洗管路，每个注入孔都能单独操作和控制，便于掘进和渣土的改良，操作简单易行。

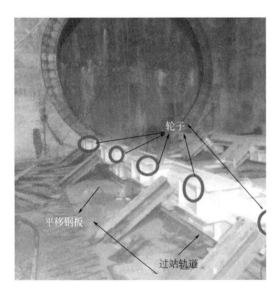

图 4　过站小车现场安装效果图

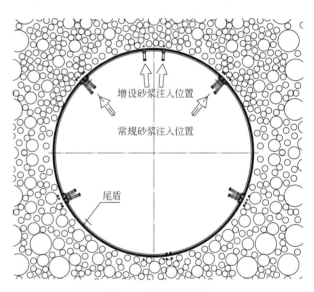

图 5　皮带机示意图

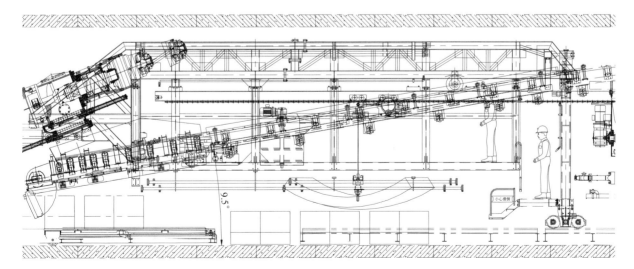

图 6　注浆管路布置图

（2）盾构机刀盘刀具配置：

为了保证刀盘的整体结构强度和刚度，刀盘的中心部位采用整体铸钢铸造，周边和中心部件在制造时采用先栓接后焊接的方式连接；刀盘的开口形式为对称的八个长条孔，开口尽量靠近刀盘的中心位置，以利于中心部位渣土的流动。刀盘的开口率根据安装的刀具类型为34%；根据南宁地铁1号线类似地层掘进经验，刀盘配置采用全盘滚刀，除中心滚刀外其余换为撕裂刀，提高对圆砾层的切削效率；刀盘设置有6处压力传感器作为磨损检测装置，可有效检测刀盘刀具磨损情况（图7）。

（3）耐磨设计：刀盘的外圈梁整圈和面板镶焊耐磨复合钢板，可降低刀盘在掘进时碴土对刀盘外圈梁的磨损。刀盘的周边焊有耐磨条，刀盘的面板焊接有格栅状的Hardox耐磨材料，充分保证刀盘在岩层掘进时的耐磨性能，刀具为大合金银钎焊形式，硬质合金采用YG13C材料，全断面覆盖，提高掘进期间的耐磨性。

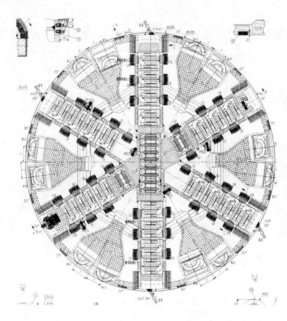

刀盘主要技术参数	
结构形式	复合式(辐条+面板)
开口率(中心开口率)	34%(38%)
质量(t)	约60t
17寸中心双联滚刀(数量/刀高)	6把/175mm
17寸单刃滚刀(数量/刀高)	34把/175mm
边刮刀(数量/刀高)	12把/135mm
刮刀(数量/刀高/宽度)	39把/135mm/250mm
保径刀(数量)	12把
超挖刀(数量/半径超挖量)	1把/20mm
刀盘喷口(个)	6
搅拌棒(根)	4
磨损检测点(个)	4
12.5+12.5复合钢板面积(外圈)	约9m²
6.4+6.4复合钢板面积(面板)	约5m²

图7 右线刀盘配置示意图

3）实施效果

盾构机接收出洞后，经过对刀盘及刀具的检查，盾构刀盘未发生明显磨损，刮刀磨损量在正常磨损范围内，滚刀大部分磨损均为正常磨损，只有少数几把滚刀产生偏磨现象，中心撕裂刀几乎未产生磨损，整体情况良好。

4. 狭小受限空间内地铁车辆检修平台吊装施工技术

1）技术特点与难点

安吉车辆段检修库作为地铁车辆检修的主要厂房，其内的L31-L38股道的周、月检库、静调库和定修库，共设计有9列双层或三层的钢检修平台，总计1080m，总重量约为400t。如何在保证施工期间安全质量的同时，加快安装进度，是2号线能否顺利完成接车节点的前提。该技术具有以下特点：

钢检修平台所在的检修库内，轨道基础均设计为立柱式整体道床，股道间的通道间距，最宽为5200mm，最窄处仅有3150mm，无法采用传统的吊装机械进行吊装。如图8所示。

钢检修平台中最大的平台板构件单块板宽度为2620mm，长度为9000mm，板质量约2t，受场地限制，运输困难。

2）创新点

（1）研发了一种在车辆检修库内狭小空间内进行运输吊装的工具，利用检修库内既有的检修轨道，发明了一种可在轨道上行走的平板小车，在两条股道的平板小车上，架设一个简易龙门架，配合手拉葫芦，组成一个集运输与吊装功能为一体的安装工具。同时解决了钢构件在检修库内运输和吊装困难的难题。如图 9 所示。

图 8　检修平台安装点

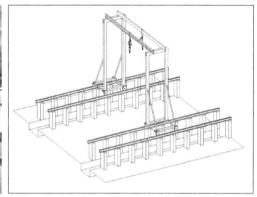

图 9　吊装工具示意图

（2）研制出一个安装辅助工具，当受场地限制而仅能利用单条股道和单台平板小车进行作业时，将平板小车上的龙门架换成一台 5t 的悬臂吊，悬臂吊可在单台平板小车上实现平面 360°吊装作业，解决了库内常规吊装设备难以到达部位的检修平台安装难题。如图 10 所示。

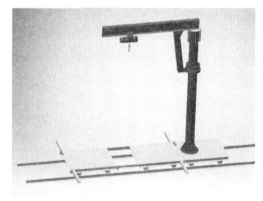

图 10　辅助工具示意图

3）实施效果

本项目采用的这两个车辆段检修平台安装工具和辅助工具，适用于车辆段内狭小受限空间内的各类检修平台或其他材料、构件的运输与吊装工作，在项目实际运用过程中取得了良好的效果。该类安装工具加工简单、操作方便，可以进行标准化推广，在城市轨道交通、铁路车辆段与停车场内均可广泛使用。

5. 移动式单侧模施工技术

1）技术特点与难点

本项目地铁车站地处繁华城区，周边交通疏解压力大，市民关注度高。体量最大的秀厢站主体结构长度长达 468m，主体结构侧墙厚度为 800mm，高度为 4.95m 和 6.18m。明挖地铁车站面临着深基坑施工的风险，因此需要尽量缩短主体结构施工工期，又要保证基坑及周边建筑物的安全。同时，主体结构侧墙建成后需满足防水性能。本技术具有以下特点：

（1）墙身外侧存在地下连续墙及防水措施，无法采用穿墙栓方式进行控制模板侧压力，只能通过单侧配设墙模板进行施工，侧压力控制困难大。

（2）传统的单侧模板构件基本采用钢构件，自重大，安拆烦琐，材料使用量大，周转周期长，施工进度慢，无法满足业主进度工期节点要求。

（3）传统的单侧模板安拆需要大型吊装设备进行吊运，存在着对基坑的混凝土支撑和钢支撑碰撞的风险。

2）创新点

（1）采用力学计算软件，对最不利工况进行分析，研制出单侧模板架体体系，在保证架体稳定性和安全性能的同时，最大化避免材料的浪费（图 11）。

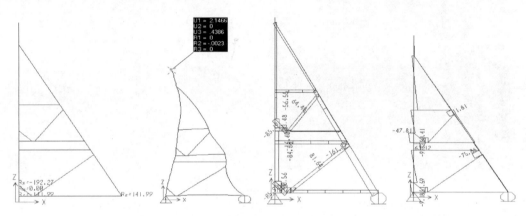

图 11　受力分析计算

（2）区别于传统的钢结构单侧模，移动式的单侧模板主要采用胶合板（18mm）、H20 木工字梁、横向背楞和专用连接件组成，三脚架主要采用桁架结构，受力稳定性好、质轻，解决了单侧模自重大、安拆困难的难题（图 12）。

图 12　木工字梁背楞及胶合板面板

（3）研制出高度为 $H=3800mm$（标准节）和 $H=1800mm$（加高节）两种规格的架体，可根据不同地铁车站、不同高度进行模板体系拼装，模板制作费用低、泛用性强、可周转使用，解决了模板只能在固定尺寸的构件处使用、造成材料浪费的问题（图 13）。

176

图 13　背楞拼装及架体拼装

（4）研制出单侧模的移动系统，每个模板三脚架体底部设置两个 φ200 万向轮，模板拆除后，通过铺设地面行走轨，可以采用 3～4 人工配合一台卷扬机进行推动，快捷周转至下一段侧墙施工。解决了模板吊装和安拆困难，以及对顶部钢支撑存在碰撞隐患的难题，同时又节约机械使用成本（图 14）。

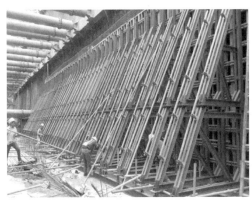

图 14　模板安装及模板人工辅助移动

3）应用效果

通过采用移动式单侧模施工技术，有效解决了传统单侧模安拆和转运的难题。三十三中站成为南宁地铁 2 号线第一个主体结构封顶的车站，秀厢站亦于 2015 年 8 月 12 日提前完成主体结构封顶。根据技术进步经济效益与节约材料计算认证书，共取得了 10.62 万元的经济效益。值得在同类工程中应用推广（图 15）。

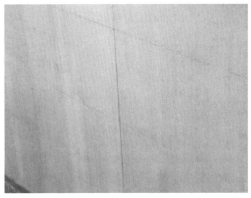

图 15　成品外观质量

三、主要创新点

1）研发一种盾构机密闭钢套筒接收装置，解决了动水环境下盾构机接收的技术难题；形成发明专利1项。

2）研发一个带滚轮过站小车，解决了因车站吊装口封闭导致盾构机无法调运转场的难题。形成专利2项，省部级工法1项。

3）研究制定出《土压平衡盾构机刀盘刀具配置及耐磨设计标准》，解决了富水圆砾层地质条件下盾构机掘进过程中的刀具刀圈崩坏、刀轴漏油、滚刀不转、整体偏磨等难题。

4）研制出集运输与吊装功能为一体的安装装置，解决了车辆段内空间受限无法采用传统的吊装机械对车辆检修平台进行运输及吊装的难题。形成专利2项。

5）研发了一种钢木结构的可移动式单侧模板，解决了传统单侧模板自重大和安拆困难的问题。获省部级工法1项。

四、与当前国内外同类研究、同类技术的综合比较

在所查国内公开文献中，进行国内外查新与检索，涉及以下5个特点，结论均未见相同文献报道，具有新颖性。

（1）动水环境下盾构机密闭钢套筒接收技术。一种用钢套筒接收盾构机的方法经查新为国内首例，针对富水圆砾层地下水丰富、地层渗透系数大，端头加固效果差导致盾构机接收风险极大的难题，通过研发一种盾构机密闭钢套筒接收装置，解决了动水环境下盾构机接收的技术难题。通过该技术的应用，实现盾构机安全、快速接收。

（2）盾构机小车整体过站技术。一种盾构机过站装置经查新为国内首例，针对部分车站不具备盾构机吊装过站及吊装过站成本高风险大的特点，研发出盾构机小车，实现盾构机在车站结构内部整体平移过站，解决了盾构机过站难题。通过该技术应用，仅仅7d就完成盾构机从单个车站顺利过站，工期比传统转场节约20d，产生经济效益约477万元。

（3）复杂地质条件下土压平衡盾构机刀盘刀具配置及耐磨设计标准。经查新国内无专项标准资料，针对富水圆砾层中盾构机掘进过程中刀具容易刀圈崩坏、刀轴密封漏油、滚刀不转、刀偏磨等难题。通过研发制定土压平衡盾构机刀盘刀具配置及耐磨设计标准，实现了减少盾构机刀具磨损，保证盾构顺利施工。通过该技术应用，盾构机接收出洞后，经过对刀盘及刀具的检查，盾构刀盘未发生明显磨损，刮刀磨损量在正常磨损范围内，滚刀大部分磨损均为正常磨损，中心撕裂刀几乎未产生磨损，整体情况良好。减少更换道具工期及经济成本。

（4）狭小受限空间内地铁车辆检修平台吊装施工技术。列车检修平台的运输吊装设备和轨道交通车辆段检修平台安装辅助装置经查新为国内首例，研发了一种针对车辆段内无法采用传统的吊装机械对车辆检修平台进行吊装及安装工具和一种安装辅助工具两种设备，解决了库内常规吊装设备难以到达的部位的检修平台安装难题。该应用技术加工简单，操作方便，可以进行标准化推广，在城市轨道交通、铁路车辆段与停车场内均可广泛使用。

（5）移动式单侧模施工技术。移动式三脚架单侧模施工工法经查新为国内首例，针对超长地铁车站施工工期紧，混凝土结构施工要求高的难题，研发了一种钢木组合可移动式单侧模架体系，解决了超长地铁车站侧墙结构施工难题。

五、第三方评价及应用推广情况

本成果以南宁市轨道交通2号线工程为载体开展研究，精炼形成5项关键创新技术、8项专利（发明3项）、3项省部级工法的综合施工技术，在核心期刊发表论文20篇。经鉴定，成果整体达到国内领先水平。

本成果已在南宁2号线工程、在南宁市轨道交通4号线、深圳地铁9号西延线项目中得到了成功应用。解决了工程施工中的技术难题，保证了施工质量与安全、缩短了工期，取得了明显的经济、社会及环境效益，进一步提高了企业地铁施工领域的技术水平，促进了行业的科技进步。

六、经济效益

2015~2017 年，公司在城建的广西南宁轨道交通 4 号线、深圳地铁 9 号线西延线项目中采用动水环境下盾构机密闭钢套筒接受技术、盾构机小车整体过站等施工技术，降低了材料损耗、提高了施工效率，保证了工程质量和安全，取得了良好的经济效益和社会效益。

七、社会效益

本项目解决了工程技术难题，保证了工程质量和安全，提高了工效，取得了显著的经济效益和社会效益，对当地建筑行业起到了科技示范作用，进一步提高了轨道交通施工领域的技术水平，促进了行业的科技进步。

深圳平安金融中心
机电总承包综合施工技术研究与应用

完成单位： 中建三局第二建设工程有限责任公司、长沙理工大学

完成人： 刘　波、孙龙飞、邓亚宏、姜昌伟、李　昌、蒋保胜、黄正凯、钟　剑、伍学智、
孙志国

一、立项背景

1. 目前建造情况

作为全国超高层建筑的领跑者，深圳平安金融中心项目在施工过程中没有成熟成体系的可借鉴的施工经验和管理方法，传统的施工管理模式和思路已经无法应对各种复杂的情况，项目管理团队需要投入大量的资源来做好施工前的准备协调、施工过程中的管控跟进以及施工完毕后的调试维护。目前国内建筑市场正朝着数字化、工业化和智能建造方向发展，建筑节能的要求也是越来越高，这些现状对超高层建筑的施工管理发展带来了新的思路和挑战。

2. 超高层建筑机电总承包综合施工技术研究方向

超高层机电工程施工过程中，首要解决的问题就是物料的垂直运输难题。机电工程材料规格、种类多，运输过程中对成品、半成品的保护要求高，大量管道、线槽、空调设备、配电设备等均需要做好防护以后才能运输，这直接影响了运输效率，进而对施工进度产生诸多不利影响。

目前人们对建筑功能的要求越来越高，对舒适的人文环境追求使得建筑物的能源需求越来越大，因此，如何提高机电工程系统运行效率，减少能耗，达到绿色建筑的要求成了超高层建筑机电工程必须面对的问题。

近年来，建筑行业正朝着数字化、信息化、工业化和智能化方向快速发展，BIM 技术的应用和数字化建造相辅相成，机电工程全寿命周期管理理念的推广应用与信息化技术管理有机结合，工厂化预制技术在机电工程建设领域为工业化建造开创了先河，工业机器人开始应用于建筑市场让机电工程施工越来越智能化，这些新技术为超高层建筑机电工程的施工提供了新的思路和方法。

二、详细科学技术内容

深圳平安金融中心机电总承包综合施工技术应用研究主要是基于平安金融中心机电总承包项目进行的机电施工技术创新的研究，其目的在于改变传统机电施工工艺及方法，通过新技术、新工艺应用，提高了机电施工质量和加快施工进度，实现了节约投资成本、减少后期运营成本的目的，快速推进了数字化建造技术的实际应用。通过创新技术的应用提升机电施工的管理水平，提高施工质量和效率，减少投资成本及节能环保。

其关键技术是：

1. 创新基于数值模拟技术的超高层室内冷却塔群效能提升技术

室内冷却塔效能提升关键技术主要是利用 CFD 数值模拟仿真技术对超高层室内冷却塔群气流组织和排布进行模拟研究，针对模拟结果进行分析，提出了以下优化方案以解决技术难题：

（1）高精度可视化设计新方法

将无形的室内空气流的组织形式可视化，分析大空间气流组织及设备进风量情况，改进设备排布位置，优化设备选型，以降低设备投资成本。

（2）基于半封闭式空间的室内冷却塔系统

该系统有竖向风道进风，使外界空气流入半闭式空间之前进行冷却、降低温度，增加空气与循环水在冷却塔内换热的温差，提高冷却塔运行效率；排风系统通过设备出风端风筒有组织地汇集到排风箱集中排出，避免进排短路，设备间运行干扰，进一步提高设备运行效率。

（3）基于湿式冷却塔与干式冷却塔的组合塔群及智能控制方法

融合湿式与干式冷却塔优点，进行了设备改造建议：预设启动模式触发参数（如检测当前环境温度T），环境温度自动调节湿式冷却塔与干式冷却塔运行数量，可根据不同季节的环境温度与负荷需求间歇运行湿式冷却塔与干式冷却塔，可以提高冷却塔的寿命；同时减少电能源浪费。

（4）设计一种翅片式冷却塔风筒

风筒包括圆柱形筒体，其外壁上均匀布置有多个集热翅片，筒体内填充有集热网，该翅片式冷却塔风筒可在高温环境中减少湿热空气通风阻力与返混现象，可在低温环境中加速湿蒸气凝结、减少蒸发水量、并消除或降低冷却塔出口水雾。

2. 研发超高层机电工程的建筑"工业化"高效安装技术

（1）冷热站机电工程逆作施工工法

相比传统施工，本工法分担了超高层设备层施工难度和进度的双重压力。在满足施工各方对质量、安全及进度要求的前提下，与总包单位进行施工工序协商，以达成一致意见开展施工。

（2）基于BIM的薄钢板风管工厂预制及现场拼装技术

结合BIM技术进行薄钢板风管的预制加工，通过自建族完成对各类标准件、非标准件的准确下料，使用专用的下料排布软件进行优化，节约原材料；引进TDC组合式德国法兰连接技术，提高现场拼装效率。

（3）用于机电设备吊装的移动吊笼

不同楼层吊装作业灵活性强。对于不同楼层的设备吊装，只需在相应楼层内做好对接坡道及悬挂葫芦等措施，将设备随吊笼整体提升至该楼层边缘即可完成吊装作业。提高生产效率。采用该技术进行设备吊装，可节省作业时间、节约劳动力。安全可靠。本技术所使用的特制吊笼，根据设备尺寸及重量量身打造，并经力学计算软件对其受力进行复核，确保吊笼自身及吊装作业安全、可靠。

（4）超高层建筑室内冷却塔分段整体吊装及拼装技术

1）提高效率。根据本工程冷却塔特点，将功能部件在工厂内完成装配后分别整体运输至项目现场，大大缩短现场安装时间。

2）安全、可靠。吊装前使用BIM技术对方案进行模拟论证。通过将其从底部设置多个吊点，均衡受力，直接起吊，重心偏移的方法进入室内；并通过设置专用的撑杆，防止吊装中部件结构受挤压损坏。

3）降低成本。相比散件拼装，能够节约人工费及机械费，对垂直运输资源占用少，可以降低措施费。

4）质量保证。在工厂完成各部件的组装，避免了因现场施工环境造成的装配误差。使用特制移动双拼龙门架进行各功能部件之间的组装作业。设备整体提升起吊，完成设备钢制基础的分步安装，减少传统现场组装设备的自身缺陷。

3. 研发超高层机电总承包模式下的智慧建造技术

（1）基于二维码系统信息平台的物料管理技术

研究二维码系统管理平台，通过该系统对物料运输过程的追溯，制定计划管理任务，实时可调用运输状态，同时采用大数据分析的方法，为物料垂直运输提供了高水平管理基础。

（2）基于BIM平台及测量机器人的机电安装工程施工技术

建立可用于指导现场施工的BIM模型，然后实现BIM数据与现场施工坐标数据之间的转化与连接，然后利用机器人全站仪通过测量放样将BIM设计数据在现场完整的表达，而后根据放样结果指导组织现场施工，并利用机器人全站仪测量现场数据对施工成果进行验收。

（3）BIM 协同平台在机电总承包管理技术

作为一个拥有独立施工许可证的机电总承包单位，从项目全实施过程、全职能板块、全专业系统进行专业的总承包管理探索及研究；在不同的项目实施阶段，分别设置策划期组织架构、矩阵型组织架构及区域小组型组织架构。对各类工序交叉配合的施工流程，通过"工序移交法"建立标准工期模型，统筹管理各专业配合施工，实现工期的精细化管理。

三、发现、发明及创新点

1. 发明专利

基于湿式冷却塔与干式冷却塔的组合塔群及其控制方法；基于 BIM 平台及测量机器人的机电安装工程施工方法；二维码物资供应链追溯管理信息系统；基于半闭式空间的空调冷却塔系统；基于半闭式空间的空调冷却塔群控制方法；可降低湿热空气返混率的空调冷却塔群；一种翅片式冷却塔风筒；一种干湿组合式冷却塔；极限净空板式换热器提升就位装置；基于湿式冷却塔与干式冷却塔的组合塔群；机电设备吊装用特制吊笼。

2. 技术创新

（1）通风空调系统冷却塔节能环保技术创新

1）湿式冷却塔与干式冷却塔的组合塔群

冷却塔是通风空调系统的重要组成部分，传统的冷却塔按循环水与空气的接触方式分为湿式冷却塔和干式冷却塔两种。湿式冷却塔建造成本较低，但其出口处容易致使湿热空气凝结水雾，造成环境污染，干式冷却塔则需要耗费较多的金属材料，造价相对而言要高很多，且换热效率较低。为了解决这一问题，深圳平安金融中心项目部发明了一种将湿式冷却塔与干式冷却塔结合的冷却塔群，降低了冷却塔出口"白雾"现象，提高了换热效率，并且造价相对处于可以接受的范围。此项技术形成了一项发明专利《一种干湿组合式冷却塔》。

2）基于半闭式空间的空调冷却塔群控制方法

为了保证建筑物整体的美观效果，减少噪声污染，目前越来越多的设计将冷却塔放置在靠外墙的制冷机房或建筑转换层等相对较封闭的空间，但随着单体建筑物建筑面积不断增大，所需要冷却塔的数量也越来越多。当大量的冷却塔被布置在一个半封闭式空间内，就会造成靠近半封闭式空间进风口的冷却塔进风量过大，而居于半封闭式空间中部的冷却塔进风量过小，冷却塔风机选型难以确定，冷却塔运行效率低。

传统的室外冷却塔布置依靠工程经验来进行，由于开放式环境散热效果好，冷却塔的冷却效果能达到设计和使用的要求，但若半封闭式空间冷却塔群若单纯依靠工程经验来进行布置，则部分的冷却塔运行工况较差，一方面使设备经常处于不合理的工况下工作，另一方面能耗较大，不符合节能环保的要求。

为此，深圳平安金融中心项目部研发了基于半闭式空间冷却塔群控制方法，极大地改善了散热条件，提高了冷却塔的散热效率，降低了设备运行能耗。此项技术形成了发明专利《基于半闭式空间的空调冷却塔群控制方法》。

（2）机电总承包管理模式下的智慧建造技术创新

基于 BIM 平台及测量机器人的机电安装工程施工方法如下。

传统测量放线技术存在着工作方法粗糙，操作麻烦，工作效率低，空间局限性较大等特点，在超高层、大体量、工期紧的项目上实用性较低，特别是对工程品质要求高的项目，测量精度直接影响了工程施工的质量。深圳平安金融中心项目品质要求高，需要按照鲁班奖的要求进行现场施工，且机电专业系统复杂，若没有一个统一的、效率和精度都比较高的测量技术来进行有力的支撑，那将会对工程质量和进度造成较大的影响。

基于 BIM 平台及测量机器人的机电安装工程施工方法有效地解决了这一问题，现场测量效率和精度得到了极大的改善，机电综合管线 BIM 模型与现场施工环境信息偏差在施工前就可以准确评估，这样避免了盲目按照深化图纸施工导致管线碰撞的问题出现，机电各专业之间的协调工作大大降低，从而保证了施工质量、进度、安全方面的要求。此项技术形成了发明专利《基于 BIM 平台及测量机器人的机电安装工程施工方法》。

四、与当前国内外同类研究、同类技术的综合比较

主要科技创新	创新内容	与国内外相关技术比较
1.创新基于数值模拟技术的超高层室内冷却塔群效能提升技术	1)基于数值模拟仿真的超高层室内冷却塔群布置设计方法	有效提高机组运行效率，同等工况下，设备功率可降低 18%
	2)适用于半封闭空间的高效室内冷却塔系统	降低设备之间的运行干扰，进一步提高设备运行效率 27%
	3)湿式与干式冷却塔的塔群组合方式及智能控制方法	实现两种冷却塔的智能间歇运行，显著提高冷却塔使用寿命 3~5 年
	4)提升有组织排风效能的翅片式冷却塔风筒	消除设备排气口白雾现象，有效降低气流返混率 70% 以上
2.研发超高层机电工程的集约化智慧建造技术	1)基于二维码系统信息平台的物料管理技术	为物料垂直运输提供了高水平管理基础，为工业化建造提供信息基础，提升垂直运输效率 20% 以上
	2)民用建筑全位置大直径管道自动焊接施工技术	显著提高焊接质量及效率，现场焊接劳动力减少 17%，焊接综合工效提高了 35% 左右
	3)基于 BIM 平台及测量机器人的机电安装工程施工技术	实现了设计信息与施工定位的无缝连接，达到毫米级的施工精度控制，效率是传统方法的 3~5 倍，降低返工率可达 30%
3.研发超高层机电工程的建筑"工业化"高效安装技术	1)机房全预制模块化及自动耦合快装技术	控制累计误差 2mm 以内，确保机房一次性 100% 装配施工，工期由 2~3 个月缩短到 3d 的飞跃
	2)基于 BIM 的薄钢板风管工厂预制及现场拼装技术	有效保证施工精度，降低材料损耗 13% 左右，减少施工现场的噪声污染，提升了机电安装数字化施工水平，节能、环保
	3)用于机电设备吊装的移动吊笼与整体拼装施工技术	显著提高超高层设备运输的安全性，并提高转运效率

五、第三方评价、应用推广情况

1. 第三方评价

本研究内容经湖北省技术交易所鉴定，技术水平整体达到国际先进水平。

2. 应用推广情况

截至目前，项目成果已成功应用于武汉绿地中心（636m，图 1）、武汉中心大厦（438m，图 2）、华润深圳湾国际商业中心（400m，图 3）、武汉长江航运（330m）等十余个重大超高层建筑。

该技术在超高层、大体量、机电系统复杂的机电安装工程项目中应用，可以创造很好的经济效益和社会效益，节约工期，减少建设成本同时对施工过程中的质量控制也有着极大的作用，具有很高的推广价值。

图 1　武汉绿地中心（636m）

图 2　武汉中心大厦（438m）

六、经济效益

在公司多个重大超高层项目推广应用，效果良好，近三年累计新增承接 200 米以上项目 25 个，实现新增销售额 6.8 亿元，新增利润 1.02 亿。

七、社会效益

1. 发挥科技示范，促进人才培养

截至目前，项目成果进行了数次论坛报告，38 次现场观摩，接待考察 200 余次，学习交流人数近 4 万人，反响强烈。同时，为公司培养了四百名超高层建造研发人员及专业技术实施人员，为企业及行业技术进步起到良好的推动作用。

2. 加强国际交流，树立品牌形象

依托该成果在世界高层建筑与都市人居学会全球大会（CTBUH2016）、国际供暖通风及空调大会（ISHVAC2017）等多个国际会议中做主题交流，社会效益显著。

图 3　华润深圳湾国际商业中心（400m）

C100 高性能山砂混凝土配制及 331 米超高泵送技术

完成单位： 中国建筑第四工程局有限公司、贵州中建建筑科研设计院有限公司、中国建筑股份有限公司技术中心、中建西部建设贵州有限公司、贵州超亚纳米科技有限公司

完 成 人： 李新刚、徐立斌、王林枫、韦永斌、潘佩瑶、黄巧玲、林喜华、陈尚伟、汪继超、马　佳

一、立项背景

由于目前我国建筑主要为钢筋混凝土结构形式，因此随着建筑业的发展，混凝土的消耗量也在逐年递增。建筑业作为资源消耗量较大行业之一，要实现可持续发展，就必须调整建筑材料消耗结构，大力推广应用高性能混凝土，走节约型发展道路。另外，混凝土等建筑材料又会耗费大量的煤、电、水、矿石等能源和资源，因此，从广义角度讲，大力推广应用高强高性能混凝土也是建筑节能的重要组成部分。经过 20 多年的不懈努力，对于 C60 等级以上的高强混凝土已取得了一定的成果。从高强混凝土实际应用情况看，可以大量节约建筑材料，但其应用范围较小，用量比较少。因此，推广应用高强高性能混凝土的工作有待进一步加强。

针对贵州省河砂资源匮乏的现实条件，早在 20 世纪 70 年代，贵州中建科研设计院有限公司已开始对山砂应用于普通混凝土的研究，并编制发布了贵州省工程建设地方标准《山砂混凝土技术规程》DBJ 52—016，形成了高强山砂混凝土的配制技术、高强山砂混凝土质量控制和 C70 高强山砂混凝土构件结构性能试验等研究成果，极大地推动了贵州地方工程建设技术的发展，取得了显著的经济效益和社会效益。但到目前，贵州省内应用的混凝土强度等级最高仍为 C60，且工程中大量应用的是 C30～40 混凝土。相比较北京、上海、广州等发达城市高强高性能混凝土的工程应用的实际情况（多为 C80 及以上），贵州省相对落后。

因此，研发并实际应用 C100 高强高性能混凝土一方面可以证明使用贵州省当地的原材料可以配制出满足生产并能泵送施工的 100MPa 山砂混凝土，另一方面也促进贵州省 C65～C100 混凝土的生产及工程应用，其技术引领和示范作用意义重大。

二、详细科学技术内容

本项目针对因山砂多棱角、级配差导致混凝土不易泵送的特点，以贵阳花果园双子塔项目为试点工程，研发了 C100 高强高性能山砂混凝土及其配制技术。并进行 331m 超高泵送试验，属国内外首次。该技术有效解决了山砂混凝土中高强度与不易超高泵送之间的矛盾，取得了多项创新成果。

1. 总体思路

通过使用复合超细粉材料，优化骨料级配，采用合理的配合比设计，使混凝土达到最密实的同时，解决混凝土高强度与工作性降低、高强度与易开裂的矛盾，因地制宜、就地取材，研发出初始坍落度＞200mm、扩展度＞500mm，立方体 28d 标准抗压强度≥100MPa，耐久性标准为 100 年并满足泵送施工的 C100 高强高性能山砂混凝土。

2. 技术方案

（1）使用粉体复配技术，复合使用硅粉、磷矿粉、微珠等粉体材料，发挥各自的优势，解决混凝土高强度与工作性降低的矛盾；

（2）利用磷渣超细粉在微小尺度的相关效应，解决混凝土高强度与易开裂的矛盾；

（3）采用"密集配法"优化骨料级配，最大限度增加骨料的堆积密度；

（4）采用"低水泥用量、高掺合料用量"的配合比设计方法，克服山砂多棱角、级配差的缺陷，兼顾力学性能、工作性能和耐久性能的要求。

3. 关键技术

（1）掺合料复合技术

通过试验，硅粉的活性最强，其早期、后期的强度均很理想。矿渣粉由于其自身具有水硬性，其早期、后期强度发展也较理想，而且其掺量也比较大，水泥胶砂试验中取代水泥的用量达到了 50％。由于使用的是 II 级粉煤灰，其早期、中期强度发展较慢，后期强度发展较强；磷渣粉由于组份和矿渣分的组份相似，其强度发展的发展规律和矿渣相似，但由于其化学组分中含有磷、氟等组份，具有缓凝作用，早期强度较矿渣较低。

通过正交试验分析，矿渣粉和硅粉对早期、后期抗压强度有促进作用，粉煤灰、磷渣粉由于其活性较低不利于配制 3d、28d 抗压强度较高的混凝土。硅粉虽然活性较强，但是掺量过多会严重降低流动性，粉煤灰具有明显的改善流动性的作用。

试验表明，矿渣粉的最佳掺量为 15％左右，硅粉的最佳掺量为 5％左右，粉煤灰、磷渣粉的掺量应小于 10％。

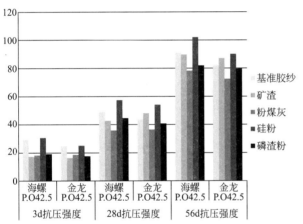

图 1 掺合料胶砂抗压强度试验结果（单位：MPa）

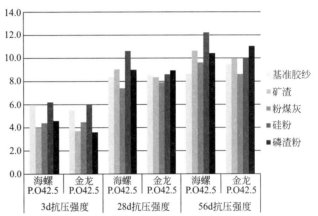

图 2 掺合料胶砂抗折强度试验结果（单位：MPa）

（2）超细磷渣粉技术

通过自主研发的高速重载电机，实现了粉碎机核心回转件转速达到 6000r/min 的转速，物料极限线速度可达 295m/s，实现了磷渣粉的超细粉磨。激光粒度分析表明，磷渣超细粉的粒径在 $0.5\mu m$ 至 $10\mu m$，中位粒径 D_{50} 为 $2.846\mu m$，比表面积为 $993m^2/kg$。SEM 照片显示，磷渣超细粉的微观形貌与普通 L70 级磷渣粉有很大不同，其呈现出较为规则的多面体结构。

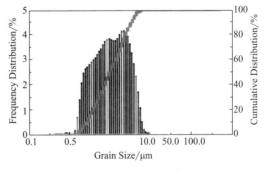

图 3 磷渣超细粉粒径分布

试验表明，由于磷渣超细粉中含有 P_2O_5，对水泥的水化起到缓凝作用，因此使用磷渣粉配制的高强混凝土较使用硅粉配制的高强混凝土其早期收缩率更低；此外磷渣超细粉的早期活性较低，其后期强度依赖于缓慢的二次水化反应，从而能提高混凝土的耐久性和控制高强混凝土的早期开裂。

（3）"密集配法"骨料优化技术

根据《公路工程沥青及沥青混合料试验规程》中混合料密级配的设计方法，采用多种粒径的骨料进

图 4 磷渣超细粉 SEM 照片

图 5 L70 级磷渣粉 SEM 照片

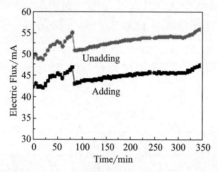

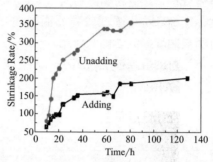

图 6 添加磷渣超细粉对 C90 机制砂混凝土电通量和早期收缩的影响

行搭配,先将不同粒径的骨料进行筛分,然后利用计算机软件进行混合级配计算,得出各个粒径骨料的比例,使得组合后骨料的筛分通过量接近规范规定的中值,如表 1、图 7 所示。一般来说,采用本法设计的抗压强度比普通混凝土设计方法要高 5～10MPa。

骨料的筛分结果及组合比例　　　　　　　　　　　　　　　　表 1

筛孔尺寸 (mm)	通过百分率				合成混合料	规范中值	规范要求级配范围通过量 (%)	
	集料 1 16～20mm	集料 2 10～16mm	集料 3 5～10mm	砂				
31.5	100.0	/	/	/	/	/	/	/
26.5	98.3	/	100.0	100.0	99.8	100.0	100	100
19	31.5	100.0	100.0	100.0	91.4	95.0	90	100
16	16.3	92.9	100.0	100.0	87.1	85.0	78	92
13.2	8.3	54.2	100.0	100.0	73.2	71.0	62	80
9.5	3.0	16.4	95.9	100.0	59.4	61.0	50	72
4.75	0.0	2.0	11.8	96.2	42.5	41.0	26	56
2.36	0.0	0.0	0.9	73.0	30.7	30.0	16	44
1.18	0.0	0.0	0.0	52.7	22.1	22.5	12	33
0.6	0.0	0.0	0.0	34.0	14.3	16.0	8	24
0.3	0.0	0.0	0.0	22.5	9.4	11.0	5	17
0.15	0.0	0.0	0.0	10.4	4.4	8.5	4	13
0.075	0.0	0.0	0.0	4.8	2.0	5.0	3	7
筛底	0.0	0.0	0.0	0.0	0.0	/	/	/
合成混合料中各成分比例	集料 1 16～20mm	集料 2 10～16mm	集料 3 5～10mm	砂	/	/	/	/
	12.5%	33.5%	12.0%	42.0%				

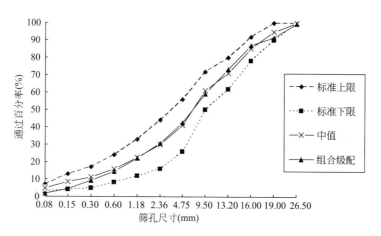

图 7　骨料的筛分结果及组合比例分布图

（4）"低水泥用量、高掺合料用量"的配合比设计方法

本次试验选用了 40 组混凝土配合比，设计强度等级从 C70 至 C90，坍落度控制在 200mm 左右。胶凝材料用量控制在 $500\sim650\text{kg/m}^3$，水用量控制在 $160\sim165\text{kg/m}^3$，水胶比控制在 $0.32\sim0.25$，砂率控制在 $0.38\sim0.42$，山砂中石粉含量为 3.1%。

胶水比、灰水比与强度的关系线性回归分析表　　　　表 2

编号	龄期	胶水比与强度的关系运算公式	线性相关系数
1	3d	$f=21.5\times(B/W)-9.1$	$R^2=0.57$
2	7d	$f=18.2\times(B/W)+11.5$	$R^2=0.53$
3	28d	$f=23.6\times(B/W)+3.4$	$R^2=0.49$
/	/	灰水比与强度的关系运算公式	/
4	3d	$f=8.3\times(C/W)+44.9$	$R^2=0.22$
5	7d	$f=4.7\times(C/W)+63.2$	$R^2=0.09$
6	28d	$f=1.8\times(C/W)+82.4$	$R^2=0.01$
/	/	灰水比、胶水比与强度的关系运算公式	/
7	3d	$f=19.7\times(B/W)+2.3\times(C/W)-8.6$	$R^2=0.58$
8	7d	$f=19.1\times(B/W)-1.1\times(C/W)+11.3$	$R^2=0.53$
9	28d	$f=29.5\times(B/W)-7.3\times(C/W)+2.0$	$R^2=0.59$

由表 2 可知，总体上由于高强混凝土的中加入了矿渣粉、粉煤灰、硅粉等矿物掺合料，强度与胶水比、灰水比的线性相关性不明显，可能是由于各种矿物掺合料对强度的贡献率不同导致线性相关较差，同时高强混凝土自身的脆性、试件的平整度及内部缺陷引起强度数值的离散。

胶水比与抗压强度单独分析时，得出表 2 中 1～3 公式。胶水比与抗压强度正相关，即胶水比越大强度越高，且相关性随着龄期的增长缓慢下降。

灰水比与抗压强度单独分析时，得出表 2 中 4～6 公式。灰水比也与抗压强度正相关，即灰水比越大强度越高，但线性相关性随着龄期的增长急速下降。说明配制高强混凝土时，水泥对早期强度的影响较明显，但随着水化反应的进行，28d 的抗压强度与灰水比的线性相关性几乎为"0"，说明抗压强度不受灰水比的影响，这与普通混凝土中"灰水比决定强度"的规律有所相悖。分析原因，本课题中使用的矿物掺合料，如矿粉、硅粉、粉煤灰、磷渣粉等，具有较好的活性，不能视为惰性材料，配合比设计时应根据其活性特点视其为取代了部分水泥，另一方面说明由于不同种类矿物与水泥的水化反应，以及它们自身之间的颗粒搭配等作用，使水泥＋多种矿物掺合料优于水泥＋单种矿物掺合料。

综合考虑胶水比、灰水比两项因素对混凝土抗压强度的影响，龄期为 3d 时，抗压强度与胶水比、灰水比均是正相关，即胶水比越大、灰水比越大，强度越高。但7d、28d时出现了抗压强度与胶水比正相关，而与灰水比负相关，即胶水比越大、灰水比越小，强度越高。表2中7、8、9公式表示配制高强混凝土时，应该适当增加矿物掺合料的掺量，强度越高，越应该适当增加矿物掺合料的掺量。这与普遍认为的提高强度就是增加水泥用量的配合比设计思路有所出入。分析原因，单方水泥用量过大时，一般超过500kg/m³，早期混凝土的水化热较大，自收缩比普通混凝土大得多，导致内部尤其是粗骨料周围产生微小的裂纹，后期强度增长不理想；另一方，水泥用量大，矿物掺合料少，水泥水化产生过量的$Ca(OH)_2$不能转变为强度高、结构致密的水化硅酸钙，而导致后期强度增长缓慢。

不同矿物掺和料掺量条件下，胶水比与抗压强度的线性回归分析 表3

编号	矿物掺和料比例	胶水比与28d抗压强度的关系运算公式	线性相关系数
1	纯水泥	$f=12.6\times(B/W)+35.9$	$R^2=0.88$
2	20%矿渣粉	$f=15.9\times(B/W)+30.4$	$R^2=0.89$
3	10%硅粉	$f=43\times(B/W)-59.9$	$R^2=0.89$
4	20%磷渣粉	$f=11.8\times(B/W)+42.4$	$R^2=0.96$
5	20%粉煤灰	$f=4.2\times(B/W)+65$	$R^2=0.26$
6	20%矿渣粉+10%磷渣粉	$f=31.7\times(B/W)-24.0$	$R^2=0.93$
7	20%矿渣粉+10%粉煤灰	$f=28.6\times(B/W)-12.7$	$R^2=0.88$
8	15%磷渣粉+15%粉煤灰	$f=22\times(B/W)+2.8$	$R^2=0.77$
9	25%矿渣粉+5%硅粉+10%磷渣粉	$f=36.1\times(B/W)-32.8$	$R^2=0.99$
10	25%矿渣粉+5%硅粉+10%粉煤灰	$f=36.3\times(B/W)-33.3$	$R^2=0.98$

由表3可知，由于矿渣粉、磷渣粉的成分与水泥类似，因此掺入矿渣粉、磷渣粉配合比中胶水比与抗压强度的线性相关性较高，R^2分别为0.89、0.96；粉煤灰由于其活性偏低，造成掺入粉煤灰的配合比中胶水比与抗压强度的线性相关性较低，仅为0.26；复合使用矿渣粉、硅粉、粉煤灰等多种矿物掺合料后，水胶比与抗压强度的线性相关性较高，最高可达到0.99，说明复合后的胶凝材料体系更能体现配合比设计规程中"胶水比与强度呈线性关系"的理论规律，搭配比例也越发合理。

经过对40组配合比试验的分析得出，配制高强高性能混凝土时，胶水比更能决定混凝土的抗压强度，而且随着强度的不断提高，应增加矿物掺合料的掺量，复合使用多种矿物掺合料的增强效果优于单独使用。

（5）混凝土泵管智能监测技术

原理：基于弹性管道三相混合流变动力学；泵的动力特性：活塞的运行速度、行程、双缸切换时间等；泵管的力学特性：泵管的纵向、径向刚度等；混凝土的力学特性：0～50MPa条件下含气混凝土的体积模量、泵管内混凝土的流变特性；系统动力学特性：由混凝土泵、泵管、混凝土组成的复杂动力系统。

图8 泵管压力监测

图9 实际泵送压力

本项目研发的 C100 高强高性能山砂混凝土拌合物性能优异，优于国内外部分有关超高泵送混凝土拌合物性能的参数。泵送至垂直高度 311m 时，泵机显示压力为 128b（该泵机最大压力 400b），经估算该混凝土拌合物性能满足垂直高度 500m 泵送需求（泵送 500m 理论压力为 194b）。

4. 实施效果

本项目研发的 C100 高强高性能山砂混凝土成功在贵阳花果园双子塔项目进行了 331m 泵送试验。经第三方机构检测，现场试块 28d 强度为 102.9MPa，实体构件芯样 56d 抗压强度为 103.4MPa。

三、发现、发明及创新点

1）首次使用全山砂为细骨料，配制出了强度 C100 并满足超高泵送的高性能混凝土，目前国内、外未见有报道。

2）将超细磷渣粉首次用于 C100 高性能山砂混凝土，可降低混凝土早期收缩 50%，电通量较同强度等级混凝土降低 15%，混凝土耐久性显著提升。

3）发现了"低水泥用量＋高掺合料用量"的配合比设计规律，克服了山砂多棱角、级配差等不利超高泵送技术难题，配制出 C100 高性能山砂混凝土一次泵送至垂直高度 331m，并属国内外首次工程应用。

四、与当前国内外同类研究、同类技术的综合比较

本项目在借鉴国内、外相关领域先进经验的基础上，结合贵州省当地材料的特性，克服了山砂较河砂多棱角、级配差、黏度大的技术难点，研发和工程应用 C100 高强高性能混凝土并进行了 331m 超高泵送试验，属国内外首次。

与国内外同类技术的比较 表 4

序号	建筑物名称	强度等级	泵送高度	使用原材料
1	台湾 101 大厦	C60	340m 以下	河砂
2	上海环球金融中心	C40	492m	河砂
3	香港国际金融中心二期	C60	420m	河砂
4	上海金茂大厦	C40	421m	河砂
5	迪拜塔	C80	460m	河砂
6	广州西塔工程	C100	411m	河砂
7	天津 117 大厦	C60	596.2m	河砂
8	广州东塔工程	C120	511m	河砂
9	贵阳花果园双子塔	C100	331m	全山砂

五、第三方评价、应用推广情况

（1）经国家第三方查新机构查新，本项目超细粉体制备技术及产品所描述的具体指标参数，国内未见报道，国外有文献报道超细粉碎技术和设备，但与本项目结构不同。

（2）本项目所述混凝土用细骨料全部使用山砂，并掺入 $0 \sim 10 \mu m$ 超细磷渣粉的 C100 高性能山砂混凝土一次泵送至 331m 高度，在所检文献以及时限范围内除本项目外，国内外未见其他文献报道。

（3）恒丰贵阳中心项目采用本项技术已浇筑 C60 混凝土 8.3 万 m³。

（4）未来方舟世界贸易中心项目采用本项技术已浇筑 C60 混凝土 6.0 万 m³。

六、经济效益

每方高强高性能山砂混凝土超细磷渣粉掺量为 40kg，合作商品混凝土站的新增利润按 8% 计，新增税收按 6% 计，近三年经济效益如下。

近 3 年经济效益 表 5

年份	新增销售额(万元)	新增利润(万元)	新增税收(万元)
2015	8125	650	487.5
2016	13000	1040	780
2017	19500	1560	1170
累计	40625	3250	2437.5

七、社会效益

1. 节能

研发的超细粉高强高性能山砂混凝土的胶凝材料有粉煤灰、复合微粉、微珠等工业废渣，在混凝土配合比中掺入一定量的废渣，既可提高混凝土拌合物的泵送性能，又减少水泥的用量，从而减少能源消耗。$1m^3$ 混凝土中，采用 35kg 超细微粉能够节约 100kg 水泥，175 万吨超细微粉能够节约水泥 500 万吨，以每吨水泥消耗标煤 235kg 计，年节约标煤 171 万吨，节能减排效果显著。

2. 增效

若黏度大的高强高性能混凝土在超高泵送过程中如发生堵管现象，对于建筑施工的效率和质量将产生严重影响，甚至影响建筑的竣工日期以致使各方利益受到损失。通过应用研究的高性能混凝土及超高泵送监测技术，指导实际工程中混凝土的超高泵送，会大大提高超高层建筑施工的效率和质量。

将高强高性能混凝土的成功泵送到更高高度和更远距离的复杂建筑结构上，对于设计方可以优化结构设计，减小结构构件的截面尺寸，增加建筑的使用空间；高强高性能混凝土代替普通混凝土可以减少钢筋和混凝土用量，增加建筑的有效使用面积。

八、宣传图片

图 10 贵阳花果园双子塔项目效果图

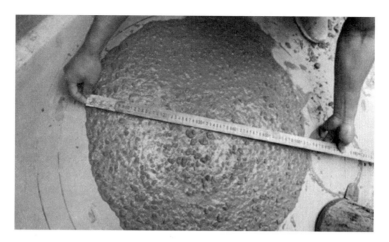

图 11　现场坍落度测试

图 12　混凝土在泵口状态

图 13　331m 超高泵送图片

三等奖

基于英国标准的海外桥梁施工技术研究

完成单位：中国建筑第六工程局有限公司、中建桥梁有限公司
完成人：高　璞、靳春尚、刘晓敏、杨延凯、周俊龙、李　飞、谢朋林

一、立项背景

随着国家一带一路政策和中建总公司"走出去"战略的迅速推进，海外市场的不断拓展，海外基础设施项目的数量增加，无论是参与海外项目投标，还是进行海外项目施工，了解和掌握海外基础设施规范显得尤为重要。海外基础设施规范是海外基础设施市场上竞争的依据和标尺。在开拓海外市场的过程中，对海外规范的了解和熟悉程度直接影响了市场开拓的成败，尤其在海外项目投标过程中，不采取海外规范的要求去明确一些方案，会使业主怀疑企业的国际化水平，很难在投标阶段取得优势。其次，施工过程中对海外规范的掌握也是保证工程顺利进行的重要工作。由于海外规范在执行过程落实更加到位，对施工过程中的各种临建设施需要进行严格的计算，得到授权的第三方机构认可才能进行实施，这就要求施工单位除聘请当地得到认可的设计单位参与到施工过程中外，自身也要掌握计算能力。英标或者欧标是当前世界范围内应用比较广泛的设计标准，开展按照此标准对钢结构、钢筋混凝土结构、桩基础以及各种支护结构进行设计计算，对施工单位而言同样十分重要。

对规范这部分的研究大部分集中在科研单位和设计单位，施工企业开展应用此类规范指导及支撑项目的投标和实施相对较少，通过此类的规范的研究，不但是要积累研究成果为后续的具体项目提供支撑，也在研究过程中培养和锻炼企业自己的人才队伍，使企业在面对此类问题时有成果可用、有人才可用，并能迅速解决问题，对项目的开展提供快速、准确的解决方案，通过时间控制和质量控制达到一定效益的实现。

当前，本研究内容重点应用在文莱淡布隆高架桥 CC4 标段项目上，由于文莱国家全面采用英国标准和欧洲标准，桥梁设计是国际著名设计咨询公司奥雅纳国际设计公司，同时监理也是由设计单位组建，也就是设计单位全面负责项目的设计和实施阶段的关注，对施工单位的技术力量要求很高。一旦没有合适的技术人员对相关内容与其进行沟通，会对项目的实施和过程中设计不够合理的问题的优化造成很大的障碍。

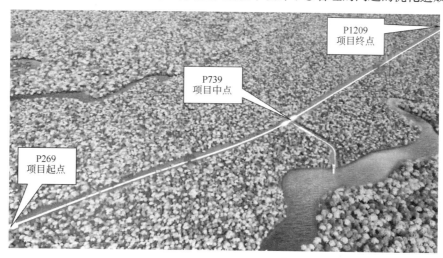

图 1　淡布隆高架桥工区

文莱淡布隆大桥CC4标段工程是文莱迄今为止最大、最重要的基础设施项目，全部采用欧洲标准设计。CC4标段为淡布隆沼泽地高架桥，该桥全程穿越国家保护沼泽地区域，环保要求极高，全长约11.8km，全桥分为三个工区，分别为P269、P739和P1209，分别在项目的两端和中间，项目实施需要大量的钢栈桥和钢平台等结构都是施工单位自主完成设计，并通过第三方审核才能够实施。

二、详细科学技术内容

1. 英标下钢结构设计计算研究

桥梁总体近2000跨全预制桥梁整体不允许机械设备落地施工。在三个工区，每个工区开始位置都需要设计满足施工需要的钢平台，来满足设备和材料运到桥位处并开始进行桩基施工。每个钢平台上部结构和基础结构的设计计算需要按照英国标准（欧洲标准）进行设计和施工，上部结构完全采用钢结构，基础结构采用钢管桩入土来承担上部结构的荷载。

图2　P269工区钢栈桥和平台

图3　P739工区钢栈桥和平台

图4　P1209工区钢栈桥和平台

2. 英标下钢筋混凝土结构设计计算研究

混凝土结构是不是主体结构的主要材料，在施工现场的临时结构方面很少采用临时结构，本文为了说明英标在钢筋混凝土设计中的应用，也是重点解决施工现场的需求。虽然结构设计方面的计算，特别是混凝土结构设计，但施工现场的工程主体结构或者部分主体结构需要承担部分或全部的临时施工荷载，海外项目会严格执行施工程序，要求施工方确保施工荷载不会对主体结构产生危害，确保主体结构在施工荷载下不出现任何问题。而证明这一点最有效的方式就是通过按照标准进行计算分析，得到不会对结构产生危害的结论，这一做法同时也会极大提高业主和监理对施工单位的信心，对施工单位的技术力量充分的信任。同时在投标的过程中有时也会对部分结构进行必要的验算和分析，也能体现施工单位在潜在业主心目中的高度专业化的形象。

本文研究对象为主体结构的为文莱淡布隆高架桥 CC4 标段的钢筋混凝土 T 梁结构，由于施工方案要求在已施工结束的混凝土梁上吊装桩帽和主梁等结构，施工荷载是比较明确的车辆荷载，与设计时采用的车道荷载和车辆荷载区别较大，设计方不确定这种荷载下结构是否安全。监理和设计方要求我们必须确保主梁结构在施工荷载下安全。

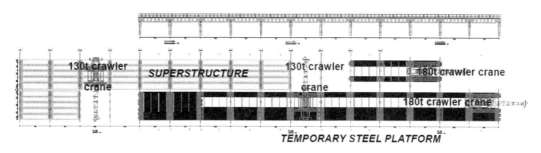

图 5　平台总体布置图

计算过程分为两个步骤，首先对一联混凝土梁进行有限元分析，计算各种工况下混凝土梁不同截面的最大需求，包括各种荷载效应，根据需要和截面形式，再进一步去验算截面。为了突出英标下钢筋混凝土的验算过程，第一步骤的通过有限元软件分析需求的部分这里就不重点介绍，只给出进行验算需要的正弯矩，负弯矩和剪力等重要数据，直接进入截面验算阶段。截面验算根据英标 BS EN1992 进行，这是本研究重点内容，研究过程详细介绍验算流程和计算的细节。本文研究内容已经在文莱淡布隆高架桥 CC4 标段的施工过程中得到应用，计算内容包括预制钢筋混凝土双 T 梁结构、梁端现浇段和梁间湿接缝的验算，也得到了第三方和监理的认可，保证了确定施工方案的顺利进行。

3. 沼泽超软地质潮汐影响下桥梁下部结构施工措施设计研究

文莱项目跨 Labu 河桥的 P1228-P1231 墩承台施工需要采用钢板桩围堰等支挡结构，其中 P1229 和 P1230 距离 Labu 河很近，受潮汐影响很大，且浅部地层为淤泥质超软土，桩基施工需要挡水挡土结构，整体支护设计难度很大。

图 6　钢围堰实景

创新提出了挡土墙与围堰一体化设计理念，在桩基施工阶段，通过锚桩、连接型钢、支挡钢板桩及横梁组成挡土墙体系，保证桩基顺利实施；在基坑开挖及承台墩柱施工阶段，通过四周钢板桩、腰梁及内支撑组成围堰支挡结构，保证承台等主体结构顺利实施。

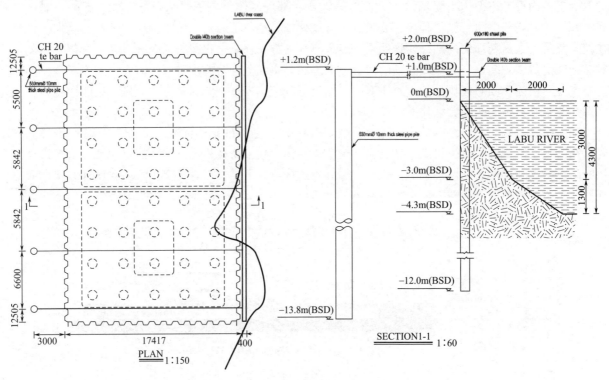

图 7　钢围堰总体布置

4. 英标下多用途及多荷载类型钢管桩桩基础设计技术研究

文莱项目很多临时平台及龙门吊都是采用钢管桩作为基础形式，以 P269、P739 及 P1209 三个工区及四个工作面的存储临时钢平台、施工栈桥、打桩平台及工程桩试桩平台等，均采用钢管桩作为临时基础，钢管桩承载能力等设计验算尤为重要。

文莱淡布隆大桥采用预制高强混凝土管桩基础，其桩基设计承载能力通过试桩、大应变检测（PDA）、静载试验检测（MLT）等手段获得，修改优化原有桩基设计，并在工程施工过程中逐步验证。由于文莱淡布隆大桥采用不落地钓鱼法施工，施工通道、材料堆放场地及施工操作平台均需要采用钢管桩作为基础搭设临时钢结构措施，各种设备也需要采用钢管桩作为临时基础。各种不同用途就需要采用不同的设计等级，不同荷载类型就需要分别采用针对性的设计和构造措施，保证整体结构的强度、刚度及稳定性。

图 8　钢管桩基础设计实践（一）

图 8　钢管桩基础设计实践（二）

5. 特殊问题处理计算

施工过程中很多结构需要吊装，文莱淡布隆高架桥 CC4 标段全桥采用预制的方式，整个梁机构是在国内预制运输到现场进行安装的。主梁作为混凝土结构，吊装的过程特别需要结构的安全，临时吊钩的位置和强度都需要单独设计，国内很多可参考相似的工程按照经验进行预埋临时构件，但海外项目一定会要求我们进行准确的计算。这里就以现场最常见的 T 梁结构临时吊耳的设计为例，来说明按照英标对此进行设计的过程。

Hook details

Height of the hook from top of the concrete ≥150mm

Diameter of the hook　28mm

Characteristic yield strength　f_y=270N/mm²

图 9　T 梁模型　　　　　　　图 10　基于英标吊耳算例

图 11　T 梁现场吊装

该设计结果已经得到第三方和监理的认可，并成功应用到现场预制 T 梁的吊装过程中，实践验证了设计的可靠性。

三、发现、发明及创新点

1. 英标下不落地施工可移动钢平台设计计算研究

全程不落地施工平台的设计要满足施工期间各种需求，包括可移动性，重复使用性以及安装便捷性等特点。虽然此平台作为施工期间的临时结构，但在桥梁建设期是以一种施工"设备"的性质存在，所以在设计过程中，其安全性和稳定性等完全按照英国标准永久结构的标准进行设计。由于设计规范适用范围的限制和语言障碍，英标下的钢结构设计过程一直限制国内施工企业在国外开展相关业务。英标规范要求施工过程中的所有临时钢结构设计计算，由施工单位独立完成设计和施工方案，交第三方咨询机构进行专业审核，待审核通过后，由监理工程师确认，按照方案施工。完全按照这种模式开展工作需要与相关设计院，特别是当地设计院开展合作，由于工作习惯的不同，会极大地限制工作效率，影响现场工作的开展。开展对英标下钢结构设计计算的研究，独立开展英标下的各种临时钢结构设计，掌握各种设计细节是研究的技术难点。

2. 英标下全预制钢筋混凝土结构及后接缝计算研究

由于设计规范适用范围的限制以及技术复杂性，英标下的钢筋混凝土结构设计会限制国内相关企业在国外开展相关业务。英标规范要求施工过程中的临时钢筋混凝土结构和主体钢筋混凝土结构承担过大的施工荷载等，由施工单位独立完成设计计算，交第三方咨询机构进行专业审核，待审核通过后，由监理工程师确认，按照方案实施。完全按照这种模式开展工作需要与相关设计院，特别是当地设计院开展合作，由于工作习惯的不同，会极大的限制工作效率，影响现场工作的开展，企业自身掌握钢筋混凝土结构的设计十分必要。开展对英标下钢结构设计计算的研究，掌握并熟悉各种设计细节和钢筋构造要求等，是研究的技术难点。

3. 英标下钢管桩基础及承台施工钢围堰设计计算研究

规范是工程设计的灵魂，系统研究掌握国外标准规范，是企业跨出国门走向海外市场的第一步，也是增强国际竞争力的关键。EN 1997 为欧洲规范第 7 卷由岩土工程设计（EN 1997-1）和场地勘察与岩土试验（EN 1997-2）两部分组成。3 种设计方法是 EN 1997-1 的核心内容，也是与我国岩土工程设计规范较大差异所在，需要对其设计原理、计算公式以及计算精度进行深入研究。欧洲规范 EN 1997-1 设计原理，包括作用、效应、抗力与极限状态验算小等式，分析了 3 种设计方法的取值特点与应用现状。

EN 1997-1 的主要设计思想是极限状态设计，要求明确区分承载力极限状态（ULS）和正常使用极限状态（SLS），用不同的计算验算 ULS 和 SLS。传统的岩土工程设计通常对于 ULS 和 SLS 使用同样的破坏分析计算，只是使用大的全局安全系数限制变形，从而满足 SLS 要求。对于正常使用极限状态，EN 1997-1 沿用了 EN 1990 的规定，验算时分项系数取 1.0。对于承载能力极限状态，EN 1997-1 采用 DA1、DA2 和 DA3 三种设计方法。

英国基础规范 BS8004 最新版出版后，其主要章节直接引用欧标，仅在给出比欧标更为详细的补充部分，只有完全掌握英标及欧标的基础设计方法，才能迅速准确的完成与岩土工程相关的设计工作。

4. 施工过程中特殊问题的处理及方案优化研究

施工过程中，需要面临各种临时结构的使用，例如很多结构或者构件需要吊装，结构吊装的处理国内一般不会有严格的要求进行必要的计算，但对于海外项目，这些吊装构件的临时吊装装置，特别是主体结构上的吊装装置，业主和监理都会要求施工单位严格按照规范规定并计算，需得到第三方的认可，包括计算依据，计算过程和计算的计算结论。主梁作为混凝土结构，吊装的过程特别需要结构的安全，临时吊钩的位置和强度都需要单独设计，临时吊耳的自身强度和吊耳的锚固强度都需要按照英标进行设计。除这一问题，还有其他如主体结构的损伤修复工作，基础的补充修复和结构方案的进一步优化等施工现场的特殊问题，都是需要按照给定的规范标准，计算分析得到优化的结构，按照规范进行计算才是解决问题的核心。对于施工现场出现的各种特殊问题，需要对英标中钢结构、钢筋混凝土、基础土工等设计规范熟练掌握，对以上各种规范的掌握和细节熟悉是本研究的难点。

四、与当前国内外同类研究、同类技术的综合比较

英标适用范围广，目前世界上原英属殖民地国家幅员辽阔，大部分国家仍采用英国的标准，如中东、东南亚、非洲、北美等。英标体系完整，不仅针对设计、针对施工也有很多的详细标准。

而在我国，对于英国标准下桥梁施工大型临建设计研究工作相对不足，如下。

1）很多海外项目的投标过程对海外相关规范掌握不足；

2）海外项目施工过程中施工单位独立完成大型临建设计的能力不足；

3）对英标的设计思想、方法和验算过程掌握不足；

4）目前很少能够看到施工单位对英标的研究和应用成果。

五、第三方评价、应用推广情况

1. 不落地施工可移动钢平台设计及计算研究

文莱淡布隆跨海大桥跨越文莱湾，连接文莱摩拉区和淡布隆区，全长 30km，其中 CC4 标段全长 12km，包含 940 跨全预制高架桥（以下简称 CC4 高架桥、25 跨部分预制高架桥和 3 跨现浇连续梁桥，全桥施工采取零着陆施工，在每个作业面开始阶段都是以钢平台作为后场展开作业面。所有作业面的钢平台均采用钢结构设计，由施工单位独立完成设计和施工方案，交第三方咨询机构进行专业审核，待审核通过后由监理工程师确认，按照方案进行施工。为了更好地开展这种工作方式，我部展开了对英标和欧标下钢结构设计的研究，明确了与国内规范的区别和联系，逐步确认材料参数、荷载系数等关键计算参数，熟练应用英标对钢结构的验算过程，在此基础上开展对现场钢平台的设计和审核过程。为了明确钢结构设计在海外施工中设计和使用方法，以 CC4 标段的可移动钢平台设计过程为例，说明在英标下施工过程临建设计计算过程。主要内容包括结构基本概况，材料参数取值，荷载系数，结构重要性系数和验算过程中的验算细节。此方案在执行过程中与第三方进行了充分的交流和调整，得到了第三方和监理的认可，方案得以实施，现场实施过程顺利，验证了设计计算过程的可靠性，为此类设计在海外施工过程中设计工作提供了参考和依据。

图 12　不落地钢平台

2. 英标下全预制钢筋混凝土结构及后接缝计算研究

混凝土结构是不是主体结构的主要材料，在施工现场的临时结构方面很少采用临时结构，本文为了说明英标在钢筋混凝土设计中的应用，也是重点解决施工现场的需求，本文研究对象为主体结构的钢筋混凝土 T 梁。由于施工方案要求在已施工结束的混凝土梁上吊装桩帽和主梁等结构，监理和设计方要求我们必须确保主梁结构在施工荷载下安全，由于施工荷载是比较明确的车辆荷载，与设计时采用的车道

荷载和车辆荷载区别较大，设计方不确定这种荷载下结构是否安全。

3. 英标下挡土墙与围堰一体化设计技术研究

文莱淡布隆大桥项目跨 Labu 河桥的 P1228-P1231 墩承台施工需要采用钢板桩围堰等支挡结构，其中 P1229 和 P1230 承台距离 Labu 河道很近，受潮汐影响很大，涨潮时会淹没桩基施工的场地，且浅部地层为淤泥质软土，桩基施工时需要在河道位置设置挡水挡土结构，支护设计难度很大。同时，施工现场位于文莱国家原始森林公园里，环保要求极高。为了保证桩基及承台两个阶段施工的顺利进行，创新提出了挡土墙与围堰一体化设计理念，在桩基施工阶段，通过锚桩、连接型钢、支挡钢板桩及横梁组成挡土墙体系，保证桩基顺利实施；在基坑开挖及承台墩柱施工阶段，通过四周钢板桩、腰梁及内支撑组成围堰支挡结构，保证承台等主体结构顺利实施。

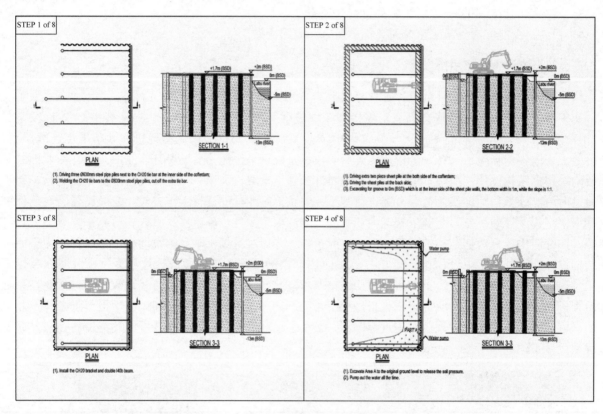

图 13　钢围堰施工流程

4. 多用途及多荷载类型钢管桩桩基础设计技术研究

文莱淡布隆大桥采用预制高强混凝土管桩基础，其桩基设计承载能力通过试桩、大应变检测（PDA）、静载试验检测（MLT）等手段获得，并修改优化原有桩基设计，并在工程施工过程中逐步验证。由于文莱淡布隆大桥采用不落地钓鱼法施工，施工通道、材料堆放场地及施工操作平台均需要采用钢管桩作为基础搭设临时钢结构措施，各种设备也需要采用钢管桩作为临时基础。各种不同用途就需要采用不同的设计等级，不同荷载类型就需要分别采用针对性的设计和构造措施保证整体结构的强度、刚度及稳定性。

5. 高环保要求沼泽森林地区可复原性临时便道设计研究

项目全线位于淡布隆国家森林公园，环保要求高，原则上不允许机械设备下地施工，限制修筑施工便道，必须采用高强度土工布（Combigrid 40/40）铺底、填筑大粒径碎石，部分区域铺设木材加强承载力，施工完后拆除所有临时设施，恢复森林原状。同时便道区域位于沼泽森林区域，淤泥及泥炭质超软土厚度大，便道修筑后，路基稳定性及变形控制难度大。

6. 施工过程中特殊问题的处理及方案优化研究

施工过程中，很多结构需要吊装，文莱淡布隆高架桥 CC4 标段全桥采用预制的方式，整个梁机构

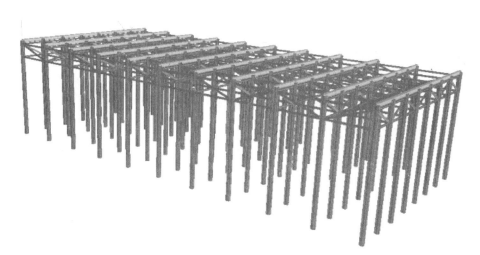

图 14　钢管桩基础 FEM

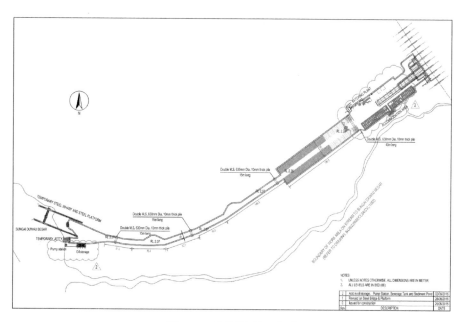

图 15　可复原性施工便道

是在国内预制运输到现场进行安装的。主梁作为混凝土结构，吊装的过程特别需要结构的安全，临时吊钩的位置和强度都需要单独设计，国内很多可参考相似的工程按照经验进行预埋临时构件，但海外项目一定会要求我们进行准确的计算。这里就以现场最常见的 T 梁结构临时吊耳的设计为例，来说明按照英标对此进行设计的过程。

六、经济效益

本研究以淡布隆大桥 CC4 项目为载体，各项关键技术的研究与应用填补发展了国内基于英标的桥梁施工大型临建设计的研究，提高了工程质量，产生显著的经济效益。

1）代替当地设计院进行独立第三方设计 50 余项，每项以当地价格为 1~1.5 万文币，约 5~7.5 万元人民币，每项设计周期为 2 周，技术中心每项收费约 5000 元人民币，平均每项设计周期 3 天，直接经济效益 400 余万元；

2）可移动式钢平台代替桩梁一体式架梁设备，节省 8 台订制设备，仅采用 8 台 180 吨履带吊和 8 台 130t 履带吊，以及 8 套移动式钢平台，直接经济效益约 1000 万元；

3）变更 739 施工栈桥为便道，省去 1km 的钢栈桥，节省钢材 4000t，直接经济效益约 2000 万元。

七、社会效益

2017 年，文莱 CC4 项目两次登上央视，着重介绍了"钓鱼法"施工方法，以为文莱贡献中国力量为题报道了项目建设情况，展现了公司在国家"一带一路"倡议下的使命和担当。

UOP异丁烷脱氢关键施工技术研究

完成单位： 中建安装工程有限公司

完成人： 于华超、秦 健、刘长沙、王海波、刘 杰

一、立项背景

随着世界各国综合国力和科学技术水平的提高，城市燃气方式不断变化，液化气也将逐步被天然气管网取代，炼油厂催化裂化碳四馏分作为民用液化气的途径越来越窄。根据当前国内外化工行业发展形势分析来看，炼油厂装置规模在不断扩大，碳四馏分资源产能过剩，而且逐年增多。如何最大程度拓展该资源新型应用，缓解碳四原料产能压力成为全球化工行业关注的焦点。

异丁烷脱氢技术将催化裂化碳四馏分烯烃后的异丁烷脱氢转化为异丁烯，将异丁烯再与甲醇经过醚化反应得到市场需求旺盛的高纯度MTBE（甲基叔丁基醚）产品。该工艺可年消耗30万吨的液化气，生产27万吨MTBE和0.618万吨氢气，不仅开辟了碳四馏分资源合理利用的新途径，提高了资源的综合利用率，也提高了企业的经济效益和市场竞争力。

山东桦超化工有限公司20万吨/年异丁烷脱氢装置选用美国UOP的Oleflex脱氢技术、ORU除氧和CSP饱和加氢技术、法国AXENS串联式固定床反应技术、PSA氢气提纯和变压吸附技术、固定床醚化催化精馏等技术生产提高辛烷值和油品质量的MTBE。UOP异丁烷脱氢装置采用多项新技术、新工艺在国内石油化工领域均属于首创，没有任何施工经验借鉴，施工难度非常大。项目涉及多国技术，重要设备的构件及核心管线均为进口，对安装和焊接的要求极高。脱氢反应装置中的反再系统、进料加热炉为核心设备，安装难度极大。配套的设备中有大直径（4.2m）、超高度（84.621m）、大重量设备（最重塔器400t，单件换热器最重183t悬空安装），在化工项目的施工中均是一个极大的挑战。

山东桦超化工有限公司20万吨/年异丁烷脱氢项目位于山东省德州市临邑县临盘镇马寨村驻地。UOP异丁烷脱氢装置施工内容包括有土建、工艺管道、设备、电气、自控、金属结构制作安装、单机试车，配合业主联动试车等所有安装工程。本文对UOP异丁烷脱氢施工关键施工技术的研究，可以扩

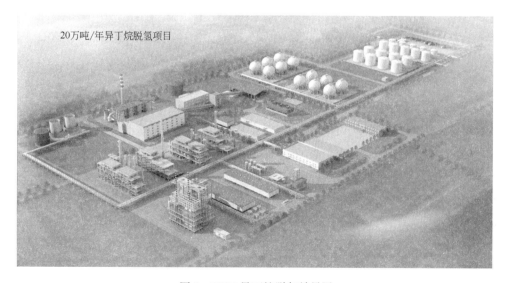

图1 UOP异丁烷脱氢效果图

展现有的焊接工作面，积累特殊材料的焊接经验。通过对国外设备的安装作业，不但可以提升我国在化工领域施工的技术水平，也能够为我国将来在"一带一路"建设下承接国际化石油化工项目打下坚实基础。因此，及时总结 UOP 异丁烷脱氢施工关键施工技术具有重要的建设意义。

二、详细科学技术内容

UOP 异丁烷脱氢装置是我公司在石油化工领域承接的较大的化工项目，为了深入研究和总结异丁烷脱氢装置的施工技术，并进行创新，熟练掌握 UOP 异丁烷脱氢装置的系统流程，掌握异丁烷脱氢装置核心设备的施工技术，填补我公司和局、总公司在异丁烷脱氢装置碳四深加工领域施工方面的空白，同时有效地缩短工期，降低施工成本，并针对工程核心环节进行施工革新。

在满足国家规范与相同设计的各项技术指标的基础上，为使施工质量比传统施工质量更为可靠，通过对 Oleflex 冷箱分离系统施工技术、UOP 反再系统安装施工技术、UNS N04400 镍铜合金焊接技术、催化剂再生传输系统关键施工技术等进行科技创新、技术改进和实践应用，达到了技术先进、经济合理、安全第一、质量优良的目的。

1. UOP 反再系统安装施工技术

（1）根据设备吊装过程涉及高空作业和大型设备吊装，我们严格按照《吊车选型表》进行选型，使用 250 吨履带吊车，进行设备吊装。组对时采用吊车吊臂吊动、25 吨吊车作为辅吊，手拉葫芦牵引、线坠测量确保内外网安装的垂直度均在 0.5/1000 范围内，当设备装配到位后，及时施定位焊固定。

（2）采用激光远传射线过程控制法的方式确保反应器与再生器上下之间的连接采用承插接焊且无变形，在与其他设备组对连接采用加内垫板单面焊形式，焊接方法采用手工钨极交流氩弧焊，焊接位移变形控制在 0.5/100 范围内，当正常操作时，氧含量保持在 0.6%~0 摩尔之间，烧焦速度达到最快，烧焦温度达到最低的最佳范围。

（3）反应器与再生器内网表面按照圆周方向均匀的开设若干个网孔，（孔径约为 2~3mm）开孔率是工艺施工的关键，开孔率的合理性能够使油气在整个流通面积上达到均匀分布，筛网孔间隙少，固体催化剂不会被镶嵌在筛网的缝隙内，从而保证催化剂的顺利流动和反应。

（4）反应器（R1501、R1502、R1503）和再生器（R1550）内外网的装配原则是先外网后内网。管道装配本着先大管后小管，先下部管道后上部管道，先主管后辅管，地面预制的原则进行装配。分布器安装本着先主桶式后板式补偿分布器的安装顺序，底部膨胀节安装先外网膨胀节安装后内网膨胀节安装，不得随意减少弯折次数及弯管长度，全方位达到 UOP 反再系统的装配要求，确保一次合格率为 100%。

图 2　UOP 反再系统安装上部及下部图

根据美国 UOP 技术和图纸设计说明，在膨胀节焊接、无损检测、无应力组装、设备吊装、筛网孔距控制、密封板精度装配等多种施工方法进行比较、总结。通过运用激光远传射线过程控制技术、中心管结焦控制技术、导向板控制技术、活动式法兰水纹面机加工技术、大型设备吊装、筛网孔距管控等UOP反再系统安装综合施工技术，保证了管道焊接质量和设备装配效果。

（1）UOP外网导向板安装控制。其内径的椭圆度≤5mm，否则会严重影响外网安装。在组装导向板之前，先安装导向环，导向环水刀下料3～6拼，安装时先将外网筒体用工装撑圆，待导向环拼焊完成后将工装撤除，然后测量导向环的内径圆度。用木板做一环形工装，水刀下料，保证椭圆度；工装外径小于筒体内径，工装内径应与理论的导向环内径一致。然后将工装环放入外网筒体内找正，实配修磨导向环内径。实测导向环内径的椭圆度，以不大于3mm为合格。最后，导向环再与导向板组对，控制组对间隙，使导向板内径圆度≤3mm，从而确保外网的安装精度。

（2）UOP外网分布器安装控制。外网通过测量上端高度实配定长，画出外网下端（外网下端有实配余量）的切割线及缺口线，将缺口放在外网和中心管锥体的纵焊缝位置（缺口及纵焊缝处不焊接），加之考虑设备筒体及焊环无刚性，用吊耳都会造成上口变形。因此，下部本体吊装时应将上下法兰把固。用上封头上的吊耳整体吊装，吊装完成后再将上部壳体拆下。因此，外网上吊耳，须能够吊装整台设备，从而减少设备本体变形，进而有利于外网分布器的精准安装。

（3）UOP中心管安装控制。将上封头带内网移出，再从内网下口装入中心管，并将中心管吊在上封头内部吊耳上，再放在组对平台上。将中心管就位，同时将底盘组件组装在中心管端部，并定位在内网中间，然后实施配点固中心管与上端法兰，并适当降低，组焊完成，对于设备内部不好组焊，拆至外面组焊，再回装的办法。自由放置中心管，测量底盘四周间隙，定导向板宽度，导向板修割打磨，与拆下的底盘组焊，最后重新安装底盘，确保了中心管的安装精度。

2. 催化剂再生传输系统施工技术

（1）弹簧支吊架和膨胀环协同支撑技术。催化剂传输再生系统温度高，管线热位移大，连接部位应力集中，为有效、安全地进行管线安装，我们利用弹簧支吊架和膨胀环协同吸收管线系统的垂直热位移引起的应力，安全地对再生传输系统进行固定支撑。

（2）绝热管托精确限位技术。利用绝热管托对再生传输系统管线进行限位，吸收管线系统的横向位移，确保管线系统的平稳，同时减少管线系统的磨损和焊接量。

（3）利用Due-Lock环管口连接技术。利用Due-Lock环解决了管口焊接难以修磨的问题，降低了单面焊双面成型的难度，Due-Lock环易于安装，且安装后易于修磨，解决了长输催化剂管线的焊口难以修磨平滑的问题。

（4）inconel600镍合金焊接技术。镍合金材质相对较软，熔池流动性相对较差，全部采用氩弧焊（GTAW）的焊接方式，焊接材料为ERNiCr-3，保护气和背面气为氩气，纯度≥99.999%。为保证氩气的纯度，现场利用液氩加汽化器的方式提供高纯度氩气。层间温度控制在100℃以内，利用过桥电焊的方式，平均每隔20cm进行电焊固定，然后依次进行根部焊、填充焊和盖面。

（5）防冲击弯头安装技术。为避免管线焊口对催化剂的摩擦损耗，减少焊口的数量，设计大多采用大曲率防冲击弯头。针对大曲率防冲击弯头的安装，主要是对成品曲率弯管曲率半径的测试，安装前分别测试两连接点的标高差和方位差，固定防冲击弯头的上端方位，然后逐步调整安装防冲击弯头的下端，定位后进行氩弧焊接，然后进行手工电弧焊进行盖面。

（6）管线开孔和开孔部位焊接技术。为减弱催化剂的磨损，尽量避免催化剂传输管线上的开孔，但为分析的需要，常在催化剂传输管线上进行开孔取样，管线开孔优先选择机械开孔，开孔后对管线内表面进行45°坡口处理，处理后用200目的砂纸打磨，然后按照安装方向和角度进行对焊焊接。

（7）管道内部杂质清理技术。催化剂再生系统为流化床再生系统，催化剂在内外网之间进行高温除焦，为防止管道施工的杂质对反应器内外网造成堵塞和对催化剂活性造成不良现象，必须对施工过程中产生的杂质进行及时清理。杂质清理中较大的颗粒利用手工工具进行清理，较小的颗粒杂质主要利用我们项目发明的专利工具进行清理，对残留的更微小的杂质利用淀粉面团进行吸附清理。

图 3 催化剂再生传输系统大曲率弯管机 Due-Lock 环

催化剂再生传输系统施工结合异丁烷脱氢项目催化剂再生传输系统的特点，结合 UOP 工艺技术要求，在传统施工的基础上，具有如下创新和突破：

（1）利用弹簧支吊架、膨胀环和绝热管托的协同作用，高效、安全地对催化剂再生系统进行支撑和限位，降低了施工难度，节省了工程成本。

（2）利用 Due-Lock 环管口连接技术有效解决了催化剂管线焊口对接处质量不易控制，焊接质量难打磨的问题。Due-Lock 环还可进行拆卸，及时对催化剂管线进行检修，节省时间，增加经济效益。

（3）inconel600 镍合金焊接技术中利用液氩气化技术提高氩气的纯度，利用搭桥点焊的方式提高点焊效率，控制氩气流量和焊接速度，致使镍合金探伤一次合格率达到 99%。

（4）防冲击弯头的应用，利用工厂化预制的防冲击弯头，既可避免现场施工中弯头部位焊接后修磨的困难，有可提高工作效率，缩短施工工期。

（5）利用机械开孔的方式有效避免了热开孔对管线材质的影响，又可避免热开孔产生大量难以清理的杂质，并提高了开孔效率。

（6）利用项目部自己设计的专利清理工具有效地清理了施工中产生的颗粒杂质，减少了管线吹扫时间，并降低了杂质对后续生产开车的影响。

（7）在参考相关文献的基础上，征得设计院同意，弹簧支吊架安装过程中，利用 304H 不锈钢板代替 inconel600 镍合金护板材料，减少了施工成本，且提高了施工效率。

（8）将催化剂传输管线下法兰方向进行打磨，打磨成宽度为 3mm、长度为 4cm 的光滑圆弧状，既避免了法兰处催化剂颗粒的堆积，有效避免了尖锐金属对催化剂的磨损。

（9）针对不锈钢和合金钢的伴热问题，200℃以下利用聚四氟板，200℃以上利用铝皮对碳钢伴热管线进行有效隔离，既节省了项目支出，又能达到实用、美观的效果。

（10）利用弹簧支吊架、膨胀环和绝热管托的协同作用，高效、安全地对催化剂再生系统进行支撑和限位，降低了施工难度，节省了工程成本。

3. Oleflex 冷箱分离系统施工技术

UOP 异丁烷脱氢装置 Oleflex 冷箱是主要由主冷箱、板式换热器、主冷凝蒸发器以及风力框架四部分组成，主冷箱尺寸为长 4m、宽 4m、高 30m，箱体由四面冷箱板、三块顶板和底部支撑桁架组成，总质量约 85t，平台、梯子、栏杆重 14t。外冷箱铝制管道焊接要求精度高，易出现气孔、裂纹等缺陷，箱体焊接变形、管道清洁度要求较高，设备裸冷绝热规范苛刻等。项目部经过与多种施工方法进行比较、总结。形成了国际先进、符合国情、具有自己特色的冷箱现场无应力装配、全位置低变形双面横向焊接、基础框架预制、脱脂钝化处理、大型设备吊装、管线吹扫、气密性试验等 Oleflex 冷箱分离系统综合配套施工技术。

4. UNS N04400 镍铜合金焊接技术

UOP 异丁烷脱氢装置共有两台洗涤塔，分别用热碱液对干气及再生气进行洗涤，进塔工艺管线采

图4 Oleflex冷箱分离系统及内构件

用 UNS N04400 镍铜合金板材卷制而成。镍-铜合金 UNS N04400 是化学、石油化工、有色金属冶炼、航天及核工业等领域中各种苛刻耐腐蚀环境中比较理想的金属材料。所有管子及管件全部由国外供货，其管内介质为干气、再生气、热浓碱液等，焊接要求极其严格。镍-铜合金 UNS N04400 的焊接性能较差，易出现热裂纹、气孔，未熔合等缺陷。本技术对镍-铜合金的材料性能、焊接工艺、缺陷及焊接过程中控制和管理做了详细的总结说明。通过对 UNS N04400 材料和焊接材料的可焊性分析，控制坡口角度及洁净度，焊接线能量、层间温度等工艺措施，有效防止了未焊透、未熔合、气孔和热裂纹的产生，保证了管道的施工质量。

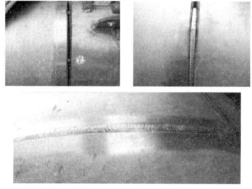

图5 UNS N04400 镍铜合金焊接成型及高纯度氩气

三、发现、发明及创新点

该研究主要应用在 20 万吨/年异丁烷脱氢装置安装工程，主要技术包括 UOP 反再系统安装工艺、催化剂再生传输系统安装工艺、UNS N04400 镍铜合金焊接工艺等，该课题主要技术原理及创新如下：

1）新型管道专用油漆刷：克服了现有油漆刷不能高效用于管道防腐刷漆的不足，该油漆刷不仅能够提高管道刷漆的效率，而且避免了多次沾漆、浪费油漆的现象；

2）新型滚珠式倒管器：克服了管廊施工过程中穿管难的问题，能够防止管子在倒运过程中发生横向位移，避免了对管材漆膜的损坏；

3）管道开孔处杂质高效清理工具：提高了清理效率和速度，增强了工具对细小固体杂质的清理能力，大大增加了工具对细小颗粒的吸附面积；

4）UOP 反再系统安装技术：运用激光远传射线过程控制技术、中心管结焦控制技术、导向板控制技术、活动式法兰水纹面机加工等技术，保证了管道焊接质量和设备装配效果；

5）催化剂再生传输系统关键施工技术利用 Due-Lock 环管口连接技术，防冲击弯头安装技术，管线开孔和焊接技术，管线内杂质清理专利技术，inconel600 镍合金焊接技术等一系列技术，使得催化剂磨损率达到国际标准；

6）Oleflex 冷箱分离系统冷箱现场无应力装配、全位置低变形双面横向焊接、基础框架预制、脱脂钝化处理、大型设备吊装、管线吹扫、气密性试验等 Oleflex 冷箱分离系统综合配套施工技术，在确保工程质量的同时可以减少劳动力、降低成本，经济效益良好；

7）UNS N04400 镍铜合金焊接技术通过对材料和焊接材料的可焊性分析，控制坡口角度及洁净度，焊接线能量、层间温度等工艺措施，有效防止了未焊透、未熔合、气孔和热裂纹的产生，保证了管道的施工质量。

四、与当前国内外同类研究、同类技术的综合比较

UOP 异丁烷脱氢关键施工技术的应用，不仅缩短了工期，创造了效益，通过文献检索、科技查新和广泛调研，与当前国内外同类研究相比，UOP 异丁烷脱氢关键施工技术存在以下几个鲜明的特点：

（1）全面、系统：将各种施工技术有机地联系在一起进行系统研究，所形成的成果囊括装置施工过程所采用新技术的各个方面，更加突出施工关键技术的主导作用和它与施工生产过程、商务管理、成本管理的内在关系的研究。

（2）针对性强，更侧重于机理研究：随着国家经济和社会的不断发展，化工装置逐渐增多，施工场地、安全文明施工、质量控制要求较高，对综合施工技术进行深入探索，力求总结本质的东西。

（3）创新性显著：提出了 UOP 异丁烷脱氢关键施工技术，查新报告显示国内未见有形成关键技术的文献报道。

（4）实用性强，社会效益和经济效益明显：项目技术、工艺水平领先于业内同类水准，施工上可以有效缩短 20％的工期，科技进步效益率可以达到 2.15％以上，在同类工程与相似工程的推广应用上具有较强的市场竞争力。

五、第三方评价、应用推广情况

UOP 异丁烷脱氢装置技术先进，经济合理，在同类型工程施工方面具有极大的指导作用。随着我国经济建设的高速发展，能源储备工业的建设进入高速发展的时期，相关技术的应用也会越来越广泛，为此成套技术的推广应用也创造了越来越多的条件，该项目必将有极大的推广应用价值。

通过本次成套技术总结，提高工程技术人员对 UOP 异丁烷脱氢装置的认知能力，我们将利用此次施工契机，锻炼一批优秀的化工技术人员，为今后类似工程的承接及施工打下坚实基础。经过不断地施工总结和集思广益，对其进行认真的总结、深化，形成规范化、标准性的书面材料，为生产经营工作做好服务，经过专家鉴定，该成果达到国际先进水平。

六、经济效益

UOP 异丁烷脱氢装置关键施工技术的研究成功，将极大地推动了异丁烷脱氢施工技术与施工工艺的进步，为工程保质、保期地完成奠定了牢固的技术基础。该项目的技术、工艺水平领先于业内同类水准，在同类工程的施工上可以有效缩短 20％的工期，未来在科技进步效益率可以达到 2.15％以上，在同类工程与相似工程的推广应用具有极大的经济效益和较强的市场竞争力。

七、社会效益

UOP 异丁烷脱氢装置施工技术先进，经济合理，质量水平优良、可靠，节能环保效益明显。在同类型工程施工方面具有极大的指导作用，随着我国经济建设的高速发展，能源储备工业的建设进入高速发展的时期，相关技术的应用也会越来越广泛，为此关键技术的推广应用也创造了越来越多的条件，该

项目必将有极大的推广应用价值。

通过本次关键技术总结，提高工程技术人员对 UOP 异丁烷脱氢装置的认知能力，我们将利用此次施工契机，锻炼一批优秀的化工技术人员，为今后类似工程的施工打下坚实基础。经过不断地施工总结和集思广益，对其进行认真的总结、深化，形成规范化、标准性的书面材料，为生产经营工作做好技术支撑。

基于大数据的城市投资辅助决策平台研发与应用

完成单位：中海地产集团有限公司
完成人：颜建国、庄 勇、张 一、郭 磊、李红卫、王林林、舒艳华

一、立项背景

自 2014 年以来，影响房地产发展的外部环境发生了改变，随着人口红利逐渐消散，房地产市场由高速增长进入到风险逐步上升的时期，买地即可赚钱的时代一去不返，对土地价值的深度挖掘及对土地风险的规避已成为行业迫切需解决的问题。除了不同城市之间的发展差异以外，同一个城市内部的不同区域也存在显著差异，包括：区域位置、配套、产业，也包括客群、产品及竞争格局等，发展机遇差异很大。如何发掘投资洼地，实现精准投资显得尤为重要。只有合理布局城市板块，方能有效配置资源、提升企业收益。

随着房地产企业 Top10 的销售门槛逐年提升，企业规模增长压力越来越大，企业投资规模逐年增加，原来完全依赖人工土地踏勘研究，以主观判断和案例参考为主的项目研究模式已经不能满足企业的发展需要。

同时随着近几年科技的飞速发展，互联网平台、大数据、AI 等前沿技术在企业中得到广泛应用，大数据与科技创新结合挖掘城市投资潜力，提供高效科学投资决策成为一个全新的研究方向。

在此背景下，城市投资辅助决策平台以海量大数据为基础，以地图可视化平台为载体，通过数据的实时更新和分析模型的成果输出，搭建城市投资决策平台，为投资提供高效工具和科学决策依据。

二、详细科学技术内容

1. 总体思路

城市投资辅助决策平台由数据层、方法层、模型层和应用层四个方面构成。数据层包含了现状及规

图1 研究方向

划配套资源、宏观经济、人口数据、土地情况、购房者数据、企业客户储备与实际销售等内外部大数据。在方法层，使用多项分析方法对数据进行整合和处理。在模型层，将多年积累的房地产投资开发运营经验进行提炼，构建出了科学、可验证的多维分析模型。最后根据需求，在应用层定制出不同的应用体系，如投资决策、城市布局、城市板块进入研究、客群研究、产品定位、商业选址研究等。

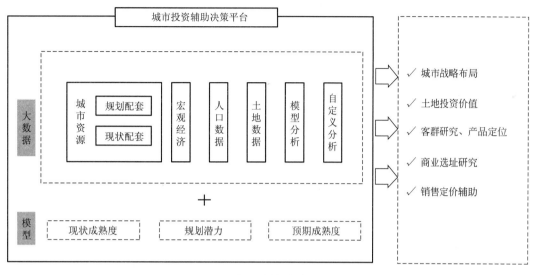

图 2　研究内容

2. 技术方案

整合内外部海量数据资源，运用大数据、GIS 技术，结合 AI 深度学习技术，搭建房地产城市投资决策分析平台。实现房地产多专业数据与研究成果共建共享，形成房地产城市投资闭环研究整体解决方案。具体包括：

1）利用大数据技术，基于城市现状配套、规划配套、宏观经济、人口数据、土地情况，以及客储、销售等内外部海量数据，以地图可视化平台为载体，构建投资模型，辅助城市投资决策，实现精准投资，提升企业竞争力。

2）按不同分析维度通过回归分析、缓冲区分析、核密度分析、聚类分析等研究方法，实现多维空间范围与数据资源的叠加分析，直观展示城市不同板块、地块的投资价值情况。

3）通过战略合作，对 1.1 亿名购房者的行为数据进行提取、分析，获取新房客群和二手房客群数据，对有意向购房的客户进行贴标签处理，正确解读购房客群的需求结构，分析购房者人群数量、居住地和工作地分布、关注的楼盘、户型、面积、单价等信息，了解购房者人群的真实需求，从而做出正确、合理的产品定位与营销策略。

4）选取现状配套、规划配套，选取正向、负向共 12 个维度，23 个标准要素。另外，不同城市可以根据需要在此基础上自定义要素，构建研究模型，输出研究结果。

5）根据时间维度动态展示各城市、区县宏观经济（生产总值、财政收支、税收收入、人均可支配收入、产业占比、固定投资额度、产业园信息等）、人口数据（人口控制目标、常住人口、小学生数量、结婚对数等），为合理规划城市布局提供依据。

6）自动采集、更新各城市出让土地数据，包括土地位置、用地性质、土地状态、成交价格、受让单位等信息，辅助企业动态掌握各地块情况。

7）以地图可视化平台为载体，实时展示土地周边资源情况（如配套资源、学区资源、周边规划配套等信息）以及"现状成熟度""规划潜力""预期成熟度"得分，辅助企业做出土地投资价值判断。

8）利用大数据建立分析模型自动计算城市各板块的"现状成熟度""规划潜力""预期成熟度"得分及投资进入建议（预期成熟区、潜力发展区、现状成熟区、常规发展区），量化结论，辅助投资决策。

9）通过地图、卫星图、学区图、控制规划图以四分屏的形式展示土地周边资源、学区、控制规划等信息，综合考量地块投资价值。

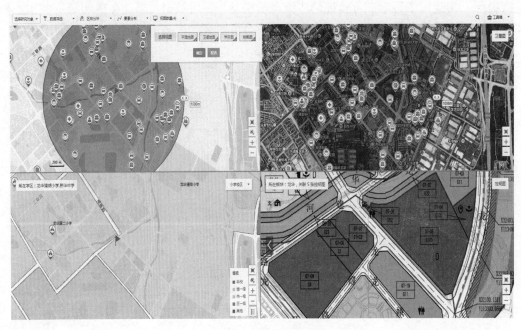

图 3　自定义分析（四分屏）

3. 关键技术

平台在总结和提炼房地产投资管理经验的基础上，运用大量新技术（互联网技术平台、大数据技术、GIS 技术、AI 技术等），实现投资管理的数字化、精细化、规范化。

（1）整合内外部海量数据资源，集成大数据、GIS 可视化技术

通过与外部数据公司战略合作，整合外部大数据（城市现状配套 POI、规划配套、购房者行为数据等）与内部房地产企业数据（客户储务、实际销售等数据），构建数据湖。同时集成大数据技术、GIS 可视化技术，实现多维空间范围与数据资源的叠加分析，构架投资研究模型，直观展示城市不同板块、地块的投资价值，实现城市战略研究与多维度分析。

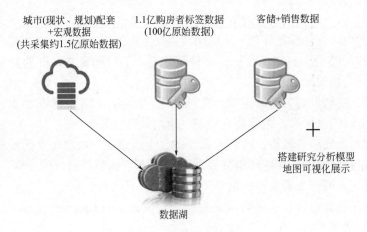

图 4　数据资源整合

（2）结合 AI 深度学习技术，为地产投资提供智能化决策

实现了对海量互联网大数据的自动筛选、清洗、分类、设置级别等，实现数据采集的自动化、智能化。

图 5　数据采集

基于深度神经网络建立预测分析模型，并使用大量数据进行深度学习训练，智能优化研究模型中各维度权重占比，从而实现研究模型的改善和优化。

整合城市的大量网格板块的各要素评分和网格地价，将其规范化处理后生成海量训练数据集，进行深度学习，并不断根据新产生的训练数据，持续优化更新权重占比。

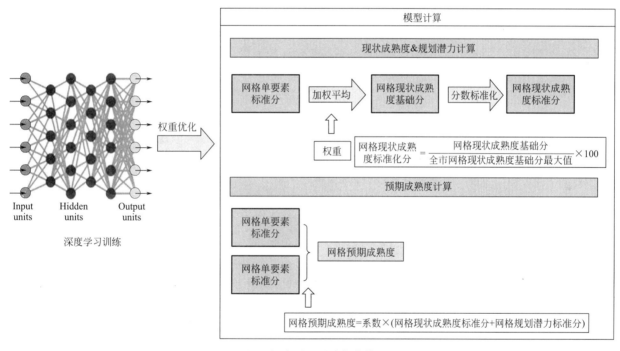

图 6　深度学习训练优化模型

（3）首次提出并实践基于"网格板块"的城市投资模型，大幅度提升研究精度

创新性地将城市板块按 500m×500m 的网格划分形成"网格板块"，将城市研究精度提高两个数量级，大幅度提升研究精度。通过搭建研究模型，借助回归分析法、缓冲区分析法等方法，实现"网格板块"投资价值量化评估，直观展示基于城市网格板块的投资价值。

（4）构建投资价值研究模型，在行业内首次采用现状要素＋未来规划的研究思路

综合配套要素（现状、规划），根据其分值和权重，同时与宏观经济、人口、政策法规、产业园、购房者大数据、土地数据、学区、控制规划、政策法规等数据结合，构成全景数据视图，搭建研究模型，最终输出得到区县、街道、板块、网格的"现状成熟度""规划潜力""预期成熟度"的得分以及排名分布情况，综合对比分析板块、地块的现状和未来的投资价值，最终实现科学的投资分析。"现状成熟度""规划潜力"和"预期成熟度"由如下方式计算得出：

现状成熟度 $P_1 = \sum_{i=1}^{n} \omega_i f_i$　规划潜力 $P_2 = \sum_{i=1}^{n} \mu_i f_i$

预期成熟度 $P = \varepsilon_r \times (P_1 + P_2) = \varepsilon_r \times (\sum_{i=1}^{n}\omega_i f_i + \sum_{i=1}^{n}\mu_i f_i)$

其中：

P_1：现状成熟度指数　　　　　P_2：规划潜力指数　　　　P：预期成熟度指数

f_i：影响价值的各项资源要素　　ω_i：现状资源要素权重　　μ_i：规划资源要素权重

i：因子序号　　　　　　　　　n：因子数量

ε_r：修正系数（综合考虑人口、宏观经济、产业园及特色小镇等因素设定修正系数）

4. 实施效果

城市投资辅助决策平台于 2017 年 9 月上线，截至目前全国共上线 37 个城市，使用情况良好，成为城市战略研究及实现精准投资必备工具。显著提升了各地区对城市区域、板块的现状及发展潜力的认识，对各城市进行宏观分析、板块价值研究、土地研判、客户分析等提供有力支持，为投资管理提供了科学严谨的分析，打破了原有的以主观判断和案例参考为主的项目研究模式，提高了研究的科学性和工作效率，助力公司十三五规划制定及滚动修订，实现投资管理的数字化、精细化、标准化，提供科学投资依据，辅助投资决策，实现精准投资。

平台自上线以来，已成为土地投资上会必须工具，在实际工作中发挥巨大作用。至 2018 年 3 月底，借助本平台 6 个月的时间实现上会土地 375 宗，最终竞得 53 宗，对应土地储备面积约 400 万平方米，土地出让金 763 亿，为公司业绩的快速增长及可持续发展打下坚实基础。

三、发现、发明及创新点

本项目的主要创新点包括：

在整合内外部海量数据资源的基础上，集成了大数据分析技术、GIS 可视化技术等，创新构建了房地产城市投资决策分析平台，形成房地产城市投资闭环研究整体解决方案，实现了房地产多专业数据与研究成果共建共享，涵盖产品策划（规划设计）、客户研究、土地投资策略、商业选址、销售定价辅助等全业务闭环解决方案，为业内第一家全国范围内全业务线参与的最佳实践。

首次研发出基于"网格板块"的城市投资模型，大幅度提升研究精度，为基于大数据分析的城市投资决策平台奠定了基础；借助分析平台，创新性的将城市板块按 500m×500m 的网格划分，将城市研究精度提高两个数量级。通过搭建研究模型，借助回归分析法、缓冲区分析法等方法，实现多维空间范围与数据资源的叠加分析和量化评估，直观展示基于城市网格板块的投资价值，并根据城市板块投资模型找到潜力土地资源。

建立了基于土地的量化价值研究平台及模型体系，初步结合 AI 深度学习技术，为地产投资提供智能化决策；采用现状要素＋未来规划的研究思路，充分运用互联网大数据，并与各城市规划院等政企单位战略合作获取规划数据，建立基于土地的投资价值量化分析模型，首次借助大数据＋GIS 平台进行落地。

通过 AI 等技术的应用，实现了对海量互联网大数据的自动筛选、清洗、分类、设置级别等，实现数据采集的自动化、智能化。基于深度神经网络建立预测分析模型，并使用大量数据进行深度学习训练，智能优化研究模型中各维度权重占比，从而实现研究模型的改善和优化。

四、与当前国内外同类研究、同类技术的综合比较

本项目的主要技术特点在于：

1）基于城市现状配套、规划配套、宏观经济、人口数据、土地情况五大类数据，以地图可视化平台为载体，按不同分析维度通过回归分析、缓冲区分析、核密度分析、聚类分析等研究方法，实现多维空间范围与数据资源的叠加分析，直观展示城市不同地块、板块的投资价值情况；借助大数据平台，构建投资模型，辅助企业实现科学的城市投资决策。

2）选取现状及规划配套包括正向/负向两方面共 12 个维度，23 个标准要素，不同城市可以根据需要增加自定义要素，同时与宏观经济、人口数据、政策法规、产业园数据、购房潜客、土地数据、学

区、城市控制规划、政策法规等数据结合，构成全景数据视图，灵活设置要素的权重和得分，构建研究模型，生成研究成果。

3）采用现状要素＋未来规划的研究思路，通过城市地块和板块的综合分析研究得到"现状成熟度""规划潜力""预期成熟度" 3 个指数进行对比，挖掘投资洼地，实现精准投资决策。

经科技查新，结论为：国内外的相关文献报道分别涉及该查新项目的部分研究内容，国内外未见与该查新项目以上技术特点均相符的文献报道。

五、第三方评价、应用推广情况

1. 第三方评价

本研究成果已提交由中科合创（北京）科技成果评价中心组织的科技成果鉴定会，鉴定结果为：该成果总体达到国际先进水平，其中基于"网格板块"的城市投资模型达到国际领先水平。

2. 应用推广情况

城市投资辅助决策，截至目前全国共上线 37 个城市，使用情况良好，成为城市战略研究及实现精准投资必备工具。平台共采集 POI 原始数据近 1.5 亿条，同时通过战略合作，对 1.1 亿名购房者的行为数据进行提取分析（原始数据总量近 100 亿条）。通过抽取、清洗、归类等一系列工作，形成大量有用数据（人物标签、POI 相关要素等），总量近 2.1 亿条。大量数据的积累为城市投资决策提供了数据基础，通过模型运算得到分析结果对公司投资决策和城市战略布局等具有重要价值。

2017 年各地区公司结合城市地图平台，进行了城市战略研究，通过城市宏观经济数据、人口数据、城市发展方向、各板块价值、产业信息等维度，完成了公司十三五战略规划的制定，为公司的战略布局和快速发展打下了坚实的基础。

在土地投资工作中，各地区积极使用城市地图平台，对于项目快速研判及深入分析提供有力的数据支撑，减少了项目数据收集工作量，极大地提高了投资分析的效率。

平台自上线以来，已成为土地投资上会必须工具，在实际工作中发挥巨大作用。截至 2018 年 3 月底，借助本平台 6 个月的时间实现上会土地 375 宗，最终竞得 53 宗，对应土地储备面积约 400 万平方米，土地出让金 763 亿，为公司业绩的快速增长及可持续发展打下坚实基础。同时极大地提升了地产投资分析效率，社会和经济效益显著，具有良好的推广和应用前景。

六、经济效益

截至目前平台共上线 37 个城市，使用情况良好，成为城市战略研究及实现精准投资必备工具，借助本平台 6 个月的时间实现上会土地 375 宗，最终竞得 53 宗，对应土地储备面积约 400 万平方米，土地出让金 763 亿，为公司业绩的快速增长及可持续发展打下坚实基础。同时，实现了城市战略研究与分析，助力公司十三五规划制定及滚动修订，实现投资管理的数字化、精细化、标准化，提供科学投资依据，辅助投资决策，实现精准投资。

据计算，平台每年给公司带来直接经济效益（包括节省各地区公司采购投资决策管理平台及账号费用、海量大数据价值、提升投资管理效率节省人工成本）超过 7540 万元。平台的应用极大地提升了地产投资分析效率，社会和经济效益显著，具有良好的推广和应用前景。

七、社会效益

城市投资辅助决策平台于 2017 年 9 月上线，截至目前全国共上线 37 个城市，使用情况良好，成为城市战略研究及实现精准投资必备工具，极大地提高了投资分析的效率。同时实现了城市战略研究与分析，助力公司十三五规划制定及滚动修订，实现投资管理的数字化、精细化、标准化，提供科学投资依据，辅助投资决策，实现精准投资。

通过本项目研究在行业产生深刻影响，多家同行进行交流，对城市投资研究起到引领示范作用。

复杂城市道路自行车快速道综合建造技术研究与应用

完成单位：中建钢构有限公司
完 成 人：陆建新、冯长胜、陈振明、刘　奔、李　周、郑伟盛、戴服来

一、立项背景

随着中央"创新、协调、绿色、开放、共享"五大发展理念的不断深入，慢行交通体系已成为城市建设重点，如何提高出行的舒适性、安全性和便捷性，成为当下一种需求。厦门空中自行车快速道的建设，开启了全国慢行交通系统建设新篇章。

钢结构因具有建设周期短、自身质量小、维护便捷、抗震性能强等优点，以钢箱梁的形式被应用到自行车快速道的建设中。由于市政桥梁施工环境的复杂性、功能要求的多样性、大跨度等特点，在设计、制作、安装施工过程中，存在很多技术难题。其中，尤为突出的是在施工过程中，如何在交通繁忙的城市中心、在狭小的施工空间中对大跨度及超重的钢箱梁进行安装。

厦门自行车快速道项目采用独墩连续梁体系，桥梁断面分整体式和分离式两种；在 BRT 桥下设置分离式断面，在 BRT 外采用整体式断面，并通过停车平台、出入口坡道及连接线等与沿线和周围建筑连接。下部桥墩采用 $D100cm$、$D120cm$ 内填混凝土圆钢管柱；上部主梁采用流线形钢箱梁作为主体受力结构，全线桥段共 80 联，下部 300 根墩柱支撑。标准联跨径 30m，钢箱梁高 1m，整体式宽度为 4.8m，分离式宽度为 2.8m。

目前，自行车被越来越多的人作为短程旅途、市内通勤等情况下的第一出行选择，全国乃至全世界范围内共享单车的流行，也要求有更多的自行车专属道路可供使用，国内首条空中自行车快速道的综合建造为今后自行车快速道的发展起到先锋模范作用，开启了全国绿色慢行系统建设的新篇章。本项技术的研究和总结，对于解决市政桥梁建设过程中所遇到的一系列如施工空间狭小、跨度超大等难题，将提供有效的解决方案。对国内外类似工程的规划、设计、施工，将提供十分有价值的参考和借鉴。

二、详细科学技术内容

1. 总体思路

本技术旨在实现复杂城市道路自行车快速道的高效设计、制造及安装。本工程自行车道主要由埋件墩柱、盖梁、分幅段、整幅段、坡道、平台组成。研究过程中，通过多方调研，参考借鉴了大跨度桥梁的建造安装技术，墩柱拟采用 25t 汽车吊吊装，盖梁采用 70t 折臂吊或者双机抬吊（50t 和 80t 汽车吊）进行吊装。钢箱梁采用分段吊装-原位高空拼装的安装方式，底部采用支撑胎架进行支撑。上部分幅段位于 BRT 高架桥下方，可操作净空较小，故采用两台 80t 折臂吊双机抬吊安装。整幅段上方无其他结构阻挡部位，采用 160t 及 220t 汽车吊将梁段吊装安装位置；上方有其他结构阻挡部位，根据周边情况采用 80t 折臂吊吊装。坡道、平台根据周边情况采用汽车吊进行地面拼装，搭设支撑胎架分段吊装。

2. 技术方案

钢结构总体分为 4 个工区，根据施工条件确定施工顺序，以确保总体工期目标。1 区段施工时从两侧向中间施工，其中甩出段及跨路段后施工；2 区段从两侧向中间施工，其中甩出段及跨路段后施工；3 区段从中间向两侧施工；4 区段从中间向两侧施工。

本工程埋件采用锚栓柱脚节点，安装使用钢套架支撑固定后，测量校正的施工方法进行施工；下部

桥墩截面较小，长度均不超过 10m，采用工厂整根加工，现场使用 25t 汽车吊吊装就位。钢箱梁现场按照每一联为一个施工单元进行流水施工，位于 BRT 桥梁下部，吊装工况良好的整体式钢箱梁以及分离式钢箱梁采用"底部支撑、原位吊装"的工艺进行施工：首先进行盖梁施工，钢盖梁与底部钢柱连接节点较为复杂，竖向设置十字劲板，为了方便现场焊接施工，保证施工质量，钢柱于钢盖梁下盖板标高以下 1m 处断开，并与钢盖梁作为一个单元进行吊装，钢盖梁就位后与钢柱使用连接板铰接连接，盖板横向跨度最宽达到 9.1m，为了保证安装过程中不发生倾覆失稳，在两端设置支撑胎架并使用分配梁进行联系。钢箱梁标准跨径采用 30m，为了保证运输质量，分段长度均不大于 17m，另整体式钢箱梁宽度为 4.8m，在制作过程中将两端封嘴箱梁分段运输至现场后原位高空安装；分离式钢箱梁位于 BRT 桥正下方，使用一台 80t 折臂吊卸车至投影下方后，另使用一台 80t 折臂吊配合进行同侧站位双机抬吊吊装；跨路段整体式钢箱梁施工过程，为了保证交通疏导，需要将跨路钢箱梁在构件堆场拼装后整体运输至现场吊装就位，为了保证最小占道，圆管支撑措施长轴方向需要与道路方向平行。

3. 关键技术

（1）国内首条空中自行车快速道绿色出行理念设计

我国现代化、城镇化、机动化进程的快速推进，机动车保有量快速增长，随之带来的问题也愈发凸显，空气污染、汽车拥堵等"城市病"制约着城市发展。随着中央生态文明战略的提出，绿色交通、低碳出行，解决目前地面慢行系统与机动车混行问题，提高出行效率成为城市生态建设中的重要因素。

图 1 我国"城市病"现状

低碳、环保、健康、高效（通行能力/占地面积），倡导自行车出行得到普遍共识。自行车快速道的建设，从供给侧结构性改革入手有助于转变居民出行观念和习惯，吸引中长距离出行；有利于完善城市交通系统，避免"人非共板"；有利于发展绿色健康出行，打造骑行文化。

（2）国内首条空中自行车快速道多层次空间利用设计

为打造绿色立体交通，实现既有道路空间的合理化利用，国内首条空中自行车快速道采用多层次空间利用设计。上层是 BRT 高架桥，地面是机动车道，中间设计自行车专用道，实现了多层次空间利用。

（3）国内首条空中自行车快速道部品设计

国内首条空中自行车快速道从规划设计到运营由我司全程参与，实现"从无到有"，填补国内空白。规划初期，我司配合厦门规划委对"厦禾路""湖滨南路""仙岳路""筼筜湖"及"云顶路"沿线空中自行车快速道方案进行规划研究。同时，与国际知名建筑事务所共同合作研究设计全国第一条空中自行车快速道，打造绿色立体交通。

BRT 洪文站至 BRT 县后站，线路全长 7.6km。云顶路沿线主要连接高新区、行政服务中心、商场

图 2 既有道路多层次空间利用设计

图 3 规划设计阶段

(乐购)、市政大厦、东芳山庄枢纽等各类自行车出行需求点;莲前东路段连接加州商业广场、瑞景商业广场等需求点,可服务临近的多个小区、医疗园等公建,软件园二期、万达广场、金尚小区、金山小区、五缘医疗园、五缘湾等需求点;预留 3 处连接线,软件园二期连接线、会展中心(前埔)连接线、五缘湾医疗园连接线。

主桥于 BRT 结构下方为避免与 BRT 墩柱冲突采用分离式设计,未在 BRT 结构下方采用整体式设计。同时,断面根据厦门白鹭"展翅高飞"造型进行设计。

全线共设置 11 处出入口,并在主要出入口设计 7 处停车平台,供停放自行车,尤其是共享单车。考虑到行动不便人群,停车平台设计垂直升降梯以供使用,最大程度方便市民出行。同时,出入口与沿线 BRT、公交站、商业、学校等无缝衔接。

为保证骑行者安全,栏杆采用高度 1.3m,双层扶手设计,下部向外侧倾斜,给骑行者开阔视野的感觉,上部向内倾斜,以防骑行者摔倒时有可扶空间。同时,为避免光线直射骑行者晃眼,照明采用隐

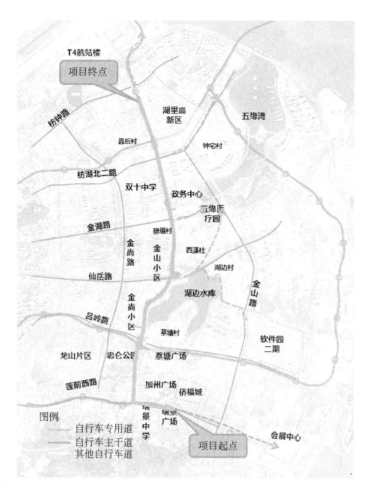

图 4 国内首条空中自行车快速道线路设计图

图 5 分离式设计—单幅单向两车道

图 6 整体式设计—双向四车道

图7 沿线设置11处出入口

图8 设计7处停车平台

藏于栏杆顶部扶手内部的带状设计，光源与地面呈30°，有效解决光线晃眼问题，避免了潜在的骑行危险。

图9 双层扶手栏杆实景图

图10 带状灯光实景图

铺装、绿化：为增加美观性和耐磨度，国内首条空中自行车快速道路面铺装采用厚度为8mm的晶钢树脂路面。中分带绿化景观选择澳洲鸭脚木、鸡蛋花等进行植物组团，局部调头区及重要节点段可搭配彩叶地被起到提示作用。

（4）狭小净空下自行车快速道施工技术

分幅段箱梁位于BRT高架桥下方，受限于BRT桥下净空，汽车吊吊臂高度不能伸到最大，起重量有限，采用一台80t汽车吊卸车、两台80t折臂吊双机抬吊方式进行安装。梁段采用地下拼装-高空双机

图 11 8mm 晶钢树脂路面

图 12 中分带绿化景观效果图

抬吊安装的方式进行安装。

箱梁吊装采用四点吊装，折臂吊缓慢起钩，将箱梁调运至安装位置后，再缓慢降钩靠近盖梁顶部；依据就位方向标示，调整箱梁靠近姿态，通过折臂吊运配合人工牵引的方式引导吊装箱梁与盖梁完成对接就位；就位后使用七字梁搭配千斤顶进行测量校正。

在起吊-拼装过程中，桥梁的钢箱梁重量大，采用单机吊装对吊车要求较高，而且部分钢箱梁位于 BRT 高架桥下方，吊装钢箱梁距离既有桥梁的最小净空仅为 2.5m。根据《建筑施工起重吊装工程安全技术规范》，现场吊装过程中起吊夹角宜为 60°左右。综合考虑狭小吊装空间，吊装过程中发生卡杆以及吊钩碰撞既有建筑等因素，项目组针对位于 BRT 高架桥下方的钢箱梁构建，均使用底部支撑、双机抬吊的工艺进行施工。

图 13 双机抬吊钢箱梁

特殊吊装设备的选择，如采用汽车吊吊装，在保证交通疏导和特定工作半径条件下，汽车吊起重高度达 11m，现有净空不满足汽车吊需求，故采用对净空需求小的折臂吊进行安装。

狭小净空下吊装及交通疏导：钢盖梁吊装时，折臂吊分别位于 BRT 高架两侧；钢箱梁吊装时，折臂吊位于 BRT 高架同侧。为减小对交通影响，安装时间选择夜间 23：00～次日凌晨 6：00 进行，吊装时，预留一条车道供车辆通行；折臂吊占用的空间小，其投用有效解决狭小净空下的吊装难题，同时大大减小了对交通的影响。

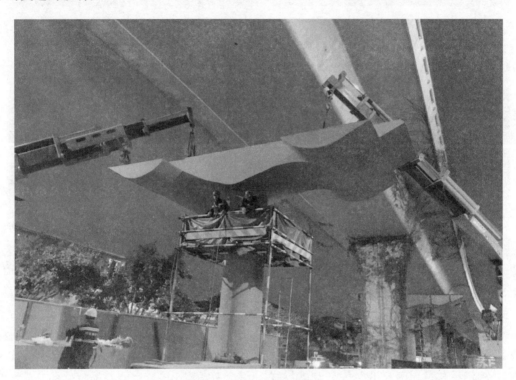

图 14　双机抬吊钢盖梁

运用狭小净空下自行车快速道施工技术，选用新型吊装设备折臂吊进行双机抬吊作业，能够有效解决可操作空间小、汽车吊站位困难及交通疏导困难等市政工程中钢结构吊装难题，可推广应用于各类操作空间狭小的钢结构工程中。

（5）特殊路段自行车快速道施工技术

1）自行车快速道跨十字路口施工技术

自行车道跨十字路口位于工程的第 9 联弯弧段，坐落于横向莲前东路与纵向云顶中路交叉口，整个跨十字路口段为一个自行车道由东西方向变为南北方向的弯弧段。

跨十字路口施工段安装处位于 BRT 高架桥下，桥下净空约 10m，安装时采用汽车吊进行安装，汽车吊大臂所能伸展的高度有限，起吊性能受到限制，交通情况复杂。由于位于城市重要主干线的交叉路口，车辆与行人来往频繁，汽车吊吊装需要占用车道，所以复杂交通状况对采用汽车吊设备吊装的影响大；构件结构特殊。位于十字路口处的空中自行车道呈 90°弯弧段，安装时存在构件偏心问题，安装难度大。

针对安装空间狭小的问题，采用根据地形图进行一比一模拟的方式确认净空的大小，尽量选取净空较大或没有 BRT 桥墩的地点。使吊车臂可以在保证吊装性能的基础上直接深入到 BRT 桥底，狭小净空对于折臂吊的吊装影响较小。将施工时间安排至夜里凌晨 1：00～6：00，此时间段内十字路口交通量与行人量最小，交通情况对施工造成的影响最小。

对于安装时结构弯弧段的偏心影响，可以在构件制作前进行合理的分段，减小构件长度，减小重心偏离位置，通过横桥向设置多条码板进行临时固定，施工完成后拆除。

图 15　自行车道跨十字路口段

2）自行车快速道跨高架桥施工技术

自行车道跨高架桥路段位于厦门市仙岳路高架桥处，仙岳路是厦门市东西方向城市主干道，交通流量巨大，要在尽可能不影响交通情况的条件下进行施工，需要合理安排吊车站位及做好周密的交通疏导部署。

图 16　自行车跨高架桥路段

该路段交通情况复杂，位于仙岳路与云顶中路十字路口交叉处附近，且属于地面交通与空中立体交通的结合处，交通情况整体复杂程度高；地形高差大，自行车道跨高架桥处的仙岳路高架与地面段高差四米左右，使用汽车吊设备吊装时对汽车吊的站位以及构件车的摆放有较高要求；交通疏导难度大，吊装时需要对构件正下方路段进行封路处理，高架桥为特殊的路段，车速高，车流量大，需要对高架路整条封路，在前后区域内规划绕行处理。

自行车道跨高架桥路段靠近高架桥引桥段，施工时需综合考虑高架桥荷载、构件运输路线、交通疏导方案，提前规划汽车吊及货车站位，汽车吊支腿全部架设于引桥上。需对较大构件进行合理地分段，并做好充分的安防措施及交通疏导措施。跨高架桥施工吊装顺序采用墩柱→盖梁→箱梁，钢箱梁吊装分仙岳路南侧高架钢箱梁与北侧高架钢箱梁，施工中封路情况根据南北先后顺序分时期封路。

图 17　跨高架桥路段施工

3）自行车快速道地铁上盖超大跨钢箱梁施工技术

自行车道跨地铁段位于厦门市云顶中路与吕岭路交叉口处，云顶路与吕岭路均为城市主干道，交通流量巨大，同时处于与地铁交叉施工区域，要在保证安全且尽可能不影响交通情况的条件下进行施工，需要进行严格的模拟计算及做好周密的交通疏导部署。

图 18　自行车跨地铁段

该路段路基承载力有限，经过地于位于一个十字路口同时与在建地铁站相交，地铁施工时采用贝雷架组成的贝雷梁进行支撑；施工环境复杂，该路段位于十字路口处，车流量大，白天人流量大且位于BRT高架桥下，施工时净空较小；钢箱梁跨度大，钢箱梁跨度达41m，构件重量大，对施工时的吊装技术要求高；钢箱梁本身长度约38m，超长构件增大运输难度，同时要求对吊装方案进行优化。

综合考虑构件的长度、重量、结构，该跨钢箱梁拼装分为3部分，按照先中间，再两边的顺序进行匹配拼装。拼装胎架使用现有型钢作为支撑胎架，每个胎架长度3m，每根构件下部设置3个胎架支撑。

拼装单元1使用4台100t折臂吊进行四机抬吊吊装，每个折臂吊两个吊点，使用φ36钢丝绳双绳吊装，共使用4根3m长的钢丝绳。

拼装单元2、拼装单元3各使用2台100t折臂吊进行双机抬吊吊装，每个折臂吊两个吊点，使用φ36钢丝绳双绳吊装，共使用4根3m长的钢丝绳。

图19 跨地铁上盖超大跨钢箱梁

运用自行车快速道地铁上盖超大跨钢箱梁施工技术，对跨地铁段部分构件进行合理的分段及运输，同时做好周密的交通疏导措施，能够有效克服跨地铁施工区域及复杂交通情况的影响，在尽量不影响周围施工区域和交通的情况下进行钢结构安装，可推广应用于各类跨地铁路段施工的钢结构工程中。

三、发现、发明及创新点

创新点1：空中自行车快速道的建设，有助于转变居民出行观念和习惯；有利于吸引中长距离出行，提高自行车出行比例；有利于完善自行车交通系统，避免"人非共板"；有利于打造骑行文化、发展绿色健康出行。

创新点2：为打造绿色立体交通，实现既有道路空间的合理化利用，国内首条空中自行车快速道采用多层次空间利用设计。将机动车专属道路、BRT专属道路、自行车专属道路于同一立体空间。

创新点3：部分钢箱梁位于BRT高架桥下方，吊装钢箱梁距离既有桥梁的最小净空仅为2.5m，可操作空间狭小。现有净空不满足汽车吊的吊装要求，故采用对净空需求较小的折臂吊进行吊装。

创新点4：自行车快速道沿线特殊位置主要为跨高架、跨地铁上盖、与十字路口交叉的路段，此部分路段车流量非常大，施工时要尽最大可能降低对交通的影响，施工时间、施工方法及整体施工布局均需要精细的部署。

四、与当前国内外同类研究、同类技术的综合比较

（1）本技术形成一套以"国内首条空中自行车快速道绿色出行理念设计"、"国内首条空中自行车快速道多层次空间利用设计"、"国内首条空中自行车快速道部品设计"、"狭小净空下自行车快速道施工技术"、"特殊路段自行车快速道施工技术"为主的复杂城市道路自行车快速道综合建造技术，解决了市政钢结构桥梁设计、制作及安装等问题。

（2）通过优化快速道钢箱梁结构、革新制作安装等设备，有效解决复杂城市道路自行车快速道设计、制作及安装等问题，形成复杂城市道路自行车快速道综合建造技术，经济效益明显。

经国内外科技查新，未见有相同技术特点的工法及文献报道。同时，经鉴定达到国际领先水平，充分体现了该项技术的创新性。

五、第三方评价、应用推广情况

（1）第三方评价：2017 年 10 月 21 日，广东省住房和城乡建设厅组成了鉴定专家委员会，在广州市组织召开了"复杂城市道路自行车快速道综合建造技术"科技成果鉴定会，鉴定委员会认为该成果达到了国际领先水平，一致同意通过科技成果鉴定。

（2）应用推广情况：本技术已成功应用于厦门自行车快速道、成都天府绿道、江阴绿道、韶关人行天桥等多个项目，技术可推广性强，经济效益和社会效益显著，能够很好地指导类似技术特点的项目进行规划、设计及施工。

六、经济效益

在钢箱梁吊装、钢结构高精度安装与内应力控制等多个方面成果显著，通过缩减工期和提高质量，减少了人工费 90 万元，吊装及卸载机械使用费 860 万元，支撑材料费 1024 万元，燃油动力费 812 万元，施工措施费 1060 万元，管理费 173 万元，共计 4019 万元。

七、社会效益

在成都天府绿道、江阴绿道、韶关人行天桥等项目实施过程中，通过厦门自行车快速道项目技术创新成果的推广，有效地解决了复杂城市道路慢行交通系统的设计、制作及安装等难题，同时该技术对国内外类似工程的规划、设计及施工将提供十分有价值的参考和借鉴。

国内首条空中自行车快速道的成功建造为今后城市慢行系统的发展起到先锋模范的作用，多个城市对该技术的应用推广前景表示肯定，并有意进行规划建造，开启了全国绿色慢行系统建设的新篇章。

图 20　城市慢行交通系统

基于人文生态智慧的城市环湖绿道建造关键技术

完成单位：中建三局集团有限公司、武汉地产开发投资集团有限公司、武汉市园林建筑规划设计院、武汉农尚环境股份有限公司

完 成 人：刘建民、何　穆、张启奎、王召坤、谢立华、王铮朗、周强新

一、立项背景

在过去的几十年间，中国的城镇化发展迅猛，城市的现代生活发展逐渐切断了自然河流和生物廊道。城市与自然的矛盾也日益突出，住在城市里的居民越来越少地亲近自然去进行户外活动，野生动物也被水泥阻隔而无法生存。城市景观和公共开敞游憩空间被挤压、侵占。解决城市问题已日益受到人们的高度重视。绿道作为解决城市问题的有效工具与手段，自20世纪90年代开始，就有景观生态学、城市规划和生物学等学科的学者将绿道研究作为研究的热点和重要课题。

面临新型城镇化的新常态，武汉市2015年城建工作思路专题会议要求进一步提升完善城建理念——"让城市安静下来"，并指出："绿道建设是实现此理念的重要载体，武汉作为最有条件在城市中建设绿道的城市，要重点建设世界级水平的环东湖路绿道"。

目前，我国建成了以珠三角绿道网络为例的城市绿道，它的建设代表我国对现代城市绿道已从理论研究阶段步入实践阶段。同时，它也增加了城市居民的活动场所，丰富了居民的出行方式，为居民提供了一个生态、环保、绿色的活动空间。这也引发了国内绿道建设的热潮。

武汉东湖旅游风景区发展面临的主要问题如下：一是过境交通为主，缺乏步行道；二是配套设施体系不完善，无法吸引游人长时驻留；三是游憩及停车设施缺乏，公交站场较少，无法满足游客多元化需求；四是景区展现文化内涵不够；五是环湖路周边景观资源丰富，缺乏串联式景观线路，无法形成慢游、慢赏体系。

图1　原风景区承担大量过境车流

因此，研究建造一条契合武汉东湖特色城市环湖绿道具有重大意思，主要包括以下四点：

1. 串联东湖丰富的人文和自然资源
2. 扩充市民游憩、休闲的城市共享生活空间
3. 促进缓解城市发展与自然保护的冲突
4. 完善绿色、生态、环保、智能的绿道网络体系

东湖绿道工程简介，东湖绿道是国内首条中心城区5A级景区绿道，同时也是全国最大城中湖环湖绿道，全长101.98km。标准段宽6m，由湖中道、湖山道、磨山道、郊野道、听涛道、森林道、白马道7条主题绿道组成。

二、详细科学技术内容

1. 城市环湖绿道人文景观慢行网络构建技术

（1）以人文景观升级为基础的绿道选线技术

图 2 东湖绿道建成后实景照

　　东湖风景区楚、三国、近代文化在此交相辉映，但开发程度不够，缺乏有效串联、改造、维护。东湖绿道选线充分利用东湖的开放边缘空间，沿湖而建，连接落雁、磨山、森林公园等自然景观，并串联东湖的楚风汉韵、历史轨迹，形成 7 大主题绿道，8 大景区。东湖绿道建设，将原有文化建筑进行保护修缮。在东湖绿道原景点空白处，结合原有地形特征，增补具有现代气息的自然、人文景点，让绿道的人文、景观性更加丰富。

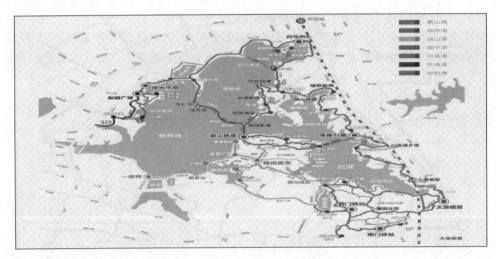

图 3 东湖绿道平面图

图 4 八大景区分布图

图5　湖光阁升级改造

图6　桃花岛雕塑

（2）以人性化需求为导向的绿道游径系统研究

东湖隧道通车，实现了东湖绿道禁止机动车通行，创造了建设慢行绿道网络的条件。预测东湖风景区客流量将逐年增大。东湖绿道外部交通以"就近接驳、互联互通"为原则，联通外部道路，修建停车场，解决自驾、乘公共交通抵达东湖绿道的问题，满足游客外部可达性的需求。外部交通提升，12条道路快速进入景区，新建17处社会停车场，接驳18条公交线，2条地铁线。东湖绿道内部交通以步行、电瓶车、自行车、水上游船为主要内部交通方式，确保绿道内外交通无缝对接。同时，考虑不同地域、年龄层次、旅游形式的团体均能够获得良好的旅游体验。

图7　东湖隧道

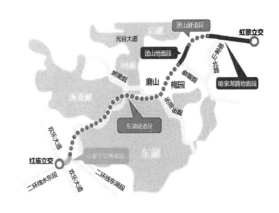

图8　东湖隧道平面示意图

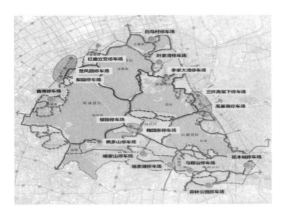

图9　外部交通提升图

图10　内部交通形成"三大环、两小环"格局

（3）综合功能绿道横断面研究

出于举办国际环湖自行车比赛的考虑，东湖绿道按世界级标准建设，步行道宽不少于 1.5 米，自行车道宽不少于 6 米。沿湖亲水，感受大湖气魄是东湖绿道的特点之一。东湖绿道驳岸以"生态优先、因地制宜"为原则，设置了亲水平台、亲水步道、亲水台阶等设施，充分发挥了全国最大城中湖的优势。

人行道 绿化带 人行道 自行车道 绿化带人行道绿化带人行道 生态护坡 人行道 生态护坡
2.5m 1.0m 1.6m 6.0m 1.0m 2.0m 1.0m 1.8m 4.0m 2.0m 2.0m

道路红线宽度(13.6m)
总长25.1m,含生态护坡

图 11 东湖绿道标准横断面

图 12 东湖绿道世界级赛道

（4）人文关怀理念下绿道驿站设置及建造研究

通过对服务对象的交通特性分析，得知驿站功能主要在于管理、商业、休息、科教、安全等方面。又考虑到功能的需求程度，将之分为必要和基本需求，并以此将驿站分为一、二、三级 3 个等级。充分考虑行人、骑行者的到达能力，合理分布一、二、三级驿站，并根据驿站的服务能力对其进行搭配，确保在游客需要的情况下，可及时到达驿站。根据不同绿道的不同主题，设置新荆楚建筑风格、郊野生态民居风格等各样的驿站，在提供基本服务功能的同时，让旅客不间断感受绿道所带来的人文理念。

图 13 新荆楚建筑风格一级驿站

图 14 郊野生态居民风格二级驿站

研发了城市环湖绿道人文景观慢行网络系统的规划和设计技术，解决了国内最大城中湖景区内慢道设施不健全、文化内涵展现不够、配套设施不足、景点分散，通达性差等难题，实现了多维度环湖绿道交通网络。

2. 城市环湖绿道人文景观慢行网络构建技术

（1）滨湖区域点线面一体海绵园区构建技术

空间格局上，提出点、线、面一体化布局，实现东湖全域海绵生态园区。海绵园区整体临水布局，分为道路带状绿地空间和以场地为主的节点空间，场地径流结构呈"点线结合，以线串面"海绵网络。线性海绵，提出了一种滨水带水体净化系统，通过堤岸前设置前置塘以及滨水复合植物净污带多层次带结构，达到了沉淀和过滤雨水的作用，同时采用人行道铺装蓄排水技术；节点海绵，以湖中道为例，采用复合设计方式，利用多坡绿地、前置塘、透水铺装、下沉式绿地，雨水被净化后，排至东湖湖体；面海绵，为提升东湖调蓄能力，东湖绿道设置桥梁 20 座，增强原有的水系连通功能，同时更好地保护水质。

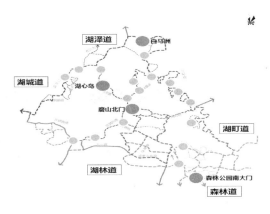

图 15　东湖绿道海绵园区分布图

图 16　滨水带水体净化系统

图 17　湿地公园

图 18　水系连通

（2）节约型园林技术

节约型园林技术主要包括生态游憩型草坪耐践踏性提升技术、零碎板状石材模块铺装技术、既有建筑利用三方面。

（3）生态创新型材料及工艺应用技术

生态型铺装材料，东湖绿道铺装材料采用自然、生态、环保的铺装材料共计 65 种，共铺装 20.3 万 m²，包括天然石材，天然木材及废旧材料的二次利用，按照各主题绿道的特色分类铺装。创新型铺装材料，为满足景观及游客体验需求，东湖绿道创新采用各种铺装材料，如 CLS 柔性彩色橡胶铺装、荧光跑道、高黏高弹沥青、虎皮墙等，极大地提升了工程的服务性、舒适性、景观性、趣味性。同时，创新提出了一种易于开启的隐形井盖，采用了复杂地形道路铺装控制技术。

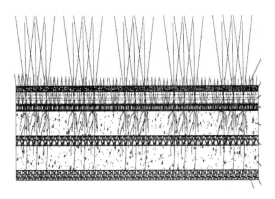

图 19　生态游憩型耐践踏性草坪结构图

图 20　既有建筑利用之万国宫园

图 21　废旧枕木铺设园路

图 22　旧磨盘铺设汀步

图 23　荧光跑道

图 24　高黏高弹沥青道路

（4）城市绿道野生动植物保护技术

一是动物保护，根据绿道的生态环保功能，需要为生物提供栖息地及迁徙廊道；二是植物保护，绿道植物设计，注重乡土植物的应用及保护，维护植物群落的稳定，防止外来物种入侵造成生态灾害。同时，做好施工期间植物保护。

研发了基于生态保护的环湖绿道建造系列技术，因地制宜、就地取材，创新采用截、治、渗、引、排等技术措施，解决了环湖硬质滨水带雨水未经净化直接排入湖体、游憩型草坪耐踏性差、景区道路与自然环境相冲突的技术难题，形成了滨湖区域点线面一体化的生态园区及绿道系统。

图 25　郊野道鸟类栖息地

图 26　植物保护

3. 基于资源一体化的智慧绿道应用技术

（1）基于大数据和人工智能的绿道集成管理及服务平台

东湖智慧绿道系统采用世界上先进的互联网/物联网技术，实现智慧导游、停车智能诱导、智能租车、导航定位、多媒体互动查询、免费 WIFI 全覆盖等功能和服务，并通过"千人千面"智慧系统，为游客提供满足其个性化需求的旅游服务。主要包括游客服务系统、运营管理服务系统、对外接口三大方面。

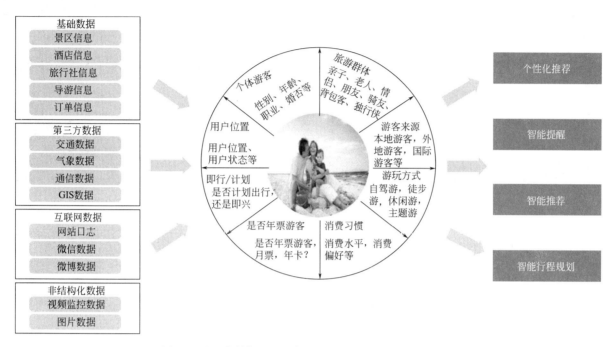

图 27　基于大数据和人工智能的绿道集成管理及服务平台

（2）基于大数据和人工智能的绿道集成管理及服务平台

打破信息壁垒，打通数据孤岛，多维度全面引入综合数据，转化为用户级的千人千面服务，依赖于人工智能技术的支撑，为游客提供"一对一"的个性化服务，给游客全新的智慧化游玩体验。系统用户可以通过绿道 APP 进入导览地图、吃游娱住购导航、旅游攻略、推荐景点等服务页面，提供多元化、智能性、综合性的服务。

图 28　智慧绿道 APP 应用技术

（3）智能监控及安防体系技术

主要包括基于资源一体化的监测调度管理系统、基于实战的智慧绿道安防系统（AR 高点防控、人脸识别系统、高清卡口系统）。

图 29　基于实战的智慧绿道安防系统-AR 高点防控　　　　　　图 30　人脸识别系统

开发了绿道智能化集成管理服务平台，解决了大型景区绿道的信息共享不足、大数据分析能力弱、安防监控不完善的技术难题，提升了绿道的数据处理能力和运维管理水平。

三、发现、发明及创新点

1. 城市环湖绿道人文景观慢行网络构建技术

提出一种城市绿道生态人文景观慢行网络构建技术。针对全国最大城中湖存在景观盲区、景区分散、配套设施不完善及无专用旅游主通道等问题，提出了百里环水、一心三带的绿道网结构，以环郭郑湖为核心，串联汤凌湖及小潭湖绿道、环团湖绿道及环后湖绿道。解决了国内最大城中湖景区内慢道设施不健全、文化内涵展现不够、配套设施不足、景点分散，通达性差等难题，实现了多维度环湖绿道交通网络。

2. 生态节约型城市绿道构建关键技术

研发了基于生态保护的环湖绿道建造系列技术，因地制宜、就地取材，创新采用截、治、渗、引、排等技术措施，解决了环湖硬质滨水带雨水未经净化直接排入湖体、游憩型草坪耐踏性差、景区道路与自然环境相冲突的技术难题，形成了滨湖区域点线面一体化的生态园区及绿道系统。生态节约型城市绿道构建系列技术如下：提出了一种滨水带水体净化系统，通过堤岸前设置前置塘以及滨水复合植物净污带多层次带结构，达到了沉淀和过滤雨污水的作用；创新提出了一种耐践踏的层状结构草皮，通过由下至上依次铺设隔离层、排水层、基质层、加固层、草籽层及保护层，在基质层的中间铺设有一层蓄排水层，实现了在提高草坪的耐践踏性，减小草皮移动时对土壤影响的同时，也能对园林废弃物进行二次利用；创新提出了"一种易于开启的隐形井盖"，通过将内框设置为上大下小倒锥台结构，设置内外框间隙为 3～5mm，蝴蝶孔处加设挡板防砂浆堵塞，板底加劲肋两端设置成倒角等，实现了隐形井盖易开启、强度高及景观要求；提出了一种随形纹路的大面积虎皮石颗粒墙面，通过对石材进行人工敲剥，设置拉结石等，进行随形垒砌，制造出了大面积虎皮的随形纹路，在满足垒砌高度的同时保证了墙面的安全坚固；提出了"一种利用零碎板状石材进行铺装的模块单元"，通过将板状石材由 11 块不同规格的六边形结构单元板进行拼接，依次编号铺设，实现了满足视觉效果的同时达到了降本增效的目的。

3. 基于资源一体化的智慧绿道应用技术

开发了绿道智能化集成管理服务平台，解决了大型景区绿道的信息共享不足、大数据分析能力弱、安防监控不完善的技术难题，提升了绿道的数据处理能力和运维管理水平。相比传统的智慧旅游系统，针对全国最大城中湖绿道智慧系统复杂及数据量庞大的情况，提出了资源一体化的智慧绿道综合系统解决方案：发明了一种"一种基于局部区域特征的车型识别方法和装置"，通过截取视频监控图片中车辆的局部目标区域，匹配出该目标区域所对应的特征库，利用图像理论及计算机视觉技术快速对车型进行识别，实现了对电子警察监控、肇事、嫌疑、被盗车辆进行智能识别，并为进一步对景区各路口交通管理及安保提供技术支持。提出了景区千人千面旅游大数据系统，通过打通多条景区外部数据接口，将景区外部公安、交管、运营商、互联网 LBS 等数据均接入景区旅游大数据平台，同时基于阿里云自研分布式计算模型，能够更快速的解决海量数据计算问题，并采用快速、完全托管的 GB/TB/PB 级数据仓库解决方案，适用于 100GB 以上规模的存储及计算需求，最大可达 EB 级别，实现了更大范围的搜集数据，更快速的解决海量数据计算问题，为系统提供数据支撑，构建了资源一体化的大系统平台。

四、与当前国内外同类研究、同类技术的综合比较

1）东湖绿道是国内首条中心城区 5A 级景区绿道，同时也是全国最大城中湖环湖绿道，全长 101.98km。武汉作为最有条件在城市中建设绿道的城市，重点建设了世界级水平的环东湖路绿道。不同于传统的城市绿道，东湖绿道构建了集人文、生态、智慧于一体的城市慢行网络。

2）东湖绿道位于武汉市城市中心，外部交通以"就近接驳、互联互通"为原则，联通外部道路，修建停车场，解决自驾、乘公共交通抵达东湖绿道的问题，满足游客外部可达性的需求。东湖绿道内部交通以步行、电瓶车、自行车、水上游船为主要内部交通方式，电瓶车、自行车租车点均设置在外部交通接驳点处，确保绿道内外交通无缝对接。

3）项目在规划设计方面，针对城市环湖绿道人文景观慢行网络系统构建取得了一定的突破，解决了国内最大城中湖景区内慢道设施不健全、文化内涵展现不够、配套设施不足、景点分散、通达性差等难题，实现了多维度环湖绿道交通网络。

4）项目采用了滨湖区域点线面一体海绵园区构建技术，通过采用滨水带水体净化系统、人行道铺装蓄排水技术、生态湿地、水系连通等，进行节点海绵、线性海绵与面海绵一体化布局，实现东湖全域海绵生态园区，与目前已有绿道的海绵城市设计相比，功能性更强。

5）项目采用节约型园林技术、生态创新型材料及工艺应用技术，东湖绿道铺装材料采用自然、生态、环保的铺装材料共计 65 种，共铺装 20.3 万 m^2，包括天然石材，天然木材及废旧材料的二次利用。在材料使用方面，更具有生态环保性。

6）与传统的景区智慧系统相比，东湖绿道智慧系统在高清卡口系统方面，本次运用在了旅游景区，并且卡口系统不仅能识别机动车、而非机动车、人的特征都能识别；AR 高点整体建模，各个路段摄像机整体联动，实时监控整个区域；大数据维度更高，从通信运营商、互联网应用服务商、交管、公安等多维提取数据；国内绿道首次引入人工智能，具有语音识别、图像识别、数据分析、智能推荐功能。提升了大型绿道景区的数据处理能力和运维管理水平。

五、第三方评价、应用推广情况

1. 科技查新

2018 年 6 月 2 日，中建三局集团有限公司等单位委托湖北省科技信息研究院查新检索中心，对本课题"基于人文生态的城市环湖景区智慧绿道建造关键技术"进行科技查新，查新结论为，在所检国内外文献范围内，未见有相同的报道。

2. 课题鉴定

2018 年 6 月 26 日，中国建筑集团有限公司在武汉组织召开了由中建三局集团有限公司等单位共同完成的"基于人文生态智慧的环湖绿道建造关键技术"项目科技成果评价会。与会专家察看了现场，审阅了评价资料，听取了成果汇报，经质询讨论，评价委员一致认为，本课题成果总体达到国际先进水平。

3. 应用推广情况

该成果获得专利授权 4 项（其中发明专利 1 项）、软件著作权 5 项，形成省部级工法 1 项，已在武汉东湖绿道项目成功应用，保证了工程质量，提高了工效，经济、社会和环境效益显著，具有广泛的推广应用前景。

知识产权列表

序号	专利/著作权名称	类型	专利号/登记号
1	一种基于局部区域特征的车型识别方法和装置	发明专利	ZL201510090518.3
2	一种滨水带水体净化系统	实用新型	ZL201720186501.2
3	一种易于开启的隐形井盖		ZL201620679962.9
4	一种耐践踏的层状结构草皮		ZL201520936036.0
5	捷讯旅游智能集成管理系统 V1.0	著作权	2018SR252124
6	捷讯千人千面旅游大数据系统 V1.0		2018SR097891
7	捷讯智慧旅游 APP 软件(iOS 版)V1.0		2018SR097896
8	众智软件视频图像信息解析平台[简称：VIAP1000]V1.0		2017SR648412
9	烽火众智社会治安大数据分析系统 V2.0		2017SR725678
10	硬质坡面生态复绿灌溉系统施工工法	湖北省省级工法	HBGF 092—2016

六、经济效益

1）目前东湖绿道滨水带水体净化系统，年均可创造污水处理费用的效益 77 万元，可节省水费近 117 万元。

2）东湖绿道采用自主技术一种耐践踏的层状结构草皮，共节省费用 332 万元。同时，采用废旧枕木、废弃砖、废旧磨盘等材料，可节省铺装费用约 560 万元。

3）通过采用自有技术一种易于开启的隐形井盖，成本减少约 96 万元。东湖绿道采用高黏高弹 SMA-10 沥青面层，年均可减少维护费用 367 万元。

4）采用智慧绿道应用系统，通过一种基于局部区域特征的车型识别方法和装置每年可提高停车场的收益 680 万元。智慧绿道应用系统每年减少管理成本、人工成本及运维成本总计为 522 万元。

5）采用城市绿道千人千面旅游大数据平台技术，年均累计节约网络营销推广费用 506.7 万元。

七、社会效益

东湖绿道开放至今，东湖风景区接待了多场重大外事活动，2018 年 4 月 28 日，国家主席习近平与印度总理莫迪在武汉东湖会晤，中印领导人在东湖边散步。

目前已接待了超过 1200 万人次的中外游客，累计举办百人以上大型活动超过 1230 余场，包括 2017 年、2018 年武汉马拉松及 2018 东湖绿道国际自行车骑行赛等，2019 年将承办世界军人运动会相关赛事，已成为武汉的一张靓丽名牌。2016～2018 年，市地空中心应联合国人居署邀请，在第九届世界城市论坛等活动上，向全球推广东湖绿道。2017 年，东湖绿道上了 10 次央视，向全国展现东湖绿道人文和生态。东湖绿道实现了"漫步湖边、畅游湖中、走进森林、登上山顶"的规划目标，同时成为提升城中湖绿道建设提供了标杆。

基于 BIM 的现场 3D 激光快速精确测量放样成套技术研究

完成单位：中建五局工业设备安装有限公司
完成人：谭立新、周 毅、汤浪洪、田 华、杨 勇、刘 骁、刘 钊

一、项目立项背景

随着我国经济的快速发展，大型超高层建筑的数量持续增加，建筑的类型和特征日趋复杂化。大型复杂的建筑工程项目往往由于建筑造型特异，导致结构空间复杂、机电系统繁多、管线分布密布、施工精度要求高、施工工期短。

施工现场土建、机电、幕墙等分包单位都需要进行大量的放样定位和测量校验，错误及返工都是巨大的时间和成本浪费。

近几年，BIM 技术快速发展，目前 BIM 技术能够在深化设计阶段对图纸进行模拟，解决大量的设计问题。但是多数的 BIM 模型都存在于电脑或者是图纸阶段，不能直接的将 BIM 模型应用到施工现场。施工现场能够测量与检验还是沿用旧的方式，大量的设计信息不能有效的传递到施工现场，使得 BIM 模型不能快速有效的指导现场施工。BIM 技术的应用多存在于纸面，造成了图纸与现场"两层皮"的现象严重。

将 BIM 模型信息作用与现场主要有两个困难：

（1）如何将需要进行定位测量放样的定位信息添加至 BIM 模型，并将模型传递至现场设备；

（2）如何快速、精确地将定位的棱镜信息传递至现场施工面。

基于 BIM 模型的现场 3D 激光定位技术，能够有效解决这些困难，将 BIM 模型中的定位信息在施工现场进行测量放样，保证 BIM 施工模型的信息精确度，提高施工质量和效率。使得 BIM 模型更加有效的作用到深化设计、施工、运维等各个阶段。

在 BIM 技术发展的今天，该技术能够更好地将 BIM 模型与现场结合，将模型信息精确反映到现场，必将成为一种新的发展趋势。

二、详细科学技术内容

1. 总体思路

基于 BIM 模型的现场 3D 激光定位技术，能够较好地保证 BIM 施工模型的信息精确度，提高施工质量和效率。能够将 BIM 模型与现场结合。

课题主要研究内容：

（1）基于 BIM 模型的精确测量定位信息技术研究

研究精确定位信息的数据方式及添加方法。确立完善的 BIM 施工模型定位放样数据添加技术与流程，达到定位模型精确设置；着重解决如何在 BIM 模型中添加定位信息，包括如何添加、添加何种定位信息以满足施工需求，以及定位信息添加的流程及步骤等。同时，明确云端定位模型传递的技术与流程信息。通过对目前云端软件的研究，确定 BIM 定位模型上传的位置及获取云端模型的流程信息。

（2）基于 BIM 的现场 3D 激光快速精确放样成套装置研究

根据现场 3D 激光测量放样的特点，研究出一套基于 BIM 的现场 3D 激光快速精确放样装置，研发了一种"双工况快速精确定位激光标记棱镜杆系统"，将棱镜放样位置确定及工作面位置投射装置集成

到一个装置中,一步完成放样定位及工作面投射工作,简化现场 3D 测量放样的流程,提供测量放样的效率。

(3)基于 BIM 的现场 3D 激光快速精确放样工艺研究

建立完善的施工现场激光定位及放样技术。结合施工现场轴网线,控制点及标高控制线,将设计成果高效快速定位到施工现场,实现精确施工放样。主要研究如何将模型中的定位信息真实地反映到施工现场的工作面上。如何在现场精确设站及棱镜位置如何反映到工作平面上。通过激光定位技术采集现场数据,对现场实物进行实测实量,通过将实测数据与设计数据进行对比来检查施工质量是否符合要求,保证工程施工质量。

结合相关机电实体工程实际并根据试验、理论研究及现场测试研究等多种研究方法和研究手段相结合的方法,对"基于 BIM 的 3D 激光定位技术"问题进行了深入的研究。

同时课题组在新技术施工过程中进行专利技术的研发,并在施工现场进行样板段施工和试验,样板实施成功后再进行试点,试点后进行技术总结。为满足现场需要,将现场总结的技术方案结合公司专家委员会意见重新完善调整方案,实现"基于 BIM 的 3D 激光定位技术"的应用,同时并制定质量、安全、环保的管控措施,总结出一套完整的施工新技术和科研成果。

2. 技术方案与关键技术

(1)主要技术原理与路线

建立 BIM 模型,模型审核通过后,在模型中放置放样定位数据,将此时 BIM 模型通过云端传送至安装有"测量放样应用程序"的移动端中。在施工现场将智能型全站仪设站,建立真实三维坐标与三维模型之间坐标的映射关系。通过 WiFi 将移动端与智能型全站仪连接并建立数据关系。在"测量放样应用程序"中,将棱镜的位置映射至三维模型空间相应位置。此时在程序中选择需要放样定位的点(如吊杆安装点),移动棱镜,此时全站仪会自动跟踪测量移动端上棱镜坐标。当棱镜位置显示在 BIM 模型中并与选定的放样定位点坐标重合时,此时棱镜实际位置即为需要定位放样的点的位置。

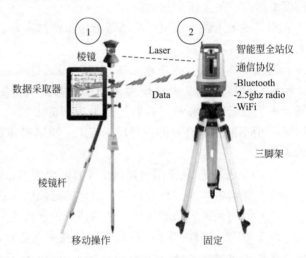

图 1　全站仪与移动端定位原理

此时,棱镜位置为需定位的点,通过"一种快速精确定位激光标记的棱镜杆系统",激光放线仪的垂直激光一端对准棱镜中心,一端投射的需要的工作面上。此时投射在工作面上的点的坐标及为棱镜在坐标。工人根据投射的激光点进行放线定位。从而将三维模型中的点位信息直接在施工现场工作平面上定位。

工艺路线图如下:

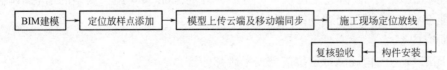

图 2　工艺路线图

(2)基于 BIM 模型的精确测量定位信息技术研究

利用 BIM 软件建立 BIM 模型,对模型进行优化及碰撞检查,确定模型可用于施工后,按规范及现场要求设置机电管线的支吊架等附件,使得模型能够达到施工标准,此时的 BIM 模型中没有相关的定位信息。本阶段的研究着重解决如何在 BIM 模型中添加定位信息,包括如何添加,添加何种定位信息以满足施工需求,以及定位信息添加的流程及步骤。最终,将添加了定位信息的模型轻量化并传递至施工现场移动端软件中进行现场定位放样。

具体流程：

1）利用审核完成的施工模型，建立定位放样模型。BIM 软件中安装"测量放样应用程序"的插件。

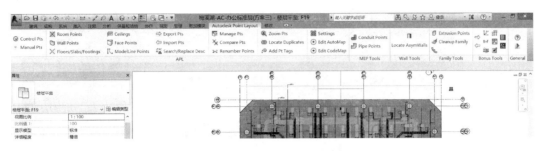

图 3　插件安装完成后界面

2）定位放样信息分为控制点与定位点进行添加：

控制点是用于现场智能全站仪设站的定位点，是 BIM 模型与现场实际结合的基础点。控制点一般设置于现场比较容易精确定位的位置，并且由于现场柱、墙等结构的遮挡，控制点一般需设置多个（定位点 1，点位点 2···），根据一般经验每个控制点可完成半径 50m 范围内定位放样点的定位。可根据现场实际情况进行设置。控制点一般在现场选定后再在软件中进行设置。

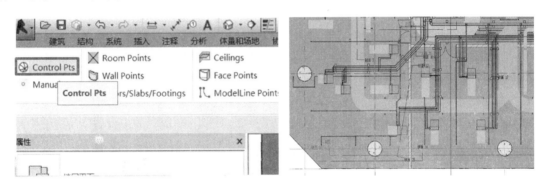

图 4　控制点设置

定位点是根据现场施工需要，根据 BIM 模型需要在现场实际定位的点，以机电施工为例：如支架吊杆安装点、水管或风管的中心等，在模型中根据不同专业管线要求放置放样定位点。

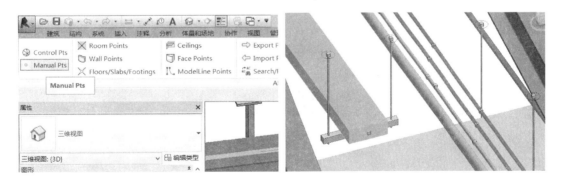

图 5　放样定位点放置（矩形方块）

3）定位模型传递

定位模型完成后，通过 BIM 软件中安装"测量放样应用程序"插件上传至上传至云平台，在有网络的情况下，平板电脑（移动端）通过"测量放样应用程序"将定位放样模型从云端同步全移动端。此时，移动端可在无网络的情况下进行测量放样。

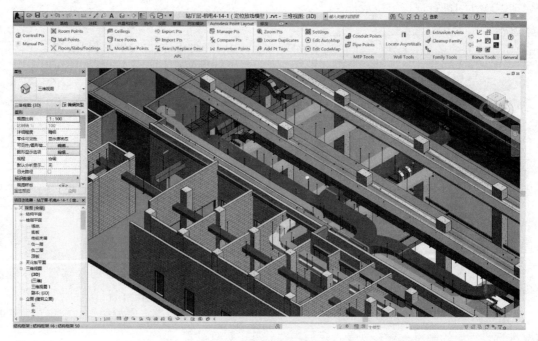

图 6　定位放样模型

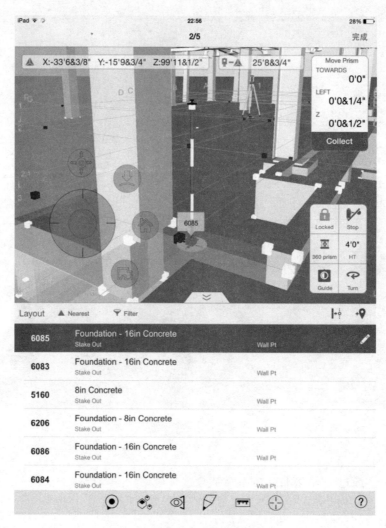

图 7　模型同步至移动端界面

通过对控制点及定位点的识别添加，使得 BIM 模型中获得了定位信息，为下一步现场定位奠定基础。明确不同专业对于定位信息的需求。

云平台传递过程中平台可将 BIM 模型进行轻量化，比例大约为 1：10，同时在有网络的情况下可通过云平台进行模型快速传递与修改。

（3）基于 BIM 的现场 3D 激光快速精确放样成套装置研究

根据工艺原理，智能型全站仪可定位至棱镜的位置，需要将棱镜的位置定位至现场，本阶段主要研究如何将模型中的定位信息真实地反映到施工现场的工作面上的装置。通过研究，将整套放样装置集成在棱镜杆，从而达到快速精确放样的目的。

在早期的方案的做法，棱镜的位置通过对中杆标识到地面，再由激光定位仪投射至施工面（如顶棚）。

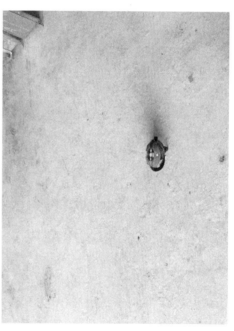

图 8　前期研究定位放线

在现场操作时有着以下的问题

1）在进行棱镜位置定位时，相对于智能型全站 mm 级别的测量精度，整体的移动对中杆来调整棱镜位置，使得测量的操作十分的复杂，工作量巨大且不能保证精度。

2）棱镜位置投射至工作面时，首先通过对中杆将棱镜位置定位至地面，再通过激光仪投射至顶棚等工作平面。步骤较多，容易造成较大的累计误差。

这样导致了国外应用该项技术时，多数用于对于精度及速度要求不高的位置，如基坑的定位等。本阶段研究的装置主要解决以上出现的问题，简化现场放样的步骤，提高基于 BIM 的现场 3D 激光快速精确放样的效率。

我们研发的一种快速精确定位的棱镜杆装置，通过多模块的集成，将棱镜位置定位于棱镜位置投射集成到一套系统中，一次性完成定位信息的工作面投射。并根据现场实际使用情况，改进出二代装置。现在我们以二代装置为例进行介绍。

双工况快速精确定位棱镜杆系统，由行走装置、三脚架、水平调节台、360 度旋转装置、十字精调装置、双层支架、棱镜和激光放线仪组成。

1）投射精调装置

3—8 模块共同构成了投射精调装置。主要进行棱镜位置的精调及棱镜位置的投射。目前共有两种工作模式，左图为投射顶棚模式，右图为投射地面模式。我们以投射顶棚模式进行介绍。

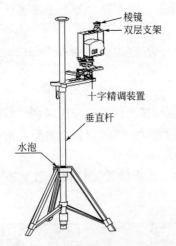

图9 快速精确定位棱镜杆（一代）

图10 双工况快速精确定位棱镜杆（二代）

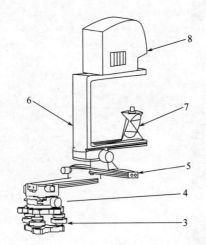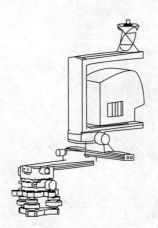

图11 投射精调装置

A. 投射装置

由双层支架、激光放线仪、棱镜组成，双层支架上设置水平泡检测支架的水平状态，下方槽与十字精调平台上方锁扣装置连接。双层支架上层放置激光放线仪，下层放置棱镜。水平状态时，激光放线仪

图12 投射工作状态（顶棚平面）

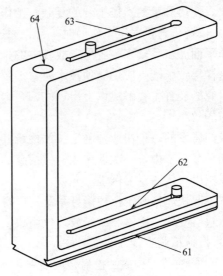

图13 双层支架

向垂直方向放出激光，通过调整激光放线仪与棱镜的相对位置，使得向下的激光对准棱镜的中心位置。此时，就可通过上部激光在顶棚平面上投射出位置。

B. 精调装置

由水平调节台、360°旋转装置、十字精调装置组成，主要进行快速精确调节。

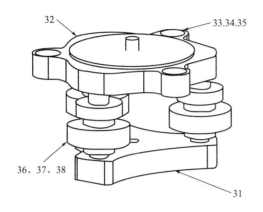

图 14　水平调节台

水平调节台，通过三个轴高度调整调整平台水平。平衡调节座底部螺栓孔与三角支撑架连接，上部螺栓连接 360°旋转装置。

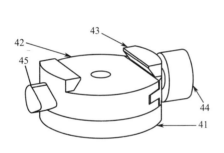

图 15　360°旋转装置

360°旋转装置，下方螺栓孔与平衡调节座连接，上方平台上有水平泡用于观测水平度，上方锁扣装置用于与十字精调平台进行锁扣连接。上方平台可带动上部装置进行 360°旋转，调整合适的棱镜角度。

十字精调平台，下面底座上槽可与平衡台座上方锁扣装置连接，上部平台上锁扣装置用于与双层支架上槽连接。可通过旋钮带动上部平台上固定的投射装置，进行 X 与 Y 两个方向 15cm 内的精确调节及固定，从而实现了棱镜的十字无极精调。

精调装置通过三个装置的集成，避免了棱镜定位时移动整个对中杆进行调整的步骤，实现棱镜在范围区域内的无极精调，提高棱镜定位的效率及精确度。

2）三脚架

三脚架，放置整个投射精调装置，是投射精调装置的载体。上部有平台及螺栓，用于固定水平调节台。可通过调节每个脚的长度，调节上部平台的水平。

3）行走装置

行走装置，包括固定支架和行走轮组成。行走支架上可放置固定三脚架。一般在施工地面平整的情况下加装行走装置，提高移动效率。如地面条件不满足要求，则直接使用三脚架，不加装行走装置。

在现场操作过程中，由于棱镜杆和移动端需分开进行操作，单人操作不便。在棱镜杆的基础上，我们又研发了一种棱镜杆与平板电脑连接装置。通过高度调节装置，角度调节装置及固定架，可简单、快捷地将平板电脑与棱镜杆进行一体化连接，实现测量能单人操作完成。

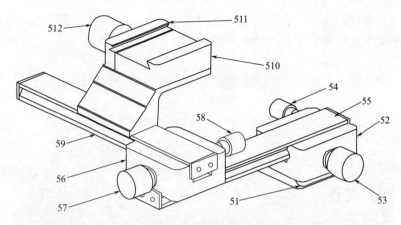

图 16 十字精调平台

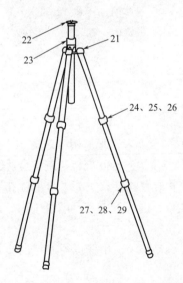

图 17 三脚架

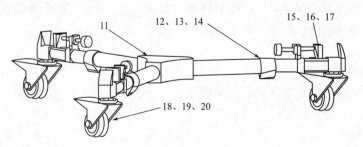

图 18 行走装置

（4）基于 BIM 的现场 3D 激光快速精确放样工艺研究

利用前两项研究的成果，确定施工现场的整个快速精确放样的工艺流程。包括全站仪的现场设站，利用成套装置将 BIM 模型中的信息定位至工作平面的流程以及通过成套装置对现场完成的成品进行检验的流程。

1）现场设站

将智能型全站仪和已同步定位模型的平板电脑带至施工现场，平板电脑通过 WiFi 与智能型全站仪连接。在平板电脑中测量放样应用程序软件中打开定位模型。通过激光放线仪将智能型全站仪设置在事先选定的控制点（如控制点一），在软件中选择相对应的控制点（如 Control Point 1），完成锁定。完成这个控制点与施工现场相应位置的空间坐标映射，棱镜在显示中移动时，"测量放样应用程序"软件 3D 模型中的虚拟棱镜也会同步进行移动。完成控制点一设站。

现场设站时，现场控制点的测量与智能型全站仪设站的精度，直接影响真实三维坐标与三维模型之间坐标的映射关系。定位放线质量控制的重点。

2）定位放样

组装好棱镜杆系统，并根据需定位的点所处的工作面，选择棱镜和激光放线仪的位置；

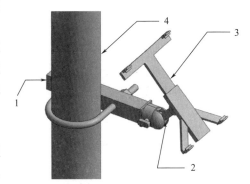

图 19　棱镜杆与平板电脑连接装置

打开激光放线仪，确保其向棱镜一方发出的激光正好被位于棱镜顶端端中部的挡片挡住，此时向另一方发出的激光所投射的位置正好位于棱镜的正上方或正下方。

软件中选择已设定好需要定位点，此时根据软件会显示虚拟棱镜与设定好的点的对应位置，将棱镜杆移动至需定位点附近（水平距离±15cm 以内），通过检查水泡仪确保垂直杆的垂直和双层支架的水平，通过调节十字精调装置上的旋钮对棱镜的位置进行精调，使软件中虚拟棱镜的位置与定位点重合。此时棱镜所在位置即为模型中定位点在现场的准确位置，此时激光放线仪的投射激光，就是定位点在现场工作面的位置。

此时按不同管线要求分类标记激光投射的位置，完成一个定位点的定位，重复上述操作，完成此控制点范围内各定位点的精确定位放线。

完成一个控制点上定位放样后，重复以上两个步骤。

3）复核与验收点位坐标记录

组装好棱镜杆系统，并根据需定位的点所处的工作面，选择棱镜和激光放线仪的位置；

打开激光放线仪，调节激光放线仪的位置，确保其向棱镜 6 一方发出的激光正好被位于棱镜顶端中部的挡片挡住，此时向另一方发出的激光所投射的位置正好位于棱镜的正上方或正下方。

将棱镜杆移动至需复核验收点位附近（水平距离±15cm 以内），通过检查水泡仪确保垂直杆的垂直和双层支架的水平，通过调节十字精调装置上的旋钮对棱镜的位置进行精调，使得投射激光投射至需复核验收的点上。

利用软件记录此时的棱镜坐标，重复上述操作，完成控制点控制范围内所有复核验收点坐标的记录。

完成一个控制点上复核验收点坐标记录后，重复以上步骤。最后，将记录到的坐标点位同步回云端，与之前的模型进行对比，达到复核验收的效果。

图 20　复核验收点位

三、主要创新点

针对传统测量技术无法将 BIM 模型的构件与现场实体构件对应，通过建立 BIM 云平台将 BIM 模型信息带入现场，并进行了以下创新：

1）对 BIM 模型构件进行定位点处理后上传至 BIM 云平台并同步至平板电脑，在施工现场采用平板电脑（移动端）通过无线通信与智能型全站仪（固定端）进行数据链接，通过全站仪采集棱镜数据将 BIM 模型的构件的定位点在现场进行测量定位。

2）建立"一种快速精确定位激光标记棱镜杆系统"，将三脚架、十字精调装置、水平调节台、双层支架、棱镜与激光放线仪组成一个系统，通过十字精调装置精确调节，将棱镜位置快速精准定位至工作平面（顶棚、墙面、地面等）。

3）建立"用于棱镜杆的平板电脑连接装置及全站仪"，通过高度调节装置，角度调节装置及固定架，可简单、快捷地将平板电脑与棱镜杆进行一体化连接，实现 3D 测量能单人操作完成。

4）建立"双工况快速精确定位激光标记棱镜杆系统"将棱镜杆系统与行走装置结合，棱镜杆移动方便，旋转自如，适应施工现场障碍物多等各种工况的需求，提高现场 3D 激光测量放样的可行性和测量效率。

四、当前与国内外同类研究、同类技术的综合比较

目前，国外施工企业在项目施工中已采用 BIM 与智能型全站仪的集成应用进行测量放样，国外此项技术主要能够完成由 BIM 技术上传至平台，再将模型中的信息定位到现场棱镜，棱镜通过对中杆等传统手段定位至需要位置，一般用于精度要求不高的基坑地位及地面位置的预留预埋定位。操作方式过于烦琐、精度不足，对操作人员能力要求较高。

国内这项应用尚处于摸索阶段。

五、第三方评价及应用推广情况

（1）科技查新

项目委托教育部科技查新工作站 L07 进行国内外查新，得到结论"综上所述，国内外公开发表的文献中，除申报单位的专利外，未见有与申报课题查新点相同方面的研究报道"。

（2）成果评价

2018 年 2 月 6 日，湖南省技术产权交易所组织有关专家在长沙召开了由中建五局工业设备安装有限

公司完成的"基于 BIM 的现场 3D 激光测量放样技术"项目科技成果评价会。专家委员会审阅了资料，听取了项目组汇报，经质询和讨论，形成如下评价意见：

"一、提供的资料齐全、规范，符合科技成果评价要求

二、项目基于 BIM 形成了 3D 激光放样施工系统，具有以下的特点与创新

1.编制了"基于的现场激光测量放样施工工法"，指导施工单位基于 BIM 集成智能型全站仪实施数字化放样

2.研发了一种快速精确定位激光标记棱镜杆系统，实现了通过便捷的"十字"无级精调，提高了棱镜投射点的效率和精度

3.实现了棱镜杆的平板电脑装置与全站仪的集成，使测量作业简单化，达到单人独立完成测量施工，降低了劳动力投入，提高了施工效率

4.建立了双工况快速精确定位激光标记棱镜杆系统，可以适应施工现场障碍物多等各种工况的需求，提高现场激光测量放样的可行性和测量效率

三、该成果在多个实际工程中得到成功的应用，取得了良好的社会经济效益，具有广阔的市场前景。"

综上所述，该成果具有较大的创新性，总体技术处于国际先进水平。

评价委员会一致同意通过评价。

（3）应用推广

目前，该技术成果已经在梅溪湖国际文化艺术中心等三个项目进行应用，并逐步在全公司进行推广，形成中建总公司工法"基于 BIM 模型的现场 3D 激光定位工法"。应用项目获得国家级 BIM 大赛一等奖 1 项，二等奖 1 项，三等奖 4 项。研究成果参与编制行业发展报告一项，申请专利 4 项，论文 2 篇。

六、经济效益

本技术单人操作即可完成，相比传统工艺人员投入降低 50%，测量效率提高 5 倍以上，成本降低率达 60%左右；同时，也杜绝了因数据计算或者现场施工放样误差造成的返工及设计变更的损失。

七、社会效益

本技术实现了对 BIM 模型构件与现场构件一致性的控制，填补了国内外 BIM 模型对现场构件精确定位的空白，使得 BIM 模型更加有效地作用到深化设计、施工、运维等各个阶段，拓展了 BIM 技术应用领域，推动了行业的技术进步，同时也提升企业的核心竞争力。

繁华地段新建地铁无缝对接既有线微扰动立体施工技术

完成单位： 中建五局土木工程有限公司、中国建筑第五工程局有限公司、国防科技大学军事基础教
育学院、长沙市轨道交通三号线建设发展有限公司
完成人： 罗桂军、罗光财、汪庆桃、卢志远、胡其高、彭泽健、汤仁杰

一、立项背景

随着城市地铁的发展，地铁线路不断增加，新增线路与已经运营的既有线路交叉换乘。新建线路与既有线路无缝连接，在施工时如何保证既有运营线路的正常运营、同时保证接口施工时的安全及质量，是国内外地铁施工面临的难题。

长沙火车站站沿车站路布置于火车站前广场与车站路交界位置，为新建地铁 3 号线和既有地铁 2 号线多层换乘站，两个车站主体之间成 69.63°夹角无缝对接。车站为地下 3 层岛式结构，计算站台长 118m，宽 14.8m，包括车站主体和出入口通道、风道等。工程具有如下几个特点：

（1）车站地处中心城区的繁华地带，交通拥挤，场地狭窄，对施工管理要求高、施工扰动控制标准要求高；

（2）管线复杂，迁改困难。长沙火车站为老城区，管线种类、数量多且错综复杂，管线设计图纸与现场严重不符，很多管线甚至都没有设计图纸，施工十分困难；

（3）两车站进行零距离对接，新建车站要在保证既有线路正常运营的情况下进行施工，施工技术要求高、扰动控制难度大、监测要求高。因此，新建车站基坑围护结构微扰动连接封闭技术、新建地铁车站基坑群微扰动开挖技术、临近既有线大孔径静态爆破施工技术、既有线大体积钢筋混凝土围护结构微扰动拆除技术、新老混凝土微扰动搭接及综合防水技术、侧墙自行式液压单边支模微扰动施工技术、新建地铁无缝对接既有线施工现场监测体系及与安全控制技术等为本工程的施工控制关键技术。本课题的研究活动将解决长期以来在地铁施工中新线建设施工与既有线正常运营无缝搭接的技术难题，不仅为长沙火车站站安全、优质、高效、按期建成提供理论支持及技术保证，而且可以进一步完善和发展地铁车站及地下工程设计施工理论及技术，为类似工程提供借鉴作用，无疑将会创造巨大的经济和社会效益。

二、详细科学技术内容

1. 新建地铁无缝对接既有线微扰动控制体系和评价指标研究

微扰动是一个很宽泛的概念，既有定量的描述，又有定性的描述，至今为止国内外对此没有一个统一的定论。本项目依据依托的工程特点，建立微扰动控制体系，主要内容包括：

（1）施工微扰动，即施工对周围岩土体的扰动引起岩土变形，可能影响地表建筑、构筑物和已有管线等设施；施工引起地下水水位变化等；

（2）环境微扰动，即施工产生的噪声、扬尘等对周围环境的影响；

（3）管理微扰动，施工对人流、车流、既有运营线路的影响等。

依据依托工程的特点，施工微扰动主要是指新建地铁车站基坑开挖引起的周围地表沉降、建筑物变形、既有二号线结构变形等等。通过广泛的理论分析并参照相关标准，在产生轨道高差为 4mm 的前提下，计算的最大沉降为 42mm。文献认为，当扰动值控制为正常指标的 30%～70% 可以认为施工为微扰动，本项目拟取最大沉降控制值为 20.0mm 作为施工控制标准，即既有线微扰动控制标准如表 1 所示。

对于基坑沉降、地下水位监测等指标，在综合考虑基坑场地岩土工程地质、水文地质条件、基坑安全等级、周边环境条件及《建筑基坑支护技术规程》JGJ 120—2012、《建筑基坑工程监测技术规范》GB 50497—2009 等规程、规范，其微扰动控制标准如表 2 所示。

既有 2 号线内部监测项目警戒值 表 1

监测项目	判定内容	控制值（mm）
左右轨道道床横向高差	最大变形值	4.0
轨道道床轨向高差	最大变形值	4.0
结构竖向位移	最大变形值	20.0
结构水平位移	最大变形值	20.0

既有 2 号线外部监测项目警戒值 表 2

序号	监测项目	控制基准	预警值
1	既有 2 号线车站沉降监测	累计值：隆起 6mm、下沉 6mm	累计值：隆起 4mm、下沉 4mm
2	围护结构变形	20mm	14mm
3	基坑沉降	30mm	20mm
4	地下水位监测	设计水位以下 1m	设计值 0.5m

环境微扰动指标主要为施工产生的噪声、扬尘等对周围环境的影响。通过优良的设计，优化生产工艺，采用合理的技术、材料，尽可能地减小施工噪声、扬尘对周围环境的影响。其控制指标如下。

（1）声控制：桩基施工阶段：昼间＜85dB，夜间禁止施工；土石方施工阶段：昼间＜75dB，夜间＜55dB；结构施工阶段：昼间＜70dB，夜间＜55dB；装修施工阶段：昼间＜65dB，夜间＜55dB；

（2）扬尘控制：基础施工期间目测扬尘高度不大于 1.5m，结构、安装期间不大于 0.5m。

管理微扰动基于 BIM 技术模拟了新建地铁车站无缝对接既有线施工的全过程以及场外交通疏解模式，揭示了地铁车站近接施工安全风险的时空演变规律；构建了既有线运营安全智能监测体系（图 1），对地铁车站近接施工扰动变形（图 2）与气候环境进行了动态监测，建立了繁华地段地铁车站施工过程动态智能预警与安全管理系统，实现对整个工程的人流、车流、新建工程施工风险和既有运营线路的安全运营等全过程的信息化模拟与优化。

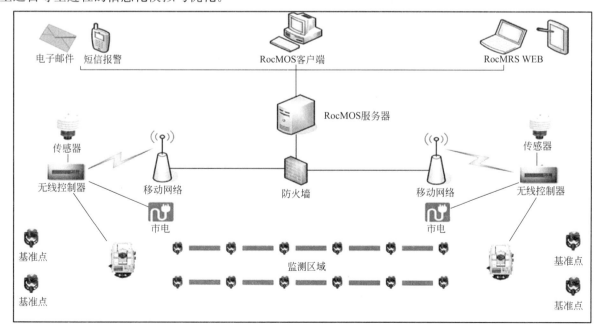

图 1　自动化监测系统组成示意图

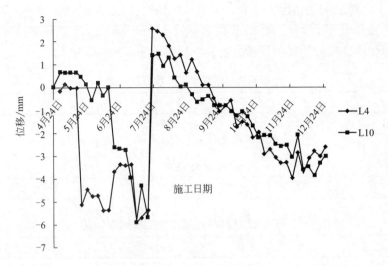

图 2　既有线车站沉降时程曲线

2. 新建地铁无缝对接既有线施工风险评估技术研究

本针对繁华地段新建地铁车站无缝对接既有线车站施工存在周围环境复杂、安全隐患大、不确定因素多、技术要求高等特点，采用专家评议与层次分析（AHP）相结合的方法得出了 9 个风险类、51 个风险源的风险等级和风险大小，并提出了降低风险等级、严格控制风险的对策。结果表明，既有 2 号线风险在整个工程中是风险最大的，在施工过程中应该严加控制。三级层次分析评价模型如图 3 所示。

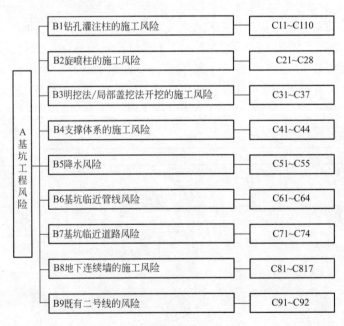

图 3　三级层次分析评价模型

3. 新建地铁车站基坑群开挖对周边环境影响规律研究

本对新建地铁车站基坑群开挖及对建（构）筑物影响的数值模拟方法进行了研究，数值模拟结果与监测结果的一致性验证了数值模型及材料模型与参数的正确性，在此基础上结合理论研究与现场监测，开展了基坑群开挖及对周围建（构）筑物的影响研究。并从基坑开挖时序、单步开挖深度、围护（支护）结构等方面对基坑开挖方案进行了优化。研究结果表明，单步开挖控制在 2～3m，两侧基坑对称开挖有利于控制 2 号线结构的变形，更有利于确保基坑施工过程中 2 号线的安全运营。

图 4 地铁车站基坑工程建模

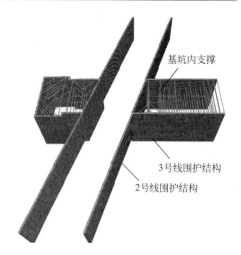

图 5 支护结构建模

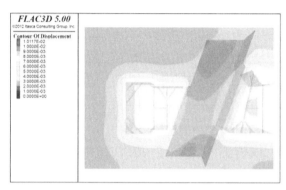

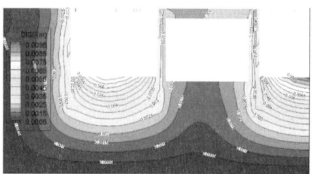

图 6 基坑第三层开挖后位移场云图

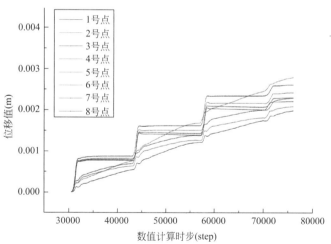

图 7 基坑分层开挖过程监测点位
位移变化曲线

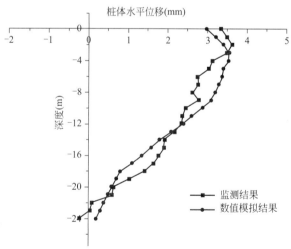

图 8 南侧基坑东侧桩体（cx04 测点）
水平位移的数值模拟与试验结果比

基坑开挖时序的数值模拟结果 表 3

工况	基坑底部隆起（mm）	2 号线结构位移（mm）	南侧基坑（mm）				北侧基坑（mm）		
			东围	南围	西围	北围	东围	南围	西围
两侧同时	63.6	2.9	4.2	4.4	4.8	4.4	5.6	4.8	5.3
先南后北	63.1	4.3	4.3	4.4	4.6	4.9	5.7	5.2	5.5
先北后南	67.3	3.8	4.2	4.5	4.9	5.1	5.7	5.3	5.4

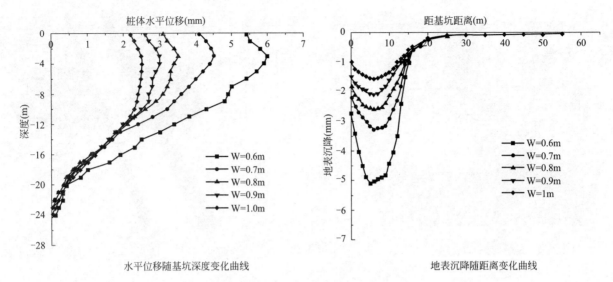

水平位移随基坑深度变化曲线　　　　　　地表沉降随距离变化曲线

图9　不同厚度的连续墙参量变化情况

不同单步开挖深度时的数值模拟结果　　　　　　　　　表4

工况	基坑底部隆起(mm)	2号线结构位移(mm)	南侧基坑(mm)				北侧基坑(mm)		
			东围	南围	西围	北围	东围	南围	西围
单步开挖深度如表3所示	63.6	2.9	4.2	4.4	4.8	4.4	5.6	4.8	5.3
工况一：单步开挖深度3m	63.2	2.8	4.2	4.2	4.6	4.3	5.4	4.6	5.0
工况二：单步开挖深度2m	54.1	2.5	4.0	3.9	4.5	4.2	4.8	4.2	4.9

4. 新建地铁无缝对接既有线微扰动施工技术研究

对新建地铁无缝对接既有线微扰动施工技术进行了研究，总结了一系列的微扰动施工控制技术。主要如下：

（1）临近既有线车站群坑开挖技术

对基坑变形的理论及预测方法进行了研究和归纳总结，并分析了影响基坑及建（构）筑物变形的因素，为新建地铁车站基坑施工的安全控制提供了理论支持；在此基础上，对基坑开挖及对周围建（构）筑物的影响进行了数值模拟研究，确定了最优的基坑开挖方案，即以既有线车站两侧同时开挖进行，两边高差不大于3m控制。结果表明，施工扰动控制在相关规范之内，确保了既有线的运营安全。

（2）临近既有线车站围护结构微扰动连接封闭技术

针对新建地铁车站车流量大、人流量极大、周边环境复杂、安全压力大的特点，对临近既有线车站围护结构微扰动连接封闭技术展开了研究，对零距离桩基采取人工开挖再准确定位，长护筒保护既有线围护桩后进行旋挖施工，后对接口阴阳角以及沿既有线两端各延长15m进行高压止水，以封闭地下渗水对车站主体结构的影响，保证了新建车站和既有车站接口的质量。

（3）既有线零距离处大孔径静态爆破施工技术

针对基坑开挖扰动控制要求高、工期紧的特点，进行了大孔径静态爆破机理和施工技术研究，采用理论、试验与数值模拟相结合的方法研究了大孔径静态爆破的能量输出、作用模式及破碎机理，把大孔径静态爆破中破程分为三个阶段：溶解阶段、胶化阶段、凝固阶段，研究了每个阶段破碎剂的反应特性，结合试验研究，将破碎剂的反应输出到了不同孔径时的应力-应变时程曲线、压力时程曲线以及温度时程曲线；建立了破碎剂在大孔径条件下的载荷输出模型和基于温度-压力耦合作用的材料断裂模型；设计了大孔径岩石静态爆破的堵孔装置，实现了静态爆破在大孔径岩石炮孔中的应用，得出了一整套大孔径静态爆破的施工工艺流程，成功地在既有2号线零距离位置处实施了大孔径静态爆破，缩短了施工周期，确保了施工的安全，取得了较好的社会效益和经济效益。

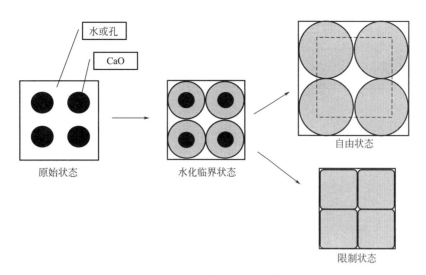

图 10　破碎剂的膨胀机理模型

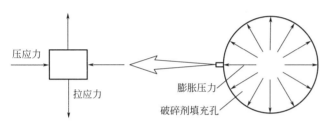

图 11　膨胀压力下岩石受力示意图

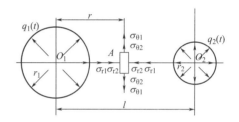

图 12　双孔岩石受力示意图

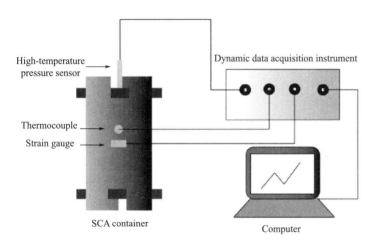

图 13　大孔径静态压力-温度测试系统

图 14　不锈钢测压管试验装置图

（4）既有车站大体积钢筋混凝土结构微扰动拆除技术

既有地铁车站人流量大，噪声、粉尘控制及安全要求高，且施工空间十分狭窄，大体积混凝土拆除工程作业难度高，安全隐患大，施工进度慢。因此在保证既有车站正常运营的情况下，如何确保既有车站冠梁、桩基和侧墙整体拆除的安全、环保和进度要求显得很有意义。首先在切割体后方施作一堵隔离墙，通过采用绳锯＋盘踞组合切割，葫芦吊＋叉车＋汽车吊组合吊装的方法，成功实施了既有车站大体积的钢筋混凝土结构微扰动拆除。

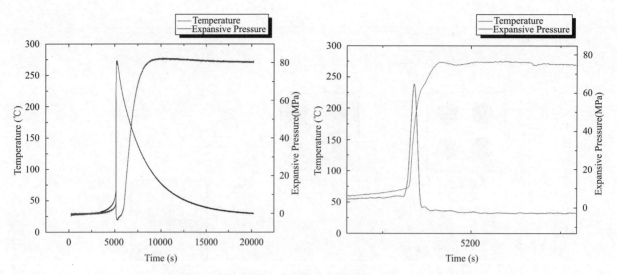

图 15　气体动态阶段反应温度-时间曲线（φ100mm）

图 16　孔距为35cm裂纹扩展模型

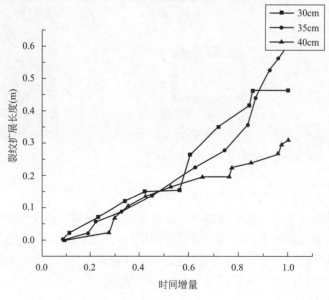

图 17　裂纹扩展时程曲线

图 18　钢筋骨架、预埋炮孔及应变片装配示意图

图 19　第一次破裂监控拍摄图

图 20　第二次破裂监控拍摄图

图 21　支撑梁侧面静态爆破效果

（5）新老车站不均匀沉降控制技术

既有线车站已投入运营，其沉降相对趋于稳定，新建地铁车站的开挖将会对其基础产生一定的扰

动，为了防止新老两车站接口不均匀沉降问题，通过在临近既有线底板两侧施做加强层，沿新老车站接口侧墙和基底布置环线增加双液浆高压注浆，间距1.5m、深度2m，以防止既有线车站外侧贯通水系处因泥质粉砂岩遇水软化后，泥土带出造成既有车站不均匀沉降及泥土流失，在距既有线底板边7m位置按1：1的比例放坡开挖，开挖深度为2m，施做C20钢筋混凝土加强层。既有线两侧相邻施工段均采用高一强度等级（C40）的微膨胀混凝土。

（6）新老混凝土微扰动搭接及综合防水技术

新建车站与既有车站呈一定角度无缝对接，因新旧混凝土的弹塑性变形存在差异，新浇筑混凝土与老混凝土接触位置容易出现裂缝，影响混凝土质量。要做到无缝对接既有车站，面临大量的新老混凝土接口处理问题，对此，开展了新老混凝土搭接及综合防水技术研究。经过共五个多月的方案研究和紧张施工，通过在旧混凝土表面切槽预埋止水钢板、止水条，植筋，涂刷水泥基、预埋后注浆管等措施，完成了新建车站和既有线接口无缝对接的施工任务，结果表明，新老混凝土接口部位的质量及防水达到了预期的目标。

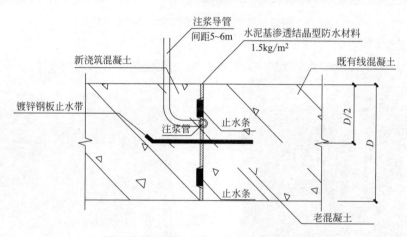

图22　新旧混凝土接口综合防水带布置

（7）侧墙自行式液压单边支模微扰动施工技术

为最大限度地减少工程项目对周边建筑物及环境的影响，基坑支护给予的肥槽空间很小更甚者是根本就没有空间留置肥槽，地下室外墙采用双侧支模就变得不现实，因此工程中采用侧墙单边支模的施工方法来解决这一问题，而单面模板支设操作的难度较大，且支设不当易发生严重的胀模、跑模等质量通病。针对这一问题，开展了自行式液压单边支模施工技术研究，并编制了施工工法。

图23　旧混凝土截面的清理和凿毛处理

（8）对新建地铁无缝对接既有线施工现场实现了全过程的动态监测控制，对监测原理、监测方法、监测频率、监测结果等进行了分析、总结，并建立了监测与施工的动态反馈机制。基于BIM技术对既有运营线的安全管理及控制进行了研究，建立了整个施工的三维场地布置、施工流程、结构设计等，模拟了场外交通疏解，优化了场地布置，模拟了施工的全过程，并研究了施工围挡与场外交通布置的合理性，确保整个施工的安全、顺利和高质量。

三、发现、发明及创新点

1）系统梳理了繁华地段新建地铁车站无缝对接既有线车站的施工风险和施工特点，首次构建了符合工程特点的微扰动施工控制体系，确定了各微扰动的评价指标，并提出了微扰动施工控制技术与措施。

2）采用定性与定量相结合的方法，对繁华地段新建地铁无缝对接既有线的施工风险进行了评估，得出了各风险等级和风险大小，并提出了降低风险等级、严格控制风险的对策措施。

3）研究总结了繁华地段新建地铁车站无缝对接既有线车站的施工控制技术，主要包括：临近既有线新建地铁车站基坑围护结构微扰动施工控制技术、临近既有线新建地铁车站基坑群的微扰动施工技术、临近既有线大孔径静态爆破施工技术、既有线大体积钢筋混凝土围护结构微扰动拆除技术、新老混凝土搭接微扰动施工及综合防水技术、侧墙自行式液压单边支模微扰动施工技术等，并优化了施工流程和施工工艺。

4）创新性研究了大孔径静态爆破的能量输出特性、作用介质的模式及破碎机理，建立了破碎剂在大孔径条件下的载荷输出模型和基于温度-压力耦合作用的材料断裂模型；设计了大孔径岩石静态爆破的堵孔装置，首次实现了大孔径静态爆破在临近既有线路新建地铁基坑工程中应用。

四、与当前国内外同类研究、同类技术的综合比较

本项目就繁华地段新建地铁车站无缝对接既有线微扰动立体施工技术展开研究，形成了一系列关键技术，解决了施工过程中的诸多难题，总体达到国际先进水平。

国内外相关技术对比情况　　　　　　　　　　　　　　　　　表5

序号	研究项目	国内外同类技术	本项目特色
1	无缝对接既有线风险评估与微扰动施工评价指标体系	风险评估过程不完善、信息化程度不高；未见微扰动施工评价指标体系	采用了采用专家评议与层次分析相结合的方法进行评估；构建了无缝对接既有线施工、环境、管理等微扰动全面评价指标体系
2	大孔径静态爆破微扰动施工技术	未解决好大于50mm炮孔中破碎剂的高压冲孔问题	破解了大于50mm炮孔中破碎剂的高压冲孔问题，施工过程安全、可靠，加快了工作效率，节约工期
3	新建车站对接既有线微扰动立体施工技术	未形成系统的微扰动施工控制技术	实现了新建地铁车站基坑群安全有序开挖与支护结构快速有效连接封闭、既有线大体积钢筋混凝土结构安全拆除、新老车站不均沉降控制、新老混凝土无缝搭接及综合防水

五、第三方评价、应用推广情况

1. 第三方评价

2018年2月5日，湖南省技术产权交易所组织有关专家在长沙召开了由中国建筑第五工程局有限公司完成的"繁华地段新建地铁无缝对接既有线微扰动立体施工技术研究"项目科技成果评价会。专家委员会审阅了资料，听取了项目组汇报，经质询和讨论，一致同意通过鉴定，认为该研究成果突出，产生了显著的社会效益和经济效益。该项目成果具有创新性，总体达到国际先进水平。

2. 推广情况

研究成果在湖南省长沙市轨道交通3号线火车站站成功应用，解决了长期以来在地铁施工中新线建设施工与既有线正常运营无缝搭接的技术难题，不仅为长沙火车站站安全、优质、高效、按期建成提供理论支持及技术保证，而且可以进一步完善和发展地铁车站及地下工程设计施工理论及技术，为类似工程提供借鉴作用，无疑将会创造巨大的经济和社会效益。

六、经济效益

临近既有线车站围护结构连接封闭技术、大孔径静态爆破施工技术、大体积钢筋混凝土结构微扰动拆除技术、新老混凝土微扰动搭接及综合防水技术以及BIM的近接施工与既有线运营安全智能监测与预警技术在长沙市轨道交通3号线长沙火车站、松雅湖站、星沙大道站施工过程中均得到了很好的应用，这些技术的应用，有效保障了项目在繁华闹区的安全施工，降低了对周边建筑物及车流人流影响，同时保证了既有地铁2号线的正常运营，使施工扰动降到了最小，创造了1365万元的直接经济效益。

七、社会效益

本项目针对繁华地段新建地铁无缝对接既有线微扰动立体施工技术展开了深入而细致的研究，提出了微扰动控制体系和控制标准，对微扰动控制措施进行研究，解决了新建车站对接既有线车站扰动难以控制的难题，总结形成了大量技术成果。其中，既有线零距离大孔径静态爆破施工技术、既有线大体积钢筋混凝土结构微扰动拆除技术的应用，避免了新建车站施工所产生的噪声、粉尘及扰动对既有线和既有车站的影响，将工程施工对市民地铁出行生活的干扰降到了最低，取得了良好的社会效果，获得了业主等各方的一致好评。

依托本项目，共获专利 11 项，省部级工法 2 篇，发表论文 13 篇，取得 QC 成果 3 个，BIM 应用成果 2 项，发表风险评估报告 1 份，述职模拟研究报告 1 份。

大跨度异型薄壳H型钢屋顶结构关键施工技术研究与应用

完成单位：中国建筑工程（香港）有限公司、中国建筑工程（澳门）有限公司
完 成 人：周　勇、潘树杰、张海鹏、陈　果、何　军、张　杰、胡　成

一、立项背景

随着世界和中国的经济发展，各种大型、超大型钢结构工程项目纷纷落地。跨度的不断增大以及外观造型的不断出新，给钢结构施工带来许多技术上的挑战与难题。

澳门金狮美高梅酒店位于澳门路凼城金光大道，毗邻金沙城中心及澳门东亚运动会体育馆，占地面积约 7.2 万 m^2，建筑预算约 140 亿港元，是中国建筑国际集团独资经营最高合约额的工程，是中国建筑在海外承建的"百亿级"标志性工程之一，建成后将成为澳门最具特色的高档酒店建筑群，受到总公司的高度关注。在酒店与裙楼之间，设计有一块巨型景观天幕。在天幕的施工过程中，遇到了诸多技术难题和挑战。

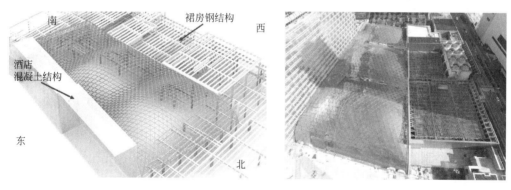

图 1　大跨度异型薄壳屋顶周边环境全景

景观天幕占地面积约 8000m^2，最大跨度 138m、宽 73m、高 20m，在整个区域内为保证大空间的功能使用，未设计任何立柱且整个天幕造型为"三峰两谷"，形状不规则。如此大面积的大跨度异型薄壳钢屋顶结构，如何精准地在结构设计施工全过程中进行把控，是项目需要考虑的重要问题。此外，天幕一侧是三十几层混凝土结构的酒店，另外三侧是三层钢结构的裙楼。因此，四边支座刚性不同，支座水平抗力不同，全铰支时支座反力过大，可能超出支座结构的承载值。

钢结构节点也充满了考验：独特空间，超大跨度，对节点连接的强度和刚性提出了非常高的要求。工程要求必须采用 H 型钢截面杆件，不同位置截面厚度有限制，需不断改变 H 梁截面以及节点角度和深度拼接于一点。

玻璃工程方面：玻璃尺寸随着天幕曲率不断变化，在建模、加工、安装各阶段均难度大；天幕为马鞍形的自由曲面，最大跨度接近 140m，天幕钢结构卸载后变形较大且各处差异大，要求玻璃支撑系统有很高的灵活性；由六块不规则及不同平面的玻璃相连接；相邻的两块玻璃不共面，形成向下或向上的空间夹角；整体天幕共有近 3000 块玻璃，而尺寸全部不一。

针对以上重大技术难题，中建香港和中建澳门采用"产学研用"相结合的技术创新模式，就 H 型钢大跨度异型屋顶结构成套技术展开专项研究。

二、详细科学技术内容

1. H型钢大跨度异型薄壳屋顶结构二阶直接分析法

二阶直接分析法是一种基于非线性分析理论的系统整体分析方法，立足于反映体系的真实结构响应。该方法考虑了结构的 $P\text{-}\Delta$ 和 $P\text{-}\delta$ 效应，以及系统整体与构件局部的初始缺陷，可以准确地反映结构受力和稳定性情况，无须进行框架分类、假设构件有效长度或放大杆端弯矩，使得设计过程简单、高效、可靠，仅需进行截面承载能力校验。在大跨度异型薄壳钢结构的设计施工过程中，要确定 H型钢截面大小、节点连接方式和支座形式，运用二阶直接分析法对结构进行全过程模拟仿真。由二阶直接分析法提出的 H型钢高度渐变、六角空心箱形节点和滑动式支座实现了大跨度异型薄壳钢结构的拼装，结构的强度和稳定性达到了设计要求。

 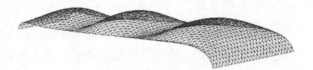

图2 初始的天幕桁架单元"平面"   图3 受力以后得到的景观天幕造型

2. H型钢异型薄壳结构安装节点设计与生产技术

钢结构整个设计工作中的要注意的一个重要的环节就是钢结构连接节点设计。连接节点的设计是否安全，对保证钢结构的整体性和可靠度、对制造安装的质量和进度和对整个建设周期和成本都有着直接的影响。传统的钢结构节点一般采用对接或球接，对接的方式不适合多于四根且角度截面不同的钢构件连接，球接的方式比较适合钢管等连接。本研究通过理论分析、软件仿真和试件试验，发明了双层空心六角箱型钢构节点，实现了 H型钢异型薄壳结构中六条不同尺寸、角度及旋转角度的主梁的连接，同时还可以进行调节。为节点拼装设计出的双层空心六角箱型钢构节点，能连接 6 条不同方向、截面和旋转角度的 H型钢梁，而且刚度大、自身质量小，能实现节点和 H型钢的分离制作，节约工期。

图4 天幕屋顶节点   图5 节点设计及施工图

通过组织工厂预拼装"三维拟合"，可以确保 H型钢梁和钢构节点空间准确对位。全过程以全站仪为测量工具，对钢结构构件的空间相对位置以三维坐标的方式进行测设，与设计数据理论值比对复核，以校准拟合，逼近理论坐标，这样可以最大程度保证构件生产符合设计尺寸要求。现场正式拼装阶段，采用与工厂一致局部坐标系监控，还原工厂预拼装。安装就位后测量复核，后续单元二次拟合。在吊运空中安装阶段，切换为全局坐标系监控。同时，由于结构本身大跨度、异型和薄壳的特点，采用中间往两边对称拼装，能有效抵消部分施工引起的荷载作用变形，减小累积误差。

3. 狭窄空间下大跨度异型 H 型钢结构临时支撑技术

随着大跨度网壳钢屋顶结构技术的应用逐步推广，施工过程是由局部到整体的过程，结构未成型之前尚不能完全靠自身承载或保持稳定，因此在其建造过程中需要临时支撑体系。而在狭窄空间内，支撑体系的设置不仅要满足钢结构及受力楼层的安全，还要满足支撑下部汽车吊等其他辅助工种的穿插作业。在施工空间有限（狭窄）的条件下，采用钢管立柱作为主承力立柱，钢管水平杆及斜杆将数根钢管立柱连接在一起，形成间隔较大、稳定性良好的钢管立柱组作为吊装单元的支撑体，进而形成钢管柱群组支撑整个上部结构，既改善了脚手架钢管截面过小单根承载力较低的问题，又能形成比壳构柱更小的高宽比，因而可获得更高效的稳定承载能力。间隔较大的钢管柱群组，可将上部荷载直接传递给梁或柱顶，避开了承载能力最薄弱的楼板，同时共同受力的群组钢管立柱，相较于集中承力的壳构柱，可将上部荷载传递分散于整个基底，降低了对基底结构承载能力的需求，减少或避免地基加固或楼板加固、回顶等技术措施。间隔较大的钢管柱群组，较之于满堂支撑架，具有更大的内部空间，汽车吊能够在支撑体系内部较自由地行走，可以在较有利的位置实施抵近吊装，因此可以最大限度地发挥汽车吊的能力。

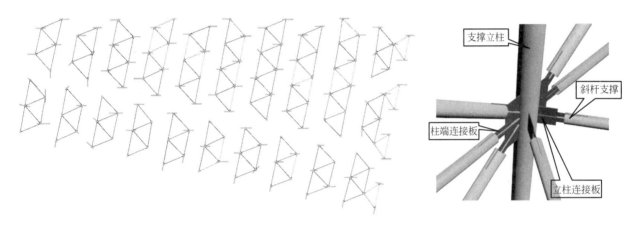

图 6　钢管柱群组平面布置及节点设计图

4. 异型 H 型钢玻璃安装支点设计与生产技术

H 型钢异型薄壳屋顶结构的一大难点是玻璃的安装，异型的特点使得任意相邻的两块玻璃不共面，形成向下凹或向上凸的空间夹角，且玻璃大小也不一致，给玻璃的安装带来很大的挑战。针对 H 型钢大跨度异型薄壳屋顶结构玻璃形状不规则、曲率不一的特点，设计了万向球形连接装置，可以沿上下和左右方向移动，也可以进行微量的旋转角度调节，满足 6 个方向的铝横梁的连接，提高玻璃安装精度，实现了异型薄壳钢结构玻璃高气密性和水密性的安装要求。

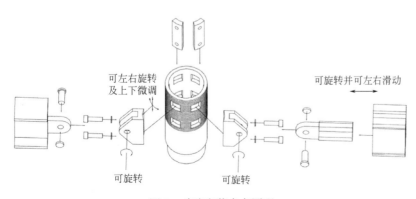

图 7　玻璃安装支点原理

图 8　玻璃吊装效果图

5. H型钢大跨度异型薄壳屋顶结构临时支撑卸载技术

在有支撑架状态下组装钢结构，结构自重所产生的竖向荷载基本由支撑架承受，结构构件初始内应力小。在拆除支撑架时，结构因自重产生位移，杆件的内应力在瞬间发生较大变化。在大跨度钢结构的支撑卸载时，程序就更为关键。卸载时根据具体施工情况和结构特点，采用同步等距离分多批次将所有卸载支撑点下移，使千斤顶随着逐级卸载逐步退出工作，实现钢结构平缓的达到设计受力状态。本技术通过优化工序、仿真分析模拟和全过程监控，实现了H型钢大跨度异型薄壳屋顶结构临时支撑的同步分级卸载，对类似工程具有重大的借鉴意义。

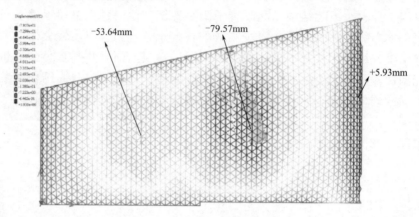

图 9　完全卸载后结构竖向位移

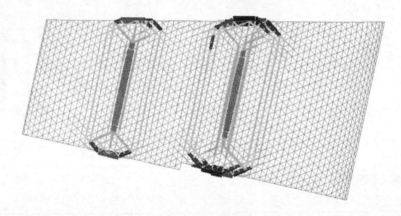

图 10　波谷受力图

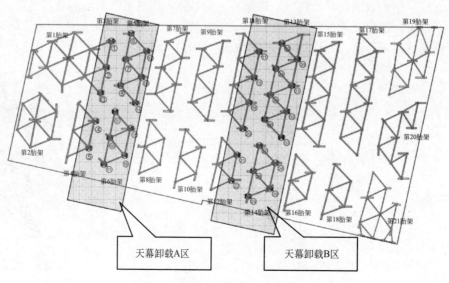

图 11　集中式布置卸载点平面图

三、发现、发明及创新点

本研究成果，对行业技术发展具有良好的推广与示范作用，应用前景广阔，必将为钢屋顶结构施工技术领域做出巨大贡献。研究成果的具体内容主要创新点如下方面：

1）在 H 型钢大跨度异型薄壳屋顶结构设计施工中，考虑 P-Δ-δ 效应，运用二阶直接分析法对结构进行全过程模拟仿真，分析结构受力状况，核实结构安全性，优化构件截面设计。

2）在使用传统全铰接的约束方式下支座反力过大的问题，创造性地提出采用滑动支座技术方案。滑动式支座技术应用在这类大跨度薄壳结构是极少有的案例，是同类结构工程中的重大突破。

3）发明、设计和生产了双层空心六角箱型钢构节点，在外部用 H 型钢围成开放式的六角空心，钢杆与 H 型钢连接；内部用钢板围成六角棱柱小箱型，内外六角之间通过六块钢板连接，外部钢杆承受的外力在外六角通过连接板传递到内六角，在节点内部消化掉。采用三维数值模拟模型，验证了节点的刚度和强度，为大跨度薄壳钢结构节点提供一种完美兼容大刚度和小自重的技术方案。

4）针对玻璃尺寸随着屋面曲率不断变化，在建模、加工、安装各阶段难度大的特点，充分考虑钢结构卸载后变形较大且各处差异大，要求玻璃支撑系统有很高的灵活性，提出一种高精度可调节的玻璃安装方案，发明、设计和生产了"万向球形连接装置"玻璃支点，实现异型钢结构屋顶多曲面玻璃的精确安装，满足空间玻璃覆盖面的气密性和水密性要求。

5）在施工空间有限（狭窄）的条件下，采用稳定性良好的钢管立柱组作为吊装单元的支撑体，不仅实现汽车吊全区域抵近作业，吊装设备数量及能力需求较低，设备利用效率高，而且对基础承载能力要求不高。

6）卸载时根据具体施工情况和结构特点，采用同步等距离分多次将卸载支撑点下移，使千斤顶随着逐级卸载逐步退出工作，实现了卸载过程中大跨度结构内力变化平缓，避免了应力突变，并且成本低，环保性好，工艺操作简便。

四、与当前国内外同类研究、同类技术的综合比较

近年来，内地的专门学术机构、高校单位和施工单位加大了对大跨度钢结构施工技术的研究，形成了一些专门的技术解决方案和措施。这些研究对解决大跨度钢结构异型薄壳钢屋顶结构的施工难题带来了有益的帮助，减少了工程安全事故，也降低了工程风险。

但这些研究大多比较宽泛，规模小，到目前为止，尚未形成一整套基于 H 型钢大跨度异型薄壳屋顶结构施工技术（1.大跨度钢结构施工的全过程把控；2.特殊要求下 H 型钢截面的钢构节点设计；3.狭窄空间内钢结构网架支撑与卸载；4.异型钢结构配套玻璃安装技术）的系统性成果，以便更好地从理论机理、技术参数设计原则、施工工艺控制和工程实时测控方面给予完整的技术指导。

中建香港和中建澳门采用"产学研用"相结合的技术创新模式，就 H 型钢大跨度异型屋顶结构成套技术展开专项研究，努力实现大跨度钢结构全过程监控方法、支座及节点设计生产技术、钢结构拼装技术、临时支撑及卸载技术、玻璃安装技术在内的大跨度异型 H 型钢屋顶结构承台技术前瞻性创新型研究，努力提升中国建筑在大跨度异型钢结构领域的技术水平和专业实力，培养大量技术与管理人才。

采用二阶直接分析法对结构进行全过程地仿真监控，创造性地设计双层空心六角箱型钢构节点和万向可调节的玻璃安装支点，尝试在大跨度薄壳结构中使用滑动式支座，采用钢管柱群组支撑体系，分级同步进行卸载，以解决 H 型钢大跨度异型薄壳屋顶结构施工过程中遇到的技术难题，属于钢结构工程施工技术领域中的一次重大突破。

该成果首次形成完整的 H 型钢大跨度异型薄壳屋顶结构的关键施工技术体系，极大地提升了中国建筑在大跨度薄壳钢结构领域与其他国际知名承建商同台竞争的核心能力，也为中国建筑培养了一大批具有国际视野的大跨度钢结构施工技术与管理人才，奠定了中国建筑在澳门承建领域的领先地位。

五、第三方评价及应用推广情况

2017 年 6 月北京举行的科技城鉴定会，本项目成果被专家组评定为"整体国际先进，部分国际领先"的技术水平；

2017 年 8 月北京举行的中建总公司（现更名"中建集团"）技术交流年会，本项目成果论文被评选为一等奖；

2018 年 2 月中海集团工法评选，本成果 6 篇工法全部入选为中海集团级工法，其中《H 型钢大跨度异型薄壳屋顶结构支座制作及安装工法》于 2018 年 8 月被评为中建总公司级工法。

推广方面，本研究成果适用于钢结构工程施工技术领域，特别适用于 H 型钢大跨度异型薄壳屋顶结构配合玻璃天幕工程。

随着世界经济的进步以及人类文化发展的需要，建筑物的跨度和规模越来越大。在这种背景下，大跨度空间结构应运而生。根据结构形式的不同，大跨度空间结构又可以分很多种，其中又以薄壳结构的使用最为广泛。大跨度薄壳结构中间不设支柱，能覆盖大空间；内力比较均匀，节约材料，经济效益较好；自重相对较轻，刚度大，整体性好，有良好的抗震和动力性能；并且薄壳的曲面多样化，可适用各种空间，为建筑造型提供丰富多彩的创造条件，造型美观，活泼新颖。因为这些原因，大跨度薄壳结构广泛应用于大型体育馆、火车站、机场等建筑。

钢结构生产具备成批大件生产和高度准确性的特点，可以采用工厂制作、工地安装的施工方法，使其生产作业面多，可以缩短施工周期，进而为降低造价、提高效益创造了条件，再加上钢结构在大跨度上优势明显且轻质高强环保，因此，现代建筑中钢结构的应用越来越广泛。

玻璃天幕将建筑美学、建筑功能、建筑结构等因素有机地结合起来，不仅造型简洁、豪华、现代感强，具有很好的装饰效果，而且将屋顶与窗合二为一，具有自重轻、美观大方、便于安装施工等优点。基于这个原因，天幕玻璃安装也成世界工程领域研究的一个方向。

基于以上原因，本成果推广的前景十分巨大。关于大跨度结构、钢结构和玻璃天幕的相关工程都可以借鉴使用。

六、经济效益

澳门美狮美高梅项目景观天幕在使用"大跨度异型薄壳 H 型钢屋顶结构关键施工技术研究与应用"一系列技术后，不仅保证了施工质量和进度，而且取得了巨大的经济效益。

其中二阶直接分析、双层六角空心节点、特制支座系统产生的直接经济效益为 1027.2 万港元；万向球形连接装置的玻璃支点节省劳动力产生的直接经济效益为 218 万港元；钢管柱群支撑体系和卸除技术产生的直接经济效益为 309 万港元。巨大的经济效益证明此项技术研究有极大的推广价值。

七、社会效益

澳门美狮美高梅酒店景观天幕最大跨度 138m、宽 73m、高 20m，由尺寸规格不同的三峰构成外观造型，中间无任何立柱支撑。使用二阶直接分析法后钢材总用量从 2682t 降低到 1826t，减少 32%。使用滑动支座方案，最大支座反力从 13939kN 降至 6400kN，减少 54%。整个项目节点工程量庞大，达到 1530 个，每个节点又包括 42 个零件和 48 道焊缝，共计零件 6 万个，焊缝 7 万条（未包含 H 钢杆、支座和组装焊缝）。玻璃 2845 块，大小角度均不同，使用万向支点全部安装完成，废损率 0%。

整套施工技术，适用于钢结构工程施工技术领域，特别适用于 H 型钢大跨度异型薄壳屋顶结构配合玻璃天幕工程。它能有效解决大跨度无支撑、节点连接杆件情况复杂、支座受力大、施工空间狭窄支撑卸载难布置、玻璃形状不规则接合多变等难点，且能保证质量和工期，降低成本，具有很高的经济效益和社会效益。

建筑节能检测、改造、评价和运行技术研究与应用

完成单位：北京中建建筑科学研究院有限公司、中国建筑一局（集团）有限公司、北京市建设工程
　　　　　质量第六检测所有限公司

完 成 人：段　恺、任　静、王长军、刘　强、赵文海、张金花、王志勇

一、立项背景

1. 研究背景

建筑与我们生存的环境、资源、能源等密切相关，我国城市的采暖度日数普遍比同纬度甚至高纬度的发达国家城市高，说明采暖需求比发达国家大得多，而我国既有建筑物的保温隔热性能普遍比发达国家差，由围护结构传热所形成的采暖负荷要大于发达国家建筑；同样，夏季也有较大的供冷需求，在建筑耗电量中，空调电力负荷所占比例最大。

降低建筑负荷是建筑节能的基础，但如果在低负荷建筑中没有高效率的设备系统，或配套高效率设备系统却没有良好的运行管理体系，可能仍得不到实际的节能量。围护结构的隔热保温是降低负荷的主要措施，选用高效设备系统是降低负荷的另一重要手段。目前，在我国无论是居住建筑、工业建筑还是公共建筑，都存在能源管理的问题，因此，我国政府高度重视建筑能源节约，在建筑物实体中围绕围护结构、建筑物耗能系统及设备有针对性的采取有效措施与手段进行节能改造及管理优化。

2. 发展现状

建筑节能改造在我国正处于快速发展阶段，不同改造形式需要进行不同的现场检测、监测，目前我国常用的建筑节能改造技术包括：照明系统节能改造、输送系统节能改造、冷热源系统节能改造、供配电系统节能改造、建筑围护结构节能改造、楼宇自控与能源管理系统等。

改造后节能效果评价及耗能系统运行研究是衡量节能改造工作社会与经济效益的核心，是促进节能服务产业长期、有效发展的重要工作环节，但是建筑节能改造是一项系统而复杂的工作，我国目前对于改造效果、耗能系统运行效果的评价及确认的手段及能力参差不齐，缺少相关标准的支持。

二、详细科学技术内容

本项目围绕"建筑节能检测、改造、评价和运行"这一建筑节能综合应用领域，通过对不同类型建筑的调研、分析、检测、改造、评价、运行等各阶段的精心策划与实施，总结出建筑节能 3 项关键技术，经过中国建筑集团有限公司组织专家鉴定，课题成果达到国际先进水平。

1. 建筑节能诊断与测试方法研究

节能诊断主要有两方面的内容：一是建筑物热工性能，即通过提高建筑围护结构的保温隔热性能、门窗的密闭性能和充分利用通风、太阳能、自然采光等措施，来降低为达到相同的室内热舒适所需要的采暖和空调能耗；二是建筑物内的能耗系统及设备的能源效率，包括采暖空调系统、照明灯具、热水器、家用电器及办公设备等。节能诊断分析图见图 1。

（1）围护结构诊断及测试方法研究

围护结构的诊断包含两个部分，对外墙和屋面的节能诊断和对外窗和幕墙的节能诊断。其中，外墙和屋面的诊断主要通过对其热工性能、物理性能、室内温度分析的方法来进行，保温性能和热工缺陷是衡量外窗和屋面节能效果的主要指标。

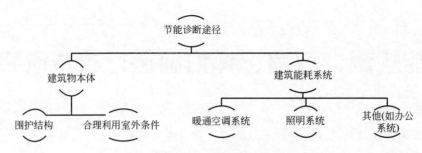

图 1 建筑系统诊断分析示意图

保温性能的诊断主要采用热流计法测试法进行。通过对北京市某小区进行外保温后的外墙传热系数检测分析，诊断其围护结构热工性能。测试时室内外温度和热量密度曲线图分别见图2和图3。

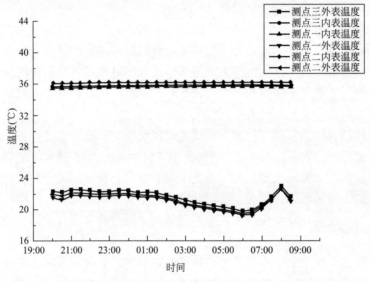

图 2 室内外温度变化曲线图

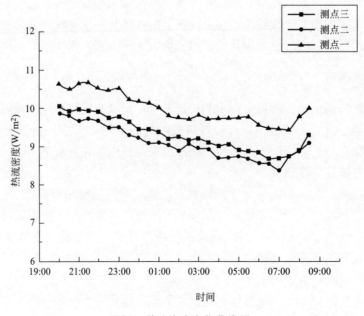

图 3 热流密度变化曲线图

热工缺陷诊断及测试主要通过红外热成像技术进行检测，通过对某建筑的检测，得到外立面热工缺陷见图4、图5。

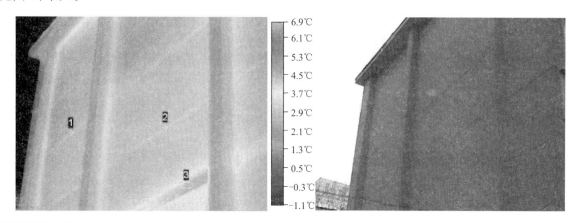

	最低温度(℃)	最高温度(℃)	平均温度(℃)
测点—1	—	2.9	—
测点—2	—	3.2	—
区域—3	4.1	4.7	4.5

图4 改造前热工缺陷部位1红外热像图

该热像图为该建筑西立面外墙，测点1与测点2为圈梁热工缺陷位置，区域3为圈梁部位热损失。

	最低温度(℃)	最高温度(℃)	平均温度(℃)
区域—1	8.2	10.6	9.6
区域—2	9.1	10.5	9.8

图5 改造前热工缺陷部位2红外热像图

该热像图为该建筑南立面外墙，区域1与区域2为窗下热损失。

外窗和幕墙的诊断包括气密性测试、玻璃遮阳性能测试、热负荷数值模拟计算分析。外窗改造前后的气密性对比见表1，玻璃遮阳性能测试见图6、图7。

改造前后的气密性测试结果　　　　　　　　　　　　　　　　　　　表1

项目	改造前		改造后	
	单位缝长[m³/(m·h)]	单位面积[m³/(m²·h)]	单位缝长[m³/(m·h)]	单位面积[m³/(m²·h)]
实测值	3.09	11.55	0.58	2.16
等级	2级		7级	

加装三元乙丙胶条的外窗改造后，外窗气密性由原有的 2 级变为 7 级，节能效果显著。

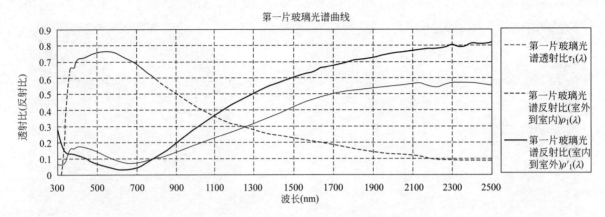

图 6　贴高透射 Low-E 膜后第一片玻璃光谱曲线

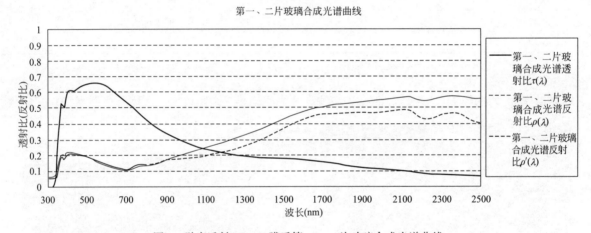

图 7　贴高透射 Low-E 膜后第一、二片玻璃合成光谱曲线

中空玻璃镀膜前，遮阳系数在 0.7～0.8；镀膜后，遮阳系数可降低至 0.5 以下；传热系数 U 值可从 2.0 以上降低至 1.8 以下；节能效果显著。

通过对围护结构性能诊断方法的研究，完成国家标准《围护结构传热系数检测方法》GB/T 34342—2017 和《建筑材料导热系数和热扩散系数瞬态平面热源测试法》GB/T 32064—2015。

在围护结构诊断方法研究和标准编制的基础上，研发国家实用新型专利 ZL 201320384779.2 "一种瞬态平面热源法测试材料导热系数的装置"，发明专利 ZL 200510004874.5 "冷热箱式传热系数检测仪"，经科技查新属国际首创；通过围护结构部分研究完成获授权发明专利 1 项，实用新型专利 1 项，并出版了《中国建筑节能检测技术》专著 1 部。

（2）空调系统节能诊断及测试方法研究

空调系统从夏季室内温度、空调系统的风口风量、冷水机组流量、冷机负荷率、冷机控制系统和空调水泵等方面分析存在的问题，提出改造方案，在保证风量和冷却水冷冻水流量的前提下，依据负荷变化调节负荷率及控制空调系统和水泵的运行。通过现场监测，更换水泵，实现水泵在高效区运行，节能率在 30% 以上；辅以增加变频器，以高效的变流量配合有效的控制调节方法，使现有系统的输配能耗降低 50% 以上。诊断过程见图 8、图 9。

在检测、诊断的基础上，课题组编制完成北京市地方标准《水泵节能监测》。该标准实现测试方法创新：国标采用的方法主要是试验室方法，测试目的是对水泵循环系统进行整体评价，本标准采用的测试方法是现场测试方法，测试目的是对用能单位水泵机组使用、管理进行评价，用于监督管理；测试条

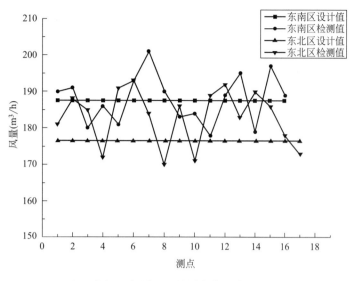

图 8　各风口风量图变化示意图

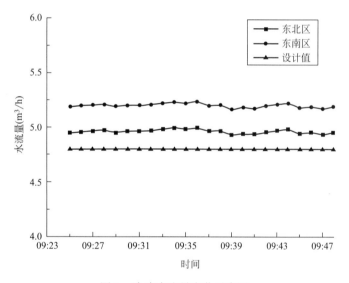

图 9　冷冻水流量变化示意图

件创新：国标中的测试必须在工频下进行，本标准测试工频及变频工况下均可进行；测试对象创新：国标是针对单台水泵进行测试，本标准对于多联泵也给出了建议方法；评价指标体系创新：国标中的评价指标，每个指标仅有一个数值，本标准中的水泵机组运行效率指标对其进行了分级。

（3）供暖系统节能诊断及测试方法研究

供暖系统的诊断及研究包括室内温度、供热管网的压损、输配系统的选型合理性以及管网设置优化、控制系统的智能化等多个方面。供热系统的优化措施，用于输配系统的有水泵风机变频技术、管网水力平衡调节技术、分布式变频二级泵等；用于热用户的有公共建筑分区分时控制技术、热计量温控技术等。

通过研究，课题组自主研发的水力平衡调节系统具有手动控制、自动控制和远程控制三种管网流量智能调节控制方式。创新提出管道流量智能调节控制方法，得出不同开度不同压差下对应的流量公式，通过实际流量和设定流量值对比，结合 PID 控制程序调节阀开度以达到对管网流量的智能调节。该部分成果已获得国家专利"一种供热管网系统智能流量调节控制器" ZL 201320843928.7。提出合理选配循环水泵方法，总结编制选配循环泵流程和操作要点，出版了《供热动力系统循环水泵选配技术》专著1

部，解决了设计、运行维护人员不合理选配循环水泵及相关的技术问题为供热工程输配系统改造提供技术指导。

（4）照明及配电系统诊断及测试方法研究

对于照明设备，主要考察其照明功率密度、照度、光源光效值、谐波含量、镇流器的能效及设备的开关控制方式等，其中照明功率密度和照度等可以现场测试，其余参数则需要在试验室进行测试。改造前后照明灯具的效果对比见表2、图10和图11。

改造灯具的检测结果   表2

序号	项目	实测值
1	光通量（lm）	888.59
2	照明灯具功率（W）	16.37
3	光源初始光效（lm/W）	54.3
4	功率因数	0.9

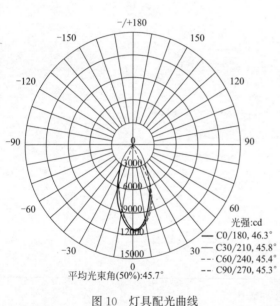

图10 灯具配光曲线

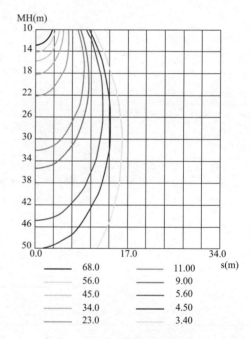

图11 灯具等照度曲线（lx）

而供配电系统诊断主要涉及谐波含量和负载率两个参数。检测各馈电回路谐波电压的畸变率和谐波电流畸变率，将谐波电压和谐波电流的畸变率限值范围内以利于节能。供配电系统负载率、电流畸变率测试详见图12和图13。

通过对以上所有项目的检测、诊断技术的总结，编制完成《民用建筑节能现场检验标准》，配合北京市建筑节能75%设计标准的实施，推动和规范新能源技术在建筑中的应用。

2. 建筑节能改造关键技术与效果评价研究

本课题以典型改造项目为依托，通过对改造完成后的项目进行实测，查阅能源消耗账单，得到精确的节能改造数据；分别对围护结构改造、空调系统改造、供热系统改造以及综合改造形式进行效果评价。研究其改造过程中，尤其是能耗较高的供暖系统的关键技术，解决目前改造中存在的技术问题。通过研究得出如下结论：

（1）通过对不同类型的建筑围护结构改造的节能效果的研究，得出在砖混结构建筑上进行加轻钢结构坡屋顶改造全年综合节约0.61kgce/m²，全年可节约标煤1988kg标煤；在砖混结构建筑上进行屋面保温及加轻钢结构平改坡综合改造全年综合节约1.36kgce/m²；在砖混结构建筑上进行双玻塑钢窗改造

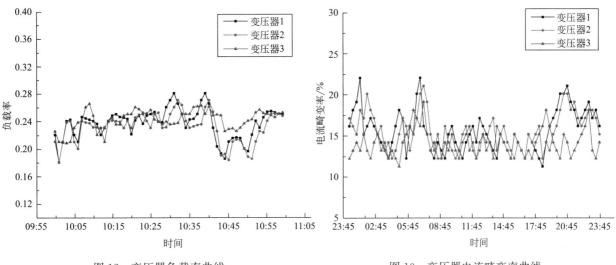

图 12　变压器负载率曲线　　　　　　　图 13　变压器电流畸变率曲线

全年综合节约最多可达到 2.44kgce/m²；在大板楼建筑上进行围护结构全面改造全年节约标煤 8.87gce/m²。

（2）空调系统改造改造方式包括水泵变频、换泵、加装控制系统及更换机组等，通过对不同改造方式节能效果分析得出：空调系统提升负荷率和管路改造的整体空调系统节能率较低，而采用更换制冷机组，增加平衡阀及加装自控系统的方式，节能率则明显提高。从改造后效果分析，仅采用分时分区自控措施的节能效果不如自控和变频措施叠加的项目节能率高，从投资角度考虑更经济。供热系统综合改造项目主要包括水泵变频、加装分时分温控制器、管网改造及余热回收等多项改造措施。通过对改造后的效果分析发现，单项节能改造项目的节能率在 10% 左右，其余综合类改造节能率在 20%～30% 之间不等，同时，供热改造项目的技术经济性指标差异较大，从 887 元/t 标煤到 2235 元/t 标煤不等，因此，制定改造方案时，要充分比较不同方案的技术经济性，在获得较高节能率和节能量的前提下，提高改造的经济性。

（3）在综合类改造项目中，单纯进行供热系统节能改造节能率高，费效比低，投资回收期较短，采取的改造措施越全面越综合，节能率越高，费效比越低，经济性越好。此类项目中除采取围护结构、空调、采暖、照明等常规手段外，采取楼宇自控系统的项目节能率较高，由此可见，加强用能系统的运行调节，能够获得较好的节能效果。在四种改造方式中，对既有建筑进行照明改造节能率较高，但是费效比高，投资回收期长。因此，综合采用自控及变频措施，在获得较高节能率的前提下，可以得到较低的费效比，缩短投资回收期。

通过上述研究共完成 5 项成果：

（1）一种循环水泵系统

通过对循环水泵进出口配管阻力分析，提出了解决供热系统减小阻力的方法和措施。措施包括：取消循环水泵出口止回阀和设置有渐扩管；扩大循环水泵进出口配管管径，与总管连接采用斜三通，不应采用 T 形的直三通，若受条件限制或平衡阻力的情况可加大夹角；增大锅炉进出口管径设置渐扩管，取消进口管止回阀等技术。上述成果研发得出"一种循环水泵系统"，已获得实用新型专利（ZL 201420637156.6）。

（2）一种供热管网输配能耗控制器

通过采用室温远传、水泵变频控制、输配能耗分析等技术，实现按需供热，有效降低管网输送能耗，提高能源利用率，上述成果已获得实用新型专利（ZL 201420641037.8）。

（3）"耗电输热比" EHR 限值适用性研究创新成果

通过本项研究，获得降低循环泵耗电输热比的新途径，即热网运行"耗电输热比" EHR 限值下降

20%创新成果，为建议降低节能标准中热网运行"耗电输热比"EHR限值要求提供了技术参考数据。

本项研究成果的提出已引入我院主编的北京市地方标准《居住建筑节能评价技术规范》第五章供热系统评价章节。该标准发布实施后将为促进北京市供热循环动力系统降低能耗实现节能减排做出贡献。

（4）供热动力系统循环水泵选配技术

创新提出合理选配循环水泵方法，总结编制了流程和操作要点，为推广应用本课题研究成果提供技术指导。编制《供热动力系统循环水泵选配技术》应用手册1部，为供热工程输配系统改造提供技术指导。该项成果适用于新建、改建和扩建的各种供热系统循环水泵选配，其涵盖了循环水泵的运行调节、循环水泵的优化选型、循环水泵的优化安装和工程案例节能效果分析等八章。

（5）完成《居住建筑节能评价技术规范》编制。通过标准发布实施，对北京市居住建筑建筑节能评价和设计有指导性意义，为第三方检测咨询机构节能评价和质量监督部门监管提供了技术保障。

3. 建筑能源管理体系评价研究

在调研、分析、试验和研究的基础上，结合北京市的实际情况进行的既有建筑节能评价体系构建，通过检测建筑物在运行状态下与能耗相关的参数性能，根据检测结果对建筑物进行节能评价，使得建筑节能评价从设计图纸和设计文件层面，深入到了根据实际运行测试结果进行评价的阶段，使得建筑节能星级评价工作更加科学合理、实事求是。同时，各检测机构能在统一标准条件下进行居住建筑节能检测工作，规范了检测人员的操作步骤，所获取的检测数据准确度高，科学、合理，减少误差，提高了工作效率，为建筑节能达到北京市75%建筑节能设计标准要求和提高北京市建筑节能工程质量与检测工作提供了坚实的技术保障基础。

最后，通过本课题研究，总结了能源管理、系统运行优化方案编制并形成了建筑能源管理体系运行指南，编写了《建筑能源管理体系运行指南》，该指南涵盖了能源管理者、能源方针、能源管理（能源种类）、主要用能设备及用能过程、设备的运行管理及能源绩效评价六个部分，为建筑用能单位制定用能管理制度，并纳入自身管理体系提供了技术支持。

三、发现、发明及创新点

1. 完成的标准、专著及论文

编制完成国家标准《建筑材料导热系数和热扩散系数瞬态平面热源测试法》、《围护结构传热系数检测方法》、北京市地方标准《民用建筑节能现场检验标准》、《居住建筑节能评价技术规范》、《水泵节能监测》五部的编制；编制完成《节能改造项目节能量手册》一部；编制完成《建筑能源管理体系运行指南》一部。研发7项适合建筑耗能设备节能技术、围护结构本体及材料性能检测专利技术的，并实现节能技术的产品化应用，获专利7项，其中"冷热箱式传热系数检测仪"为发明专利。出版了《供热动力系统循环水泵选配技术》和《中国建筑节能检测技术》专著2部，在行业刊物发表论文4篇。

2. 创新点

（1）发明专利ZL200510004874.5"冷热箱式传热系数检测仪"，经科技查新属国际首创。

（2）实用新型专利ZL 201320843928.7"一种供热管网系统智能流量调节控制器"创新提出管道流量智能调节控制方法，得出不同开度不同压差下对应的流量公式，通过实际流量和设定流量值对比，结合PID控制程序调节阀开度以达到对管网流量的智能调节。

（3）创新提出热网运行"耗电输热比"EHR限值下降20%指标，并引入我院主编的北京市地方标准《居住建筑节能评价技术规范》

（4）《围护结构传热系数检测方法》不仅适用于均质围护结构还适用于空心砖、空心砌块等非均匀构造围护结构传热系数检测，实现了可在项目现场、四季可测且检测周期短、复现性好，是节能工程进行质量控制的有效方法，经评审专家认定，该标准达到国际标准水平。

（5）《建筑材料导热系数和热扩散系数瞬态平面热源测试法》创新点在于利用了一维非稳态导热原理，将不同热性能样品受到瞬间加热脉冲后，温度场产生的温度值随时间变化的函数曲线的拟合和计算，得出导热系数和热扩散系数；同时，该方法测样品尺寸范围较广，适用于块状、薄片、薄膜及各向异性材料；亦可测试金属等热传导比较高的材料。

四、与当前国内外同类研究、同类技术的综合比较

经查新，在国内外检索范围，"建筑节能检测、改造、评价和运行技术研究与应用"研究，未见文献报道。

五、第三方评价、应用推广情况

1. 第三方评价
中国建筑集团有限公司组织专家鉴定，课题成果达到国际先进水平。

2. 应用推广情况
自 2015 年开始，先后将综合评价技术应用于北京国际饭店制冷机房改造项目、北京敦煌飞天商贸大厦中央空调/采暖循环水系统节能技术项目的评价，其他检测技术应用于 5 万平方米以上工程项目 108 个。

六、经济效益

本项目技术成果通过咨询、诊断、工程改造、合同能源管理或项目托管效益分享等方式应用于各设计公司、节能咨询服务公司等，为北京市及全国相关企业经营生产创效，创造了良好的经济效益。目前，采用本课题研究成果为本单位带来经营产值 4732 万元。其中，"冷热箱式传热系数检测仪"发明专利实现成果转化，为单位创收 400 余万元。

七、社会效益

通过对典型改造项目的审核、总结节能效果评价经验，编制核查手册及国家和地方地方标准，对我国民用建筑居住建筑节能评价和设计有指导性意义，为第三方检测咨询机构节能评价和质量监督部门监管提供了技术保障，5 部标准已面向全国及全北京市建设领域施工、监理及检测等企业有关技术人员开展了宣贯培训。另外，通过本成果应用提高了运行阶段的能源利用率，规范了建筑能源管理体系工作，使得改造后的建筑在后期运行过程中真正达到节能运行，为用能单位和社会带来显著的经济效益。

厚板组合焊缝埋弧焊全熔透不清根技术的研究与应用

完成单位：中建钢构有限公司
完成人：陈振明、陈华周、毛良涛、李　毅、孙　朋、汪晓阳、卢小军

一、立项背景

钢结构建筑在高层建筑上的运用日益成熟，逐渐成为主流的建筑工艺，是未来建筑的发展方向。在钢结构设计截面类型中，组合焊缝 H 型钢以其高效、经济、力学性能优良、易采购、易布置等特性，备受设计师和业主的青睐。

图 1 所示为我司承接项目中焊接 H 型钢的比例及板厚超过 40mm 的 H 型钢总产量趋势。由图可知，40mm 及以上厚度的焊接 H 型钢在各个工程中所占的比重较大，且总量逐年增长，足以见到该类型的构件在钢结构建筑结构中的重要地位。

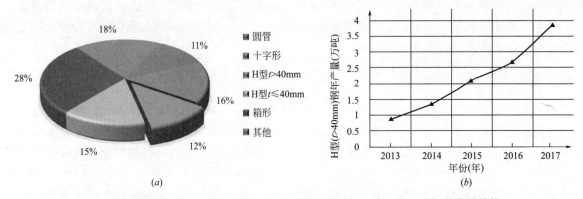

图 1　我司承接项目中焊接 H 型钢的比例及板厚超过 40mm 的 H 型钢总产量趋势
（a）焊接 H 型钢在建筑钢结构中的占比；（b）我司焊接 H 型钢的年产能趋势

常规焊接 H 型钢主焊缝焊接过程包括首层打底、填充和盖面三个过程。目前，针对全熔透的 H 型钢的常规做法为 CO_2 气体保护焊清根焊接（GMAW）。如图 2 所示，在首层打底焊后、背面首层焊前，采用碳弧气刨的方法在背部清除焊缝根部的夹杂、气孔、裂纹、未熔合等缺陷。该方法主采用 CO_2 气体进行保护的焊接过程会产生大量的烟尘和弧光，碳弧气刨过程也会对周围环境造成严重的噪声污染。所以，该工艺对外界环境的污染较大，对工人自身的劳动防护具有极高的要求。此外，相对于常规的填充焊接而言，碳弧气刨不仅会额外消耗碳棒，气刨形成的坡口也需要额外的焊丝填充，这就造成了焊接辅材的浪费。

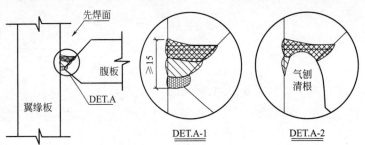

图 2　背面碳弧气刨清根的传统焊接方法

鉴于传统的清根焊接工艺存在环境污染、人工劳动强度大、材料浪费多等缺点，人们更倾向于探索节能环保的加工方法。因此，针对中厚板的全熔透焊接 H 型钢，探索高效、节能、环保的加工工艺成为行业内竞相攻破的技术瓶颈。

二、详细科学技术内容

以组合焊缝 H 型钢为载体，从以下几个方面展开研究：

1) 开发新材料：探索一种新型轻质的耐高温复合衬垫，有效防护首层打底焊接，改善背面焊缝组织性能和成型效果，同时实现最大限度地降低生产成本的目的。

2) 设计新工艺：探究组合焊缝翼腹板组立间隙对焊接过程和焊缝质量的影响，研发一种便捷、高效、适用于实际生产的组立方法；总结一整套与坡口角度和组立间隙相适应的焊接工艺参数，包括焊接电流、电压、速度、焊枪角度、过程参数等。

1. 组合焊缝结构工艺设计

如图 3 所示，综合考虑特定板厚条件下 H 型钢主焊缝的焊接收缩量和翼腹板的组立间隙，设置钢梁腹板宽度方向的尺寸比设计尺寸小 10mm。

图 4 为双枪坡口开设示意图，双面同时并坡口会大大降低切割旁弯变形，从而提高后续组立工序的装配精度。本工艺采用 45°对称坡口（角度误差为±2°）。坡口钝边为 0。

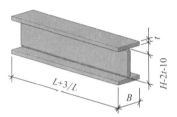

图 3 腹板厚度 $t＝100mm$ 的 H 型钢下料工艺文件

图 4 双枪坡口开设过程

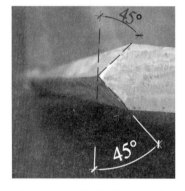

图 5 本工艺开设的坡口角度

图 6 所示为 H 型钢组立示意图，技术要求如下：

1) 组立前采用打磨机、钢刷等工具清除翼腹板焊缝位置两侧的铁锈、油污、灰尘等杂物，使位于焊缝位置的钢板表面露出金属光泽；

2) 如图 7 所示，本研究设置翼腹板间的组立间隙为 4～6mm，勉强让埋弧焊丝穿过；

图 6 组立过程

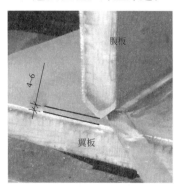

图 7 组立间隙

3）本研究通过减少全熔透范围内的定位焊缝并适当加密部分熔透焊缝范围的定位焊，以降低定位焊对全熔透区域焊缝质量的影响。全熔透和部分熔透区域定位焊的间距分别设置为 1000mm 和 300mm，且厚度不宜超过 5mm。

2. 耐高温复合型轻质防护衬垫

本研究采用耐高温、价格低廉的铝箔纸作为背部的支撑。图 8 所示为本研究开发的新型耐高温复合型轻质衬垫的结构及原理图。

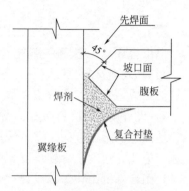

图 8　新型耐高温复合型轻质衬垫的结构及原理图

图 9 所示为粘贴铝箔纸的现场施工图，主要注意以下三点：

1）粘贴铝箔纸工序要在背面填充焊剂前完成；

2）粘贴铝箔纸前，要清除焊道内的铁锈、灰尘、油污、焊渣等杂物；

3）铝箔纸中心与背侧焊道的中心应对齐，整条焊道被密封在铝箔纸内。

将构件放平，将焊剂倒在焊道上后焊剂将自行流到背侧焊道，填满背侧焊道与铝箔纸之间的空隙。注意事项如下：

1）焊剂要按照规范烘干，烘干制度为 350℃×2h；

图 9　粘贴铝箔纸的现场施工图

2）在铝箔纸和背侧焊道之间均匀填充焊剂，不能留死角；

3）要对背侧焊道内的焊剂进行振荡捣实处理。

图 10　背部填充焊剂施工图

3. 新型埋弧打底填充焊

采用半自动小车埋弧焊设备进行首层打底和填充。表 1 给出了首层打底焊的焊接工艺参数。工艺要求如下：

单丝半自动埋弧焊的打底和填充焊参数   表 1

序号	工序	电流(A)	电压(V)	焊枪角度	焊接速度	备注
1	正面打底	650～720	33～36	15°～20°	6～8mm/s	/
2	正面填充	680～730	34～36	/	6～8mm/s	填充2~3道/6mm厚
3	背面首道	720～750	35～38	15°～20°	6～8mm/s	/
4	背面填充	680～730	34～36	/	6～8mm/s	填充2~3道

补充说明："/"表示不强制规定的参数，操作者可根据实际情况而定。

（1）如图 11 所示，焊枪与翼缘板的角度控制在 15°～20°。首层打底焊前要沿着焊道空走一遍，确认小车轨道平直、准确，如图 12 所示，焊接过程中要根据焊缝跟踪器的位置实时调整焊丝走向，以免焊偏；

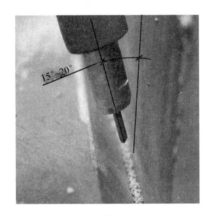

图 11　打底焊焊枪角度

图 12　及时调整运丝方向，避免焊偏

（2）按规定组立间隙须控制在 4～6mm，打底焊过程中，焊工要时刻检查焊枪前方的实际组立间隙。间隙较小或较大时，应适当调大或调小焊接电流并修正焊接电压，以免发生烧穿或未焊透的情况，调整范围为±50A；

（3）背部首道焊接前，正面焊缝的深度不得小于 8mm。背部首道焊时，为了将正面打底时的焊缝缺陷熔化并消除，要采用较大的电流施焊；

（4）两条主焊缝要同时同向对称施焊（图 13），焊接过程中实时检测焊接变形（图 14）。当焊接变形超过 GB 50205 规定时（$h>1000mm$ 时，$\Delta_{max}=\pm4mm$），应将构件翻身并焊接背侧焊缝。

图 13　双条同向施焊

图 14　实时监测变形（$\Delta\leqslant\pm4mm$）

如图 15 所示，采用半自动小车埋弧焊将单侧填充厚度超过 8mm 后，将构件交接至龙门双丝自动埋弧焊工序，以提高生产效率。另外，针对厚度 $t \leqslant 60mm$ 的 H 型钢，双丝自动埋弧焊的胎架翻身方便，有利于控制焊接变形。

图 15　双丝埋弧焊工序填充和盖面焊

三、发现、发明及创新点

本研究的主要创新点有：

第一：针对建筑钢结构中组合焊缝，本研究开发了的新型埋弧焊工艺才有大直径焊丝、大电流进行打底焊，并在一定的工艺措施下实现了首层打底焊的单面焊双面成型。

第二：本技术开发了耐高温的新型复合轻质衬垫，不仅可以防护埋弧打底焊缝，确保背面焊缝良好的成型效果，而且引入了熔池金属液体凝固前期的形核孕育剂，有效促进熔池金属形核及晶粒细化，从而改善了首道焊缝金属区及热影响区金属的力学性能。

第三：本技术自主设计 5～6mm 组立大间隙、大直径焊丝单面焊双面成型高效打底焊技术，针对不同板厚的全熔透组合焊缝，总结形成了成套埋弧焊打底免清根工艺参数。

四、与当前国内外同类研究、同类技术的综合比较

1. 国内同类研究分析

葛文亮等人总结出了大钝边大坡口大电流的不清根焊接技术，提高了生产效率，改善生产作业环境，并开辟了不清根全熔透焊接的新思路。但存在焊丝成本的增加、焊缝根部未焊透风险等缺点。图 16 所示为上述不清根工艺的坡口形式及焊接过程示意。

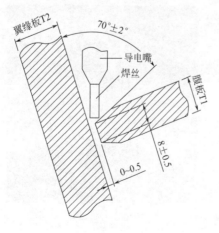

图 16　大钝边大坡口大电流的不清根焊接方法

刘亮等人总结出钝边为0、根部间隙为0的气保焊单面焊双面成型技术，如图17所示。该技术在一定程度上解决了焊不透的问题，但背面成型较差。

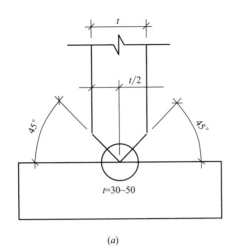 

(a) (b)

图17 气体保护焊单面焊双面成型技术

后续研究人员相继提出了背衬金属衬垫、黄沙衬垫、玻璃纤维衬垫、绳状衬垫、陶瓷衬垫等方法。该方案成型效果良好，被广泛应用于船舶、压力容器、桥梁和各种钢结构和设备的制造生产中。但其价格昂贵，不适用于大批量、非标准件生产的建筑钢结构构件。

综上所述，现有的国内外关于不清根熔透焊还都依赖于气保焊打底和大熔深来实现不清根的目的，其优缺点也较为明显，如表2所示。因此，需要一种高效、高质、节能、环保的焊接工艺，以满足厚板焊接型H型钢制作的发展需求。

各种熔透焊工艺优劣分析 表2

焊接方法	优点	缺点
传统清根焊接	操作简单	效率低、耗能大、噪声空气污染严重
大坡口大钝边不清根	操作简单	仅依赖焊接时熔深，实现全熔透的成功率较低
大坡口无钝边不清根	易实现全熔透	易焊穿，背面成型差，焊接量大，能耗高
水泥石英砂混合物衬垫	成本低	工艺复杂，易产生气孔，清渣困难，背面成型差

2. 结果对比与分析
（1）构件质量

变形量：图18结果显示，新型工艺可有效控制构件的焊接变形且过程控制较为成熟，具有较好的可靠性。

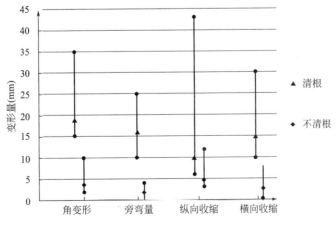

图18 构件变形统计结果对比

无损检测：与清根工艺相比，不清根工艺所焊接头的合格率随着板厚的增大呈现出指数分布的规律，当板厚增大到40mm时，一次合格率最大可达到96%，平均值为94%。且同一板厚条件下，探伤合格率的分布较为集中，即工艺过程具有良好的可靠性。

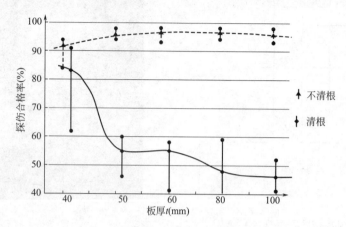

图19　不同焊接方法的探伤合格率与板厚的关系

（2）化学成分（五大元素）

数据显示，不清根试件热影响区的碳（C）含量和碳当量（$Cev=C+Mn/6$）较低。

（3）宏微观组织（金相分析）

图20所示为焊接接头的宏观酸蚀金相。宏观酸蚀结果显示，清根和不清根试件所焊焊缝的内部均无明显的气孔、裂纹、夹渣等宏观缺陷，不清根焊缝的熔合线较窄且道间截面轮廓线暗淡，即接头组织较为稳定。

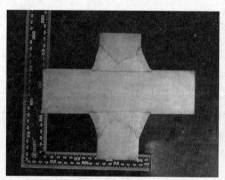 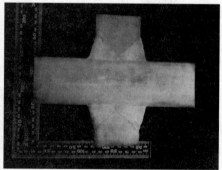

(a) 清根接头的宏观金相　　　　　　　　　　　(b) 不清根接头的宏观金相

图20　清根和不清根接头的宏观金相对比

图21所示为清根和不清根接头及母材金属的微观组织。清根焊缝中在不稳定热源的作用下出现了异常长大的贝氏体组织，有损于接头的冲击韧性和塑性。不清根焊缝的晶粒明显小于清根焊缝的，这说明不清根焊接时采用的焊剂将能孕育晶粒形核的合金元素或介质引入到了熔池金属中，促进了熔池金属的晶粒形核。不清根焊接比清根焊接的相对线能量低，在一定程度上抑制了焊缝金属晶粒的异常长大。通过引入孕育剂及控制热输入得到的细晶组织，有助于不清根焊缝获得良好的塑性和冲击韧性。

图22所示为清根和不清根接头热影响区的微观组织。清根试件中的贝氏体呈现出板条状，而不清根试件中却呈现出针状，这种贝氏体不同形态的形成与热影响区的碳含量有关。碳弧气刨过程使得清根试件焊缝热影响区的C含量较高，促使贝氏体聚集析出，最终形成板条状。

（4）力学性能（拉伸、硬度和冲击）

拉伸性能：试验结果显示，清根和不清根试件的下屈服点分别为759.1kN和800.2kN，受力极限分别为1063.4kN和1074.5kN，断裂位置均为焊缝热影响区。

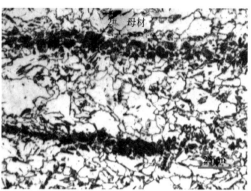

(a) 母材金属的微观组织(×100)：铁素体+珠光体，
组织分布不均匀，珠光体呈带状分布

(b) 母材金属的微观组织(×400)：铁素体+珠光体，
组织分布不均匀，珠光体呈带状分布

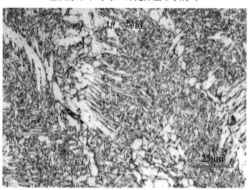

(c) 清根试件焊缝金属的微观组织(×100)：
铁素体+贝氏体+珠光体

(d) 清根试件焊缝金属的微观组织(×400)：
铁素体+贝氏体+珠光体

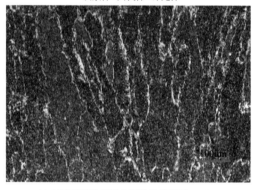
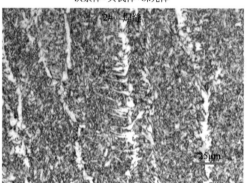

(e) 不清根试件焊缝金属的微观组织(×100)：
铁素体+贝氏体+珠光体

(f) 不清根试件焊缝金属的微观组织(×400)：
铁素体+贝氏体+珠光体

图 21　母材及焊缝金属的微观组织

(a) 清根试件热影响区金属的微观组织(×100)：
马氏体+贝氏体+铁素体+索氏体+屈氏体

(b) 清根试件热影响区金属的微观组织(×400)：
马氏体+贝氏体+铁素体+索氏体+屈氏体

图 22　热影响区的微观组织

(c) 不清根试件热影响区金属的微观组织(×100)：
马氏体+贝氏体+铁素体+索氏体+屈氏体

(d) 不清根试件热影响区金属的微观组织(×400)：
马氏体+贝氏体+铁素体+索氏体+屈氏体

图 22　热影响区的微观组织（续）

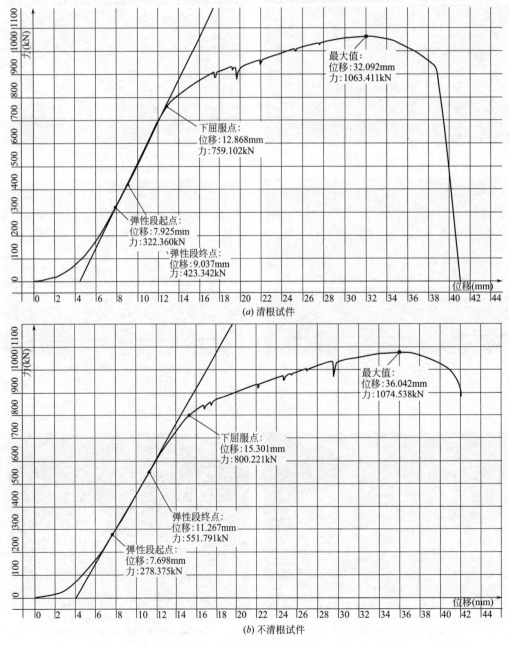

(a) 清根试件

(b) 不清根试件

图 23　拉伸试验结果对比分析

与清根焊缝相比，不清根焊缝热影响区的 C 含量和 Cev 均较小，致使该区域的贝氏体组织呈现出针状形态，对材料综合力学性能的损伤较小。因此，不清根试样的疲劳和极限强度要明显优于清根试件。

硬度及冲击试验：清根试件焊缝接头内部组织的硬度分布不均匀。相反，不清根试件的硬度较低，且其在母材、热影响区及焊缝区的分布较为均匀，即焊缝接头具有良好的综合机械力学性能。

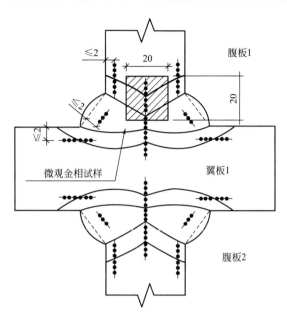

图 24　硬度试验的取样点分布

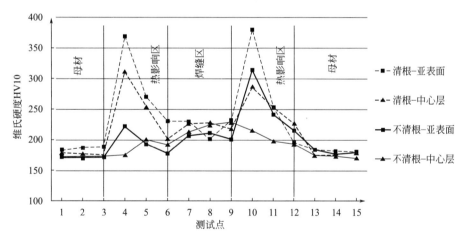

图 25　显微硬度的分布图

表 3 显示，不清根试件焊缝和热影响区的冲击吸收功远高于清根试件。检测结果与以上分析一致。

冲击吸收功 KV_2，20℃（J）　　　　　　　　　　　　　　　　表 3

试件	测试位置	焊缝				热影响区			
		1	2	3	AVG	1	2	3	AVG
清根	——	137	143	141	140.3	182	180	164	175.3
不清根	——	180	184	191	185.0	208	184	204	198.7

五、第三方评价、应用推广情况

该技术先后应用于沈阳宝能环球金融中心项目、北京新机场项目和迪拜哈翔电厂等国内外工程，取得了良好的效果，为各项目的顺利完工奠定了技术基础，受到了各业主、监理单位的一致好评。

本技术于2017年12月16日通过中国钢结构协会科技鉴定，被评为国际领先。专家组认为：厚板组合焊缝埋弧全熔透不清根焊接技术具有技术先进、实用性强、绿色环保、降本增效等显著优势，具有广阔的应用推广前景，研究成果达到国际先进水平。

随着国家对装配式钢结构绿色建筑的大力推广，近年来新的钢结构工程将会如雨后春笋般涌现出来，厚板组合焊缝H型构件作为钢结构建筑的主要构件，其加工工艺的重要性不言而喻，本研究提出的技术具有操作方便、环保节能、质量卓越等优点，在相关工程的应用，更是为后续工艺的大力推广应用提供了有力的依据和支撑。

六、经济效益

以BH1000×1000×100×100钢梁为例，分别统计了采用传统清根工艺和新型不清根工艺焊接时的相关数据。

1. 人工成本低

不清根工艺的单吨人工成本比传统清根工艺节约了48.4元/吨。人工成本＝人数×耗时×工资

2. 焊缝合格率高

新型埋弧焊不清根新工艺能实现组合焊缝的98%探伤合格，焊接质量远高于其他焊接方法。

每焊接1m组合焊缝，相对于传统清根工艺而言，新工艺可节约返修成本13.5元。

3. 构件变形小

校正钢梁变形（总质量约24.17t）所产生的费用详单结果显示，单吨构件的校正费用约为21.5元/t。

4. 焊丝成本低

与传统气保焊清根工艺相比，新工艺所用埋弧焊丝的综合单价降低了145元/吨，焊丝成本显著降低。

5. 综合成本

综上分析，表4为新工艺综合经济效益分析汇总表。表中结果显示，若新型埋弧焊不清根技术在全厂推行，可为公司节约固定成本169.7万元，且每年节约成本2575.2万元。根据国家统计局出具的数据，目前国内钢结构年产量约为6000万吨，其中建筑钢结构占比约为24%，总重量约为1440万吨。其中，组合焊缝类型构件在建筑钢结构中的占比为74%。若在全国范围内推行本研究提出的新工艺加工组合焊缝，可为国家经济建设事业节约生产成本3.6亿元/年。

新工艺综合经济效益分析汇总表 表4

节约项目	焊接人工费	返修费	校正费	人员培训费	焊丝材料费	合计
年费用（万元）	261.4	153.1	115.9	57.6	20.2	608.2
固定费用（万元）	/	/	/	169.7	/	169.7
天津厂年产能（万吨）		18			单吨节约成本（元/吨）	33.8
组合焊缝钢结构总产量（万吨）			6000×24%＝1440			
行业内节约年成本（万元）			1440×74%×33.8＝36017.3			

七、社会效益

1. 环境保护

较传统清根工艺而言，本研究提出的新型不清根工艺不产生弧光、噪声和粉尘，消除了95%的环境污染，从而改善了车间工人的作业环境。

2. 人才培养

本课题创新性研发厚板组合焊缝埋弧焊全熔透不清根技术，培养了一批专业技术骨干。目前，已有

3 人走向技术研发岗位并担任重要职务。在课题进行中，清华大学、同济大学等著名高校以及中国钢结构协会、中国焊接协会等国家协会均派遣人员深入项目交流学习施工新技术，为进一步的科研打下了坚实的学术基础。

3. 行业影响

（1）QC 成果展示。

（2）天津厂先后获得天津市"工人先锋号"，天津市"先进工作单位"等文明荣誉。

（3）先后接受中国钢结构在线、中国建筑钢结构网、天津北方网等多家主流专业新闻媒体采访和报道，为企业创造了良好的品牌效益。

200-300m 超高层综合施工技术研究与应用

完成单位：中建一局集团第三建筑有限公司、中国建筑一局（集团）有限公司
完 成 人：梅晓丽、郝继笑、王超、曹光、王红媛、王志珑、徐明

一、立项背景

据世界高层建筑与都市人居学会（CTBUH）全球高层建筑统计结果：从 2010 年开始，世界范围内 200m 及以上超高层建筑爆发式增长，其中 200-300m 高度范围占比均在 90％以上，国内亦如此，200-300m 超高层是工程建设施工重头戏。

超高层施工难度大，主观因素主要表现在结构形式复杂、结构超高、基坑超深、规模大、系统繁杂，新技术、新材料、新工艺大量采用；客观因素往往受施工环境、社会环境等制约，都较大程度增加了施工难度。我国超高层建筑施工起步较晚，相关的研究也相对较晚，但受益于全球化浪潮的影响，我国的超高层施工技术在短暂时间内，实现了质的飞跃。已形成成熟深基坑施工、模架体系、垂直运输、高性能混凝土基超高泵送、钢混组合结构、机电综合、幕墙安装等相配套的相关技术，切实应用于工程实践，从每年竣工超高层项目看到惊人的中国建造速度。目前，国内的学者、科研院所等机构正致力于开发更高级别的超超高层建筑施工技术，如千米级别泵送、C100 以上超高性能混凝土、集成化整体钢平台或者是从设计角度出发优化新型结构体系等等，又将形成震惊世界的大国重器。但纵观现有研究成果，集中于基础理论研究、前沿的高大精尖特技术研究及项目专有技术研究三类居多，但针对 200-300m 范围超高层施工普遍适用技术的再研究存在缺失。本课题着力通过技术创新、改善、优化、简化、创新现有施工工艺和技术，能够实现超高层施工中工期、效率的大幅提升，进而推动 200-300m 超高层技术的日益精进。

基于上述背景，公司技术专家与项目技术骨干组成技术攻关小组，针对 200-300m 超高层施工的关键技术展开技术研究与实施，为工程施工提供理论保障和技术支持，确保工程顺利进行。

二、技术内容

1. 总体思路

本课题立足于昆泰嘉瑞中心项目、中航资本大厦项目、美瑞泰富项目和徐州苏宁广场项目等多个超高层项目，针对 200-300m 超高层建筑综合施工，在模板工程、机电工程、基坑工程、测量工程、塔吊等施工中基于传统施工技术上进行创新，形成众多具有自主创新的新技术、新工艺、简化的施工方法，并结合引入新材料总结出超高层施工中的应用要点、措施等。同时，在多个项目根据其结构特点不同进行技术研发布局，诸如模架系统中的爬模模板，在不同的项目中引入了钢模、木模、铝模以及不同材料的组合模板等，增强其在不同结构形式超高层建筑施工中的通用性。另外，课题研究方面也积极组织土木工程大师、专家进行指导、论证，以期获得经济、安全、可靠、适用的技术以及意见、建议等。

2. 技术方案

1）确定研发课题，制定总体目标；

2）对研发工作具体内容进行策划，并将具体研究方向分配给具体项目部署实施，明确各项目对接人；

3）组织课题研发工作进展的中期汇报，对具体项目实施进行现场检查；

4）通过验收的成果，进一步进行知识产权确认，并扩大宣传，积极在后开项目实施落地、成果转化；

5）对所形成的成果进行系统梳理，检验巩固期成效，并对创新技术进一步提升。

3. 创新与关键技术

（1）创新技术8项

1）外钢内铝组合模板施工技术 该体系由液压爬升全钢大模板系统和早拆铝合金模架系统组成。核心筒外墙及电梯井筒钢模板可随爬模架体爬升；核心筒其余部分墙体及水平结构采用铝模，其中墙体铝模可随爬模爬升与大钢模同时拆除，水平结构铝模采用早拆体系快速周转，因铝模重量轻，可以人工倒运，故铝模也可以达到随结构爬升的效果。

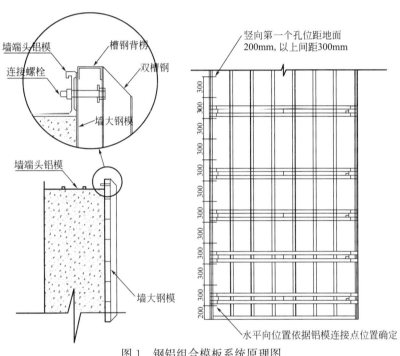

图1　钢铝组合模板系统原理图

图2　钢铝组合模板现场实景

该技术实现了超高层核心筒水平结构与竖向结构同步进行，能够有效克服传统爬模水平结构甩项，混凝土整体质量无法保障，施工流水跨度大，安全防护投入大等诸多问题。

2）密集管井后浇楼板施工技术 即在核心筒竖向施工时预埋上下铁钢筋和预埋件，后期水平结构施工或二次结构施工时，将槽钢与预埋件焊接或用化学锚栓与核心筒墙体紧密连接，作为钢板封闭的收边，铺设完钢板后作为安全防护使用，随即插入墙面的装饰做法施工；将预留套管通过BIM技术的管线综合定位，用角钢制作成整体定位框。边缘受力处与板下收边槽钢重合放置，量尺定位，局部电焊。跨度过大的后浇板可在避开管道处增加槽钢或工字钢进行加固；钢板后期开洞安装2～4根立管，定位准确后完成所有套管的开洞施工；最后，进行楼板混凝土的浇筑，再安装其余管道，最后进行管井内的地面做法。

3）集成模块化工厂拼装液压爬模快速安拆技术 将传统的现场组拼液压爬模，设计成多个模块，根据不同结构形式用模块进行组拼，特殊结构核心筒可对相应模块进行修改。每个模块按4～8个机位拆分，长宽满足运输车辆限制。保证单个模块可以直接安装在核心筒上，工厂拼装时将水平结构直接拼装完成，连同竖向立柱运输至现场，由现场根据塔吊吊重，按平台进行组装，分别安装至施工作业面，减少散拼散装的垂直吊次和人工占用量。模块安装好后在进行提升机构、外围护和模板安装，其余构件全部集成在模块中，摒弃爬模安装后，现场还需购置跳板铺设平台板，脚手架搭设栏杆、组拼逃生通道及

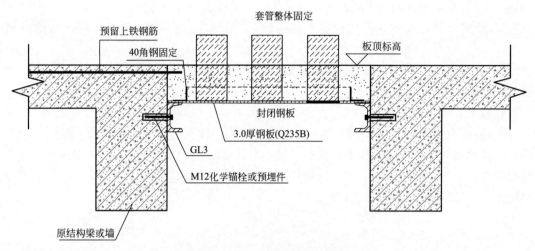

图 3　密集管井后浇楼板施工原理图

电梯上人平台等，使爬模及时投入使用。拆除时只需在现场将模块的水平结构和立杆分解后便可退场，减少材料清点，拆除时间，避免小配件的丢失。提升模块、逃生模块、电梯上人平台模块、平台模块的水平结构均可重复周转利用。

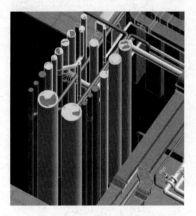

图 4　BIM 排管

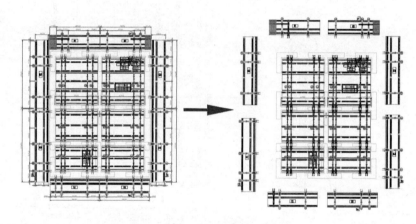

图 5　平台拆分

4）外爬式动臂塔吊辅助吊装技术　超高层施工垂直运输外爬塔在爬升过程中，通常需要两台塔互相吊装实现，占用工期 4 天，以 220m 高计算，爬升 14 次，需耗费工期 56 天。为此，研发团队设计了一套安装在塔吊下回转部位上的钢梁，稳固的钢梁上加装葫芦，称作"非背"装置，用于辅助提升塔吊支撑的三脚架，消除了爬升对另外一台塔吊的占用，实现两台塔始终有一台处于工作状态，节省工期 2d，大大提升了塔吊爬升、附着安装的效率。

5）铝木模板组合体系施工技术　即根据超高层核心筒及外框水平混凝土结构布置特点，选用定尺的铝模板用于规则的水平结构，尤其针对核心筒水平结构；木模板施工复杂多变的部分，尤其外框多变的钢筋混凝土板，两种体系通过首创的铝木连接节点实现无缝对接，充分利用了铝模板精度高、轻质高强、周转迅速、低损耗节约成本的优点，传统木模板也充分发挥了其灵活多变的优点。

该技术尤其适用当下超高层基本无标准层的市场需求，在保证高质量浇筑效果的同时，通过人工倒运，大大节约了塔吊吊次，有效地保证了与钢结构的流水作业。铝模多次周转，经测算可有效降低成本 20％。铝木结合体系在超高层施工中的应用，实现了 4d/层的施工速度，比传统施工工艺节约 1.5～2d/层。

6）弧形墙体木模板钢木背楞组合体系施工技术　即按照墙体弧度加工槽钢背楞，再将槽钢背楞与木方次背楞以及木模板组合形成大模板系统。在超高层标准层以下阶段墙体施工时，可实现整体吊装，简

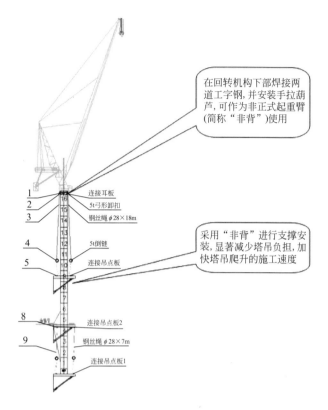

图 6　"非背"辅助吊装原理图

图 7　"非背"现场实景

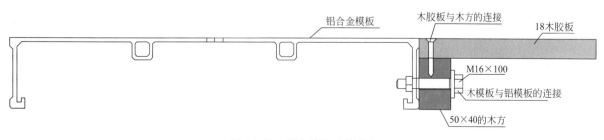

图 8　铝木组合体系连接节点

化了施工流程。利用该模板体系施工,弧形墙体成型效果好,尺寸、弧度准确,施工质量易控制,减少了周转材料的浪费。与利用散拼木模的传统工艺相比,具有操作简单、节省材料、施工速度快、过程易控等特点,并且节能环保,符合绿色施工的指导思路。适用于弧形墙体墙肢高度高,墙厚与墙高层间变化频繁的弧形(异形)现浇混凝土墙体施工,见图9。

图 9　现场实景图

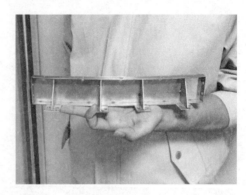

图 10　缩尺模型

7)弧形板边定型钢侧模施工技术　即通过对弧形(异形)楼板的数据分析,定制与结构弧度保持一致的钢模板,并结合模板重量和人工搬运等因素,对模板数量与长度进行合理规划,模板与模板之间采用螺栓的连接方式,易于施工,并结合钢模板定制与板面结合的支设体系,满足荷载需求,用以克服建筑造型异形化美感带来的施工难题。

8)止水帷幕渗漏处理技术　即在止水帷幕渗水处距两侧支护桩外 100mm 处植入水平钢筋,用竖向钢筋与水平钢筋绑扎成钢筋网片,将膨胀螺栓打入支护桩内与对拉螺栓焊接,然后支设模板,采用对拉螺栓加固完成后浇筑混凝土,形成钢筋混凝土挂板来阻挡坑外水的渗入。本技术能快速止水,施工方法简洁,施工速度快,止水抗渗效果明显,保证基坑安全,便于后续支护桩边缘区域土方的开挖,为地下室外墙防水施工提供了良好的施工环境,见图11。

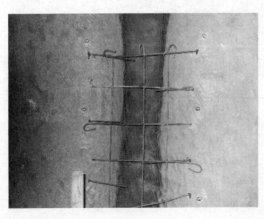

图 11　止水帷幕抗渗构造

(2)关键技术两项

1)多方位测量接收靶位测量控制技术　发明多方位测量靶,固定位置更加合理,不易扰动,精度更高,尤其能满足墙体变截面尺寸要求,墙体收缩时不需移动洞口及接收靶,为可调接收,克服了施工现场复杂多变的施工客观不利条件,见图12。

2)减少对单元体幕墙安装影响的塔吊异形抱箍设计　结构主体施工与幕墙作业出现工序交叉,塔吊的附着点势必造成附着位置幕墙板块无法安装。目前,针对交叉工序造成的影响,通常采用幕墙板块甩尾的方式,等待塔吊拆除后进行幕墙板块安装。由于土建结构主体施工尚未完成,幕墙作业提前插入,往往会造成塔吊进行的结构附着影响幕墙单元体板块的安装,造成大面积幕墙板块尾作业。为进一步加

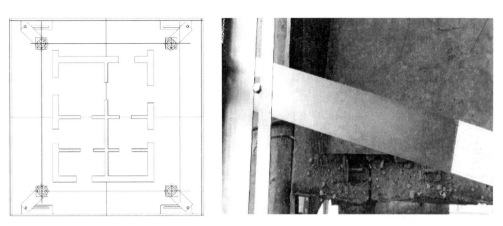

图 12　多方位接收靶

快工序工期，利用 BIM 技术，根据单元体式幕墙板块结构特点进行对塔吊附着件进行优化设计，充分尊重标准化塔吊附着方式，在成熟塔吊附着工艺上对塔吊附着件进行结合现场实际的改动，有效避开塔吊附着件对单元体式幕墙玻璃块体安装的大面积影响。同时，计算附着受力，保证满足受力要求。设计了独具一格的异形塔吊附着件，将附着对幕墙板块安装影响降到最低，减少玻璃幕墙的收尾工程量。见图 13。

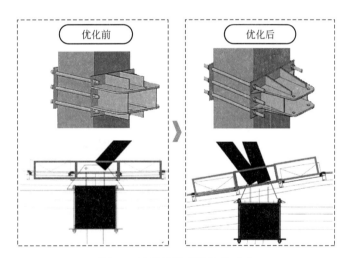

图 13　塔吊抱箍设计优化对比

三、发现、发明及创新点

创新点一：研发的"外爬钢模加内支铝模综合模板施工技术"，进行超高层核心筒部位模板支设，水平结构与竖向结构同步进行，保证了施工安全与整体质量。

创新点二：发明了"后浇密集管井楼板提前封闭技术"，有效实现了管井施工安全防护、工序交叉和成品保护。

创新点三：形成了"集成模块化工厂拼装液压爬模快速安拆技术"，将传统爬模分成多个高度集成的模块，提升施工效率，节省工期 30％。

创新点四：研发的"外爬式动臂塔吊辅助吊装技术"，通过在塔吊下回转部位安装"非背"装置，减少了塔吊在爬升、附着安装的时间。

创新点五：研发的"铝-木模板结合体系施工技术"，创新了铝木模板结合施工节点，实现体系组合，操作简单，连接牢固，施工质量优良。

创新点六：研发的"弧形墙体木模板钢木背楞组合体系施工技术"，实现了整体吊装，弧形墙体成型效果好。

创新点七：研发的"超高层弧形楼板结构钢侧模施工技术"，提高了支模效率，确保了弧形混凝土板边施工质量。

创新点八：研发的"止水帷幕抗渗构造施工技术"，解决了承压水位高、水位大情况下的渗水处理难题，保证了基坑安全。

创新点九：发明了"多方位测量接收靶位测量控制技术"，解决了施工向爬模上倒点的技术难题，实现了后期与电梯分包交接 220m 高井道一次交接成功。

创新点十：研发的"减少对单元体幕墙安装影响的塔吊异形抱箍设计"，利用 BIM 技术对塔吊抱箍形式进行优化设计，减少玻璃幕墙的收尾工程量。

四、与当前国内外同类研究、同类技术的综合比较

在与当前国内外同类研究、同类技术综合比较方面，已进行国内外查新 5 项，国内查新 4 项，具体如下：

(1) 针对"外爬钢模＋内支铝模新型超高层施工技术"课题，进行国内外联机检索，得到"未见到采用钢模随铝模原则，在大钢模上按照与其连接的断头铝模以及梁底铝模的销钉孔间距进行开孔，使用螺栓进行连接的相关介绍"；

(2) 针对"铝合金模板与木模板组合施工体系的应用以及扩展施工技术"课题，进行国内外联机检索，得到"该项目研究铝合金模板与木模板组合施工技术，铝木模板连接节点使用钉子将 50×40mm 木方与 18mm 木胶板连接，做出 L 型连接骨架与铝模板拼接，L 型骨架与铝模板拼接采用 M16×100 螺母穿孔连接，这在相关文献中未见有相同报道"；

(3) 针对"对单元体式玻璃幕墙安装影响消除的新式塔吊附着施工技术"课题，进行国内联机检索，得到"未见将抱柱耳板设计成异形梯形，避开对抱柱两侧单元体幕墙板块框架安装的影响，使得原本影响三块单元体安装变成影响一块单元体，缩短交叉作业工期技术特点相同的文献报道"；

(4) 针对"多方位测量接收靶位施工技术"课题，进行国内外联机检索，得到"该项目针对多方位测量接收靶位施工适用于超高层建筑多变截面的测量需求，通过设计多方位测量接收靶位解决爬模平台对接收靶位测量偏差的影响以及墙体收缩对接收靶位一定范围内可移动的需要，相关文献中未见相同报道"；

(5) 针对"后浇密集管井楼板提前封闭体系"课题，进行国内检索，得出"与本查新项目套管整体定位框不完全相同；有管井楼板浇筑施工的介绍，但未见后浇楼板提前封闭的报道"；

(6) 针对"集成模块化工厂拼装液压爬模快速安拆技术"课题，得出"国内未见具有以下特点的集成模块化工厂拼装液压爬模快速安拆技术的文献报道，即：将液压爬模划分为提升模块、平台模块、辅助模块三大模块，再将平台模块划分为多个模块，将易损耗即零碎材料高度集成在模块中，通过工厂将平台模块的各水平结构全部组装完成，实现快速安拆"。

五、第三方评价、应用推广情况

1. 第三方评价

2016 年 5 月，北京市住房和城乡建设委员组织的科技成果鉴定会中，委员会一致认为研发的"自动爬升式卸料平台施工技术"、"弧形墙体木模板钢木背楞组合体系施工技术"、"止水帷幕抗渗构造施工技术"等均进行了技术创新，取得了良好的经济效益和社会效益，可供同类工程施工借鉴，该成果整体达到国际先进水平。

2017 年 4 月，北京市住房和城乡建设委员组织的科技成果鉴定会中，委员会一致认为"铝-木模板结合体系施工技术""超高层弧形楼板结构钢侧模施工技术""减少对单元体幕墙安装影响的塔吊异形抱箍设计"等创新技术，在工程中成功应用，确保了工程质量和施工安全，节省了工期，取得了良好的经

济效益和社会效益，为同类工程施工提供了成功经验，该成果整体达到国际先进水平。

同期，在北京市住房和城乡建设委员组织的科技成果鉴定会中，委员会一致认为"外爬钢模加内支铝模综合模板施工技术""外爬式动臂塔吊辅助吊装技术"等创新技术，在中航资本大厦成功应用，确保了工程质量和施工安全，节省了工期，取得了良好的经济效益和社会效益，为同类工程施工提供了成功经验，该成果整体达到国际先进水平。

2018年4月，中国建筑集团有限公司组织的科技成果评价会中，评价意见一致认定该成果发明了"多方位测量接收靶位测量控制技术"，解决了施工向爬模上倒点的技术难题，实现了后期与电梯分包交接220m高井道一次交接成功；发明了"后浇密集管井楼板提前封闭技术"，有效实现了管井施工安全防护、工序交叉和成品保护；形成了"集成模块化工厂拼装液压爬模快速安拆技术"，将传统爬模分成多个高度集成的模块，提升施工效率，节省工期30％。评价委员会一致认为，该成果总体达到了国际先进水平。

另外，本成果在施工中针对各工程技术难点及关键技术展开技术创新、研发，解决了工程施工中的诸多难题，保证了工期、质量与安全，受到了业主、监理等单位的高度认可和一致好评。

2. 应用推广

本成果已成功在徐州苏宁广场项目、昆泰嘉瑞中心项目、中航资本大厦项目和美瑞泰富项目，形成多项专利、工法、论文等成果，且较多创新技术已收录到集团推广技术及三公司科技创效、绿色施工技术中，积极在行业、集团、公司推广应用。

六、经济效益

近三年直接经济效益单位：万元人民币			
项目投资额	800.0		回收期（年）
年份	新增销售额	新增利润	新增税收
2017	0.0	0.0	0.0
2016	3990.0	429.6	198.5
2015	2740.0	235.4	127.4
累计	6730.0	665.0	325.9

有关说明及各栏目的计算依据：

2015年总收入2740万元，构成为：弧形钢木背楞组合施工240万元、止水抗渗构造施工200万元、铝木结合施工水平结构1875万元、弧形钢侧模施工245万元、减少影响幕墙安装的抱箍设计180万；

2016年总收入3990万元，构成为：外钢内铝核心筒竖向结构施工2860万元、外爬塔辅助吊装施工450万元、多方位测量接收靶施工120万元、后浇密集管井施工260万元、集成模块化液压爬模施工300万元。

2015年利润＝240×6％＋200×10％＋1875×8％＋245×12％＋180×12％＝235.4万元；

2016年利润＝2860×11％＋450×12％＋120×10％＋260×5％＋300×12％＝429.6万元。

新增税收＝合同额×营业税（3.36％）＋利润×所得税（北京市高新企业15％）＝325.9万元。

七、社会效益

200-300m超高层建筑群综合施工技术，在具体实施过程中不断创新施工工艺和方法，收到了良好的质量、工期、安全和成本效益，不仅加快了施工速度、提高了施工质量、保障了施工安全，还降低了施工成本，取得了良好的经济和社会效益。已成功在苏宁、昆泰、中航、美瑞等超高层建筑中应用、改进、提升。本课题研发基于多个超高层建筑，其技术的开发、拓展运用都是互补的，属于边研发边落地转化型，所产生的经济社会效益也是非常显著的。该成果可以作为超高层建筑施工策划的范本样例，且方案很丰富、内容很具体，是值得推介的。在响应主席号召建设和谐美丽的社会主义国家的发展建设中，提出大量创新技术、低碳环保绿色施工技术，为天更蓝、水更绿做出积极贡献。

管廊管道快速安装关键技术研究与应用

完成单位：中建一局集团安装工程有限公司

完 成 人：沙海、孟庆礼、周大伟、赵艳、张晓明、费立敏、王竞千

一、立项背景

城市综合管廊的概念起源于 19 世纪的欧洲，它的第一次出现是在 1833 年的巴黎，经过 100 多年的探索、研究、改良和实践，城市地下综合管廊的技术水平已完全成熟，并在国外的许多城市得到了极大的发展，成为国外发达城市市政建设管理的现代化象征。我国的综合管廊建设虽然起步较晚，1958 年在北京天安门广场建设了第一条管廊，但国务院推动城市地下综合管廊建设的决心很大，2013 年以来先后印发了《国务院关于加强城市基础设施建设的意见》（国发〔2013〕36 号）、《国务院办公厅关于加强城市地下管线建设管理的指导意见》（国办发〔2014〕27 号）部署开展城市地下综合管廊建设试点工作。同时住建部同财政部分别在 2015 年确定了 10 个管廊建设试点城市、2016 年确定了 15 个管廊建设试点城市，全面启动综合管廊建设工作。

2016 年，李克强总理提出的全过开工建设 2000km 以上的综合管廊目标已实现，全国约有五分之一的城市开工建设了综合管廊。随着城镇化进程的加速、综合地下管廊试点城市的确立、相关政策及指导意见的提出，城市综合管廊施工必将全面展开，管廊内机电管线施工也将迎来新的建设高峰。

国内最早纳入综合管廊的市政管线主要有：给水管线、电力电缆、通信电缆三大类，从 2008 年以后，纳入管廊的管线种类（再生水、交通信号、工业管道、压力污水、直饮水等）逐渐增多，2016 年住房和城乡建设部推进地下综合管廊电视电话会议中也提出了要落实全部管线入廊的要求，随着各地管廊建设的推进，从 2016 年底开始管线入廊工作也如火如荼地开展。其中，南京江北新区地下管廊含电力、电信、给水、中水、垃圾、污水、雨水、燃气、热力 9 种管线，是目前入廊管线最多的管廊。

城市综合管廊距离长而且空间狭小，而由于管廊主体结构施工与管线施工单位分属不同单位且大量管线入廊，施工难度大。本研究通过对常见入廊管线施工技术分析，结合现有管廊管线施工经验及管廊空间狭小的特点，综合考虑施工的便利性、经济性，研究入廊管线的快速安装。

二、详细科学技术内容

1. 利用管廊可移动提升就位装置进行管廊管道安装技术

针对管廊空间有限、管线密集的特点，研制了"可移动提升就位装置"，此项技术获得国家专利。

（1）技术特点

本技术具有装置具有可移动性、可升降性；操作简单，适用范围广；管道就位快，效率高的特点。

（2）工艺原理

利用管廊可移动提升就位装置，将管道直接从下料口卸车至装置上，焊接成段。通过装置将成段管道水平运输至管线安装位置，通过液压系统将管道提升至安装标高后将管道侧向推入至管道支架上，从而实现管道的快速运输、布管及就位的目标。装置示意图见图 1。

（3）实施效果

利用该技术进行管道运输时，可以自由切换两种工况，不仅可以在传送器无法安装的下部无支架管线运输时起到管道传送的作用，还可以利用它实现管道分段焊接分段就位。该装置对管道运输效率高，

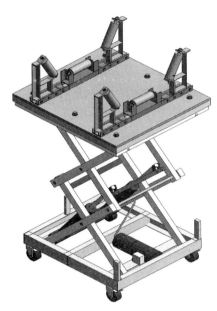

图1 管廊可移动提升就位装置示意图

可节省人工，缩短工期；管道焊接时，可配合工人要求调整管道高度并固定位置，对焊接效率及焊缝质量的提高起决定性作用；管道焊接后成段就位，即提高了管廊管道安装的效率及质量，同时实现了管廊管道高效优质的就位目标。有一定的指导性和操作性，能为类似工程提供较好借鉴。

2. 固定点焊接实现管廊管道快速连接技术

针对管廊空间有限、管线密集的特点，考虑在管廊吊装口处设置固定焊接点，便于管道焊接产生的烟气就近排出。利用"一种焊接工艺的操作平台"和辅助装置相结合实现在固定点焊接，然后逐步进行管廊管道的快速连接。

管道焊接是利用"一种焊接工艺操作平台"、"一种可调式焊接滚轮支架"共同合作辅助管廊管道的焊接。两根管道通过焊接滚轮支架调整其高度，工人在焊接操作平台上进行管道焊接。焊接工艺操作平台的作用是根据操作人员身高、不同标高管道进行调节从而实现管道快速焊接。管廊内空间狭小，管道焊接时会产生大量烟气不便于管廊管道安装，因此管道施工时应设置固定的焊接区域，同时对该区域设置排风机进行保护，从而保证操作人员健康。装置示意图见图2。

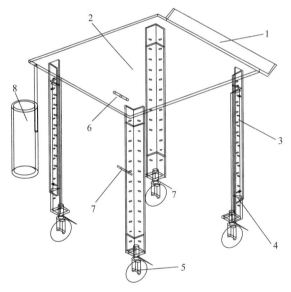

图2 焊接工艺操作平台构造图
1—角钢托架；2—钢板平台；3—角钢可升降支腿；4—限位螺栓；
5—可制动滑轮；6—电线导向支架；7—焊枪悬挂点；8—焊条筒

（1）技术特点

本技术应用平台具有可移动性、可升降性、取材方便、制作简单、便于操作、减少焊接耗时、焊缝质量好的特点。

（2）工艺原理

将电线导向支架、焊枪悬挂点、焊条筒、钢板平台组合之后焊接在四个可升降角钢支腿上，并在每个支腿上设置制动滑轮，通过制动滑轮实现平台移动；通过升降支腿实现焊接平台的升降，从而适应不同身高、不同高度的管道焊接。

（3）实施效果

该技术通过可以升降移动式焊接平台与滚轮支架及其他辅助装置的配合使用，降低了管廊内管道焊接布置点的设置，提高了焊接的效率及质量。

在狭长的管廊空间内采用了固定点焊接，降低了焊接点在管廊内的分布，降低了焊接烟气产生的源头。

固定点设置于搬入口，有利于焊接烟气的排放，大大改善管廊内的施工环境，是一项管廊管道的快速连接的施工技术。

3. 利用试压短管进行管廊管线快速试压技术

管线快速试压是管廊管道施工的重点，华晨宝马新工厂管廊项目及武汉CBD商务区地下管廊施工上，采用了专用短管进行管廊管线快速试压的施工方法，实现了短管及水资源的循环利用，降低了成本、节省了工期，试压短管试压示意图见图3。

（1）技术特点

该技术具有专用短管可循环利用，节约钢材；可实现水资源的充分利用，节约用水，减少排水量；

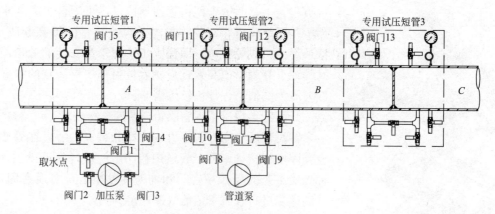

图 3　试压短管试压示意图

可用于各类焊接管道，通用性强；施工方便，成本低等特点。

（2）工艺原理

通过将盲板、注水管、压力表、排气阀及旁通管制作成一个专用试压短管（图4），试压时将该短管与拟试压管道连接在一起，通过上水管上水试压，同时试压短管一侧焊接大小头实现不同管径管道的同时试压。试压完成后将专用试压短管切割下来安装到下一个试压段，实现专用试压短管的循环使用，同时可将相邻试压段的水通过旁通装置循环使用。

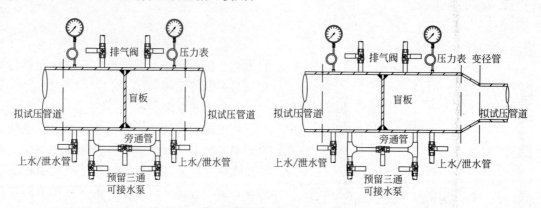

图 4　专用试压短管示意图

（3）实施效果

利用该技术不仅可以节约大量的盲板，而且通过实现专用试压短管及水资源的循环使用，在项目实际操作过程中践行了绿色施工，同时可以以一个试压段为周期进行施工、试压的交叉进行，扩展作业面，提高安装速度，实现管廊内管道的快速安装。

华晨宝马新工厂管廊项目和武汉 CBD 地下综合管廊管线试压时采用了该技术，取得了良好的效果，节约了成本、缩短了项目工期、保证了工程质量，经济效益和社会效益显著。

三、发现、发明及创新点

本项目综合研究了目前入廊主要管线的安装技术，结合项目实际，从管道材质分析、管廊内管线工艺优化、支吊架快速安装、管线快速入廊与连接、管线快速试压等方向进行了研究，尤其是在工艺优化、管线快速入廊、管线快速试压等方面做出了大胆的创新，通过引入 BIM 技术进行工艺优化；通过新型快速运输装置、试压装置的研发，实现管廊管道的快速安装，推进管廊管道安装技术的进步。

1. 管廊管线工艺优化技术

管廊施工过程中虽然有设计图纸，但是由于目前附属设施的图纸和入廊管线的图纸属于不同设计院设计，一般情况下管廊土建施工时就将附属设施设计完成，而入廊管线后续设计，势必会造成细节不匹配的问题。

　　进行管廊内机电专业深化设计是加快管廊管线快速施工的重要手段，通过深化设计阶段对管线位置布置、附属设施的设置、附件安装空间的预留、新型材料的使用等方面进行提前优化，从而实现提前解决问题，加快管线快速安装。

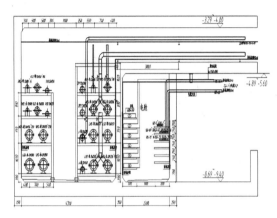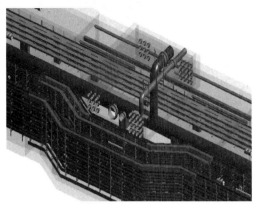

图 5　管廊管线工艺优化示意图

　　实现"BIM 技术在城市综合管廊中的应用"，将 BIM 技术全面应用于综合管廊的深化设计、施工全过程，通过 BIM 技术的三维可视化、虚拟漫游，对管廊结构、管线、附属工程进行了整体建模、仿真分析，提前模拟设计效果、优化方案、并进行管线综合、资源配置、进度优化等应用，避免设计错误及施工返工，能够取得良好的经济、工期效益。

2. 可移动提升就位装置安装管廊内管道施工技术

　　利用"管廊管道可移动提升就位装置"进行管道运输时，可以自由切换两种工况，不仅可以在传送器无法安装的下部无支架管线运输时起到管道传送的作用，还可以利用它实现管道分段焊接分段就位。该装置对管道运输效率高，可节省人工，缩短工期；管道焊接时，可配合工人要求调整管道高度并固定位置，对焊接效率及焊缝质量的提高起决定性作用；管道焊接后成段就位，既提高了管廊管道安装的效率及质量，同时实现了管廊管道高效优质的就位目标。

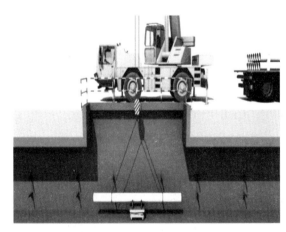

图 6　可移动提升就位装置管道安装示意图

3. 固定点焊接实现管线快速连接

　　考虑在管廊吊装口处设置固定焊接点，便于管道焊接产生的烟气就近排出。管道焊接时利用"一种焊接工艺操作平台"及"一种可调式焊接滚轮支架"辅助进行，两根管道通过焊接滚轮支架调整其高度，工人在焊接操作平台上进行管道焊接，焊接操作平台可自由升降，方便不同身高的人操作，减少焊接耗时，提高了管道焊接质量的同时也提高了焊接速度。

图 7　管廊管道固定点焊接示意图

该技术通过可以焊接工艺操作平台与滚轮支架及其他辅助装置的配合使用，降低了管廊内管道焊接布置点的设置，提高了焊接的效率及质量。

4. 利用专用试压短管加快管线试压

本技术通过将盲板、注水管、压力表、排气阀及旁通管制作成一个"专用试压短管"，试压时将该短管与拟试压管道连接在一起，通过上水管上水试压，同时试压短管一侧焊接大小头实现不同管径管道的同时试压。试压完成后将专用试压短管切割下来安装到下一个试压段，实现专用试压短管的循环使用，同时可将相邻试压段的水通过旁通装置循环使用。

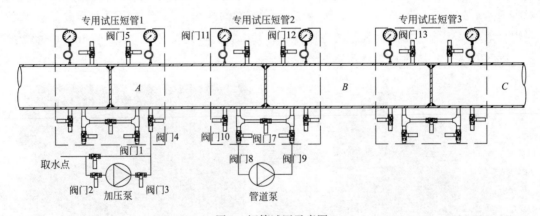

图 8　短管试压示意图

四、与当前国内外同类研究、同类技术的综合比较

目前国内管廊发展的态势主要是从 2013 年国家出台《关于加强城市基础设施建设的意见》后才开始大规模的管廊建设工作，因此目前主要是各地市制定相应的规划、管廊建设技术经济评价、管廊主体结构施工方法、管廊施工工艺、管廊主体结构节点、管线入廊分析（哪些管线适合入廊）、管廊运营维护平台等方面。而由于管廊建设、管线施工、管廊运维单位的不统一，导致目前真正入廊的管线少，因此针对管线安装的研究也很少。

经过查阅资料发现，虽然国外管廊起步早，但是国外管廊的发展表明，国外的管廊研究关注的是科学规划、建设投融资及费用分摊问题、运营维护体制问题。更多是想如何将管线引入管廊内，而不是关注管线安装技术。

本技术从工艺优化、管线快速入廊、固定点焊接、管线快速试压四个方面做出了大胆的创新，与当前国内外同类研究比较具有以下先进性：

（1）将传统的深化设计与BIM技术相结合，在管廊结构阶段就提前介入机电管线的深化设计考虑，针对综合管廊横断面、关键节点进行优化，提前考虑预留空间，为管线安装提供充足的空间，减少返工提高管线安装效率。

（2）实现管廊内管线快速安装的基础是管线快速运输，因此本技术重点研究了管线运输，通过研发"可移动提升就位装置"装置，利用装置的可移动、便捷性，借助此技术可实现管廊的快速就位，施工效率高。

（3）管廊内管线焊接工作量大，实现管线快速焊接主要是尽可能地集中焊接，减少分散焊接，通过研发"焊接平台"实现管线固定点焊接，并通过与滚轮支架的配合使用，降低了管廊内管道焊接布置点的设置，减少了焊接烟气的排放，改善了管廊内的施工环境，提高了焊接的效率及质量。

（4）管廊内管线多、距离长，管道试压用水量大，试压用水难以供应，制约了管道快速施工，通过研发"专用试压短管"实现循环利用，节约钢材；可实现水资源的充分利用，节约用水；同时可以以一个试压段为周期进行施工、试压的交叉进行，扩展作业面，提高安装速度，实现管廊内管道快速安装。

五、第三方评价、应用推广情况

第三方评价如下：

（1）成果鉴定及科技查新

由中国安装协会组织召开的"管廊管道快速安装关键技术研究与应用"科技成果鉴定会，鉴定委员会认为该成果整体达到了国内领先水平。

此外，基于本研究的"综合管廊多管线快速安装成套技术"对本研究关键技术进行了国内外查新、"一种利用专用短管进行管廊管线试压技术"国内查新、"一种管廊管道可移动提升就位施工技术"国内查新，结论均为未见相同报道。

（2）发表论文

基于本研究，在国家核心期刊发表科技论文3篇：《利用一种可移动提升就位装置安装地下管廊管道技术》、《城市地下综合管廊管道固定点焊接技术》、《BIM技术在城市综合管廊中的应用》。

基于本研究，参编了中安协组织的《城市综合管廊全过程技术与管理》中热力管线、燃气管线安装部分；中建总公司组织的《城市综合管廊建设成套技术》中的附属设施部分安装；参编了北京市地标《城市综合管廊工程施工质量验收规范》、《城市综合管廊报警与监控设备安装工程施工规范》。

（3）科技成果

基于本研究取得实用新型专利10项，国家级工法1项，中建总公司工法1项，省部级工法2项，集团级工法1项。

（4）工程奖项

本研究应用及推广工程获奖情况：

1）华晨宝马新工厂项目管廊机电安装工程获得"中国安装工程优质奖"、"北京市安装工程优质奖"；

2）武汉CBD地下综合管廊项目获得中建一局集团"精品杯"工程。

推广应用情况如下：

"管廊管道快速安装关键技术研究与应用"以沈阳华晨宝马新工厂管廊、府右街管廊（保密项目）、武汉CBD地下综合管廊项目为依托进行研究，属建筑工程机电安装领域。从快速施工、解决施工那点、人文关怀方面进行了创新，解决了综合管廊管线入廊快速施工中遇见的难题，取得多项创新技术，推广应用前景广阔。

华晨宝马新工厂管廊项目位于辽宁省沈阳经济技术开发区大潘镇，管廊长约 3km，连接厂房能源中心至厂房各生产车间，共有热水管线 4 根（试验压力 1.5MPa）、给水管线 1 根（试验压力 0.8MPa）、工业水管线 1 根（试验压力 0.8MPa）、喷淋管线 2 根（试验压力 1.4MPa）、消防管线 1 根（试验压力 1.4MPa）、预留管线 5 根、压缩空气管线 1 根。

武汉 CBD 地下综合管廊位于武汉王家墩中央商务区，是湖北也是华中地区第一个建成的综合管廊，管廊断面呈四方形，宽约 5m，高 2.5m，采用双仓布置。主要设置通信信息管和给水管；高压仓主要用于设置 110kV 和 220kV 高压电缆。管廊总长度 6.2km，内有电力、电信、给水管道、附属设施工程（通风、消防、监控等），其中有给水管 1 根 DN300，试验压力 0.8MPa。

上述工程，严格按照业主要求及相关质量规范进行施工，质量达到合格标准，通过了各次检查及验收，获得了监理、业主的一致好评，其中华晨宝马新工厂管廊项目获得了"中国安装工程优质奖"、"北京市安装工程优质奖"，武汉 CBD 地下综合管廊项目受到了李克强总理的高度评价。

目前，该技术在徐州新淮海西路综合管廊项目上正在应用，推广应用效果良好。以上应用实例向我们证明在该技术在地下综合管廊施工应用的实用性，同时也向我们证明了在地下综合管廊建设快速发展的今天，该技术在综合管廊施工中推广应用的必要性，具有广阔的推广应用前景。

六、经济效益

2013～2015 年，在承建的"沈阳华晨宝马新工厂管廊"、"武汉 CBD 中央商务区综合管廊"、"徐州地下管廊"项目中采用管廊管道快速安装综合技术。具有建设速度快、质量好等优点，保证了施工工期，同时在保护环境方面也做出了巨大的贡献，减少了施工中对环境的影响，节省了资源，最大限度得考虑了对工人的人文关怀，直接经济效益和间接经济效益显著。

七、社会效益

本研究成果的应用促进了公司管廊项目的建设，而且公司承建的武汉 CBD 地下综合管廊、徐州管廊分别迎来了李克强总理、徐州市委张国华书记的检查，均受到了领导们对公司履约品质、智慧建造的高度评价。

该技术不仅提高了管线安装速度，保证了施工工期，同时该技术在保护环境方面也做出了巨大的共享，减少了施工中对环境的影响，节省了资源，同时最大限度地考虑了对工人的人文关怀。

公司参编的《城市综合管廊全过程技术与管理》已出版发行，同时还在参编北京市地标《城市综合管廊施工及质量验收规范》、中建协团体标准《城市综合管廊施工技术标准》。书籍、标准的编制是响应国家大力发展管廊建设的具体表现，补充了国内现行国家、行业标准在实施落地环节的空白，对管廊建设施工的标准化、规范化有着重要的指导意义，同时也是企业在管廊建设领域技术实力的体现。

填海区连通多条地铁线分期施工的超大超深基坑设计与施工综合技术

完成单位：中国建筑一局（集团）有限公司、深圳市勘察测绘院有限公司、华南理工大学
完 成 人：陈玮、郑海涛、付涛、李娟、周豪、李伟、刘晨

一、立项背景

随着城市的快速发展，土地资源的过度开发，填海工程的开拓将缓解土地资源紧张而带来的压力。自深圳特区创建以来，围海造地就一直没停过，起初是因为港口、码头和机场的需求，现在则主要是解决工程建设用地的问题。填海区伴随着软土特征，而软土存在天然耗水率高、孔隙比大、透水性低、抗剪强度低、具流变性等特点，给基坑工程施工带来诸多难题。

同时，自20世纪90年代以来，城市轨道交通在我国得到了迅猛的发展，地铁作为城市交通体系中的骨干，它的分布和影响范围越来越大，在公共交通中的作用举足轻重。为了保证地铁安全，满足地铁保护的要求，对毗邻地铁的深基坑项目设计和施工提出的更高的要求及限制。

红树湾物业开发项目位于深圳红树湾填海区，是个典型的填海软土地质，同时毗邻多条地铁线。基坑面积4.5万平方米，中间为分坑支护桩将基坑一分为二，西边开挖深度12m，东边开挖深度21m。基坑特点用"近、多、大、难"进行概括。

"近"是指离地铁特别近，北侧与下层广场相连，南侧地连墙为9号、11号线已有地连墙，南北与地铁隧道最近都只有3m；

"多"是指国内在建的第一个毗邻三条地铁线深基坑工程，3条线，6条隧道；

"大"是指基坑东侧环撑外径147m，是深圳在建最大的环撑；

"难"是指项目处于填海抛石区，同时存在较厚淤泥，加大了基坑的难度。

二、详细科学技术内容

1. 总体思路、技术方案

首先，针对地质条件、周边情况通过建模验算技术经济分析，进行基坑支护选型，确定最佳方案：采用分坑桩将基坑分为东西两个基坑，东区采用环撑＋地连墙，西区采用角撑＋连续墙等刚度大、安全度高的支护形式；通过模拟分析，创新采用考虑两边不同施工工况下的超大超深基坑分坑技术、利用原地铁已有地连墙作为基坑支护结构技术。在施工中，做到设计、施工充分结合。根据工况和进度要求，按照分区、分层、分块、先撑后挖的等时空效应及基坑顺做法施工理论，对施工不同工况进行模拟，结合地铁变形和基坑提前采取如具有泄压功能的袖阀管土体加固措施。结合塔楼先行的要求，通过验算论证采取结构未封闭但已经形成完整的支撑传力体系的情况，采取支撑梁分块切割拆撑技术和换撑技术，实现进度优化；对超大、超深，超厚混凝土钢筋混凝土结构采取分仓、区块优化及大体积混凝土施工和监测等技术，与基坑土方、支撑拆除等完美结合，相互协调；通过基坑和地铁自动化监控、监测、三维激光扫描等技术，通过信息化指导施工；施工中采取了多项绿色施工技术，实现了"四节一环保"。通过科研、试验、施工实践、监测、分析，保证了施工质量，实现了基坑和结构安全，加快了施工进度，降低了施工成本。

2. 关键技术

（1）关键技术一：具有泄压功能的袖阀管土体加固技术

基坑北侧采用袖阀管注浆施工对基坑地连墙与隧道间的土体进行加固，大大提高被加固地层段的整体稳定性且加快土层的固结稳定，阻止并控制路基的不均匀沉降，能够减小对现有地铁扰动及土方开挖后地铁轨道的变形。

在施工过程中形成了具有泄压装置的袖阀管施工避免注浆液扩散到加固范围以外；释放高压旋喷多余的压力，避免引起土体变形以保证基坑及隧道的安全。

① 袖阀管加固目的及范围

由于基坑距离地铁2号线较近，在基坑开挖前应对基坑及地铁2号线间的土体进行加固处理。袖阀管土体加固和止水目的及项目现场施工位置如下表所示。袖阀管加固采取的方法为具有泄压功能的袖阀管土体加固技术，该种土体加固技术能够有效地避免水泥浆液溢出地面、减小地面隆起，对地铁隧道及基坑的保护具有良好的效果。

项目基坑土体加固几种形式 表1

形式	目的	位置
袖阀管	1. 大大提高被加固地层段的整体稳定性 2. 加快土层的固结稳定，阻止并控制路基的不均匀沉降 3. 减小对现有地铁扰动 4. 减小土方开挖后地铁轨道变形 5. 具有泄压功能的袖阀管土体加固技术利用高压旋喷钻机在旋喷桩加固范围边界处提前钻泄压孔，从而达到压力释放的作用，加固范围以外的浆液会从泄压孔流出，从而防止土体隆起变形	1. 基坑北侧2号线轨道与基坑之间的土体 2. 基坑西南角在建9、11号线换乘站与基坑之间的土体

② 具有泄压功能的袖阀管施工处理技术

在袖阀管施工钻孔前，首先根据钻孔直径及桩中心点测量定位后，在紧挨每排袖阀管钻孔边缘处分别钻孔，这样在袖阀管孔位边缘形成一排孔，之后按照袖阀管施工工艺正常施工。这样，孔口以外的浆液会从泄压孔之中流出，同时多余的压力会被释放，从而避免土体严重变形。泄压孔与袖阀管边缘相切，泄压孔的孔径为100～150mm。泄压孔深度同袖阀管钻孔深度。

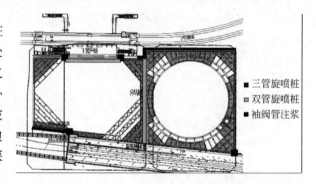

图1 基坑土体加固范围

（2）关键技术二：未闭合的"断开式"新型基坑支护设计与施工技术

① 未闭合的"断开式"基坑支护形式设计理念

根据下沉广场处的建筑规划，将其与本项目的地下室连通，则在该区域可不设置地下连续墙，仅需设置高压旋喷桩进行止水，地连墙断开处为了承受相临角撑传递过来的土压力，可通过设置由若干根灌注桩组成的"墩体结构"，利用其强度和刚度来进行受力平衡，具体可见下图。

每个"墩体结构"均由六根D1200的灌注桩通过纵横相交的连梁与既有地铁车站地连墙形成一个整体，类似于纵横向的"门架体系"，具有较大的支护强度和刚度，能够平衡由角撑传递而来的巨大的土压力。计算时可按照等效刚度的原则，将六根灌注桩的总刚度等量替代，转换为一个墩体结构的有效直径，再代入软件模型中计算。

工程实践证明：该"墩体结构"的设置对于整个基坑支护体系的安全起到了重要作用。

② 未闭合的"断开式"基坑支护施工

西区基坑北侧靠近地铁下沉广场处在下沉广场的两侧设置柱墩体系，柱墩体系间设置双排D600@350双管旋喷桩，后排桩内置25b工字钢。每一侧的柱墩由6根直径为1200mm的钻孔灌注桩组成。灌注桩桩顶由混凝土梁连接在一起，连梁钢筋锚入地连墙长度不小于1.5m。

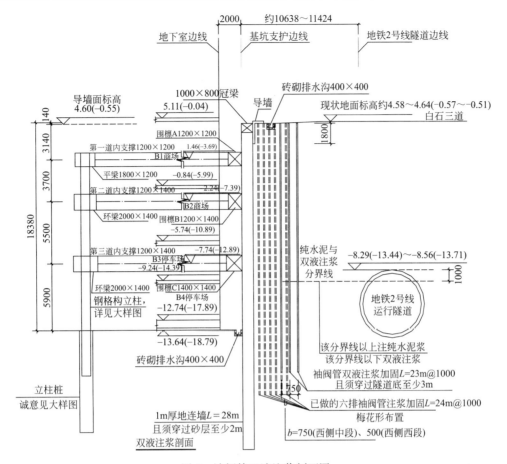

图 2 袖阀管双液注浆剖面图

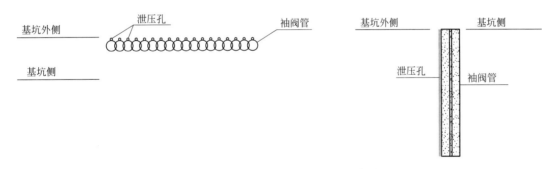

图 3 袖阀管施工前泄压孔施工示意图

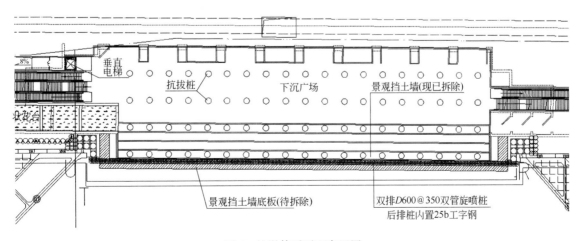

图 4 柱墩体系平面布置图

（3）关键技术三：结构未完全封闭情况下大直径环形支撑提前拆除技术

本项目采用静爆和切割相结合的拆换撑技术，综合考虑东西区的工况条件项目采用静爆切割相结合的方式进行拆撑，西区塔吊吊重小，内部转运不变则采取静爆拆撑；东区塔吊吊重大，内部可转运则采取切割拆撑。相对于其他项目单一的拆撑方式，本项目选择的拆撑方式更具代表性。

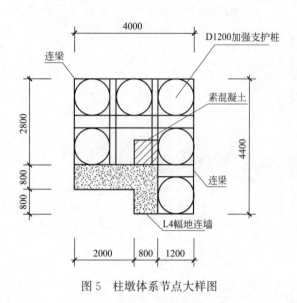

图 5　柱墩体系节点大样图

图 6　东西区内支撑分布图

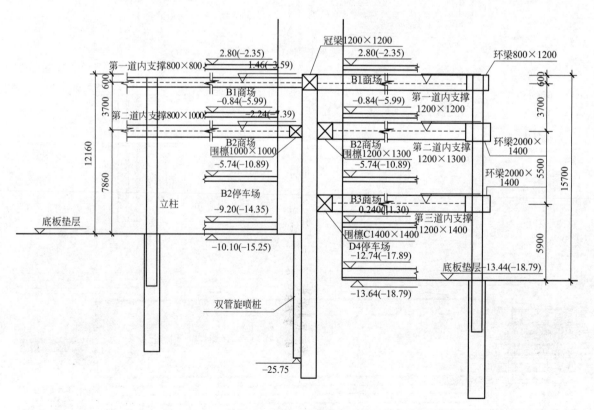

图 7　东西区内支撑剖面图

内支撑拆除前期，为保证拆除与结构楼板环撑作用的有序结合，项目施工与设计相结合，施工楼板的必要性与施工顺序经过设计复核，对部分楼板采取优先施工，提前完成拆撑的前置条件，节约工期的同时还解决了工人窝工的情况。

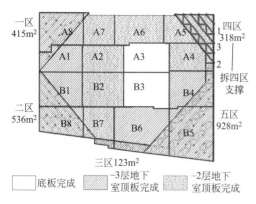

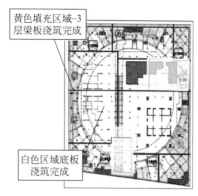

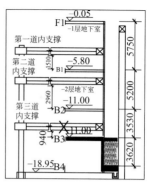

图 8　西区拆撑工况分析　　　　　　　图 9　东区拆撑工况分析

在项目内支撑拆除过程中，还形成了一种切割支撑钢马凳支撑装置及其拆撑结构、平躺导轨式混凝土切割机两项使用新型专利。可周转马凳的使用不仅对内支撑的切割起到了安全的保护作用，同时避免了整个工作面的钢管架的满堂搭设，有效地节约了拆除成本。新型切割机的使用则提高了拆除效率，缩短工期。

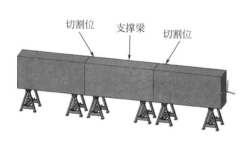

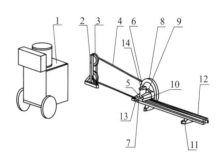

图 10　钢马凳三维布置图　　　　　　图 11　切割机侧视图

（4）关键技术四：考虑两边不同施工工况下的超大超深基坑分坑技术

项目为深圳填海区超大超深基坑且距离地铁线较近，在基坑中间部位设置分坑桩，分坑桩将基坑一分为二。基坑分为东西两个面积相近且相对独立的基坑，有效地减小了基坑的长边效应及基坑施工难度，且基本吻合项目开发的节奏。

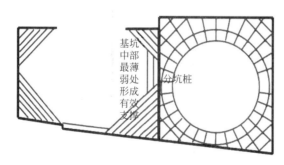

图 12　分坑桩示意图

在设计出图阶段，项目部采取设计结合施工的方法，依据计划管理分析出后期施工可能出现的东西区施工进度差异而呈现的不同工况，选出最不利工况来对已设计出的分坑支护桩进行受力复核。

分坑支护桩的应用，减少了基坑南北侧的长边效应，基坑中部增加支撑，增加围护结构刚度，减小施工阶段基坑变形及隧道安全，且东区两区独立施工，使西区提前东区一年达到预售条件，满足了建设方先回陇资金再开发的要求，缓解资金压力。

（5）关键技术五：利用原地铁已有地连墙技术

本工程利用周边已有地铁车辆段的地连墙作为基坑的一部分围护结构，与新建地连墙连接成为统一整体，利用已有地连墙的长度为273m，深度范围为23.65～30m。

利用周边已有地铁车辆段地连墙的基坑支护技术，采取新建地连墙与已有地连墙刚性连接，可有效减小施工过程中对基坑及地铁隧道的扰动。且有效的节约施工成本约1093万元，节约工期约85d。该技术具有良好的适用性及社会效益。

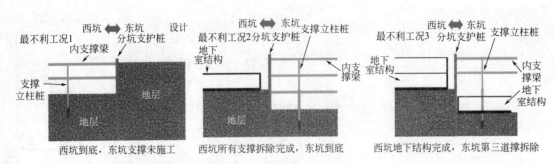

图 13　设计施工相结合

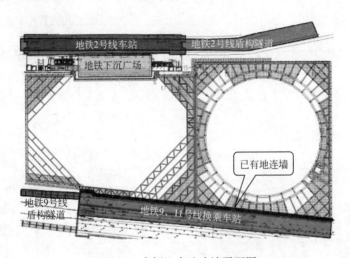

图 14　南侧已有地连墙平面图

（6）关键技术六：基于 3D 扫描的深基坑地铁隧道信息化监测技术

深基坑地铁隧道监测内容主要包含基坑坑顶的水平位移、基坑周边建筑及道路的沉降、支撑立柱顶部的沉降及位移、支撑轴力、地连墙测斜、地铁隧道结构绝对变形量及变形差异等。项目采用天宝放样机器人技术、隧道三维激光扫描技术、微芯自动化监测系统施工技术等技术全方位对基坑及隧道进行监测。

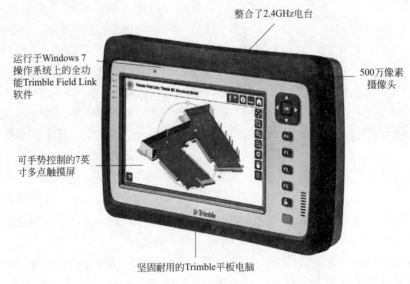

图 15　天宝放样机器人

图 16　天宝 BIM 基坑放样图

图 17　现场采集照片

图 18　隧道扫描整体效果图

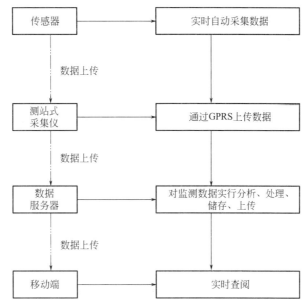

图 19　基坑自动化检测系统流程图

三、发现、发明及创新点

（1）具有泄压功能的袖阀管土体加固技术：采用具有泄压功能的袖阀管土体加固技术能够有效地进行土体加固，避免注浆液扩散到加固范围以外；释放高压旋喷多余的压力，避免引起土体变形以保证基坑及隧道的安全。

（2）未闭合的"断开式"新型基坑支护设计与施工技术：根据下沉广场处的最新建筑规划，将其与本项目的地下室连通，则在该区域可不设置地下连续墙，仅需设置高压旋喷桩进行止水，地连墙断开处为了承受相临角撑传递过来的土压力，可通过设置由若干根灌注桩组成的"墩体结构"，利用其强度和刚度来进行受力平衡。且在底板连接位置一排双管旋喷桩做止水帷幕，保证连接处的止水效果。

（3）结构未完全封闭情况下大直径环形支撑提前拆除技术：本项目采用静爆和切割相结合的拆换撑技术，综合考虑东西区的工况条件项目采用静爆切割相结合的方式进行拆撑，西区塔吊吊重小，内部转运不变则采取静爆拆撑；东区塔吊吊重大，内部可转运则采取切割拆撑。相对于其他项目单一的拆撑方式，本项目选择的拆撑方式更具代表性。

（4）考虑两边不同施工工况下的超大超深基坑分坑技术：项目为深圳填海区超大超深基坑且距离地铁线较近，在基坑中间部位设置分坑桩，分坑桩将基坑一分为二。基坑分为东西两个面积相近且相对独立的基坑，有效地减小了基坑的长边效应及基坑施工难度，且基本吻合项目开发的节奏。

（5）利用原地铁已有地连墙技术：本工程利用周边已有地铁车辆段的地连墙作为基坑的一部分围护结构，与新建地连墙连接成为统一整体，利用已有地连墙的长度为273m，深度范围为23.65～30m。利用周边已有地铁车辆段地连墙的基坑支护技术，采取新建地连墙与已有地连墙刚性连接，可有效减小施工过程中对基坑及地铁隧道的扰动。且有效节约施工成本约1093万元，节约工期约85d。该技术具有良好的适用性及社会效益。

（6）基于3D扫描的深基坑地铁隧道信息化监测技术：深基坑地铁隧道监测内容主要包含基坑坑顶的水平位移、基坑周边建筑及道路的沉降、支撑立柱顶部的沉降及位移、支撑轴力、地连墙测斜、地铁隧道结构绝对变形量及变形差异等。项目采用天宝放样机器人技术、隧道三维激光扫描技术、微芯自动化监测系统施工技术等，全方位对基坑及隧道进行监测。

四、与当前国内外同类研究、同类技术的综合比较

（1）具有泄压功能的袖阀管土体加固技术

检出文献中见有袖阀管注浆加固及其在深基坑中应用的报道，但在现有报道中，关于本项目提出的具有泄压功能袖阀管土体加固技术，在所检文献以及时限范围内，国内外未见文献报道。

（2）未闭合的"断开式"新型基坑支护设计与施工技术

本项目所述未闭合断开式基坑支护设计与施工技术，在断开处设置由若干钢筋混凝土灌注桩形成的"柱墩"体系，柱墩为东西各6根直径为1.2m的钻孔灌注桩，且在底板连接位置一排双管旋喷桩做止水帷幕，在所检文献及时限范围内，国内外未见相同文献报道。

（3）结构未完全封闭情况下大直径环形支撑提前拆除技术

现有报道中，关于本项目提出的结构未完全封闭情况下，局部开始拆除大直径环形支撑，在切割施工过程广泛采用平躺导轨式混凝土切割机、切割拆撑钢马凳支撑装置及其拆撑结构自主专利技术的结构未完全封闭情况下大直径环形支撑提前拆除技术，在所检文献及时限范围内，国内外未见文献报道。

（4）考虑两边不同施工工况下的超大超深基坑分坑技术

设计采用分坑桩将基坑分为东西两个面积相近的基坑；并实现西侧东侧两个基坑先后开发，在所检文献以及时限范围内，国内外未见相同文献报道。

（5）利用原地铁已有地连墙技术

① 地连墙围护基坑支护技术，国内见有文献报道。但利用在施地铁项目已有的地连墙作为基坑的一部分围护结构，与新建地连墙连接成为统一整体，基坑的支护形式为：地连墙＋内支撑，上述施工技术，国内未见文献报道。

② 已有地连墙与在施地连墙的接头节点处理技术，采取打三管旋喷桩对节点区域的土体进行加固，国内未见文献报道。

五、第三方评价及应用推广情况

2018年4月25日，广东省土木建筑学会在广州组织并主持召开了"填海区连通多条地铁线分期施工的超大超深基坑设计与施工综合技术"研究科技成果鉴定会。鉴定委员会审阅了相关资料，听取了汇报，并进行了质询。经认真讨论，形成如下鉴定意见：

1）该项目针对填海区连通多条地铁线分期施工的超大超深基坑设计与施工综合技术进行了研究，取得了以下创新成果：

（1）具有泄压功能的袖阀管土体加固技术；

（2）未闭合的"断开式"新型基坑支护设计与施工技术；

（3）未完全封闭情况下大直径环形支撑提前拆除技术。

并取得以下主要应用成果：

（1）考虑两边不同施工工况下的超大超深基坑分坑技术；

（2）利用原地铁既有地连墙作为基坑支护结构技术；

（3）基于 3D 扫描的深基坑地铁隧道信息化监测技术。

通过综合应用以上成果，解决了紧邻地铁的施工难题，保证了基坑安全及地铁正常运营，加快了施工进度，节约了项目成本。

2）该项目相关成果已在"深圳地铁红树湾物业开发项目基坑支护工程"、"深圳博今商务广场建设工程"等项目中成功应用，取得了显著的经济效益及社会效益，并发表论文 11 篇，形成实用新型专利 5 项、国家发明专利 1 项，国家 QC 成果 1 项。

鉴定委员会认为：填海区连通多条地铁线分期施工的超大超深基坑设计与施工综合技术达到国际先进水平，一致同意通过科技成果鉴定。

六、经济效益

近三年直接经济效益　3740			单位：万元人民币	
项目投资额	2.2 亿		回收期（年）	3
年份	新增销售额	新增利润	新增税收	
2015	9000	1260	270	
2016	11000	1540	330	
2017	2000	280	60	
累计	22000	3080	660	

有关说明及各栏目的计算依据：

填海区连通多条地铁线分期施工的超大超深基坑设计与施工综合技术已在"深圳地铁红树湾物业开发项目基坑支护工程"、"深圳博今商务广场建设工程"等项目中成功应用。该技术不仅有效地解决了基坑施工中存在的难题，保证了基坑及地铁隧道的安全且经济效益显著。本研究成果合计新增产值 22000 万元，新增利润 3080 万元，新增税收 660 万元，取得了良好的经济效益和社会效益。

七、社会效益

深湾汇云中心项目取得了巨大的社会效益。深圳市电视台走进深圳湾超级总部深湾汇云中心项目进行采访，对项目进行深入报道。项目也组织了万科集团观摩会、百万市民看深圳等观摩活动。深圳电视台、深圳晚报、中央电视台等媒体对项目进行了大量的报道，极大地提升了企业的品牌形象和社会影响力。

新型装配式混凝土工程结构装饰
一体化成套技术研究与应用

完成单位：安徽海龙建筑工业有限公司

完成人：姜绍杰、张宗军、陈长林、唐云刚、姚大伟、王 健、王铁柱

一、立项背景

在我国政府积极推进下，近几年装配式混凝土建筑进入高速发展期。但因研究不足，尚有诸多问题未得到很好的解决。我司近年来承担了大量装配式混凝土建筑产品的研发、设计、生产、施工的任务，通过实践发现，目前装配式混凝土建筑普遍存在一体化程度低、施工效率低、自动化程度低和信息化水平低的问题，严重影响了装配式混凝土建筑的高效生产和施工。

针对以上问题，依托中建国际在港澳市场20多年装配式建筑建造经验，以"十三五"课题示范工程项目——安徽海龙配套综合楼为载体，对新型装配式混凝土结构装饰一体化进行创新研究，研究涵盖了基于一体化技术的创新产品体系、高效生产和安装控制管理系统、高效生产设备及施工技术体系、全过程全产业链的管理体系，有效减少施工工序，提高施工效率，具有先进性。项目的成功研发及成果转化，促进了新型装配式混凝土结构的推广应用，为提高我司的企业核心竞争力创造了有利条件，填补了该领域的空白并为行业的发展奠定了基础。

图1 安徽海龙配套综合楼效果图

二、详细科学技术内容

针对目前装配式混凝土建筑在预制构件存在一体化程度低、施工效率低、自动化程度低、信息化水平低等问题，从装配式混凝土结构外围护、楼地面、内装一体化、BIM信息化及RFID技术、装配式建筑全产业链管理五个方面展开研究，提升装配式混凝土建筑在建筑、结构、机电、装饰及部品等方面的一体化程度，建立起基于一体化技术的创新产品体系、高效生产和安装控制管理系统、高效生产设备及

施工技术体系，着重解决装配式混凝土施工工序多、工期长、安全隐患多的问题，有力地支撑装配式混凝土结构的高效施工。

1. 新型装配式混凝土结构外围护成套技术

1）针对夏热冬冷地区传统外墙保温施工现场湿作业多、高处作业施工效率低，保温与墙体容易发生脱落等问题，新型无机保温装饰外挂墙板实现保温与结构的同步施工，提高保温板与墙体的粘结面积和强度，解决了保温与墙体脱落问题，使其与结构能够同寿命；相比"三明治"保温墙板，又可省去混凝土外叶板，能够减轻墙体自重，避免 FRP 连接件的布置。

2）降低综合施工成本；墙体保温采用匀质防火保温板，自动化模台一次反打浇筑成型，显著提高墙板生产效率，增强外墙防火性能；工厂落地式外贴耐碱网格布，涂抹外墙装饰，实现外挂墙板保温与装饰的一体化，减少工地现场湿作业，降低劳动强度，提升了现场安全文明施工。

图 2　无机保温装饰一体化外挂墙板

图 3　铝合金门窗集成技术

3）铝合金门窗集成安装技术的门窗框在预制墙板生产时一次性预埋到位，防水性能好，可解决传统工艺窗框后装与墙体间密封不好导致的渗漏水问题，加快门窗安装速度，缩短施工工期；断桥铝合金窗框与预制外墙板中的匀质保温板直接相连接，避免冷桥的产生，起到节能作用；窗框下槽口内设置方木，防止预制墙板上成品铝窗后期因踩踏而变形；用特殊设计的胶块对预埋窗框进行模具固定，保证铝窗成型后定位精确的要求，使得窗洞标准化；窗洞口上部预制鹰嘴，下部预制窗台斜坡，阻止了雨水渗入；窗框固定铁片直接埋入混凝土结构中，窗框与主体结构具有足够的连接强度，使用过程安全、耐久。

4）超强纤维清水混凝土挂板、混凝土画装饰挂板和硅胶模装饰挂板利用固废材料作为建筑外围护的装饰，相比传统外墙干挂大理石的装饰做法，实现固废综合利用、绿色环保、装饰美观的效果。

2. 新型装配式混凝土结构楼地面成套技术

1）目前，在预应力空心板的应用中，预应力空心板的设计宽度一般比较小，这种宽度小的缺点使得楼板拼缝多，增加现场封堵工作，吊装次数增加，降低安装效率。该新型超宽预应力空心板技术，在条件相同的情况下改变生产工艺，仅通过采取局部增加一层钢丝网片，大幅度地提升预制空心板的宽度，使板的宽度超过传统设计宽度 80%，减少了楼板和拼缝数量；降低现场吊装次数和填缝数量，实现了施工免支撑，提高施工效率，节约成本；另外，通过增加板的跨度，取消了次梁，实现了装配的高效和便捷，达到节约材料、提高经济效益的目的；楼板拼缝的减少，也增加了楼盖的整体性，提高了楼盖的整体受力性能。

2）通过工厂模具化定制、粗磨、细磨、精磨及抛光等工序生产的玻璃磨石地坪，具有自然、美观、高强、亮度高的效果，代替大理石铺贴施工，实现绿色环保，降低对环境的污染。

3）预制装饰一体化楼梯是一种新型的装配式混凝土建筑预制楼梯生产工艺，改变了以往混凝土集料和胶材、水混合搅拌的传统工艺，预先将石子填满楼梯凹槽，然后浇筑水泥浆的施工方法，浇筑时需轻微振捣，确保浆体流动均匀、密实，该楼梯成型后只需表面简单打磨抛光，即可达到装饰混凝土的效果。此工艺有效解决了石子破碎和浇筑石子排布不均匀的问题，改善了外观。新型预制装饰楼梯工厂

图 4　超宽预应力空心板

图 5　玻璃磨石地坪

化、机械化、产业化施工，生产效率高，施工质量好，省去装饰二次进场，缩短工期，降低工人劳动强度，减少噪声污染，施工环境安全、舒适。

3. 新型装配式混凝土结构内装一体化成套技术

1）传统建筑内部房间分隔墙采用现场砌筑方式，对于装配式建筑，在该技术之前亦有单位生产轻质条板，但存在吊挂力差、接口处易出现裂缝影响使用效果、规格尺寸小、安装效率低、操作局限大等问题。

(a) 先装法大型一体化轻质隔墙板

(b) 轻质内隔墙板力学性能试验

图 6　先装法大型一体化轻质隔墙板

先装法施工的大型轻质内隔墙板是一种容重在 1200kg/m³ 以内，强度达到 10MPa 以上的新型整体式材料生产制作，强度远高于普通内隔条板，吊挂力、抗弯、抗冲击等物理性能满足要求；墙板利用钢模台或立模生产，外观效果好，可实现后期现场免抹灰，机电提前预留预埋，可避免现场二次开槽；内隔墙规格尺寸可根据工程实际需求确定，可实现整体一次浇筑成型，墙板的大型、整体化解决了板件易出现裂缝的问题；墙板采用柔性节点与主体结构连接，可实现与结构同步施工，显著提高施工安装效率。

2）GRC 模壳结构柱立起式生产工艺，解决生产过程占地面积大的问题；GRC 模壳作为结构柱生产过程的模板，减少模板损耗和现场绑扎钢筋，标准化生产，施工过程易控制，施工质量好，提高了生产效率，加快了施工进度；GRC 模壳结构柱实现了预制构件装饰一体化，避免装修二次进场，减少现场湿作业，有利于推进建筑全装修；机电预埋一次到位，无须后装，减少二次开槽，降低对结构柱的破坏；装饰层与结构层一次浇筑，粘结面积大、强度高、装饰层使用耐久性好；GRC 外壳直接作为外装饰代替传统干挂大理石或瓷砖，装饰美观、无污染、绿色环保、便于清理。

(a) GRC模壳结构柱生产   (b) 装饰一体化GRC模壳结构柱成品

图 7 装饰一体化 GRC 模壳结构柱

3）装饰一体化家居小品采用混凝土一次性浇筑成型，通过表面处理，大大提高产品表面的光泽度。利用不同的装饰骨料、不同的工艺制作出不同花色、不同纹路的产品，造型新颖，实用性高，外观厚重但又不失灵巧。

4）装饰一体化电梯背景墙采用工厂钢模台自动化流水生产，施工效率高；装饰混凝土经过粗磨、精磨、细磨、抛光等多道工序，形成光洁度和平整度很高的外装饰层，实现了建筑内墙的装饰与机电一体化，代替传统大理石或饰面涂料装饰，具有天然、高强、耐久、不变形、防火性能稳定、装饰效果佳的优点，避免装饰二次进场，减少湿作业，具有天然环保、装饰效果好的优点，符合建筑装饰一体化的发展趋势；电梯背景墙干式连接节点实现了装饰墙板的高效、快速安装。

4. BIM 信息化及 RFID 技术应用

该项目作为安徽省首个全装配整体式框架结构，在自主开发的 BIM 协同平台上进行构件深化设计，建立了相应的预制构件族库，使得产品设计立体化和可视化、部品部件标准化、构件连接清晰化，借助三维模型进行碰撞检查和施工模拟，保证了机电的精确定位和构件的安装精度。为了保证预制构件生产中所需加工信息的准确性，从装配式建筑 BIM 模型中直接调取预制构件的几何尺寸信息，制定相应的构件生产计划，并在预制构件生产的同时，向施工单位传递构件生产的进度信息。在预制构件生产、运输、存放和安装环节借助 RFID 技术，预制构件实时定位，监控工程进度，保证信息的快速与准确传输，实现装配式建筑建造的信息化、智能化。利用 BIM 技术，还可以对施工现场的场地布置和车辆开行路线进行优化，减少预制构件、材料场地内二次搬运，提高垂直运输机械的吊装效率，加快装配式建筑的施工进度。

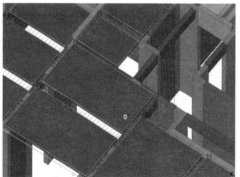

图 8 BIM 信息化技术的应用

BIM 技术可实现装配式建筑的全寿命信息化，运维管理人员利用预制构件中的 RFID 芯片，获取保存在芯片中预制构件生产厂商、安装人员、运输人员等的重要信息。一旦发生后期的质量问题，可以将问题从运维阶段追溯至生产阶段，明确责任的归属。此外，预制建筑在拆除时可利用 BIM 模型筛选出可回收利用的资源进行二次开发回收利用，节约资源，避免浪费。

5. 新型装配式混凝土结构全产业链管理技术

装配式建筑全产业链管理技术是传统建筑总承包的升级和优化，是在原有管理体系上做加法。装配式建筑全产业链管理技术涵盖项目策划、全过程设计、生产制造、运输安装、运营维护等项目全生命周期。每个环节层层深入，环环相扣，特别是深化设计方面，要考虑预制构件生产，土建、安装、机电的综合施工等，PC 工厂资源配置及日常管控，做好短时期内完成体量大的生产供货任务，装配式结构集约化程度高，对装配施工的安装、定位、调校精确度要求高，现场大量使用预制构件，对交通运输和垂直运输将造成一定压力，对工地现场管理要求高，装配式建筑全产业链管理技术通过实践检验很好地解决了上述难题，实现了项目管理信息流的畅通，优化了管理流程，实现了项目高效管理和装配式建筑全生命周期的精益管控。

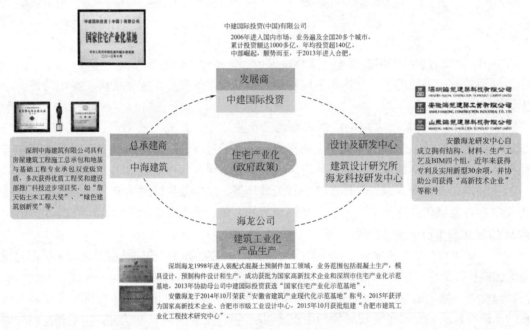

图 9　装配式建筑全产业链管理

三、发现、发明及创新点

经科技成果查新和专家鉴定，该成果整体达国内领先水平，在以下五个方面创新明显：

1）建立了基于无机保温装饰一体化外挂墙板、铝合金门窗集成安装和艺术混凝土装饰挂板为一体的新型装配式混凝土结构外围护成套技术体系，解决了夏热冬冷地区传统外墙现场湿作业多、高处施工效率低、保温与墙体发生脱落、门窗洞口处发生渗漏水的问题，提高了外墙装饰效果，实现装饰与结构的一体化，提升了建筑质量；

2）建立了基于超宽预应力叠合板、绿色玻璃磨石地坪、装饰一体化楼梯为一体的新型装配式混凝土结构楼地面成套技术体系，解决了装配式建筑楼板拼缝多，吊装次数增加的问题，施工过程可免支撑，取消了次梁，实现了装配的高效和便捷，实现绿色固废材料替代天然石材，绿色环保，降低对环境的污染；

3）建立了基于先装法大型一体化内隔墙板、装饰一体化 GRC 模壳结构柱、装饰一体化电梯背景墙、室内装饰家居小品为一体的新型装配式混凝土结构内装一体成套技术体系，开创了装配式建筑内部分隔、内部装饰与主体结构同步施工的先例，实现了集约化部品部件生产与安装成套技术，显著提高生产施工效率；

4）实现了新型装配式混凝土结构 BIM 信息化及 RFID 技术的综合应用，建立了完备的预制构件产品族库，使得产品设计立体化和可视化、部品部件标准化、构件连接清晰化，保证了构件的精准定位和安装精度，实现了产品生产、运输、堆放及安装全过程智能化建造和信息化辅助；

5）首次将全产业链管理模式运用在装配式建筑建造中，涵盖项目策划、全过程设计、生产制造、运输、安装、运营维护全过程，实现了项目管理信息流的畅通，优化了管理流程，实现了项目高效管理和装配式建筑全生命周期的精益管控。

四、与当前国内外同类研究、同类技术的综合比较

对该成套技术成果进行国内外查新，均未见与该课题特点相同的文献报道。通过进行新型装配式混凝土结构装饰一体化工程建设成套技术创新与应用，开展了新型装配式混凝土结构外围护成套技术、新型装配式混凝土结构楼梯面成套技术、新型装配式混凝土结构内装一体化成套技术的创新研究，BIM 信息化及 RFID 技术应用的发展研究，新型装配式混凝土结构全产业链管理的难点研究，最终形成一系列科学技术成果。该课题研究成果中的多项技术为国内首创，填补了相关领域国内外的研究空白。

五、第三方评价及应用推广情况

该成果开展了系统的装配式混凝土结构装饰一体化成套技术创新与应用研究，经科技成果查新和科技成果鉴定表明，在国内外公开文献检索中，未见与该课题特点完全相同的报道，成果整体达到国内领先水平。研究成果获发明专利 8 项、实用新型 3 项，获省级工法 2 项，获省级新产品 2 项。

该成果成功应用于安徽海龙基地配套综合楼项目，在建造过程中采用了新型装配式混凝土结构外围护成套技术、新型装配式混凝土结构楼地面成套技术、新型装配式混凝土结构内装一体成套技术、BIM 信息化及 RFID 技术应用、新型装配式混凝土结构全产业链管理技术等，从应用后整体效果看，解决了装配式混凝土建筑在建筑、结构、机电、装饰及部品等方面存在一体化程度低、构件生产自动化程度低、施工安装效率低、信息化水平低的问题，缩短了工期、节约了材料、减少了工人用量、装饰效果好、建造成本低，实现了装配式混凝土建筑的高效生产和施工，该技术体系应用效果好，值得推广。

六、经济效益

为促进建筑业提质增效，推动国内装配式建筑快速发展，促进产业结构调整升级，解决现阶段装配式混凝土建筑在建筑、结构、机电、装饰及部品等方面存在一体化程度低、构件生产自动化程度低、施工安装效率低、信息化水平低等问题，中建国际安徽海龙产业化基地配套综合楼为从底层装配、预制装配率高达 85% 的装配整体式钢筋混凝土框架结构，本课题以此项目作为课题研究对象，投入大批技术及管理人员进行创新研究，形成了"新型装配式混凝土结构装饰一体化工程建设成套技术创新与应用"研究成果，创造了显著的技术经济效益，具体统计显示：

1）促进了装配式工业化建筑构件和部品的标准化、工业化生产和安装，显著提高工业化建筑施工质量水平，有效提高结构的耐久性，延长建筑物使用寿命。

2）研究的技术系列成果，与精益施工方法紧密结合，注重各类资源的集约投入和污染物排放控制。与传统施工方式相比，现场用工量减少 60% 以上，现场建筑垃圾减少 55% 以上，现场非实体性材料投入减少 50% 以上，缩短综合工期 20%，经核算产生约 180 万元的经济效益。

该研究成果将促进我国绿色建造的发展，经济及社会效益显著，将全面提升工业化建筑施工的质量与效率，为我国建筑工业化的发展提供重要技术支撑，也培养了大批技术及管理骨干，提升公司在此技术领域的核心竞争能力。

七、社会效益

该课题研究形成的新型装配式混凝土结构装饰一体化工程建设成套技术创新与应用系列成果，在推进装配式建筑装饰、结构一体化程度、部品部件自动化生产水平、建造过程信息化及智能化等方面卓有成效，为全面提升工业化建筑建造的质量与效率，提供了典型案例和技术支撑，具有显著的社会、经济和环境效益，推广应用前景良好。

三维多功能新型模架高铁连续梁转体施工关键技术

完成单位： 中建三局基础设施建设投资有限公司、中建三局集团有限公司
完 成 人： 戴小松、朱海军、蔡勋文、肖西建、谢小飞、冯浩、叶亦盛

一、立项背景

汉十铁路云安特大桥（60＋100＋60）m 连续梁工程，上跨营业线汉丹铁路，是新建汉十铁路最大的上跨营业线连续梁，技术难度高、施工难度大、工期紧，是汉十铁路重点控制性工程之一。该桥于 DK80＋067.6～DK80＋095.9 处跨越汉丹铁路，夹角为 30.27°。转体连续梁桩基基础临近既有线，318 号墩承台距离铁路坡脚仅 2.97m，319 号墩承台距离铁路坡脚仅 3.78m。连续梁底部距既有铁路接触网仅 2.2m，距既有铁路轨面最小高度为 10.16m。

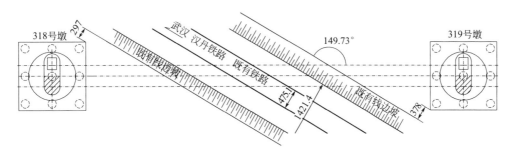

图 1　连续梁桥基础平面布置图（单位：cm）

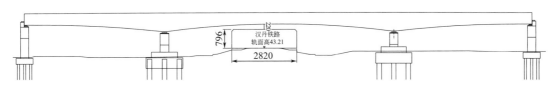

图 2　连续梁桥立面关系图（单位：cm）

该连续梁为单箱单室、变截面梁，底板、腹板、顶板局部向内侧加厚，均按直线线性变化。转体连续梁主墩单个 T 构长 98m，质量约为 6400t。桥梁宽度 12.6m，中支点截面中心线处梁高为 7.835m，跨中及直线段截面中心线处梁高为 4.835m，梁底下缘按二次抛物线变化。该工程所处地质条件较为复杂，319 号墩坐落于垃圾填埋场中，垃圾层厚度约 8m，地质较差，承载力不足。另外，所跨越的汉丹铁路是湖北省中部与西北部联系的主要交通干线之一，线路繁忙，行车密度大，可申请的"垂直天窗"点在凌晨 2：30～3：20，仅 50min。

针对该工程现场施工条件，采用常规精度控制方法难以控制达到平转体系的精度要求，有可能导致后续转体出现不平稳，导致转体失败，安全风险较高，威胁既有营业线运营安全；该工程受到前期跨线施工的复杂报批手续和业主征地拆迁进度慢的影响，工期异常紧张，因此施工方案由挂篮悬浇变更为支架现浇，而在邻近既有线厚垃圾层条件下对支架的优化设计及一次落架时线形控制是重难点；该转体 T 构重达 6400t，转体"天窗"点短且为夜间施工，因此转体施工过程中对时间的控制要求极为苛刻，给现场施工组织和安全防护提出了极高的要求；转体完成后，采用常见的合龙施工方法难以满足该工程

"天窗"点少、净空小、防护要求极高、后期不留隐患等要求，需要引进新的合龙吊架以攻克这类难题，保证合龙施工的安全。

二、详细科学技术内容

1. 总体思路与技术方案

根据新建武汉至十堰铁路 HSSG-2 标段项目第三分部合同要求，从解决具体工程技术问题着手，通过在云安特大桥转体连续梁工程实践中的创新、运用和总结，形成一套三维多功能新型模架高铁连续梁转体施工关键技术，改进常规工艺、创造新技术、发明新装置，以达到满足安全施工、质量创优、工期履约、成本控制的目的。对同类工程提供优化施工的借鉴及指导，同时使企业获得良好的社会效益和经济效益。

（1）针对平转体系精度控制、结构施工控制、转体施工控制、小净空合龙等关键技术，查阅国内外相关文献资料，了解并分析相关技术发展研究情况。

（2）结合现场实际情况，对已有施工工艺进行改进以及创新，提出有针对性的施工方案。

（3）运用 MIDAS、ABAQUS 等有限元软件进行验算，理论上确保施工安全性。

（4）提前对现场施工步骤、施工时间点进行模拟，论证实施过程中各项内容的可行性，最大程度消除施工过程中的不确定因素。

2. 关键技术与实施效果

课题组依托新建武汉至十堰铁路孝感至十堰段 HSSG-2 标工程项目为依托，对云安特大桥（60＋100＋60）m 转体连续梁节点工程进行科技攻关，总结形成了一套三维多功能新型模架高铁连续梁转体施工关键技术，对平转体系设计与施工关键技术、大跨度连续梁结构施工关键技术、小"天窗"点大跨度连续梁转体施工关键技术和上跨营业线连续梁小净空合龙施工关键技术等方面进行了技术工艺创新与总结，成功指导了该节点桥梁的转体施工，实现了中建三局第一转，为湖北最美高铁如期通车打下基础。主要技术内容和实施效果如下：

（1）平转体系设计与施工关键技术

针对转体球铰施工的高精度问题，通过测量施工方案优化、仪器设备的选取以及现场控制措施的改进，形成了平转体系滑道和球铰的安装精度控制技术，最终实现了滑道钢板顶面局部平整度最大高差 0.47mm，下球铰正面相对高差为 0.34mm，均小于 0.5mm，满足设计要求。针对钢楔子支撑撑脚易破坏滑道面而石英砂支撑时沉降不易控制等问题，创新性地采用了"铁砂＋铁箍"的组合形式来控制撑脚与滑道间隙控制，并通过理论分析与试验研究结合，根据试验数据控制该材料的预抬值，从而应用于实际工程中，解决了支撑拆除困难及间距难以控制的问题。基于理论计算，研究分析了牵引系统的力学特性，合理布置了牵引系统。

下球铰高程复测数据表　　　　表1

序号	读数(m)	较平均差(mm)	序号	读数(m)	较平均差(mm)
1	2.20746	−0.054	5	2.20761	0.096
2	2.20730	−0.214	6	2.20760	0.086
3	2.20737	−0.144	7	2.20764	0.126
4	2.20753	0.016	8	2.20760	0.086

（2）大跨度连续梁桥结构施工关键技术

针对桩基距离既有线边坡坡脚最短距离仅为 4.17m 的问题，桩基施工可能对正常运营列车造成一定的影响，通过运用 ABAQUS 有限元软件仿真模拟分析不同成孔工艺对营业线的影响，合理选择了影响较小的旋挖钻成孔施工技术，营业线边坡现场沉降监控数据显示最大位移为 2.5mm，无明显开裂现象，保证了营业线的运营安全和边坡的稳定；针对复杂地质条件下连续梁支架高、荷载大、地基承载力

图 3 "铁砂＋铁箍"受压沉降试验

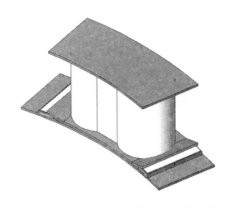

图 4 "铁砂＋铁箍"控制间隙示意图

不足以及工期紧等问题，设计了钻孔桩＋钢管支墩＋贝雷梁＋满堂式碗扣支架组合体系，分别对支架承载能力、挠度和稳定性控制上进行验算，结合有限元模拟结果设置预拱度，保证了成桥后梁体与设计标高相差最大为 8mm（＜10mm），符合规范要求，线形良好。

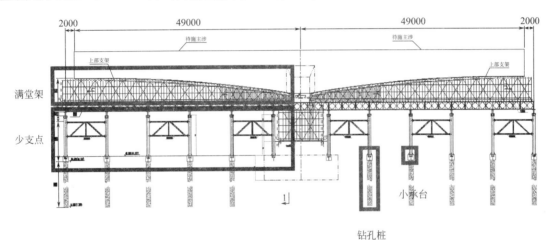

图 5 组合支架设计示意图

图 6 组合支架现场施工图

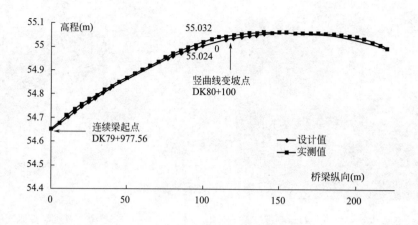

图7　成桥线形与设计对比图

（3）小"天窗"点大跨度连续梁桥转体施工关键技术

通过对待转T构进行科学的称重试验并合理的配重，保证了连续梁T构的平衡，确定球铰的静摩擦系数及启动牵引力，为转体施工机械配套提供参考和理论依据。针对可能出现的转体启动难、超转、撑脚限位难等问题，自主设计了一种集助推、防超转、撑脚限位等多功能于一体的新型限位装置，实现了在点动施工期间3min完成，安装未占用转体主线时间，转体一次到位，防超转主梁限位完成后兼做撑脚限位主梁，撑脚锁死后水平方向未发生位移，施工效果较好。另外，为了保证在一次"天窗"点时间内完成单侧转体施工，对现场进行精细化组织，将控制角度转换为长度，将计划时间精确至分钟，形成了小"天窗"点转体施工组织与快速精准定位技术，实现了仅48min顺利完成转体施工，并通过对转体桥精确调姿技术研究，将中线误差控制在10mm之内，得到武汉铁路局表扬和业主绿牌嘉奖。

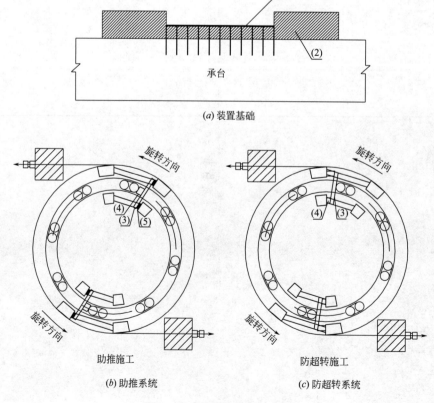

图8　多功能限位装置示意图

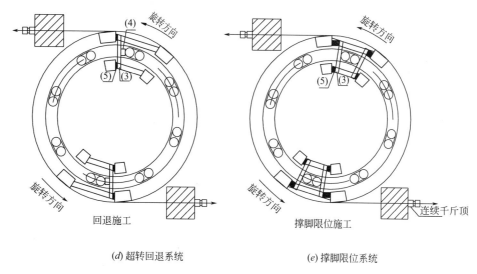

(d) 超转回退系统   (e) 撑脚限位系统

图 8　多功能限位装置示意图（续）

（4）上跨营业线连续梁桥小净空合龙施工关键技术

针对常规吊架跨线施工安拆不便、挂篮行走缓慢及钢壳防锈困难等问题，自主设计了集自动行走、模板横移、底盘自动升降及施工防护一体的多功能新型模架，该模架实现了营业线外拼装，自行走至接触网前进行第一次提升，解决净空狭小的难题，再自行走至合龙段固定后即可进行合龙施工，课题组同时利用刚性吊杆与柔性钢丝绳配合解决了其中体系转换的难题，并且在模架上安装了双层自身防护系统以及合龙段上方遮板等结构物施工的防护系统，保证了施工过程中无漏浆等现象，最大化地减小对既有线的影响。总结形成了上跨营业线连续梁桥小净空合龙施工及安全防护技术，最终利用三维多功能新型模架进行合龙施工占用"天窗"点仅 5 次，比传统挂篮施工节省"天窗"点 10 次。高效、便捷地解决了上跨营业线连续梁桥小净空合龙问题，得到业内人士的认可和称赞。

图 9　三维多功能新型模架施工图

综上所述，课题组研究总结形成了一套三维多功能新型模架高铁连续梁转体施工关键技术，该成果指导了云安特大桥（60＋100＋60）m 连续梁的转体与合龙施工，丰富了转体与合龙施工技术的理论内容。最终，该连续梁桥的成功转体及合龙，取得了巨大的社会反响，引来千余人次的观摩，受到监理、业主、铁路局级业内人士的广泛好评。填补了中建三局在高铁连续梁桥转体施工上的空白。

三、发现、发明及创新点

课题组依托新建武汉至十堰铁路孝感至十堰段云安特大桥转体连续梁桥项目，针对其安全、质量、成本、工期等要求，提出了三维多功能新型模架高铁连续梁转体施工关键技术。主要发现、发明及创新点如下：

1. 平转体系设计与施工关键技术

采用多点循环测量控制法并配合微调螺栓调节标高来控制平转体系高程，结合自主设计的"铁砂＋铁箍"控制撑脚与滑道间隙，利用铁砂变形小和铁箍拆除容易等优点解决了其他支撑间距难以控制和拆除困难的问题，提高了整体的安装精度，确保了后续转动的平稳性与安全性。

2. 大跨度连续梁桥结构施工关键技术

根据梁体变截面、吨位大、截面高度大、邻近营业线、地处垃圾层等不利情况，兼顾工期、造价、施工难度及对结构影响等因素，结合常规少支点和筏板满堂架两者优点，提出了钻孔桩＋钢管墩＋贝雷架＋碗扣架的组合支撑设计方案，进一步结合支架弹性形变与挠度影响等设置预拱度，保证了由悬臂浇筑法变更为支架现浇法的施工质量与施工安全，解决了一次落架线形难以控制问题，同时节约了大量工期，为复杂条件下现浇结构的支架设计提供了技术支撑。

3. 小"天窗"点大跨度连续梁桥转体施工关键技术

引入一种集助推、防超转、撑脚限位等多功能于一体的新型限位装置，其在实际中易于安装，在承台施工期间安装装置基础，在转体前安装助推装置、点动施工期间安装防超转装置，均不占用转体主线时间；旋转到位后防超转主梁兼做撑脚限位主梁，仅需在撑脚一侧安装限位，节约了转体主线时间，保证了"天窗"点内完成施工，为转体施工提供了新思路。

4. 上跨营业线连续梁桥小净空合龙施工关键技术

设计出了一种集走行、侧模板横向移动、底盘提升及施工防护于一体的多功能新型模架，通过对模架增设走行系统，解决了普通吊架安装困难，挂篮走行缓慢等难题，实现了在营业线净空外完成模架安拆；通过对模架增设卷扬机，解决了常规人工千斤顶提升速度慢的问题，提高了底盘升降效率近50倍；通过对模架增设侧模板横向移动装置，解决了由于钢模板自重较大、摩擦力较大导致侧模横向移动困难的问题，实现了仅凭人工推拉即可移动侧模板就位。最终快速高质量地完成了净空仅2.2m的跨营业线合龙施工。该新型模架原理简单，优势突出，具有重复可利用性。

本课题以汉十高铁云安特大桥转体连续梁为依托，共完成发明专利3项。

本课题申请专利一览表　　　　　　　　　表2

序号	专利名称	专利号	专利类别	颁布情况
1	一种可微调自提升合龙模架底盘装置及其操作方法	ZL201710268599.0	发明专利	已授权
2	一种多功能跨铁路线平转桥梁合龙施工模架及其施工方法	ZL201710184899.0	发明专利	实质审查
3	一种新型连续梁转体施工助推防超转装置及施工方法	ZL201710886898.0	发明专利	实质审查

四、与当前国内外同类研究、同类技术的综合比较

1. 平转体系设计与施工关键技术

传统测量方法难以将球铰以及骨架安装精度控制在0.5mm以内，采用多点循环测量控制法并配合微调螺栓调节标高，提高整体精度。撑脚与滑道间距的控制传统多采用钢锲子支撑和"石英砂＋铁箍"支撑来控制，但钢锲子易被压实，石英砂沉降不易控制。本课题采用"铁砂＋铁箍"的组合形式，利用铁砂变形小和铁箍拆除容易等优点，解决了其他支撑间距难以控制和拆除困难的问题。该套平转体系设计与施工关键技术确保了后续转动的平稳性与安全性，值得推广应用。

2. 大跨度连续梁桥结构施工关键技术

现浇支架法通常采用满堂式支架支撑体系和少支点钢管支撑体系。但是，满堂式支架支撑体系对基础承载力要求较高，在大吨位梁体浇筑时危险系数较高；而少支点钢管支撑体系很难满足新建高速铁路线形要求。本课题优化设计提出钻孔桩＋钢管支墩＋贝雷梁＋满堂式碗扣架的组合支撑体系，克服了连续梁支架高、荷载大、地基承载力差以及工期紧等，成桥线形良好且为项目提前完工争取了时间。该组合支架体系在复杂条件下具有较好的应用意义。

3. 小"天窗"点大跨度连续梁桥转体施工关键技术

传统助推、防超转装置利用精轧螺纹钢和型钢主梁组合安装时间长，拆除困难，尤其是限位装置自身形变较大。本课题中采用多功能限位装置，该装置具有助推、防超转及撑脚限位等功能，在梁体启动阶段，利用装置基础及助推系统实现助推施工，操作极其简便，千斤顶顶推撑脚克服了连续梁启动困难的难题；点动施工期间安装防超转装置，不占用转体施工主线时间；旋转到位后防超转主梁兼做撑脚限位主梁，仅需在撑脚一侧安装限位，减少占用转体施工主线时间。从而解决了小天窗点连续梁转体难题，最终实现了仅48min顺利完成转体且精度达到要求，为小"天窗"点的转体施工提供了创新的思路。

4. 上跨营业线连续梁桥小净空合龙施工关键技术

连续梁常见的中跨合龙方法有挂篮法、钢壳法和吊架法。挂篮法施工移动缓慢，占用天窗点次数较多；钢壳法后期防锈处理难，安全风险较大；普通吊架需要大型机械吊装和人工安装，施工难度大，安全风险高。本课题中采用三维多功能新型模架，该模架具有自动行走、模板横移、底盘自动升降等功能，转体施工前在既有线净空外安装，利用数控技术电力驱动走行系统带动整个模架前进至合龙位置；利用模架的底盘提升装置、侧模横向移动装置等实现底、侧模板的就位。三维多功能新型模架优势突出，效果明显，操作简便。最终，利用三维多功能新型模架实现了合龙施工占用天窗点仅5次。与传统挂篮施工相比，节省天窗点10次。在跨营业线小净空合龙时，值得推广应用。

五、第三方评价、应用推广情况

通过应用汉十铁路上跨营业线大跨度连续梁桥转体施工关键技术，实现了高质量、高标准、高效率的施工目标，成为了汉十铁路转体桥梁施工的典范，取得了巨大的社会反响，引来千余人次的观摩，受到监理、业主、铁路局级业内人士的广泛好评，获得了业主的绿牌嘉奖。2017年10月27日，经湖北技术交易所组织专家对该技术成果进行科技成果鉴定，与会专家一致认为其成果总体达到国际先进水平。

本课题技术成果在云安特大桥转体连续梁（60＋100＋60m）中实施应用，并在新建汉十铁路二标孝感东特大桥一跨京广线（40＋64＋40）m连续梁、孝感东特大桥二跨京广线（48＋80＋48）m连续梁转体施工中得到应用，达到了武汉铁路局以及业主的要求，节约了工期及成本，保证了工程质量及安全。

六、经济效益

课题组针对汉十铁路上跨营业线大跨度连续梁转体施工关键技术进行攻克，总结形成了转动体系设计与施工关键技术、大跨度连续梁结构施工关键技术、小"天窗"点大跨度连续梁转体施工关键技术和上跨营业线连续梁小净空合龙施工关键技术等，仅在该工程中就产生了直接经济效益221万元，间接经济效益及后续经济效益十分可观。该工程具体经济效益如下：

1. 球铰安装精度控制技术

通过下球铰精度控制技术，将球铰安装工期由计划的19天缩短为实际的12天，两个球铰总共节约了直接成本29.4万元。与此同时，安装精度比原计划更为精确，为后续平稳转体施工提供了安全保障。

2. 超厚垃圾层成孔施工技术

选择更为有利的旋挖钻机成孔技术工期共可节约108天，工期可节约成本54万；对比施工节约直接成本18.4万元，施工措施费节约2.2万元，累计节约74.6万元。

3. 大跨度连续梁结构施工关键技术

系梁主体施工期间，整体支架现浇法施工比原设计的挂篮悬臂浇筑法工期提前了91天，实际节省65万元。

4."天窗"期转体施工关键技术

在转体施工过程中，通过小"天窗"点大跨度连续梁转体施工关键技术，利用自主发明的多功能限位装置等，减轻了工作量，提高了转体精度并降低了施工风险，转体施工中累积减少 2 次"天窗"点，节约了机械、设备以及安全防护费用 13 万元。

5. 三维多功能新型模架设计与施工

三维多功能新型模架利用走行系统带动底盘移动至合龙位置，有效地解决了营业线内吊架安装不便的问题，同时解决了挂篮走行困难这一难题。节省"天窗"点 10 次，工期由 28 天缩短到 17 天，节约成本共计 39 万元。

七、社会效益

三维多功能新型模架高铁连续梁转体施工关键技术在汉十铁路云安特大桥转体连续梁工程中成功运用，全过程中秉承安全第一、质量优先的生产理念，节约了 200 余天工期，为全线成功按计划节点架梁奠定基础，高标准、高质量、高效率地完成了中建三局第一次转体施工，汉十铁路云安特大桥转体连续梁克服不良地质、工期紧张、"天窗"时间短、小净空等困难，尤其是首次引入三维多功能新型模架等设备，成功地解决了施工过程中的难题。有利于建设环境友好型、资源节约型社会，提升了我公司在高速铁路工程领域的地位以及转体桥梁施工的市场竞争力。

新近填海岛大型建筑复合体地下结构施工技术

完成单位：中国建筑第八工程局有限公司

完 成 人：田宝吉、丁志强、周　禄、高福庆、任宪冰、邓　磊、张维杰

一、立项背景

2013 年，青岛市在黄岛区灵山湾通过人工填岛形成了星光岛。不同于以往的吹填海砂造岛，星光岛采用开山块石回填，填筑方量 3000 万立方米，是中国北方填筑方量最大的人工岛。先施工外围防波堤形成围堰，内侧边回填边施工，岛区涵盖东方影都大剧院、秀场、星级酒店群、商务办公中心及住宅等业态。中建八局于 2014 年年初进驻该岛开展相关建设任务。

青岛东方影都星光岛与常规吹填海砂造岛的形式不同，采用开山块石回填，先施工外围防波堤，内侧边回填边施工，此种填岛形式造成以下技术现状：

（1）渗透性强。场区为开山块石回填地质，回填料级配不均匀，空隙率大，海水渗透性强。高压旋喷桩浆液随潮汐涨落大量流失，难以成桩。

（2）潮汐影响大。岛区周边临海，距海较近区域（150m 范围内）地下水位随潮汐呈现显著的变化。无地下室的浅基坑中的"电梯基坑""集水坑"等小深坑存在涉水作业，采用传统的降水井强排、止水帷幕等工期长，造价昂贵。

（3）强夯地基处理施工中，周边有在施止水帷幕、地基及主体工程，强夯法处理地基对周边地物的影响无法定量衡量。

（4）场区内采用围堰回填，由于碎块石挤淤作用，形成形态各异的淤泥包，淤泥包不稳定，受潮汐影响易流动，造成桩基冲孔时偏孔，回填料渗透性强，泥浆易被海水潮汐带走，难以形成有效的护壁，易造成塌孔等质量问题，对桩基成桩质量造成诸多问题。

（5）项目所处环境为典型滨海环境，其中地下水中 Cl^- 含量超 15000mg/L，SO_4^{2-} 含量超 2500mg/L，混凝土结构存在腐蚀破坏风险。混凝土结构存在海水腐蚀风险。

人工填岛区施工条件、气候环境条件复杂，施工过程中需考虑如何在抛石、软土和砂层中有效止住流动的海水。目前，类似工程技术研究不深、施工总结不充分、成果资料相对较少。因此，我们于 2014 年 2 月对本课题进行立项，依托于星光岛填岛工程，对新近填海岛地下空间施工技术进行研究。

二、详细科学技术内容

为使本成果具有先进性和适用性，整个开发过程遵循以下几条思路：通过设置试验区进行技术参数探索、技术经验总结工作，贯穿施工的全过程；归纳总结国内外已有技术的相关经验，结合项目特点进行改进创新；多种技术的综合研发和利用，即综合技术的开发和应用；积极开发和推广应用新工艺、新技术和新材料。

本技术以人工新近填海岛星光岛上各业态项目为载体，紧紧围绕地下结构动水环境下止降水、海水侵蚀严重、施工沉降量大等一系列问题。从组合止水帷幕施工技术、防腐阻锈抗裂混凝土配制技术、强夯地基影响范围监控和震动危害消除技术、沉降危害消除技术等方面展开科技攻关，在多项关键技术方面取得了突破。

1. 潮汐环境下大块石人工填岛组合止水帷幕施工技术

针对渗透性强、临海潮汐影响大的难点，设置 7 个试验区，分别采取基坑近海侧双排高压旋喷桩、

近海侧压密注浆＋高压旋喷桩、远海侧双排高压旋喷桩、近海侧素混凝土灌注桩＋高压旋喷桩、近海侧水泥土咬合桩、近海侧素混凝土桩间水泥土咬合桩、近海侧素桩间加旋喷桩（水泥浆＋水玻璃双液高喷桩）7 种不同类型的止水帷幕形式。

根据试验数据进行经济和工期分析，采用素混凝土灌注桩＋高压旋喷桩组合的水帷幕方案，临海侧设置素混凝土桩，临基坑侧设置高压旋喷桩（见图1）。

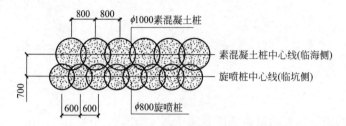

图 1　止水桩位平面图

素混凝土桩采用泥浆护壁冲孔灌注桩，分 4 序跳打，防止后冲击成孔对先成孔混凝土未达到强度的桩身造成扰动。对于容易引起冲孔倾斜甚至塌孔的探头石、倾斜岩石，先回填碎石，将钻头稍微移向探头石一侧，将其破碎后再钻进。若无法破碎，可采用十字形钻头（焊接合金钢）低锤密击间断冲击的办法，清除障碍，严禁冲锤重击，防止出现塌孔。也可使用钻机钻透或击碎。如不能贯穿，经各方确认后，挪移孔位重新施工。

临基坑侧的高压旋喷桩，因地层为刚回填的碎石，成孔难度大，成孔时先用引孔机成孔，用直径150mm 钢管做护筒防止塌孔，然后在护筒内安装 110mm 的 PVC 管作为最终护筒，PVC 管下至孔底随之将钢护筒拔出，成孔完毕立即进行高压旋喷注浆工作，采用二重管法施工工艺，旋喷时采用两序施工（间隔一个）防止串孔，相邻孔喷射时间间隔不应小于 48h。对高压旋喷桩机桩头的改造，在送液管路中增加一路注浆孔，专用于水玻璃输送，利用水泥与水玻璃之间的反应有效缩短水泥浆初凝时间，短时间内形成絮状物，解决了高压旋喷桩施工时水泥浆受潮汐影响、浆液被海水带离、造成空桩等质量问题。本技术形成 1 项专利。

2. 动水环境下止水槽施工技术

（1）针对浅坑区域地下水受潮汐影响，普遍存在涉水作业，采用止水帷幕又面临工期长、造价昂贵的现状，发明了混凝土止水槽（图2），通过超挖承台垫层，增加垫层施工厚度，支设挡水用吊模，浇筑速凝抗渗混凝土，通过速凝混凝土快速封底，防止水头上涌，周边混凝土挡水，结合小面积短期抽水明排水，以达到止水的目的。

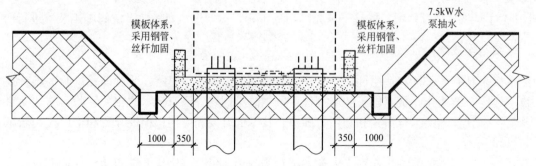

图 2　混凝土止水槽示意

（2）针对电梯井、集水坑等处于潮汐水位以下的区域，发明了钢-混凝土组合抗浮止水槽（图3）。采用花纹钢板焊接组成的槽型钢模板形成四周封闭空间，基坑四周辅以降水井强排。首先，在止水钢模板底部进行第一次混凝土浇筑，对底部进行封底，靠混凝土自密实阻挡海水上涌；然后，在止水钢模板侧壁外进行第二次混凝土浇筑，对深坑侧壁形成较厚的保护层，阻止海水从侧壁渗透，钢板与混凝土相

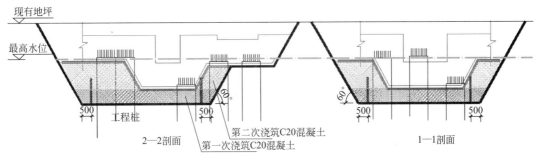

图 3 钢-混凝土止水槽示意

互结合，在高水压情况下控制水头压力并解决基坑细部渗漏问题。

3. 强夯地基影响范围监控和震动危害消除技术

填岛区约 14.4 万 m² 场地需要强夯处理，夯击能量和震动影响范围大，并且周边桩基、止水帷幕及主体结构正在施工（图 4）。如何定量检测人工填岛强夯震动的影响范围并进行评价是一个难点；消除和减小强夯对周边在施结构的影响是一个难题。高能级的强夯瞬间冲击能量的释放类似于小型地震，对周围已施工完成和正在施工的环境造成较大的地震效应。

图 4 现场强夯区域周边施工情况

（1）确定了强夯震动影响范围评价方法及指标。通过垂直检波器和三维检波器对距夯点一定距离质点振动情况进行监测，分析强夯振动产生的频率变化特征，得出加固区 6000kN·m 能级下，第一遍强夯点与建筑物的最小安全距离为 45m，第二遍强夯点与建筑物的最小安全距离为 50m。

（2）对最小安全距离以内区域，研究并形成了隔震沟的设置方法。通过对设置隔震沟与不设置隔震沟区域分别进行强夯施工振动同步监测，判断隔震沟的设置对加快强夯振动效应衰减的影响，确定了隔震沟的技术参数。

4. 填海区地基处理及桩基施工技术

东方影都填海区前期采用开山碎石围堰回填，回填地质中含有较多的大块石，强度较高，冲击成孔困难；回填料渗透性强，受潮汐作用造成泥浆流失，不能形成有效的泥浆护壁，易出现塌孔；由于碎（块）石的挤淤作用，产生了形态各异的淤泥包（图 5）。淤泥包不稳固，有流动性，冲击成孔垂直度偏差不易控制。

（1）研究形成了淤泥包地基处理技术。对于裸露淤泥包，采用"坡顶强夯挤淤＋坡脚掏淤"的施工技术，先将淤泥包先进行部分挖除，然后回填碎石，进行强夯置换。强夯置换的同时，将挤出的淤泥挖除，直至挤出淤泥量很少，能够保障强夯硬壳层的厚度不小于 4m，进而达到预处理的目的。对于非裸

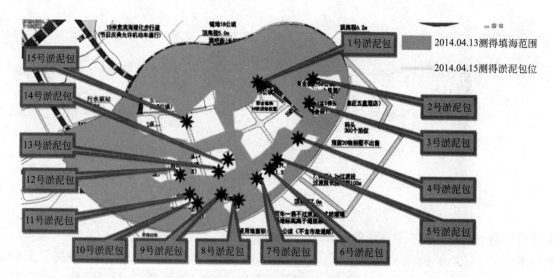

图 5 淤泥包分布示意图

露淤泥包,采用强夯置换施工技术;非裸露淤泥包强夯置换施工技术:经详勘确认淤泥包范围,堆载开

图 6 L 形注浆器构造

山石料,采用强夯进行强夯置换,将开山石料压入淤泥包,使淤泥与开山石混合,促使场地有一定的承载力,满足后续施工即可。

（2）形成了填海区淤泥包处成桩技术。设置专用钢套筒穿过淤泥层跟进成孔,隔绝淤泥,避免了淤泥对桩基成孔的影响,提高了成桩质量。

发明了一种注浆器（图 6）,通过单向止回阀,有效防止泥沙进入注浆管,保证注浆质量,提高桩基承载力。

（3）发明了一种钢筋笼结构（图 7）,采用滚焊机焊接钢筋笼,提高钢筋笼施工效率和质量。

图 7 滚焊机及钢筋笼

（4）研制出定型化桩头修补模板,解决了桩头形状不规则,难以保证桩头防水质量的问题。

5. 海水环境下耐久性混凝土配制技术

星光岛多个业态桩基及地下结构所处环境为典型滨海环境,地下水中 Cl^- 含量超过 15000mg/L,SO_4^{2-} 含量超过 2500mg/L,混凝土结构受海水侵蚀影响较大,混凝土防腐剂选择困难。按照现有的《混凝土抗硫酸类侵蚀防腐剂》JC/T 1011 进行选择,一方面,不能区分普通防腐剂与硫酸盐腐蚀抑制剂;另一方面,抗蚀系数、膨胀系数指标不能与混凝土的设计服役寿命关联,指导性差;防腐阻锈配合比设计困难。选择合适的外加剂及确定掺量无相关标准和资料参考。

（1）确定了防腐剂关键性能指标：硫酸盐侵蚀系数降低幅度≥50%。经寿命模型测算，要满足混凝土50年服役寿命，混凝土用防腐剂产品须在未掺防腐剂混凝土的硫酸盐侵蚀速率基础上降低50%以上。

（2）确定了阻锈剂关键性能指标：在现有标准要求基础上增加了临界氯离子浓度、盐水溶液（不含氢氧化钙）防锈性能、氯离子含量、总碱量、硫酸钠含量、pH以及亚硝酸盐含量等。

（3）确定混凝土配合比关键性能指标。对普通混凝土配合比设计方法加以改进，形成耐腐蚀混凝土指标如下：耐酸混凝土总胶材用量465kg/m³，水胶比为0.33，砂率为43%，粉煤灰掺量为15%，矿渣掺量为28%，高效防腐剂掺量为胶材用量的5%，有机阻锈剂掺量为胶材用量的1.5%，减水剂掺量为胶材用量的2.0%；高效减水剂减水率控制在25%～30%。

（4）研究制定了混凝土服役性能快速评价与技术方案优化的加速试验方法。

6. 新近填岛区沉降危害消除关键技术

青岛万达东方影都星光岛项目，填岛面积约161.6hm²。岛内规划敷设的八种专业管线，基本采用直埋敷设方式。建筑物、市政道路、市政管网等区域面临着地基整体均匀沉降和各区域差异沉降的问题。

（1）研究编制了《沉降防控技术导则》。针对基坑、建筑、结构与市政工程的设计及施工、工程监测等方面，提出具体规定和细部处理措施。

（2）确定了分级防控的参数。将沉降防控划分为重点防控区和一般防控区。

重点防控区：软土总厚度大于等于5m或软土厚度2～5m但填土加软土厚度大于等于12m时（计算到建筑使用标高回填土经过强夯处理），以及基坑四周3倍坑深范围内。

一般防控区：其他场地。

（3）针对岛区提出了监测方法，制定了监测方案。

（4）编制了市政管线沉降控制标准化做法图集。

三、发现、发明及创新点

1）研究形成大块石人工填岛组合止水帷幕施工技术，在临海侧设置素混凝土咬合灌注桩，临基坑侧设置咬合高压旋喷桩，形成省级工法1项、专利1项。

2）针对浅基坑涉水作业的电梯基坑等"小深坑"区域，发明了混凝土止水槽。通过速凝混凝土快速封闭，结合明排水，达到了止水目的。针对电梯井、集水坑等处于潮汐水位以下的区域，发明了钢-混凝土组合抗浮止水槽。利用型钢模板封闭四周，模板底部和侧壁采用混凝土阻挡海水上涌，解决了基坑水下作业的难题。形成专利1项，省级、局级工法各1项。

3）设置专用钢套筒穿过淤泥层跟进成孔，隔绝淤泥，避免了淤泥对桩基成孔的影响，提高了成桩质量。发明了一种注浆器，通过单向止回阀，有效防止泥沙进入注浆管，保证注浆质量，提高桩基承载力。

4）研究形成填岛区海水环境下，满足防腐阻锈抗裂要求的耐久性混凝土外加剂关键性能指标选择及混凝土配合比。保证了块石填岛区高渗透环境下混凝土结构耐久性。

5）根据实践经验总结形成大型填岛区沉降危害消除成套技术，有效减小了填海区因地基尚未完成固结，造成沉降量大且不均匀等因素对市政管道施工造成的影响。

四、与当前国内外同类研究、同类技术的综合比较

经过对《新近填海岛地下空间施工技术》、《大块石人工填岛潮汐动水环境下组合止水帷幕施工技术》、《抗浮止水槽施工技术》3项内容8项查新点进行国内外查新，具有新颖性。

五、第三方评价、推广应用情况

1. 第三方评价

2018年4月27日，经中国建筑集团有限公司组织的专家评价，成果总体达到国际先进水平。

2. 推广应用情况

本技术分别应用于东方影都大剧院、秀场、医院、住宅、办公区等工程，圆满地完成了施工任务。项目先后荣获美国建筑"金砖奖""山东省优质结构""中建八局新技术应用示范工程"，并且成功举办了上海合作组织国家电影节开闭幕式。取得了广泛的社会效益。同时，灵山湾及其他滨海区域一系列滨海建筑群如凭海临风等小区、惠普大数据应用中心等办公楼相继沿用了本技术，加快了工程进度，节约了工程投资。

六、经济效益

本技术应用于东方影都填岛区各工程，获得直接经济效益 4177.88 万元。

七、社会效益

由于本成果的实施，保证了东方影都各业态工程质量，大剧院项目先后荣获美国建筑"金砖奖""山东省优质结构""中建八局新技术应用示范工程"。得到了监理单位、万达集团的高度认可。万达集团将东方影都项目后续 530 万 m² 的施工任务全部交给我局施工。

大剧院、酒店群、游艇码头、影视产业园制作区等项目相继投入使用，东方影都先后承办了克利伯国际帆船赛、2018 年全国院线国产影片推介会等一系列重要赛事和重要活动。《环太平洋二》等一系列国际优秀影片先后在东方影都开机摄制，中央电视台、人民日报等媒体纷纷报道。上合组织国家电影节 2018 年 6 月份刚在东方影都成功举行，大剧院作为开闭幕式主会场，极大地宣传了企业形象，提高了我司的社会影响力。

"立体绿化生态空间"综合技术研究

完成单位：中国建筑股份有限公司技术中心
完成人：孙鹏程、王　珂、姚凯骞、高函宇、华成谋、路娇娇、杜铭健

一、立项背景

伴随着全球经济的快速发展，人口快速增长及城市化建设加剧了人居环境的恶化，而且城市建设不断扩张占据了城市周边绿地，人类与自然的关系渐行渐远，导致环境绿化面积无法满足人们对于植物的心理需求，人居环境健康受到了严重的威胁，将平面绿化向立体绿化发展是解决这一问题的有效手段之一。

另外，城市化降低了绿化面积，隔绝了正常水蒸气的大气对流，使城市区域温度升高，导致了热岛效应、环境污染、极端天气情况等一系列城市综合症。

1. 城市化使人类远离自然

自然环境正在被城市发展所边缘化。工业现代化、钢筋水泥构筑物带来的城市疯狂扩张，吞食了城市中的绿色空间，其在城市规划中的比例及与人的亲密度也越来越低，那些大片的集中绿化并不与人们的日常生活紧密结合，相反人们的生活、工作已经集中在越来越高的建筑中。

2. 城市环境问题日益凸显

伴随着城市的扩张发展，城市化规模不断扩大，城市人口急剧增加，各种建筑物种类也逐渐增多。城市在社会经济快速发展的同时，也面临着一系列生态和环境问题，生态压力日益加剧，诸如大气污染、热岛效应等，已成为备受关注的城市环境问题。城市绿化被认为是改善城市环境的有效途径，但随着城市建筑物的增加，城市可用于绿化的面积在缩小，城市绿化也越来越困难。如何拓展城市绿化空间、增加城市绿化面积、改善城市居住环境，已成为城市发展的一个非常重要的议题。

3. 空气污染加剧

由于现代建筑具有高密闭性、室内装修等特点，使建筑小环境内多种空气污染物聚集，不易扩散，再加上室外空气污染问题，导致人居环境空气质量在不断下降，直接影响人们的身体健康。近年来，常有报道指出，置于密闭性较高的建筑内，许多人会出现头痛、眼、鼻或喉咙的感染、易感冒、嗜睡、易疲劳、恶心、无法专注等不适症状，被称为"建筑综合症"（SRS）。而这些症状的出现，大部分与建筑小环境空气污染有关。因此，改善空气质量，提高建筑居住舒适度，有助于消除人们久居室内的种种不适感，更有益人体身心健康。

在"美丽中国"、"海绵城市"理念的指引下，利用互联网＋立体绿化技术建造的建筑生态空间改善建筑周围生态环境，提高小环境空气质量，降低建筑能耗，是未来绿色建筑发展的新方向之一。

二、主要技术内容

1. 生态空间设计及 BIM 技术应用

（1）生态空间景观设计及方案优化

1）室内生态空间设计

以北京林河三期西配楼二楼南侧阳光房作为生态空间中试工程进行改造建设，将 205m² 的生态空间划分为健身休闲、员工植物认养和会客空间三个区域，根据生态空间拟服务人数确定生态空间改造需

要种植的植物数量，并以计算出的植物总量作为依据，对具体分区进行定量化设计，同时进行各区域的细部景观设计。基于试验目的与要求选取的立体绿化种植设施、植物品种及植物栽培基质，结合生态空间的功能需求，确定生态空间改造方案设计。

经过试验，$4m^2$（约 120 棵植物）植物墙每小时约吸收 5.66g 二氧化碳，约占一个成年人每小时呼出二氧化碳量的 1/6。生态空间计划服务人数平均为 6 人，因此整个生态空间需要 $6×4×120＝4320$ 棵植物。以此为依据，设计生态空间改造项目。

图 1　室内生态空间景观图

2）室外生态空间设计

以北京顺义区中国建筑技术中心林河三期西配楼二楼屋面空间作为生态空间室外中试工程进行改造建设，将 $200m^2$ 的室外场地分为五个区域，分别为：休闲区、菜园 A 区、菜园 B 区、菜园 C 区和种植试验区。菜园 A 和 C 区：以时令蔬菜为主，加以花卉植被点缀，简单、整洁的种植格局，巧妙地将蔬菜与花卉植被融合在一起；菜园 B 区：以藤蔓类植被和叶片蔬菜为主，加以花卉植被点缀，烘托出中心区自然交融的生态景象；休闲区：位于整个空间采光相对较弱的阴凉位置，打造出一处惬意休闲、采摘的场所；种植试验区：主要用于培育、种植瓜果蔬菜花卉小景观。

采用俄罗斯方块为创意来源，利用俄罗斯方块独有的规整组合性来拼接出一组生态种植园。此设计理念给人以视觉上美感冲击的同时，运用巧妙的摆放布局，在不改变原有建筑的任何构造下来完成，并达到植被景观交融的效果。在设计思路中，运用植被交错产生的自然景观为天然屏障来划分各个分区，同时利用爬藤植物的生长个性来创造休闲区的隐秘性，使整个区域融为一体，拥有错落有致的景观效果，打造一组充满生机的实用型菜园景观。

（2）生态空间可视化建造

选择方案建模软件"SketchUp 2015"，结合广州乾讯开发的"5D For SketchUp"插件建立生态空间的信息模型，并进行方案深化和建立相关的族库信息。针对生态空间改造应用到的立体绿化单元及资材，进行相关分区、分类、名称、材质、型号、单位、成本等参数的设定。通过模型化和动态展示，实

图 2　室外生态空间景观图

现生态空间的信息化、可视化建造和方案快速优化。

2. 互联网＋立体绿化智能远程控制系统

中建技术中心环境工程研究室根据多年的立体绿化项目经验，结合互联网信息集成技术，建立远程监控、数据采集、智能控制的智能操作控制系统，将该控制系统安装在生态智慧墙体的适当位置，实时监测墙体内部及周围环境温度、湿度、光照强度、土壤湿度、CO_2浓度、CHO浓度、TVOC浓度等，根据传感器反馈数据能够查询智慧墙体实时的状态；根据策略设定的数值判断环境状况，超出策略设定范围便可自动报警；能够通过网络远程进行观察、灌溉施肥、喷雾、补光、遮阳等操作，降低生态墙体维护管理难度，并可通过控制空调、遮阳网等辅助设施，局部调节墙体周围环境微气候，改善环境空气质量，提升人居环境的舒适度。此外，该智能控制系统还能够根据预设时间间隔，记录墙体周围环境的变化，提供历史数据供使用者参考。

（1）软件开发

根据实际的用户群体需求，远程控制系统开发了基于 Android 和 ios 的原生 APP，可供不同手机系统的用户使用。下载 APP 后按步骤申请账号，在中控设备连接上电源接入网络后，可以到手机上操作软件来进行相关操作。

各个系统内分别开发了八路开关控制的界面以及逻辑操作，以便于控制各个设备的开启使用。同时，系统内部还开发了传感器数值获取与界面显示、检测值的历史信息查询与显示开发，包括：甲醛，CO_2，温湿度，PM2.5，PM10，TVOC，液位，土壤湿度，噪声，风速，大气压值等。

获取多种信息后，软件系统还能够根据用户的设定，采取报警信息推送与显示、报警历史信息查询与显示，包括 TVOC 显示异常、PM2.5 异常、高温、低温等。软件系统还能够获取并显示实时天气信息，包括温度、湿度、风速、风向等。此外，系统还具有以下一系列功能：定时功能、策略功能（可选择每一个传感器的大于策略小于策略及策略执行打开的时间）、查询历史记录和控制记录功能、摄像功能（监控）、地图功能（地图上会显示账户下所有的设备位置）等。

（2）硬件开发

硬件平台采用塑料公模外壳，提供网关和控制终端，通过 2G/3G/4G/WiFi 网络可以随时随地控制八路设备，并支持多种传感器信息获取并发送给云服务器，包括甲醛、CO_2、温湿度、PM2.5、PM10、TVOC、液位、土壤湿度、噪声、风速、大气压等。

硬件设备包含：中控网关，土壤湿度传感器，空气温湿度、光强、噪声、大气压六合一传感器，液位传感器，电源线，天线，TVOC 传感器，PM2.5/PM10 传感器，甲醛传感器，风速传感器，流量传感器，CO_2 传感器等。

（3）云服务器开发

根据用户需求，智能远程控制系统开发支持设备节点动态添加；支持系统的容量可以随着用户数量的增减而动态变化；支持检测值数据动态存储；支持告警信息动态存储；支持控制操作毫秒级延迟；支持数据通信 SSL 加密；提供专业 API 通信接口。

三、发现、发明及创新点

1）本项目研发了一种智能远程控制系统，该系统包含软件与硬件两部分：软件安装在手机上，可以供使用者随时随地监测生态空间各种环境参数并远程遥控硬件设备，对这些参数进行改善；硬件部分包含温度、空气湿度、土壤湿度、二氧化碳浓度、光照强度等传感器以及风扇、水泵、LED 灯等监测及改善周围环境的设备。该系统能够实现生态空间真正意义上的智能化。

2）根据不同生态空间的不同特点进行种植设施的筛选，并发明新型的立体绿化种植幕墙和种植容器。所发明的种植容器属于立体绿化及建筑装饰技术领域，容器上面有挂扣和挂孔，可以实现多个容器的上下快速组装连接，大大降低安装难度，节省安装时间，同时分体结构方便运输和安装；容器可直接固定在植物墙安装背板上，利于植物根系自由生长；容器由塑料材质制成，可以避免传统材料存在的问题。

3）绿肺系统，将空气循环源头连接到绿墙，通过植物过滤以及光合作用，净化空气，提高空气氧含量，将生态空间与一间正常办公房间通过换气系统连接，通过传感器来控制换气系统的开闭，这样能够有效改善办公房间的空气质量，减少新风系统使用率，降低能耗。

四、与当前国内外同类研究、同类技术的综合比较

本项目研究的生态空间综合技术在项目设计、创新技术研发、应用系统开发、空间环境研究等方面，在国内外均属于领先水平，目前获得多项专利、发表多篇（国内外）文章。

五、第三方评价、应用推广情况

生态空间综合技术兼具传统立体绿化的优点，结合互联网＋智能远程控制系统，是两者的深度融合，优点集成创新。不破坏建筑结构、占地面积小，生态效益高，能显著的改善现代建筑室内外环境，缓解城市绿地紧张现状，对绿色建筑、节能减排、健康人居环境带来巨大贡献，具有广泛的应用前景。

生态空间综合技术目前在国内多个工程中得到应用，具有良好的节能作用和景观效果，同时可以有效地净化空气、提升室内环境舒适度。此外，互联网＋立体绿化远程智能控制系统的应用使得项目的养护更加简便易行，保证了项目的持久性以及绿色植物的成活率，得到了业主单位的广泛好评。

1. 2022 年冬奥会奥组委办公楼植物墙项目

项目位于（北京）首钢老工业区改造西十冬奥广场，植物墙总面积 68.23m²，分别位于视野开阔的一楼大堂区域以及二楼的办公区域，采用花镜式植物墙的设计，以错落参差的植物搭配组合，净化空气、提升景观，营造良好的生态环境，打造充满现代感的办公环境（图 3）。

该植物墙采用了可以使植物易扎根并顺应自然状态生长的 ZJ－320 福兆种植盒，突现出生态景观效果。整体结构安全牢固，施工简单。优选栽培基质，以及包括吊兰、绿萝、龟背竹、鸢尾、春羽、波士

图 3　2022 年冬奥会奥组委办公楼植物墙项目

顿蕨、红掌、观叶海棠、白掌、鸭掌木、黄金葛、万年青、鸟巢蕨等品种的适生植物。

2. 北京中建京东置业有限公司植物墙项目

项目位于北京市杨镇工业开发中心纵二路中建方程办公楼，植物墙总面积 88m²，分别位于一层大厅、二层走廊、二层会议室。针对不同的功能和场所选择不同风格样式的植物墙，打造充满生机且简洁、大气的办公环境（图 4）。

图 4　北京中建京东置业有限公司植物墙项目

该植物墙采用蓄排水功能更强，成本造价更优的 ZJ－280 百利种植盒，种植施工轻松、更换植物便捷。整体结构安全牢固，施工简单。优选栽培基质，以及包括黄金葛、绿萝、观叶海棠、龟背竹、孔雀竹芋、袖珍椰子、万年青、鸭掌木、鸟巢蕨、金边吊兰、千年木、红掌、白掌、波士顿蕨等品种的适生植物。

3. 未来科技城立体绿化项目

项目位于北京市昌平区北七家镇岭上村中建材未来科技城，植物墙面积 172.9m²，大厅及两个中庭植物墙面积分别为 52.9m²、91m²、29m²。该建筑属于综合办公楼，在设计中充分考虑利用植物墙来划分空间功能，打造健康、生态、优雅的办公环境（图5）。

图5　未来科技城立体绿化项目

该植物墙采用更为经久耐用的蔼美 VersiWall®GP，该种植容器基质深、植物生长空间大、精准滴灌、更换植物便捷、整体结构安全牢固。优选栽培基质，以及黄金葛、绿萝和鸭掌木三个植物品种，以保证植物墙景观效果的整体性和局部丰富性。

此外，生态空间综合技术还应用在了中国城市规划设计研究院植物墙、红星美凯龙（朝阳路店）植物墙、焦奥中心办公区植物墙、北京电影学院植物墙等一系列实际项目中。同时，这些项目中还利用了互联网＋远程 app 控制系统植物墙管家，能轻松实现手机实时监控空气湿度、温度、液位、土壤湿度等参数；智能控制水泵、补光灯、风机等设备的开关；储存记录历史数据；设定参数报警功能等。在互联网的助力下，使立体绿化实现智能化，运用云端服务器对所有项目进行实时的监控、记录和数据采集，并实时监控设备状态，避免因设备损坏导致的植物大量死亡。实时了解室内的空气温湿度等空气指标，根据温湿度的变化确定养护方案，根据监测数据智能通风、补光、加湿，充分利用立体绿化产生的富氧气体调节室内环境，部分替代新风系统。

六、经济效益与社会效益

1. 经济效益

城市生态空间能更充分地利用立面空间，更具有集约性，通过生态空间打造设施农业。与传统农业相比，在同等面积下至少可以生产 15 倍作物，可以增加粮食产量。生态空间的农产品能够即产即消，避免长距离运输，节约运输成本。

2. 社会效益

室内空间、屋顶及建筑外墙植物种植，能够增加绿化面积，人们置身在绿色植物包围的环境中，能够缓解工作压力，心情舒畅，工作效率提高。而且，生态空间生产的多为有机绿色农产品，更有益于人们的身体健康，打造健康的人居环境。

长寿命住宅体系与关键技术研究应用

完成单位：中国中建设计集团直营总部、中国建筑标准设计研究院有限公司、中建三局集团有限公司

完成人：薛　峰、孙克放、刘东卫、李　婷、贾　丽、肖伟峰、伍止超

一、立项背景

我国住宅建筑平均寿命不足 30 年，造成了"大量生产、大量消费、大量废弃"的不科学发展模式，这就使得我国的住房建设比国际先进水平要耗费更多的自然资源。因此，要迅速提高住宅建设综合品质和耐久性能，大力发展长寿命住宅。

我国住宅建设大部分还是采用传统粗放的生产方式，造成了住宅质量偏低和寿命短暂的突出问题。建筑主体、设备、内装老化严重，后期维护困难，改造难度大，存在着极大的质量隐患。针对于此，必须大力提高住宅的建设质量和住宅性能，延长住宅的使用寿命。

与我国相比，在 1955～1995 年，发达国家的住房平均寿命（统计上的平均寿命）都达到 50～100年，德国为 64.08 年，荷兰为 68.31 年，美国为 77.97 年，法国为 85.31 年，英国超过百年，达 125.12年。

1998 年，日本制定了《长寿命住宅建设系统认定基准》（CHS），并开始了"长寿命住宅建设系统认定事业"和《长期优良住宅的认定标准》。此后，日本开始研发和推广承重支撑体系和填充体系分离的"SI 结构"，并且提出"SI 结构"的承重支撑体系设计（建筑）寿命要达到 100 年。这使日本的住房建设发生了根本性的改变。

2007 年 5 月，日本发表了"200 年住宅构想"，目的是形成超长期可持续循环利用的高品质住宅的社会资产。"200 年住宅"是以"减轻环境负荷、减少住宅支出、建设高质量住宅"为战略目标的系统工程。这些值得我们借鉴。

课题组申报了住房和城乡建设部课题《中国百年建筑评价指标体系研究》2010-R4-7，是国内首次开展有关住宅长寿命的系统性研究，结合课题成果已主编和参编国家、地方和团体标准 11 部，成果应用于近 15 项、100 余万平方米科技示范项目。

二、详细科学技术内容

1. 总体思路

延长住宅使用寿命是最重要的绿色建筑技术，本研究针对提升我国住宅使用寿命的关键技术进行了系统性研究，包括了相关政策机制、关键技术和评价标准。在住房和城乡建设部课题《中国百年建筑评价指标体系研究》2010-R4-7 和"十二五"国家支撑计划课题《预制装配式建筑设计、设备及全装修集成技术研究与示范》的支持下，在本领域首次建立了具有突破性和国际先进水平的住宅长寿命技术体系及评价方法，在本领域首次创立了针对我国租赁住宅建设的"长寿命立体土地"政策模式，在本领域首次研发了一套符合我国国情的中国 SI 关键技术，在本领域首次研发了住宅部品部件同寿命族群组合分类方法和部品族群布置适配关系，以及模块和模数通用协调的关键技术，形成了一套解决住宅质量通病的关键技术。其研究成果包括了 1 套系统性技术体系，1 套评价方法，4 套系统性关键技术和 1 项政策模式。见图 1。

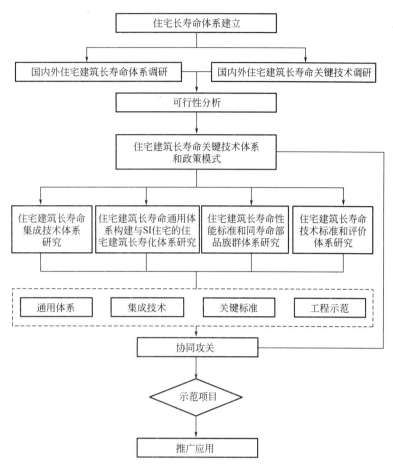

图 1　长寿命住宅技术体系研究框架路线图

本研究主要从七个方面开展系统性研究，研究内容包括：《长寿命住宅建筑技术体系》研究，《长寿命住宅建筑技术评价指标》研究，《钢筋混凝土 SI 结构体系》研究，《长寿命住宅部品技术体系》研究，《推广长寿命住宅建筑的政策》研究，《长寿命住宅与城镇建设及文化的传承》研究，《长寿命住宅技术示范与关键技术应用研究》研究。从技术体系、评价标准、关键技术、政策机制、文化推广等不同的方面的角度开展了全面系统的研究。

本研究成果可使长寿命住宅的耐久性能提升 100%，设计使用年限提升了一倍，建立了中国特色的长寿命住宅体系和关键技术体系，以及相应的政策机制。

2. 技术方案、关键技术

该研究成果共获得中国土木工程詹天佑奖金奖等省部级奖项 6 项；获得"立式防滴水导流节能塑钢窗"等发明专利 4 项、实用新型专利 20 项；主编和参编了国家标准《装配式钢结构建筑技术标准》GB/T 51232—2016 等国家、行业、地方和团体标准 11 部；发表"基于可持续建设理念的公共租赁住房设计与建造技术研究"等核心刊物论文 22 篇；出版了《中国百年建筑评价指标体系研究》等 3 本学术专著。

住宅建筑长寿命技术体系是指：以住宅的全寿命周期为基础，在规划、设计、建造、使用、维护和拆除再利用全过程中，通过提高住宅建筑结构安全耐久性能，材料部品耐久性能、防水耐久性能、宜居健康性能，功能舒适性能，空间可变性能，设备可维护性能，建造集成性能和服务便捷性能，实现居住与环境的和谐共生和住宅建筑的持久使用。其支撑该技术体系的关键技术包括：适合我国国情的长寿命住宅 SI 关键技术，住宅部品部件同寿命族群组合分类和部品族群布置适配关系的关键技术，以及解决住宅耐久性质量通病的关键技术。该体系的政策支撑是：适合我国的住宅"长寿命立体土地"供给政策模式。

研究内容一：在本领域首次创立了适合我国租赁公寓建设的"长寿命立体土地"政策模式。

并对我国适合于发展长寿命住宅的文化背景进行了分析研究，研究成果对我国公共租赁住宅和长租公寓的建设模式具有极大的借鉴作用。

1）建立了适合我国国情（集体土地）的公共租赁住宅和长租公寓住宅的"长寿命立体土地"政策模式。

分析了国外租赁住房土地供给模式与我国土地供给模式之间差别，提出了长寿命住宅的推广政策性建议，对未来城市新区长租公寓住宅供地和建设模式提出了建议，特别是对雄安新区长租公寓建设的运行管理提出了可借鉴的模式，并对企业参与建设提出了激励机制和实施方法建议。

2）研究了长寿命住宅与城市建设及文化的传承的关系，通过大量的调研分析总结了造成当前我国住宅短寿命的根本性原因，从更深的文化根源，提出了国际一流、千（百）年城市建设发展脉络与长寿命住宅的内在文化关系。与日本和欧美等发达国家的住宅使用年限和建筑长寿命的文化根源进行对比，分析了长寿命建筑对不同国家建筑风貌和历史文脉传承的影响。形成了城市历史文化和长寿命住宅的保护机制和模式。

研究内容二：在本领域首次创立了以提升住宅建筑安全耐久、宜居健康性能为目标的住宅长寿命关键技术体系及评价方法。

1）从建筑安全耐久的角度，针对延长建筑结构体的设计使用年限形成了具有可实施性的关键技术，其关键技术包括：①通过提高混凝土强度等级，控制最大水胶比、最大氯离子含量、最大含碱量、混凝土保护层、表面裂缝控制，以及优化相应结构布局和构造、地震作用重要性系数等技术措施，提升结构体的设计使用年限；②通过提升建筑构配件耐火等级及防火构造，内外装修材料耐火性能，安全疏散与逃生措施等关键技术提升其安全性能和耐久性能。

2）从部品耐久和防水耐久的角度，主要针对门窗、给水排水管道，以及空调采暖和新风系统提出了具体的耐久性目标值和部品耐久性提升的关键技术。

主要针对提升地下室防水、屋面防水、外墙防水、窗体防水、室内防水、防潮、构件防水及设备防水的设计使用年限和用材防水性能，形成了具体的耐久性目标值、用材要求和提升其防水耐久性的关键技术，并形成了建筑全寿命中防水维护和替换的成套技术。

本研究成果可使长寿命住宅的耐久性能提升 100%，设计使用年限提升了一倍。

3）从建筑宜居健康的角度，针对声环境、光环境、热湿环境、空气质量、防污染措施以及住区环境质量，形成了有关长寿命住宅健康性能提升的关键技术。

4）从家庭不同生命阶段的结构变化、住户变化以及老龄化社会所带来的住宅全寿命期可调整改造需求出发，形成了弹性可变空间模块，以及适应功能调整改造和适老性改造的关键技术。

5）建立了长寿命住宅雷达图表式评价标准和方法，该评价方法分为 11 个评价分项，将权重值比例换算成角度，切分圆周为 11 个对应的扇面形区域，形成评价指标体系，采用取平均值的评价方法，分为 4 级评价类别。该评价方法首次采用以目标值为导向的评价方法，能够使住宅的最终使用者很明确地了解该类住宅的安全耐久、宜居健康性能情况。

应用该研究成果主编了国家标准《民用建筑设计统一标准》GB 50352、协会标准《百年住宅建筑设计与评价标准》T/CECS-CREA 513—2018、主编了国家标准图集《住宅设计规范》图示 13J815、内蒙古自治区标准《绿色保障性住房建筑细则》。参编国家标准《老年人居住建筑设计规范》GB 50340—2016、国家标准《城市居住区规划设计规范》GB 50180。

6）将该技术体系及评价方法的研究成果应用于 100 余万平方米项目之中。上海绿地南翔项目、济南鲁能领秀城项目、北京泽信公馆项目等近 15 项、100 余万平方米科技示范项目之中，并对其关键技术的应用情况进行现场实测与增量成本分析。

研究内容三：结合我国剪力墙高层住宅建筑体系，在本领域首次研发了适合我国国情的长寿命住宅 SI 关键技术。

形成了大板结构的可变内部空间、将公共管井、共用管线在户外独立设置，室内上下水管线、电气管线均与承重体分离，采用架空和夹层的方式形成同层敷设管线和健康通风设施，便于在不破主体结构的情况下的更新改造，形成了 SI 内装修装配式干法施工技术及工艺工法。

主编了国家标准《装配式混凝土建筑技术规范》GB/T 51231—2016、《装配式钢结构建筑技术规范》GB/T 51232—2016，参编了国家标准《装配式木结构建筑技术规范》GB/T 51233—2016。

研究内容四：在本领域首次研发了长寿命住宅部品部件同寿命族群组合分类和部品族群适配布置与模块和模数通用协调关键技术。

大量调研和对比分析了国内外住宅主要功能空间部品性能之间的差距，结合我国部品部件使用年限、模数型制以及部品部件族群深化设计，进行部品同寿命族群的分类。不同使用寿命的部品组合在一起，使其构造便于分别拆换，更新和升级。建立了户外公共空间模块（包括：走廊、电梯、楼梯、机电管井、防排烟管井等）和户内功能空间模块（入户空间模块、LDK 模块、多用居室模块、整体卫浴模块、整体厨房模块、整体收纳模块等）的模块间的分层级关系、内部部品部件不同寿命族群的集群布置和适配关系、部品部件接口的通用形制、以及模块间相匹配的模数协同。建立了不同模数层级的模数网格化设计方法。

主编了行业标准《工业化标准住宅尺寸协调标准》JGJ/T 445—2018。

研究内容五：在本领域首次运用风流量耦合流体力学计算方法，研发了解决住宅质量通病的关键技术。

解决困扰我国严寒和寒冷地区住宅建设多年的厨卫串味儿、返味儿，太阳能与部品部件一体化结合利用等问题。

1）运用厨房排烟管道和抽油烟机风流量耦合计算方法，将不同楼层区间的管道尺寸、气流压力等进行流量计算，并运用计算模型制订优化设计方案，提出了解决厨房串味的关键技术解决方案。

2）将阳台与太阳能热水集热装置、热媒置换装置、分体空调挡板、空调和雨水落水管等部品集成一体进行设计，并将太阳热能蓄热通风耦合、热水和空调散热等进行集成。

三、发现、发明及创新点

延长住宅使用寿命是最重要的绿色建筑技术，本研究是首次创立了以提升住宅建筑安全耐久、宜居健康性能为目标的住宅长寿命关键技术体系及评价方法。建立了系统的住宅建筑安全耐久、宜居健康性能提升管控技术体系。其侧重点是更加强调住宅建设的可持续性，更加注重住宅的生产方式的改变，更加突出住宅部品部件的通用化和更新便捷性，更加注重产品的长期优质化，更加适应居住者的高龄化和未来生活的多样化需求。使建成后的住宅建筑具有更高的舒适程度、更高的功能配置、更优化的技术集成、更高的性能标准、更高的质量保障和更长的使用年限。

研究是以住宅的全寿命周期为基础，通过提高结构的耐久性、建筑的节能性、居住的安全性、功能的舒适性、空间的可变性、设备的可维护性、材料的可循环性、环境的洁净性、建造的集成性和配套的完善性，实现居住与环境的和谐共生和建筑的持久使用。

本研究成果在本领域首次创立了 1 套系统性技术体系，形成了 1 套评价方法、4 套系统性关键技术，创立了 1 项政策模式。

创新点 1：创建了适合我国国情的公共租赁住宅"长寿命立体土地"政策模式。

解决了未来城市新区公共租赁住宅和长租公寓供地和建设模式中存在的问题，特别是对雄安新区长租公寓建设的运行管理提出了可借鉴的模式，并对企业参与建设提出了激励机制和实施方法建议。

首次从推广长寿命住宅的政策和长寿命住宅与城镇建设及文化传承方面，建立了城市历史文化与长寿命住宅的保护机制和模式。

创新点 2：创立了以提升住宅建筑安全耐久、宜居健康性能为目标的住宅长寿命关键技术体系及评价方法。

首次研发制定了长寿命住宅评价标准，首次采用以目标值为导向的雷达图表式评价方法。首次从建筑结构和防火安全耐久，部品设备耐久和防水使用耐久，建筑宜居健康等方面研发形成了一套延长其建筑使用年限的系统性关键技术。

创新点3：研发了适合我国国情的（剪力墙结构体系）长寿命住宅SI关键技术。

将承重体、填充体和管线进行分离，形成了SI内装修装配式干法施工技术及工艺工法。研发了适应功能调整改造和适老性改造的弹性可变空间模块以及关键技术。

创新点4：研发了长寿命住宅部品部件同寿命族群组合分类和部品族群适配布置与模块和模数通用协调关键技术。

在本领域首次创立了一套适合我国国情的长寿命住宅内装修部品部件寿命族群分类与模块和模数通用协调的系统性关键技术，不同使用寿命的部品组合在一起，使其构造便于分别拆换、更新和升级。建立了户外公共空间模块和户内功能空间模块的模块间的分层级关系、内部部品部件不同寿命族群的集群布置和适配关系、部品部件接口的通用形制，建立了不同模数层级的模数网格化设计方法。

创新点5：研发了运用风流量耦合流体力学计算方法，解决住宅质量通病的关键技术。

运用风流量耦合流体力学计算方法，研发了解决住宅质量通病的系统性关键技术，解决困扰我国严寒和寒冷地区住宅建设多年的厨卫串返味，太阳能与部品部件一体化结合利用等问题。运用厨房排烟管道和抽油烟机风流量耦合计算方法，开发了烟道气流压力流量计算数字模型。

四、与当前国内外同类研究、同类技术的综合比较

本研究成果可使长寿命住宅的耐久性能提升100%，设计使用年限提升了一倍，建立了中国特色的长寿命住宅关键技术体系，以及相应的政策机制。本项目关键技术成果与国内外同类技术对比见表1。

研究成果经科技成果评价会专家鉴定，该成果创新性强、应用面广，为我国住宅产业的可持续发展提供了技术支撑，整体技术达到国际先进水平。

本项目关键技术成果与国内外同类技术对比   表1

创新点	技术内容	本成果	对比结论
创新点1	"长寿命立体土地"政策模式,土地供给模式	首次创新我国公共租赁住宅和长租公寓土地政策模式和激励机制	国际先进填补国内空白
	千年城市历史文化和长寿命住宅的保护机制和模式	首次提出千年城市建设与长寿命住宅的内在关系,出版学术专著	填补国内空白
创新点2	安全耐久、宜居健康性能指标和关键技术	编制国家标准,设计使用年限提升一倍,应用于15个示范项目	国际先进
	评价标准和方法	编制国家和团体标准,应用于15个示范项目	国内领先,填补国内空白
创新点3	SI系统性关键技术,施工技术及工法	编制国家和团体标准,发明建造工法,应用于15个示范项目	国际先进填补国内空白
	可变空间设计模块	形成设计参数和设计方法	国内先进,填补国内空白
创新点4	部品部件寿命族群分类	不同使用寿命的部品组合,编制团体标准	国际先进
	部品通用形制	建立部品接口的通用形制,编制团体标准	国际先进
创新点5	风流量耦合流体力学计算模型	软件和计算公式	填补国内空白

五、第三方评价、应用推广情况

该技术体系的研究成果已应用于上海绿地南翔项目、济南鲁能领秀城项目、北京泽信公馆项目等近

15 项、100 余万平方米科技示范项目之中，应用本研究成果单方造价增加比例约为 11%，单方增加成本约 208.62 元/m²。本研究成果深入研究了国外激励机制的经验得失，以及我国长寿命住宅的政策激励机制的主要内容。未来高性能商品住宅、长租公寓和公租房是我国推广长寿命技术体系的主要市场，推广应用前景非常广泛。长寿命住宅与千（百）年城市（雄安新区）建设是新时代我国建设的发展方向，也是我国城市建设的一个重要目标。

该成果创新性强、应用面广，为我国住宅产业的可持续发展提供了技术支撑。

六、社会效益

该研究的主要目标使住宅建成后尽量减少拆除、方便使用、易于维护、低碳运行、健康舒适、延长寿命，使住宅作为社会资产保值增值、减少浪费，为新时代建设资源节约型和环境友好型的可持续长寿命住宅做出贡献。

延长住宅建筑的设计使用年限并获得较长的寿命期，对缓解大量新建住宅所造成的资源和环境压力，提高资源利用率，减少碳排放，实现人居事业的可持续发展是有十分有益而必要的。

研究成果以提升住宅建筑安全耐久、宜居健康性能为目标，推进住宅产业现代化，提高住宅的建设质量，延长住宅的使用寿命。为开发企业树立长寿命住宅建筑的开发理念提供基础，并在住宅建造过程中发挥其导向作用，对于转变住宅的生产方式起到推动作用，同时产生良好的社会效益和经济效益。

研究成果为政府建设管理部门提供符合中国国情的长寿命建筑评价标准，指导各类企业按标准设计、开发、建造和维护高质量长寿命住宅建筑。为树立建设长寿命住宅的观念，大力推进住宅产业现代化，实现住宅生产方式的转变，建设百年建筑精品提供了理论支撑。

从经济效益分析可知，如果我国的住宅使用寿命只是 50 年，那么在 150 年内就需要建 3 次房子。如果将住宅使用寿命提高到 75 年，则在 150 年内只需建 2 次房子。因此，延长住宅使用寿命、实现百年使用要求，是一项重要的低碳减排、惠及城市的重要工程。

根据国家统计局数据显示：以 2016 年 1～12 月中国房屋建筑住宅竣工面积 98419.84 万平方米为例，若以当年平均每平方米建安造价 2000 元计算，如果使用寿命由平均 30 年增加为 50 年，仅仅 2016 年的竣工项目即可实现增值 1318.83 万亿元。

装配式混凝土结构构件工厂化生产、运输关键技术研究

完成单位：中国建筑第四工程局有限公司、中建科技有限公司深圳分公司、中建四局深圳实业有限公司、广东中建新型建筑构件有限公司

完 成 人：钟志强、吴　勇、令狐延、张荣谦、黄顺雄、欧阳浩、黄雄斌

一、立项背景

国家自 2016 年大力推广装配式混凝土建筑，PC 构件厂在全国范围内兴起，但因行业刚起步，PC 构件生产、运输中还存在许多技术及管理难题。

全灌浆套筒尺寸较长，用其生产承重 PC 剪力墙，必须从技术上防止其产生上下、左右偏移；因套筒属于空心结构、中部无任何阻挡，插入钢筋时必须靠人工检查钢筋插入的深度，只要有一根钢筋偏长或偏短，都会影响整个剪力墙的吊装效率及灌浆后的受力，因此必须从工艺上完全保证钢筋插入深度符合设计要求；套筒进出浆管通畅是现场灌浆顺利的关键。生产时，进出浆管弯折、注浆嘴掉落、振捣棒的扰动、进浆等都可能发生，需从技术上减少类似问题的发生。

南方很多装配式工程采用夹 EPS/XPS 泡沫板的预制内外墙挂板，生产浇筑混凝土过程中，泡沫板非常容易上浮，保护层厚度控制难度大；内外墙挂板数量多、尺寸型号变化大，传统的独立存放架无法高效地利用存放面积、适应不同尺寸的墙板；现有墙板运输常用的单 A 形运输架，墙板之间容易碰撞摩擦，不利于外观的保护。

钢模具重、成本高，装模时必须用行车起吊，试验塑料模具在叠合板中的应用，为推广塑料模具积累相关经验。传统的叠合板模具拼装时，为检测方正度，需测量每个模具的对角线差，发现对角线差超标需经常调整，模具拼装效率低。叠合板存放一般不超过 6 层，占地面积大，不能充分利用场地面积。

现有墙板运输架为单 A 型，墙板间容易碰撞摩擦，凸窗运输架不能适应不同型号的凸窗，这些都需要改进。墙板运输与存放分离，若能设计研发出存放运输一体架，必将大大提高构件的装车运输效率。

现有构件生产信息化程度低，管理难度大，各类统计报表基本都需要人工处理，效率低，急需开发出应用一套完整的 PC 工厂信息管理系统，提高构件生产全过程控制的信息化程度。

二、详细科学技术内容

1. 总体思路及技术方案

针对预制构件生产、运输过程中的各种技术及管理难题，发明设计出各种简单而实用的标准化、工具化的工具或工装，研究应用 PC 工厂信息管理系统，在构件生产及管理过程中检验并改进，最终从根本上解决这些难题，并形成装配式混凝土结构构件工厂化生产、运输的关键技术。

2. 关键技术

（1）带全灌浆套筒预制剪力墙生产关键技术

预制承重剪力墙竖向钢筋连接采用全灌浆套筒时，构件制作过程中全灌浆套筒的精准定位、预留插筋长度及外露钢筋位置的精确控制、进出浆管通畅，是现场快速装配及灌浆的关键。通过系列研究，发明了一套能快速、精准固定全灌浆套筒的工装，并能准确控制预留插筋的长度，进出浆口波纹管直进直

出且不受其材质的影响，节约制作成本；提出边模外露钢筋的固位法，安装效率高，有效防止了混凝土施工漏浆。

为保证 PC 剪力墙中预埋全灌浆套筒中心线位置精确，结合螺母锁紧挤压式固定件及半灌浆套筒专用固定杆各自的优缺点，发明了一种专用的全灌浆套筒固定工装，其主要由加长螺杆、固定铁块、橡胶塞、加长螺母等部件组成，如图 1 所示。其中，固定铁块的直径 D 比套筒的最小内径约小 2mm，以便于其插入套筒内部。

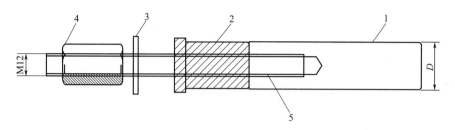

图 1　全灌浆套筒专用固定工装示意图

1—固定铁块；2—橡胶塞；3—垫片；4—加长螺母；5—M12 加长螺杆；D—固定铁块直径

具体使用方法如图 2 所示，按如下步骤进行：

1）将原全灌浆套筒附带的螺母锁紧挤压式固定件中的橡胶塞取下，套入加长螺杆中，再将加长螺杆拧入固定铁块中，锁死；

2）按照图 2 的方式将专用固定工装与边模固定；

3）将绑扎好的带全灌浆套筒的钢筋笼放入装好的模具内，套筒装配端一一对准固定铁块顶部，再将边模往前慢慢推进，直至套筒抵住边模，拧紧加长螺母，挤压橡胶塞与套筒紧密连接；

4）敲击预制端的预留插筋，直至顶住固定铁块的顶部。

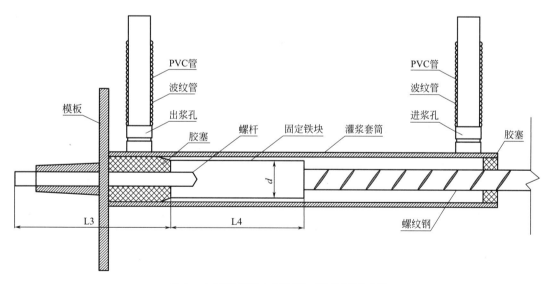

图 2　全灌浆套筒专用固定工装使用示意图

橡胶塞与固定铁块的长度之和，刚好约等于对应型号的全灌浆套筒装配端钢筋长度与装配端调整长度之和，因此只要预留插筋顶住固定铁块，则预制端钢筋长度就刚好符合设计要求。另外，因固定铁块较长（已伸入套筒的中上部），能更好地固定套筒的中心线位置，防止其产生左右或上下偏移，起到精准控制套筒中心线位置的作用。

某些工程采用插圆钢固定波纹管的方法，会产生将波纹管戳破、撞脱落注浆嘴的风险，而且当固定杆预留孔与套筒注浆口未对准、双排套筒配筋较密时，圆钢较难直接插入套筒内部，影响施工效率。

对此，发明了在波纹管中插入一根比波纹管内径略小的 PVC 管，其顶部用胶布封堵，防止进浆，

图 3　插 PVC 管固定波纹管示意图

底部插入波纹管并顶住注浆嘴的上口，然后再将一排 PVC 管绑扎固定在一根横杆上，以固定其位置并使进出浆波纹管横平竖直，如图 3 所示。当有两排套筒时，底部套筒的进出浆嘴应斜向朝上。因 PVC 管很轻且无锐角，因此不会戳破波纹管，并且其外径只比波纹管内径小约 1mm，只需保持波纹管露出混凝土浇筑面不少于 50mm 高，浇筑混凝土时不从套筒正上方下料，波纹管就不会进浆。另外，振捣混凝土时，禁止振捣棒进入套筒区域振捣，此处的混凝土靠振捣棒振动外部的混凝土流入，以防止振捣棒碰撞波纹管或注浆嘴，作用力过大，导致漏浆。

此种固定波纹管的方法，优点是波纹管材质基本无要求，可使用普通的薄壁波纹管，进出浆管直进直出、不弯折，保证质量的同时节约成本。

因设计构造等方面的原因，部分预制承重剪力墙的两个侧边会用到封闭式箍筋。而传统的预留封闭式箍筋的方法是在预制构件钢侧模上按设计尺寸开多个 U 形孔，安装钢筋笼时将预留的箍筋插入钢侧模上预留的 U 形孔中，然后再用配套的橡胶条堵塞 U 形孔，操作流程烦琐、效率低；另外，浇筑混凝土时因振捣棒的扰动，堵缝胶条很容易从 U 形孔中脱落，产生漏浆。混凝土硬化后，部分胶条嵌入硬化的剪力墙侧边中，需及时清理。

针对以上缺陷，项目研究并应用了对插式模具边模，其由上下两部分组成，效果图如图 4 所示。

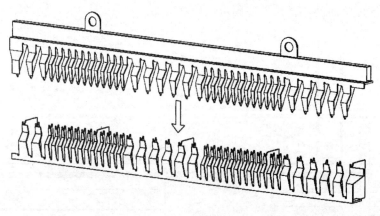

图 4　对插式模具边模

装模时将带预留封闭箍筋的钢筋笼吊入模具内，将下部围边安装固定好，再插入上部围边，封闭箍筋即固定牢固，无须再用胶条封堵孔隙，密封性好、不漏浆。

（2）装配式预制非承重墙板生产关键技术

1）预制夹芯墙板保护层厚度精确控制技术

对于水平浇筑的内嵌式填充墙板，其内部所填充的 XPS/EPS 聚苯板相对密度较小，质轻，在浇筑时上浮力较大，将钢筋笼顶起，造成墙板的保护层出现不合格，所以如何控制内部 XPS/EPS 聚苯板不上浮，是控制保护层厚度的关键。

本研究项目中，预制非承重墙板生产过程中保护层厚度控制工艺的关键技术是发明并使用了一种防止聚苯板上浮的装置（压杆），压杆的主要使用时间是墙板的浇筑阶段。浇筑前，使压紧栅栏框压在钢筋网片上（通过约束钢筋网，从而间接压制聚苯板浮起），固定装置与模具的上沿板配合，上沿板位于竖紧固定板和横架杆之间，转动螺杆，紧固扣向上移动，紧固扣的竖紧固定板和横架杆夹紧上沿板，防止本装置移动。另外，横向杆的底部距构件表面混凝土高差刚好等于保护层厚度，浇筑、振捣等工作完成后卸下紧固扣，拿掉压杆，随后人工赶平构件表面，即可达到保证聚苯板位于设计位置、构件保护层厚度符合要求的效果。具体使用实例如图 5 所示。

图 5　保护层厚度控制聚苯板压杆使用方法实例

2）预制墙板标准化高效存放技术

预制墙板标准化高效存放的核心技术是使用了通用型预制墙板立式存放架，存放架侧面采用大小三角形焊接固定，正面空出，以适应不同宽度的产品，背面使用两条槽钢做对角线拉结，分别在背面的 700mm 高度和 1700mm 高度设置可拆移方通架，适应不同高度的板状构件；方通架为两条 80mm 方通，以间距 38mm 的空隙焊接而成，在 38mm 的缝隙中穿过直径 32mm 的可移动高强度钢棒来夹持墙板，钢棒一端为螺纹配合 10mm 厚钢板垫片加螺母进行固定，另一端外套耐磨橡胶用以保护混凝土面不受磨损。

本装置使用了钢棒的可调性，以适应多种厚度墙板的存放要求，随后又利用高强度螺杆和螺母之间强大的锁固力，保障整个体系的稳定性。使用时，先松开高强度螺杆与螺母之间的连接，调整至适当的位置，随后行车将构件平稳吊放在底部的枕木上。再次调整钢棒位置后拧紧螺母，将钢棒锁定在适当的位置，固定构件。实际使用实例见图 6。

图 6　通用型预制墙板立式存放架实例

（3）叠合板工厂化快速生产技术

1）塑料模具

本项目提出的塑料模具主要由标准长侧模、非标阴阳角侧模、专用下压件、PC 模板固定磁盒以及专用堵漏胶塞等组成。

在大钢模平台上方，由标准长侧模和非标阴阳角侧模组装成模具框架，侧模与大钢平台通过专用下压件和磁盒进行连接。生产叠合板时，按施工顺序先放出模具定位线，初步放置构件钢筋笼，先合拢非标阴阳角侧模，后合拢标准长侧模。待模具框架合拢后，通过专用下压件和磁盒将侧模牢固固定在大钢平台，如图 7 所示。

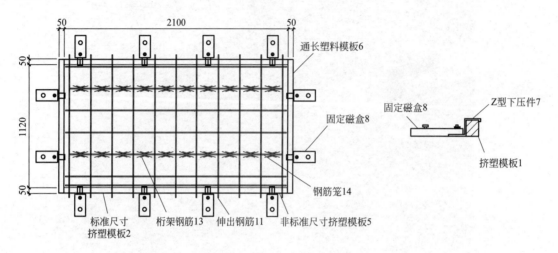

图 7　叠合板塑料模具应用图

2）叠合板模具工具化快速安装技术

叠合板模具快速安装技术是在传统技术的基础上进行了改进和优化。在模具进场安装的时候，按照设计安装调试好叠合板边板尺寸、位置、对角线，用强力磁座固定；在叠合板模具围边四个内角焊接四个直角定位器（厚度为 3mm、腰长 20mm 的等腰三角形小钢片），如图 8 所示。产业工人在拼装模具时，提前确定好四个直角定位器准确位置，只需要按照定位器作为围边参照标准，即可快速、高效地完成叠合板边板拼装。该方法解决了原有叠合板模具边板安装需要质检人员花费大量时间和精力，根据图

图 8　叠合板模具工具化快速拼装节点

纸反复用卷尺测量围边尺寸和调整叠合板模具边板对角线，才能使叠合板边模方正度达到要求的难题。

（4）预制墙板存放运输一体化技术

1）架体介绍

该一体架主要由两个副架（图9）与一个主体刚架（图10）组成，副架与主体刚架的长宽可根据工程中墙板的实际长宽进行设计，并且可以用不同长度、规格的副架与主体刚架进行组合（图11），更好地适应墙板的长度变化。副架上由方通组成两个滑槽，第一个滑槽上装有移动钢管，可在滑槽上移动，主要用来固定墙板，防止倾覆；第二个滑槽上设有螺纹顶撑，通过拧动螺母调整合适长度顶紧墙侧，防止墙板在运输过程中滑动、碰撞，造成墙板损坏。一体架中的主体钢材型号由方通、工字钢、槽钢等组成，主要材质为Q235。

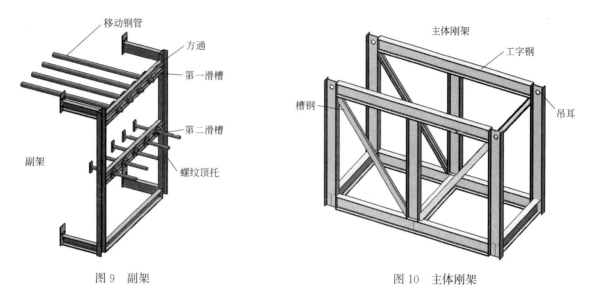

图9　副架　　　　　　　　　　　　　　图10　主体刚架

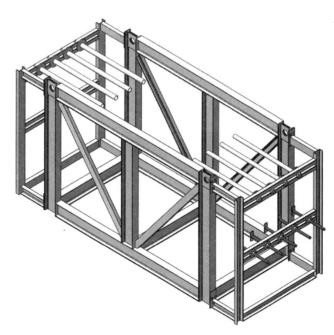

图11　副架与主体刚架组合

2）工作原理

根据墙板的长度，选择合适长度的主体刚架与副架，墙板的长度不得超过组合后一体架的长度。在墙板存放前，先将一个副架与主体刚架进行组合，将生产好的墙板吊运至刚架上，移动钢管，使其紧靠墙板，同时拧紧螺母进行固定。随后，继续装载墙板，重复上述步骤。当墙板装载完以后，再将另一个副架通过螺栓与刚架连接，接着调整第二滑槽上的螺纹顶撑顶住墙板，防止墙板在沿其长度方向滑动。需装车时，直接通过龙门吊及扁担架将一体架及墙板直接吊运至运输车上，大大减少了装车时间，节约时间及人工成本。

3）受力分析

将吊篮式一体架在满载下受力分析模型简化为主体刚架承受 20t 的力，由于吊运速度缓慢，可以看成是准静力学分析，进一步简化。将主体刚架模型载入到 ANSYS 软件中，钢材为 Q235，弹性模量为 $E=2\times10^{11}$MPa，泊松比 $\lambda=0.3$，密度 $\rho=7.85\times10^3$kg/m^3，将主体刚架模型进行网格划分，设置相应的边界条件，如图 12 所示，固定四个吊耳 A，在 B、C、D 分别施加 67kN 的力。边界条件设置完成进行分析，应力情况如图 13 所示。由图可以看出，在满载时，刚架受到的最大应力为 104.8MPa，发生在刚架中间横梁侧面处。主体刚架的材料为 Q235，其屈服应力 $[\sigma]=235$MPa，而分析的最大应力为 104.8MPa，远小于 235MPa，由此可知主体刚架在吊运过程中强度满足安全要求。

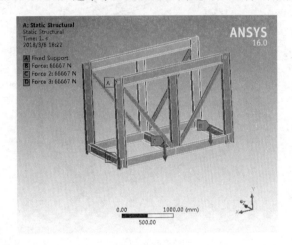
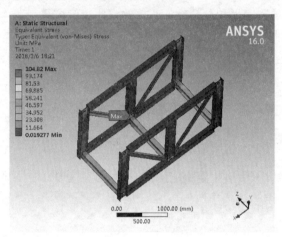

图 12　边界条件　　　　　　　　　图 13　应力分析

（5）装配式混凝土结构构件工厂化生产信息技术应用

利用二维码技术对构件身份进行编码，对构件实物个体进行身份识别，每个构件实体都有一个唯一的二维码（图 14）。该码综合每一个构件的生产、出库、使用过程数据、生命周期数据、损坏更换等信息。

图 14　二维码使用

在工厂生产环节，对 PC 构件的生产进度、质量和成本进行精确控制，保障构件又好又快地生产。生产过程中，产业工人只需在各个场景使用 PDA 扫码枪对构件唯一标识——二维码进行扫码，即可将数据实时上传至系统，形成各类统计报表。

构件管理过程中，综合物料信息、材料编码、件号、规格、货位对应、供应商信息与流水码信息，为单个构件生成唯一的二维码身份标识，区分基本信息相同的不同构件个体，通过唯一二维码对构件编码、原材料采购、构件生产、入库、出库、进行扫码管理，并将构件实时库存等详细信息发送至终端。通过与生命周期、MES 系统进行数据交互，实现单个构件从原材料采购入库、库存管理、领用出库、维修换件直至损坏无法使用的全生命周期管理，做到横向、纵向的查询、追踪、对比、分析统计，实时管控构件各种信息，使得构件管理迈向信息化。

三、发现、发明及创新点

1）提出了工具式全灌浆套筒固定工装、波纹管固位法，高效实现了套筒、钢筋和波纹管的准确就位；提出边模外露钢筋的固位法，安装效率高，有效防止了混凝土施工漏浆。

2）规范了预制墙板的生产工艺，设计了标准化的控制钢筋保护层专用压杆，牢固压制带聚苯板的钢筋笼，确保构件的保护层厚度符合设计值；发明了高效通用型墙板和叠合板存放架，可存放不同尺度的预制墙板和叠合板，存放效率比传统方法提高了 3 倍以上。

3）创新利用塑料模具用于叠合板的生产，并研发设计了其专用堵漏胶塞、Z 形固定件，提高了预制构件的生产效率；利用自行研发的标准化等腰三角形工装，发明了叠合板模具的快速拼装方法。

4）发明了多规格组合吊篮式存放运输一体架，一架多用，降低了成本，提高了运输效率；发明了标准化工具式的凸窗运输架、墙板双 A 形运输架，有效保障了构件运输安全及装车效率。

5）应用 PC 工厂生产管理系统，生产过程中以二维码为载体对构件全过程控制，涵盖生产、运输、安装各个环节，并形成各类统计报表，精准把控生产进度和成本控制。

四、与当前国内外同类研究、同类技术的综合比较

通过广东省科学技术情报研究所的国内外查新可知，未见到国内外有与本项目"装配式混凝土结构构件工厂化生产、运输关键技术研究"创新点相同的文献报道。

关键技术一：提出了工具式全灌浆套筒固定工装、波纹管固位法，高效实现了套筒、钢筋和波纹管的准确就位；提出边模外露钢筋的固位法，安装效率高，有效防止了混凝土施工漏浆。经查新比较，未见国内外有相关报道，属于国内外首创。该关键技术的应用大幅提高了预制承重墙板的生产效率及质量。

关键技术二：设计了标准化的控制钢筋保护层专用压杆，规范了预制墙板的生产工艺；发明了墙板和叠合板的存放架，可存放不同尺度的预制墙板和叠合板，存放效率比传统方法提高了 3 倍以上。经查新比较，国内外未见有本项目结构特点相同的预制墙板存放架，也未见有控制钢筋保护层专用压杆。该关键技术的应用大大提高了预制夹芯墙板的生产质量。

关键技术三：创新采用塑料模具用于叠合板的生产，并研制了堵漏胶塞、Z 形固定件、轻型塑料模具、三角形工装及快速拼装方法，有效提高了构件的制作质量。经查新比较，国内外未见有采用塑料模具用于叠合板及叠合板模具快速拼装方法的报道。该关键技术的应用大幅提高了叠合板的生产效率及质量。

关键技术四：发明的吊篮式存放运输一体架，一架多用，降低了成本，提高了运输效率。经查新比较，国内外未见有本项目结构相同的吊篮式存放运输一体架。该关键技术的应用大大提高了平板式预制构件的装车运输效率。

关键技术五：用二维码跟踪构件生产、运输全过程，强化了对产品生产的全过程控制。经查新比较，国内外未见有采用二维码跟踪构件生产、运输全过程的构件生产管理系统的应用。该系统的应用实现了预制构件生产及运输全过程信息化管理。

五、第三方评价、应用推广情况

2018 年 6 月 13 日，中国建筑集团有限公司组织了"装配式混凝土结构构件工厂化生产、运输关键

技术研究"项目科技成果评价会，经鉴定该成果总体达到国际先进水平。

应用本项目研究成果生产的预制承重剪力墙、预制非承重墙、凸窗、楼梯、阳台等构件，在裕璟幸福家园、哈工大深圳校区扩建工程、万科金域领峰等项目中都取得了良好的效果。其中，金域领峰项目是深圳市首个通过装配式技术认定的项目，哈工大深圳校区扩建于 2017 年 9 月份举办了深圳市装配式建筑观摩会，裕璟幸福家园于 2017 年 11 月成功举办了全国装配式建筑质量提升经验交流会，各参观学者及专家都对应用此项科技成果生产的构件高度评价。

六、经济效益

装配式混凝土结构构件工厂化生产、运输关键技术，在裕璟幸福家园工程总承包、哈尔滨工业大学深圳校区扩建工程施工总承包 II 标段、万科金域领峰等代表性建筑产业化示范项目中得到了充分应用，产生直接经济效益 989.3 万元；相关关键技术在粤港澳大湾区推广，每年间接经济效益近 4 亿元。

七、社会效益

本项目开发的全灌浆套筒固定工装及波纹管固定技术，有效地保证了带全灌浆套筒预制剪力墙的生产质量；保护层厚度控制技术增加了预制非承重墙板的耐久性及使用年限，符合国家"百年工程"的质量要求；发明的塑料模具在叠合板生产中具有广泛的应用前景；发明的预制墙板存放架、叠合板存放架，充分利用了存放场地；开发的多规则组合式存放运输体架提高了运输装车效率；设计开发的 PC 工厂信息管理系统，极大地提高了构件生产运输的信息化程度，降低了管理成本。

该成果技术先进、实用性强、施工操作简单，提高了预制构件生产质量及效率，在国家大力推广装配式建筑的大背景下，必将具有广泛的社会价值及应用前景。

超长大跨劲性清水复杂混凝土结构施工技术研究与应用

完成单位：中国建筑第八工程局有限公司

完成人：王文元、申屠洋锋、张少骏、朱　健、刘建华、杨冬辉、张鸿飞

一、立项背景

作为以混凝土本身的自然颜色和纹理作为最终装饰效果，实现建筑结构一体的特殊结构。目前，国内外清水混凝土结构主要应用于展馆、机场、艺术馆、办公楼等项目，相关技术主要集中在简单的墙柱梁板类构件中为主，在部分展馆类项目中逐步开始出现一些弧形、曲面、大悬挑板等异形构件，对清水混凝土的技术创新开始提出新的要求。

漕河泾新洲大楼项目是一个含多角度斜面劲性钢结构、大跨度三弦转换钢桁架的清水混凝土工程，如图1所示，项目大底盘三弦转换桁架劲性结构体系复杂，清水构件类型多、质量要求高，清水混凝土裂缝控制难度大。

图1　项目结构体系模型图

漕河泾新洲大楼项目在整体施工工序安排、超长大跨劲性清水混凝土裂缝控制、双面劲性清水混凝土斜墙施工、超长大跨三弦转换桁架清水混凝土结构施工等方面存在较大困难，主要体现在：

1）劲性清水混凝土大底盘转换桁架结构体系，要求一次连续施工成型，多工序穿插，复杂结构加卸载施工条件下的结构成型无先例，清水质量保证难度大；

2）超长、多倾角、劲性清水混凝土结构，斜向构件施工加卸载及3000t钢结构二次加载的多重影响下的裂缝控制难度大；

3）高7.2m，斜长近10m，厚度550mm，斜向钢角柱1.4m×1.4m的空间多角度围合倒棱台形劲性清水混凝土斜墙施工难度大；

4）长170m，跨度50m，悬挑17m，自重达10000t的清水混凝土转换桁架施工难度大，变形要求高。

为保证工程的质量安全，提高工效，企业于2015年进行课题立项，深入研究上述复杂空间异形劲

性钢结构的劲性清水混凝土施工技术，为类似工程提供借鉴与参考。

二、详细科学技术内容

1. 总体思路、技术方案

依托漕河泾新洲大楼项目为载体，通过查阅文献资料、计算机模拟分析计算、组织专家论证等措施，研究含多角度斜面劲性钢结构、大跨度三弦转换钢桁架的清水钢骨混凝土结构的清水效果质量控制施工技术，总结出一套复杂空间异形清水钢骨混凝土施工技术，为今后同类工程提供指导。

2. 关键技术

针对项目大底盘三弦转换桁架劲性结构体系复杂，清水构件类型多、质量要求高，清水混凝土裂缝控制难度大等特点，系统研究了超长大跨劲性复杂清水混凝土结构施工工序优化技术、超长异形复杂清水混凝土构件裂缝控制技术、双面清水混凝土斜墙施工技术、超长大跨度三弦转换桁架清水混凝土施工技术等，形成系列创新性成果。

1）超长大跨劲性复杂清水混凝土结构施工工序优化技术

（1）技术特点与难点

A. 劲性清水混凝土转换桁架为多角度倒棱台型斜墙基座与170m超长三弦转换桁架组合而成，结构施工安排需考虑整体清水连续、传力连续的要求。

B. 施工过程数千吨级加卸载带来的结构内力变化对清水效果影响大，需对关键施工工序进行研究优化，选择最优工序安排，在实现复杂结构成型的同时确保清水质量。

（2）创新点

针对大底盘转换桁架清水混凝土结构特点，结合复杂清水混凝土结构分段施工可行性以及质量控制可靠性的要求，对整体工序进行分解，重点考虑斜墙竖向分段设置、转换桁架水平分缝部署，选择最优施工工序。在选定整体工序的基础上，具体分析九个大工序每一步的控制重点与难点，并系统地对关键工序实施重点、难点提出优化对策，满足工序连续要求，保证复杂工况下的清水混凝土施工质量。

针对斜面劲性清水混凝土构件结构受力复杂的特点，对影响清水混凝土成型的部分关键工序进行有限元模拟分析。通过对斜墙两阶段施工进行模拟分析及样板试验，如图2所示，对所得数据进行分析后给出针对性的加强措施、优化工序及方案，保障清水混凝土成型效果。

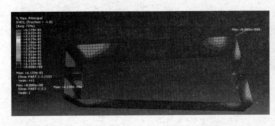

图2 斜墙两阶段应力图

针对转换桁架钢结构卸载对清水斜墙荷载传递带来的内力影响，通过对卸载顺序的整体模拟，分析得出最优卸载工序安排，如图3所示。满足在三弦转换桁架结构卸载产生的自身应力尽量小的情况下，对先施工完成的清水混凝土连接构件影响最小。

对于三弦转换桁架整体劲性清水混凝土结构形成以后的支模架拆除而带来的荷载转移（从支撑架转移至转换桁架结构自身）问题，考虑不同的卸载顺序对转换桁架清水混凝土结构应力—应变的影响不同，对其进行模拟分析，解决了近万吨自重的清水混凝土转换桁架卸载难题，如图4～图6所示。

针对三弦转换桁架劲性清水混凝土结构整体施工完成，上部悬挂式钢结构体系施工加载对三弦转换桁架清水混凝土内力与变形的影响，采取不同加载方案模拟分析，选择最优加载方案，如图7所示。

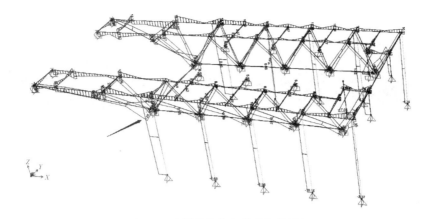

图 3　三弦转换桁架钢结构卸载模拟

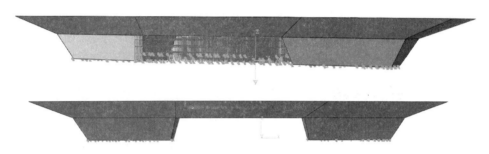

图 4　分区卸载模拟

图 5　整体模型的 Mises 应力云图

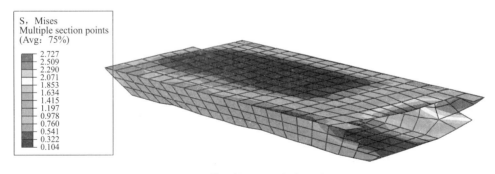

图 6　模型的 Mises 应力云图

（3）实施效果

通过系统理论分析方法结合关键工序模拟分析辅助，项目整体顺利实施，比原计划提前 35d 完成了整体转换桁架的合拢成型。通过工序优化，实现了外倾式斜墙组合钢框木模体系的二次周转使用。

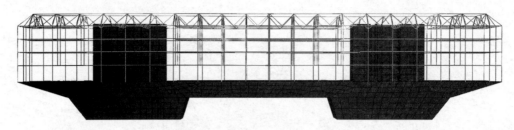

图 7　上部钢结构加载模拟

2）超长异形复杂清水混凝土构件裂缝控制技术

（1）技术特点与难点

A. 整体劲性清水混凝土转换桁架超厚（斜墙 550mm）、超长（近 170m）、大跨（50m），清水连续展开面积达 8000m²，裂缝控制难度大。

B. 斜墙角部均为 L 形 1.4m×1.4m 钢斜柱，如图 8 所示。转换桁架节点为不同角度的 4 清水板＋4 劲性梁相交，如图 9 所示。复杂劲性节点部位混凝土浇筑质量控制要求高，裂缝控制难度大。

C. 超长（170m）大跨（50m）劲性清水混凝土大底盘转换桁架在施工过程及工后经历多次加卸载过程，往复变形下附加应力状态复杂，易产生裂缝。

图 8　斜墙角部巨型钢骨柱示意

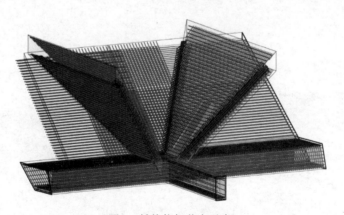

图 9　转换桁架节点示意

（2）创新点

针对墙类（斜墙、折腹板）、板类（平板、斜板）不同形式清水混凝土的施工特点，研发了既能满足强度、流动性要求，又能实现低水化热、高保水性，达到裂缝控制要求的清水混凝土配比，如图 10 所示。

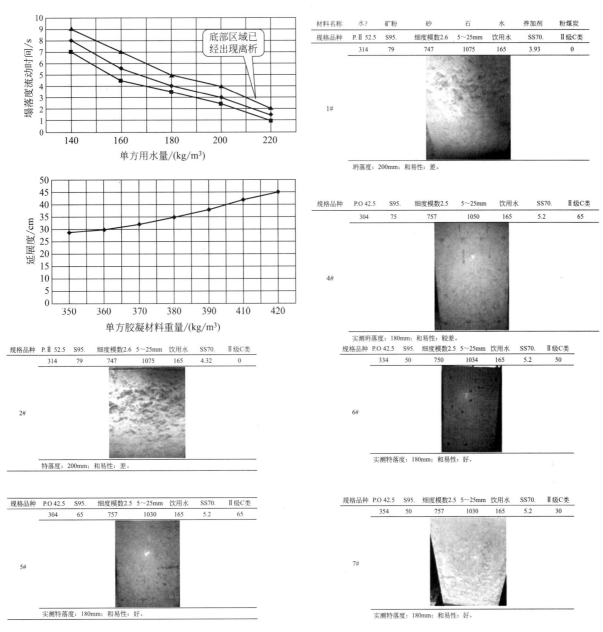

图 10 混凝土材料配合比研究

针对转换桁架 170m 超长构件裂缝问题，选用明缝转禅缝的技术，对转换桁架分段进行施工，控制分段长度，避免一次浇筑过长而带来的裂缝影响，同时采用整体桁架后浇带法温度较低时合拢的方法解决长期温度裂缝问题，如图 11 所示。

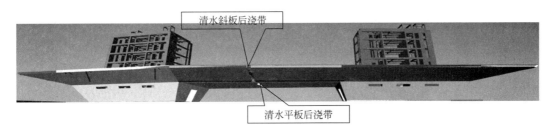

图 11 后浇带法温度较低合拢示意

针对复杂钢结构节点难以落料、保护层偏小的难点，采用节点深化、留设落料孔、预埋振捣棒等措施进行解决，如图12所示。同时，研发了一种保证斜面劲性节点区域保护层厚度，减少裂缝出现的保护层垫块。

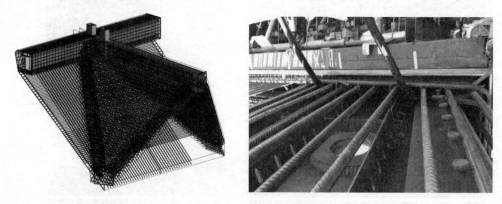

图12 复杂节点裂缝控制施工技术措施示意

针对转换桁架清水混凝土结构在施工过程中多次加卸载引起的内力变化，应用模拟分析技术，采取对关键部位监测的手段进行控制，解决复杂结构自身荷载及二次荷载影响下的裂缝控制难题，如图13所示。

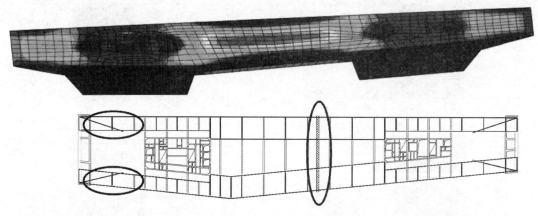

图13 转换桁架模拟分析及监测示意

（3）实施效果

通过对于裂缝成因的系统分析与多方位的控制手段，该技术在项目实施过程中效果良好，项目清水施工完成两年以来，在施工过程及工后裂缝控制效果良好，满足设计要求。

3）双面清水混凝土斜墙施工技术

（1）技术特点与难点

A.本工程劲性清水混凝土斜墙高7.2m，斜长近10m，厚度550mm，围合长度160m，斜墙倾角52°、68°、72°不等，结构施工无先例，施工难度大。

B.斜墙内含4.5m大尺寸清水窗洞，5.4m高倒三角门斗，1.4m宽扶壁柱等构件，结构施工难度大，清水质量要求高。

C.斜墙结构为倒棱台形，分段施工时结构存在失稳问题。

（2）创新点

针对清水斜墙角度各异的特点，利用BIM技术应用于清水分割深化设计，解决不同角度的清水分割围合问题。同时，针对斜墙存在的倒三角清水门斗、4.5m大尺寸清水窗洞等难题，统筹深化放样，如图14所示，确保实施效果。

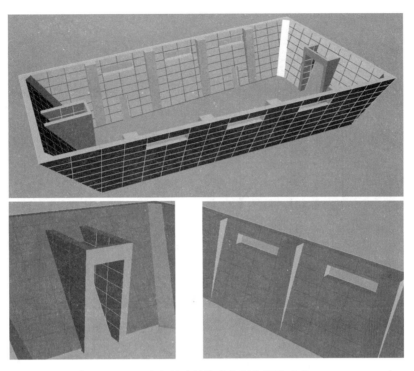

图 14 清水斜墙整体清水深化设计示意

对于劲性清水斜墙无施工先例的技术难题，在前期方案比选中综合考虑可行性与清水质量保证的有效性，将直墙清水的模板体系与斜向构件的支架体系结合并改进，发明了一种大角度饰面清水斜墙的模板加固体系，如图 15 和图 16 所示，解决斜墙施工存在的难题。

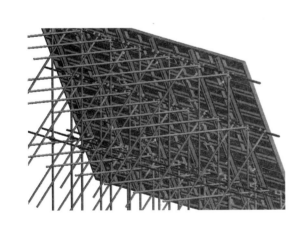

图 15 斜墙模板及加固体系三维示意图

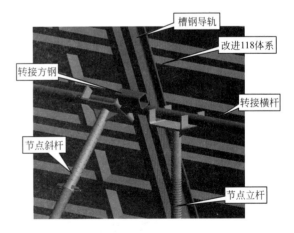

图 16 导轨与排架加固节点三维图

为保证体系可靠、经济、合理，通过模拟计算、样板试验、施工监测、方案优化等，验证了相关体系的有效性，如图 17 所示，并对类似工程计算模型的选择给出了建议，形成了相关关键技术。

同时，对于多角度斜墙相交引起的空间大阳角、斜墙分段转接、大跨度清水窗洞等施工难点，均发明了相关专利技术，解决了施工难题。

针对斜向构件施工过程的稳定性问题，采用有限元模拟分析，如图 18 所示，解决施工过程及拆模后的结构自稳问题，避免了拆模后回顶，保证了质量，节约了费用。

（3）实施效果

该技术的应用解决了多角度围合斜墙的空间定位难题，优化改进了清水模板体系，实现了支撑导轨

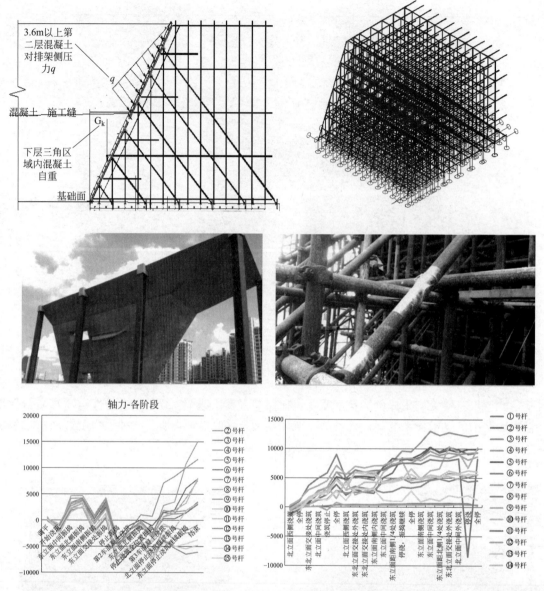

图 17　清水样板实施及杆件内力监测分析

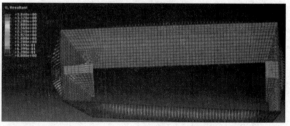

图 18　斜墙应力-应变有限元模拟

兼做定位导轨的功能，并实现了分段周转模架，取得了经济效益 494.84 万。

　　4）超长大跨度三弦转换桁架清水混凝土施工技术

　　（1）技术特点与难点

　　A. 本工程转换桁架全长 170m，悬挑 17m，中间跨度 50m，存在清水平板、15°与 39°斜板、连续折腹板等构件，清水深化设计需多角度统筹，清水模架体系与成型工艺多样，超长板带顺直度控制难度大。

B. 转换桁架整体自重近 10000t，需由支撑架直接承担全部荷载，支撑体系强度稳定性要求高，结构施工难度大，清水质量要求高。

C. 倒梯形连续清水折腹板需与顶板同步施工，如图 19 所示，控制要求高，施工难度大。

D. 三弦转换桁架节点复杂，多角度劲性清水构件相交，深化设计要求高。

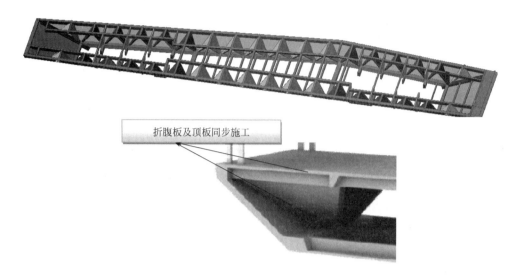

图 19　三弦转换桁架结构示意

（2）创新点

为满足清水施工整体分割深化要求，在斜墙基础上整合整体转换桁架清水模型，共同深化，以实现外立面在各角度面上清水元素（明缝、禅缝、螺栓孔排布等）的统一性，如图 20 所示。

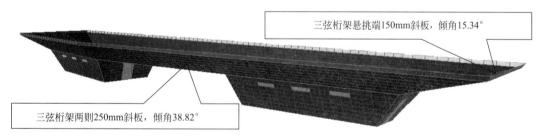

图 20　转换桁架清水整体深化模型

针对转换桁架折腹板，折腹板体系空间极其复杂，清水分割深化首先必须在钢结构深化 Tekla Structures 模型上建立整体结构空间模型，最大限度地保证清水分割效果的精确性，如图 21 所示。

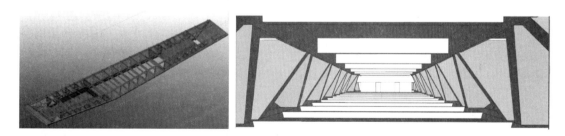

图 21　折腹板整体结构模型

针对每块折腹板进行分割深化设计，综合考虑分割要求、模板损耗、螺栓排布等因素，最终生成可实际使用的模板加工图，如图 22 所示。

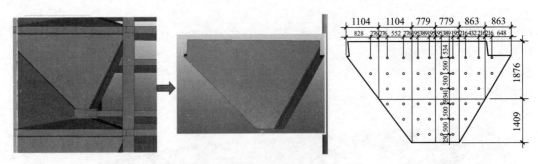

图 22　折腹板模板分割深化图示意

针对超长三弦转换桁架清水混凝土结构的特点，将转换桁架钢结构与清水深化设计相结合，根据清水混凝土结构分段划分要求，分解钢结构深化分段，如图 23 所示。

图 23　三弦转换桁架钢结构典型分段模型

针对三弦转换桁架清水混凝土结构存在清水平板、斜板等构件特点，分别设计发明了不同的模架形式与支撑体系。针对清水斜板的传力与施工要求，创造性地用双拼槽钢与木工字梁做主次背楞体系，解决整体斜面角度控制与整体平整度控制的难题，采用连接爪固定解决斜面下木方无法固定的问题，同时采用定型化带限位转正块将斜板背楞体系受力转正，并保证斜板不同角度满足要求。形成一种高支模、小角度清水斜面的模板加固体系及施工方法专项技术，如图 24 所示。

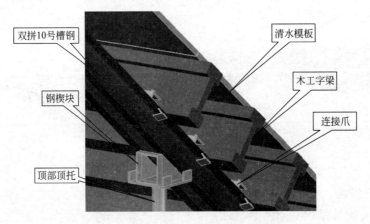

图 24　清水斜板加固节点三维示意图

针对三弦转换桁架内部连续多跨折腹板与顶部板块一次施工的难题，对于反向三角区域的模架，设计了一种悬挑支架，满足折腹板需与顶板一次性施工的要求，如图 25 所示，节约了工期。同时，为了保证体系的安全、可靠，采用模拟分析进行验算。

针对清水斜墙转接清水斜板时的空间阴角、不同角度清水斜板相交阳角等，发明了相关专利技术，解决了技术与施工难题。

针对超长三弦转换桁架后浇带的施工，由于转换桁架需整体形成后方可承受自重等荷载，因此本工程的转换桁架清水平板后浇带施工存在质量要求高、两侧模架体系无法拆除、后浇带两侧施工缝需与整体清水禅缝分割统一等难点。为解决以上困难，采用后浇带处反向早拆、模架体系转向、施工缝结合明缝转禅缝等技术，发明了一种清水混凝土后浇带支模体系及施工方法，如图 26 所示，解

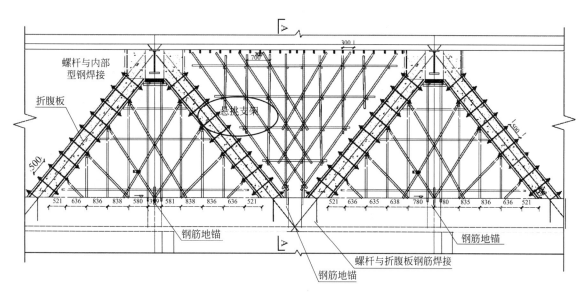

图 25　折腹板悬挑支架体系

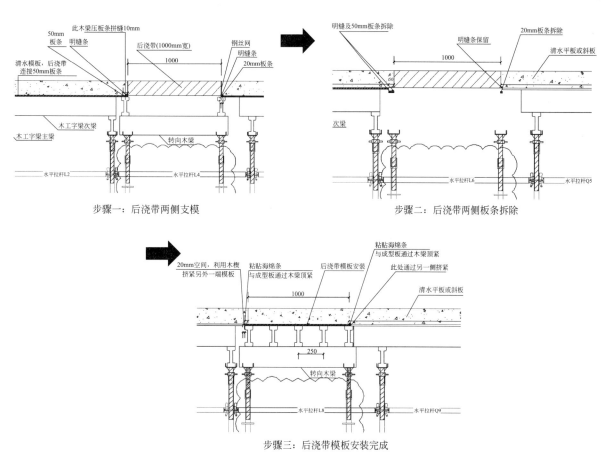

图 26　后浇带示意及施工步骤详解

决施工难题。

　　针对超长三弦转换桁架劲性钢骨混凝土结构构件多，且多为空间多角度倾斜构件，其空间多向构件相交节点复杂，钢结构与钢筋连接及节点锚固形式多样的特点，采用 BIM 技术将钢结构、钢筋、清水分割、机电末端等综合深化设计，通过综合碰撞、钢筋与钢结构连接优化、钢结构留设落料孔与振捣孔、钢筋节点优化、BIM 辅助钢筋下料等技术手段，系统解决多角度劲性清水混凝土构件内复杂节点钢结构与钢筋碰撞的问题，相交节点及大截面构件的混凝土浇筑落料问题，多构件钢筋相交的放样与施工问题等，如图 27 所示。

图 27 三弦转换桁架复杂节点模型及优化

（3）实施效果

该技术的应用解决了超长大跨重载清水混凝土转换桁架的施工难题，发明了多种清水模板体系，满足了斜向重载构件转正支撑的要求，解决了复杂节点施工难题，工期提前 35d。

三、发现、发明及创新点

1. 超长大跨劲性复杂清水混凝土结构施工工序优化技术

针对大底盘转换桁架清水混凝土结构特点，结合复杂清水混凝土结构分段施工可行性以及质量控制可靠性的要求，对整体工序进行分解，选择最优施工工序，并系统地对关键工序实施重点难点提出优化对策，满足工序连续要求，保证复杂工况下的清水混凝土施工质量。

针对斜面劲性清水混凝土构件结构受力复杂的特点，对影响清水混凝土成型的部分关键工序进行有限元模拟分析，保障清水混凝土成型效果。本技术形成技术报告 1 项。

2. 超长异形复杂清水混凝土构件裂缝控制技术

通过材料配比、施工控制及过程监测等方面的研究，研发了适用于各类墙类（斜墙、折腹板）、板类（平板、斜板）不同形式清水混凝土的材料配比；研发了一种保护层垫块，解决了复杂钢结构节点落料难题。本技术形成技术报告 1 项，专利 2 项。

3. 双面清水混凝土斜墙施工技术

针对清水斜墙角度各异的特点，研发了多角度围合劲性清水斜墙施工技术，解决了不同角度的清水分割围合问题。同时，针对斜墙存在的倒三角清水门斗，4.5m 大跨度清水窗洞等难题，统筹深化放样，确保实施效果。本技术形成技术报告 1 项，省部级工法 1 项，专利 13 项。

4. 超长大跨度三弦转换桁架清水混凝土施工技术

针对超长三弦转换桁架清水混凝土结构的特点，形成超长三弦转换桁架清水混凝土结构施工技术，对于不同倾角构件及转换桁架后浇带的问题，分别设计发明了不同的模架形式与支撑体系及相应的施工方法，解决了技术与施工难题。本技术形成技术报告 1 项，专利 6 项，局级工法 1 项，论文 2 篇。

四、与当前国内外同类研究、同类技术的综合比较

经中国科学院上海科技查新咨询中心对该项目涉及的四项关键技术进行国内外查新与检索，均未见相同文献报道，具有新颖性。

1）超长大跨劲性复杂清水混凝土结构施工工序优化技术。该技术针对大底盘转换桁架结构体系施工时面临的多工序穿插、复杂结构加载施工等难题，针对各个工况进行难点分析及提出系统解决方案，

通过模拟分析，研究最优施工工序。该技术经查新，在国内外具有新颖性。

2）超长异形复杂清水混凝土构件裂缝控制技术。从材料选择、配合比设计、施工工艺、结构设计、模拟分析及监测等方向开展裂缝控制技术的研究，形成了一整套控制超长异形复杂清水混凝土构件裂缝产生及发展的技术，经查新在国内外具有新颖性。

3）双面清水混凝土斜墙施工技术。设计了适合双面清水斜墙的模架体系、接近混凝土本色的线接触专用垫块、转正钢片阳角体系、层间转接体系、内外侧斜面保护体系，保证了斜墙清水混凝土的实施。该技术经查新，在国内外具有新颖性。

4）超长大跨度三弦转换桁架清水混凝土施工技术。针对超长超高重载转换桁架清水混凝土模架体系，对于空间多个斜面相交清水构件、无上盖小角度清水混凝土薄斜板结构，采用 BIM 技术进行指导及定位，优化混凝土配合比及坍落度，保证清水混凝土结构施工质量。该技术经查在国内外具有新颖性。

五、第三方评价、应用推广情况

2018 年 4 月 27 日，专家组对"超长大跨劲性清水复杂混凝土结构施工技术"进行科技成果评价，成果整体达到国际先进水平，其中在钢骨与混凝土共同作用的倾斜清水混凝土结构施工技术方面达到国际领先水平。

本技术研究内容已纳入中建八局整体清水混凝土施工技术手册，得到了更好地推广及应用，其相关技术已在漕河泾新洲大楼项目、华鑫会议中心项目、张家港金港文化中心等项目得以借鉴及应用，整个施工过程安全可靠、工期合理、经济性好，具有较好的推广前景及价值。

六、经济效益

2015～2017 年，公司在承建的漕河泾新洲大楼、张家港保税区（金港镇）文化中心、华鑫会议中心等项目中采用本项关键技术，降低了材料损耗，提高了施工效率，保证了工程质量和安全，取得了良好的经济效益。

七、社会效益

本项目的良好实施为企业及行业在复杂清水混凝土结构施工中的应用提供了参考，推动行业技术进步，项目获得了上海市新技术应用示范工程（国内先进水平）及中建八局新技术应用示范工程。在提高建筑工程的资源利用率、减少环境污染，实现绿色高效建造方面，项目获得上海市绿色施工样板工程，社会效益明显。

沿海寒冷地区超高层混凝土结构施工技术研究与应用

完成单位：中国建筑第八工程局有限公司、中国建筑股份有限公司

完 成 人：邓明胜、苏亚武、林　冰、亓立刚、王桂玲、裴鸿斌、刘　鹏

一、立项背景

天津周大福金融中心工程坐落于天津滨海新区，由主塔楼及裙房构成，其中主塔楼地下 4 层，地上 100 层，总建筑高度 530m，总建筑面积 39 万 m^2。建成后将成为滨海第一、世界第九高楼，属于真正意义上的超高层建筑。该工程有以下几个特点：

1. 混凝土泵送高度高、强度等级高

天津周大福工程主塔楼总建筑高度 530m，其中核心筒自下而上全部采用强度等级为 C60 的高强混凝土，最大泵送高度达 471m。外侧钢管柱使用强度等级为 C80 的高强混凝土。地处沿海寒冷地区，风大，四季温差高，高强混凝土由于水胶比低，混凝土黏度大，难于泵送。

2. 构件截面尺寸大，混凝土体量大

核心筒墙体厚度达 1.5m，且为预支钢板现浇混凝土结构，内设钢板墙，最大开间达到 14m，属大体积混凝土范畴，密集钢筋绑扎、钢筋遇钢骨连接处理难度大。

3. 施工周期长、设计使用寿命长

项目自 2014 年开工至 2017 年 10 月结构封顶，共经历多个季节交替。作为天津滨海新区的新地标，要求混凝土拥有高耐久性。

4. 施工场地狭小，施工组织难度大

项目地处于滨海开发区二大街，属繁华闹市区，交通拥堵，材料运输计划需做到翔实、可靠。施工场地狭小，周边环境复杂，施工组织难度大。

该技术研究依托天津周大福金融中心工程，研究沿海寒冷地区 C60 及以上混凝土的配制规律、泵送技术、施工方法等相关技术，服务生产，同时结合施工过程中的不足及改进措施进行相关总结，为研发适用于千米级超高层建筑的混凝土配套施工技术打下基础。

二、详细科学技术内容

调查国内超高层结构设计情况、施工情况，如天津渤海银行大厦（270m）、上海环球金融中心（492m）、广州周大福（530m）、上海中心（632m）、深圳平安金融中心（660m）、迪拜塔（828m）等，分析混凝土分布规律，结合天津周大福金融中心工程结构特点进行混凝土配合比设计、泵送体系设计，以及上述超高层工程混凝土结构施工中所遇到的难题及解决方案，通过分类、对比、分析等手段研发出适合该工程混凝土施工的相关技术。

1. 关键技术一：高强高性能混凝土配制技术

1) 高强混凝土的工作性及体积稳定性控制技术

本项目中 C80 混凝土最大泵送高度近 300m，钢管柱单根最大口径达 2.3m，单次顶升高度 30m，单根混凝土最长施工用时 4h。C60 混凝土最大泵送高度达到 471m，管道总长度超过 720m，地处沿海寒冷地区，风力大，四季温差高，需对混凝土的工作性及体积稳定性进行重点考量。

针对上述难点，主要技术创新和实施效果如下：

（1）发明了混凝土中含石率的快速判断方法，通过实测混凝土拌合物中的石子含量，在混凝土入泵前就能判定混凝土与配合比是否一致，以保证混凝土的体积稳定性。

（2）采用多组分外加剂复配技术，使 C60/C80 混凝土入泵扩展度达到 700mm 以上（图1），5h 经时损失小于 10mm，保证混凝土顶升期间，拌合物始终质量一致。

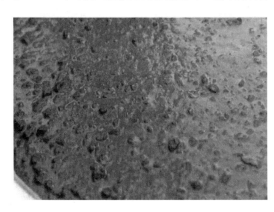

图1　混凝土扩展度检测

（3）建立了混凝土泵送损失检测模型，利用混凝土常压状态下经时损失＋10MPa 压力泌水试验预判混凝土扩展度变化，以适应不同的泵送高度，过程测试见图2。

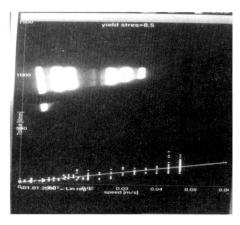

图2　混凝土流变仪测试结果

（4）发明了利用红外热成像法，检测浇筑过程中钢管柱内混凝土与钢管壁之间的密实情况，即时消除缺陷。

（5）建立了每百米高度所对应的适宜混凝土配合比，并提出混凝土重点工作性指标的控制方法。

2）超高层 300m 及以上泵送堵管预防技术

大量的实践证明，当混凝土泵送至 300m 及以上高度时易出现堵管现象，这已成为超高层泵送的"魔咒"。在长距离泵送过程中，混凝土由于受到环向剪切力的作用造成其塑性黏度急剧变化，浆体与石子分离，在泵送初始阶段，石子不断淤积最终导致堵管现象，严重影响施工工期。本技术研究成功规避了 300m 及以上高度由于混凝土剪切稀化而导致的堵管问题，效果显著。

针对上述难点，主要技术创新和实施效果如下：

（1）专门制定了混凝土配合比，砂率提高 2%～3%，浆体体积增大 10～20L/m³，外加剂中加入特殊保水组分。此配比多用于开盘阶段，一方面降低了剪切稀化（图3）的发生概率，另一方面充当硬化和塑性混凝土的交界材质，起到一定的润滑作用，方便后续混凝土的顺利浇筑。

（2）进一步优化了泵送管道的布置，在 150mm 立管到达水平浇筑面后，延长 1～2 节标准泵管后再进行逐级变径，可有效减少弯管及变径处石子淤积的概率，使堵管的概率下降为零。

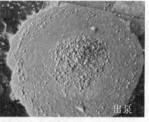

检测项目/时间	相对黏度
入泵	3660
出泵	495

图 3　剪切稀化现象

3）30m 高大落差浇筑混凝土匀质性保证技术

使用整体顶升平台施工，混凝土浇筑点到作业面垂直落差近 30m。大落差后如何保证混凝土拌合物的匀质性尤为关键。

针对上述难点，主要技术创新和实施效果如下：

（1）采用外加剂复配技术，提高水泥浆体对砂石骨料的握裹能力，保持混凝土拌合物的稳定性。

（2）系统研究出混凝土长距离泵送后含气量的变化规律（图 4），得出当泵送高度超 300m 时，混凝土含气量将增大 1.5～2 倍，在保证混凝土力学性能的前提下对结论进行综合运用，保证了入模混凝土的匀质性。

图 4　顶升平台模式下大落差浇筑

4）顶升平台、塔吊等支撑点处不同季节混凝土实体强度及时判定技术

受施工进度影响，核心筒施工平均每 3d 一层，最快时 2d 便完成一层浇筑。施工平台箱梁支撑架需固定在核心筒预留孔洞内（图 5）。施工平台提升要求核心筒墙混凝土安全强度达到 30MPa，塔吊提升

图 5　塔吊、顶升平台受力于核心筒

要求混凝土安全强度达到40MPa。如何快速判断混凝土实体强度，合理安排施工平台及塔吊的提升进度，对保证工期及施工安全尤为重要。

针对上述难点，主要技术创新和实施效果如下：

（1）创新使用混凝土变温养护技术。在已浇筑墙体同一水平面的中心及距两表面10cm的位置共设置3个测温点，对混凝土温度变化进行跟踪。根据测得温度对混凝土试件进行变温养护。数据准确判断混凝土实体强度的发展规律，形成有效方法，保证施工平台和塔吊的安全提升。

（2）冬季充分考虑沿海地区高空环境低温及风力影响，进行模拟构件浇筑，并对构件进行低温试验（图6），结合回弹数据综合考量安全提升时间节点。

图6　冷库低温混凝土试验

2. 关键技术二：混凝土超高程泵送施工技术

1）泵机设备的合理选型技术

超高层建筑混凝土强度等级高、泵送高度高，泵机选择、布管原则、泵送工艺、洗泵方式等对超高泵送施工是否能顺利实施至关重要，尤其随着管道长度的增加，布管线路复杂，弯头数量增多，大幅增加了混凝土在管道流动的阻力，泵送压力不断增高，与此同时，混凝土随着长距离泵送其可泵性能下降，出现爆管、堵管等风险增大，影响工程施工进度。

针对上述难点，主要技术创新和实施效果如下：

进行等效长度2160m超高程泵送模拟试验（图7），先后对C130、C80、C60混凝土进行泵送试验，监测混凝土入泵、出泵、转向等处的数据。

图7　混凝土超高程泵送模拟试验平面图

试验过程中，监测混凝土入泵、出泵、转向等具体数据。

创新利用泵送动力响应数据测试方法及滑管仪法测试混凝土的流变性能，扩展度大于700mm的高强高性能混凝土沿程压力损失。测试过程见图8。

盘管试验推定出的C80混凝土泵送至292m、C60混凝土泵送至492m时泵车的最大出口压力分别

图 8　泵送动力响应数据测试

高于现场实际泵送压力值的 25％和 11％，可按照推定压力作为选择泵机的依据。通过本例验证，所使用的最大出口压力 50MPa 的泵机完全可以更换为 35MPa 的高压泵车，采购成本将大大降低。

2）寒冷环境下泵送混凝土易堵管预防技术

北方沿海地区冬季温度低、风力大，在低温环境下泵送混凝土极易堵管。

针对上述难点，主要技术创新和实施效果如下：

（1）通过对混凝土拌合物在不同温度下测试其工作性测试，总结出温度变化对混凝土工作性特别是扩展度的影响规律：混凝土温度 0~5℃时，拌合物扩展度大幅增加。因此，必须控制混凝土入泵温度高于 15℃，管道温度高于 5℃。

（2）泵管外侧缠绕电伴热带及保温棉，在准备阶段提前开启伴热带对管道外壁进行加热。

（3）使用不低于 30℃的热水（不少于 2m³）、净浆（不少于 1m³）、砂浆（不少于 2m³）依次润洗管道，进一步对管道进行加热，同时使得管道内壁被砂浆包裹，减少混凝土泵送过程中的摩擦阻力、降低堵管风险。

3）规范超高泵送系统设计及泵送工艺

在泵送系统设计方面，规程规定：首层地面水平管长度不宜小于垂直管长度的四分之一；现场前期布置的比例为 1/3.23，但在 400m 以后发生多次堵管现象，对管道布置进行了调整，增加水平管的长度，未再发生堵管，经测算调整后的比例为 1/2.16，这种长度比例是否具有通用性，还需进一步验证；但是，也说明规范中的规定长度、换算关系取值对于超高泵送不再适用。

针对上述难点，主要技术创新和实施效果如下：

（1）管道布置基准点选择要在水平与竖向交点处；

（2）超高泵送管道必须设置 2 个液压截止阀，保证洗泵和拆管阶段操作人员的人身安全；

（3）按照不同高度，制定不同泵送流程，见图 9。

```
泵送高度300m以下时，按照下列流程实施：

泵送水(2-3m³) ──→ 泵送砂浆(3m³) ──→ 泵送混凝土

泵送高度300m以上时，按照下列流程实施：

泵送送水(2~3m³) ──→ 泵送净浆(1~2m³) ──→ 泵磅砂浆(3m³) ──→ 泵送混凝土
```

图 9　泵送流程

4）高扬程超高压泵送系统清洗技术

超高压混凝土泵管清洗技术主要有：超高压直接水洗技术和超高压水气联洗技术。两种技术均有优缺点。针对上述难点，主要技术创新和实施效果如下：

（1）改进水洗方式：辅料置换水洗技术

与水洗及水气联洗方法相比，减少了混凝土的浪费，增加了洗管的成功率，压力低、安全性高，同时洗管效果好于之前的方法。具体方法如图 10 所示。

混凝土浇筑完成，泵入少量砂浆　　浸泡隔离物进行润滑　　关闭液压截止阀　　清洗泵缸

泵出清水后完成清洗工作　　泵入水顶出隔离物　　打开截止阀　　将隔离物塞进泵缸内

图 10　辅料置换水洗操作方法

（2）泵送余料处理技术

砂石分离机将混凝土余料分离成砂、石和水泥浆，砂、石分离出装入容器用作其他工序施工，水泥浆通过管道流入一级沉淀池，在一级沉淀池初步沉淀后采用水泵将沉淀池中上部的水抽入二级沉淀池内继续进行沉淀，将二级沉淀池中沉淀完成的水采用水泵抽至三级沉淀池，三级沉淀池沉淀完成的水通过水泵抽至靠近混凝土泵的清水储存池中，以备混凝土泵送系统清洗重复使用。余料处理工艺流程见图 11。

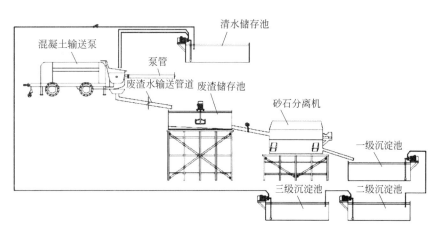

图 11　余料处理工艺流程图

3. 关键技术三：大截面异形型钢混凝土施工技术

1）大截面异形钢管柱混凝土顶升技术

常规顶升口设置：提前在钢柱上开孔，现场焊接泵管，后期混凝土泵管割除时需采用火焰进行割除，损伤顶升口处的混凝土；补焊的钢板焊接质量不易保证。

针对上述难点，主要技术创新和实施效果如下：

（1）研发了一种可周转的钢管柱混凝土顶升接口周转装置，包括钢管柱内圆弧顶升管、橡胶垫圈、可焊接螺栓及配套螺母、连接钢板、混凝土截止阀系统。顶升孔改进过程见图 12。

图 12　钢管混凝土柱顶升接口周转装置改进过程

（2）斜腹杆采用顶升＋高抛法，首先顶升中间两根边框柱，在环带斜腹杆顶部焊接同截面的套管，高度控制在 1m 左右，防止顶升至设计标高后回落致使顶部混凝土缺失，同时防止混凝土溢出造成高空坠物，接着顶升角框柱，中部边框柱在上层钢柱顶升时先实现局部短距离高抛，再向上顶升。即可实现一次性顶升最大高度 30m，方法见图 13。

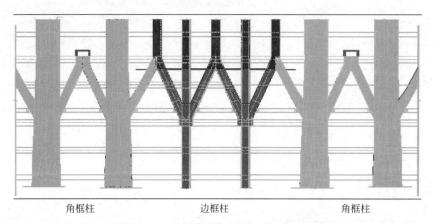

角框柱　　　　　　　　边框柱　　　　　　　角框柱

图 13　顶升＋高抛法

2）大截面异形型钢混凝土施工技术

型钢混凝土柱施工工序多、截面尺寸大、钢筋密集，施工速度慢，制约整体工程进度。复杂节点举例见图 14、图 15。

图 14　密集钢筋效果图

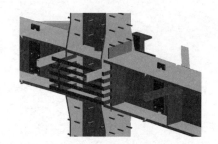

图 15　复杂节点效果图

针对上述难点，主要技术创新和实施效果如下：

（1）外框劲性柱钢骨与外框钢梁整体连续安装，水平楼板混凝土先施工、柱混凝土后浇筑。"板柱分离"施工见图 16、图 17。

图 16　"板柱分离"施工效果图

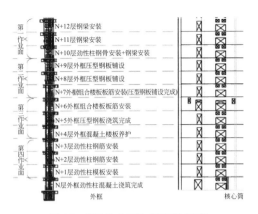

图 17　"板柱分离"施工计划表

（2）当劲性柱主筋被钢梁翼缘挡住，采用"上部接驳器＋下部钢板焊"的连接形式，操作人员无须高处作业，即可先将主筋与上层钢梁下翼缘接驳器连接，然后再与本楼层钢梁上翼缘的钢板焊接。钢筋遇钢骨节点处埋见图 18。

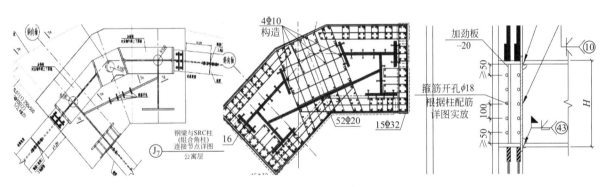

图 18　钢筋遇钢骨节点处理

4. 关键技术四：钢板剪力墙混凝土裂缝控制技术

核心筒墙体厚、混凝土等级高，钢筋密集、墙体内劲性钢构件多、钢筋绑扎困难，温度变形差异大，易出现裂缝。地处沿海寒冷地区，四季温差大，采用顶升平台模架施工，保温保湿养护难度大。

针对上述难点，主要技术创新和实施效果如下：

（1）钢板、栓钉变形约束处理技术

剪力墙钢板焊前通过采取加设临时支撑来增加剪力墙钢板自身的刚性；为减小焊接应力对焊接变形的影响，焊前在焊缝一侧加设 30mm×200mm 的防变形约束板，通过定位焊形式与钢板墙有效连接。钢板变形约束处理见图 19。

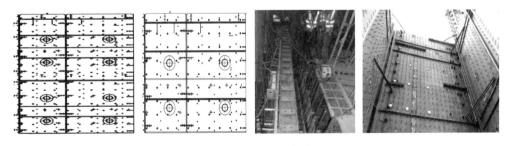

图 19　钢板变形约束处理

剪力墙钢板的焊缝位置和焊缝长度，根据"先焊收缩量较大的接头、后焊收缩量较小的接头，接头应在约束较小的状态下焊接"的原则制定了"先柱后墙、先立后横、自下往上、由中间向两边"的整体焊接顺序,依据"长焊缝宜采用分段退步焊、跳焊法、多人对称焊"的原则选用分段退步焊和对称焊的焊接方法。焊接顺序见图20。

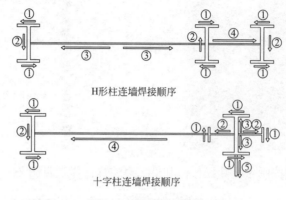

H形柱连墙焊接顺序

十字柱连墙焊接顺序

图20　钢板墙焊接顺序

（2）密集钢筋绑扎技术
①避让贯通；②开孔贯通；③接驳器连接；④特殊节点组合连接。节点见图21～图23。

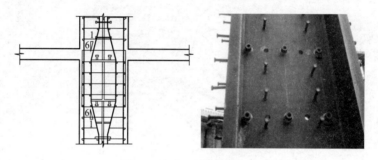

图21　避让/开孔贯通处理

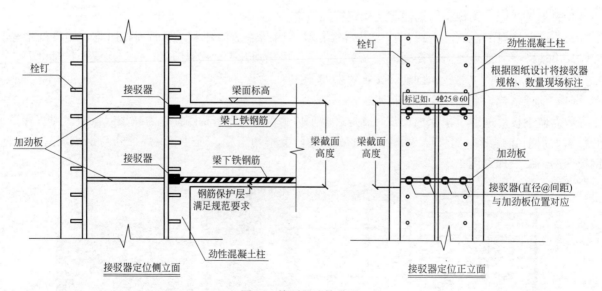

图22　接驳器连接处理

（3）混凝土养护技术
平台桁架周圈安装多个喷淋头,通过喷洒水雾降低整体平台周围环境温度。同时,将桁架层水箱内的水引至最下两步挂架,并延墙体均匀布置多个喷淋头,通过喷水对墙体进行保湿养护。考虑到喷淋养

 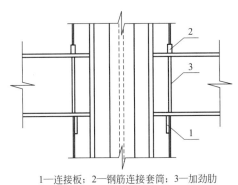

1—连接板；2—钢筋连接套筒；3—加劲肋

图 23　特殊节点组合处理

护操作的便利性，采用无线控制，提高操作便利性。夏季保湿做法见图 24。

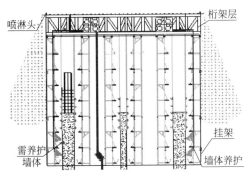 

图 24　平台模式下夏季保湿养护

① 保温泡沫＋保温被配合使用。

② 延长混凝土的拆模时间。

③ 必要时进行升温处置（工业电热毯）。

④ 钢模板底部下挂防风保温被，可同模板同步进行提升拆模后继续进行保温，见图 25。

图 25　平台模式下冬季保温养护

三、发现、发明及创新点

1. 发明了混凝土质量快速检测判断方法，建立了混凝土泵送压力控制模型，修正了立管与水平管、弯管与水平管的换算系数，避免了超高泵送易堵管的风险

2. 经过等效长度 2160m 的模拟泵送试验及实际泵送数据的收集与分析，建立了泵送高度、环境温度与泵送压力的相关关系，为正确选择泵送设备提供了依据

3. 研发出超高泵送系统特殊辅料置换水洗及余料分离技术，实现现场混凝土泵送绿色施工

4. 研发出钢管柱混凝土顶升周转接口装置及红外热成像即时检测混凝土密实度的方法，保证了钢管混凝土柱质量

5. 采用多种钢筋遇钢骨处理措施，基于平台模式下，创新超厚超大混凝土养护技术，有效控制大体积混凝土裂缝的产生

四、与当前国内外同类研究、同类技术的综合比较

本项目对沿海寒冷地区超高层高强混凝土配制技术、沿海寒冷地区混凝土超高程泵送技术、超大超高钢管混凝土顶升施工技术、超高层建筑泵送系统清洗施工技术、超高超大异形外框劲性柱施工技术等进行了国内外查新未见与上述研究成果相同的文献报道。

五、第三方评价、应用推广情况

2018 年 3 月 30 日，经中国建筑集团有限公司组织的专家鉴定，该成果总体达到国际先进水平。

本项目成果成功应用于天津周大福金融中心、深圳深业上城、南宁华润中心东写字楼等工程中，缩短了施工工期，施工质量满足设计及规范要求，施工过程中未发生安全事故，应用效果得到业主、监理等参建单位的一致好评，取得了显著的经济效益和社会效益。

六、经济效益

2015～2017 年，本项目在天津周大福金融中心、深圳深业上城、南宁华润中心东写字楼等项目中成功应用，降低了材料损耗、缩短了安装时间，极大提高了施工效率及工程质量，产生经济效益 1013 万元。

七、社会效益

本工程接待来自俄罗斯、马来西亚、印度尼西亚、埃塞俄比亚等世界多个国家的观摩考察团多次。

本工程作为国内第三届超高层论坛、2016 年工程建筑行业科技观摩会等会议观摩工地等，总计接待各界考察观摩达 3700 余人次，得到了业界专家高度评价。本项目的成功应用，有效推动了企业科技水平的进步，提高了企业在超高层施工领域的核心竞争力。

临时永久消防-超高层建筑"临永结合"消防水系统施工技术

完成单位：中建安装工程有限公司、中建三局集团有限公司

完 成 人：许立山、刘庆海、罗汾毅、周　航、吴金龙、马志鹏、田　雨

一、立项背景

本课题的实施有效保障了超高层建筑施工现场的消防安全，由于超高层建筑施工现场环境复杂，施工人员数量多，疏散逃生困难大，一旦发生火灾后果不堪设想。正式消防管道临时使用的技术解决了超高层建筑消防条件下无法自救的难题，确保了建筑物施工阶段的本质安全。

将建筑物竣工后的永久消防设施提前至施工阶段临时使用，是其中一种较合理的解决方案，其不仅确保了超高层建筑施工期间的消防安全，实现施工阶段临时消防与竣工后永久消防系统的无缝转换；也节约了工期，减少了精装修对临时设备及管道的收口工作量，更减少了临时设备及材料的投入，节约了建设成本。

中国尊大厦总建筑层数为 115 层，其中地上 108 层，地下 7 层。总建筑面积 43.7 万 m²，其中地上 35 万 m²，地下 8.7 万 m²。完整建筑高度为 528m。针对中国尊大厦的结构特点及社会影响，项目团队研发了的高层建筑临永结合消防水系统施工技术，达到了预期目标，对后续超高层建筑施工具有广泛的借鉴价值。

二、详细科学技术内容

1. 总体思路

中国尊项目因其高度高、施工期间消防安全受到各界监督、社会影响力大的特点，经过分析，在使用常规的临时消防系统存在诸多弊端的情况下，中国尊项目机电总承包项目部提出了临永结合消防水系统施工技术。其主要思路是以正式消火栓系统的管道、设备等，结合少量的临时管道及设备组成施工现场的消防系统，用来提供施工现场的消防保护。满足需求的同时，大量减少后续拆除工作量，不影响机电及装修单位的后续施工，达到节约成本及工期的目的。

2. 技术方案

（1）中国尊项目正式消防水系统介绍：

A. 市政供水至 B1 层转输水箱，再由转输水泵加压至 F18 层转输水箱，通过连续加压的方式，将水最终转输至 F103 层的消防水池。

B. 消防水池通过重力方式向 F74 层、F44 层、F18 层减压水箱供水，减压水箱再向各自分区的消火栓供水，完成 B7 层—F96 层消火栓的常高压供水系统。

C. F97 层至屋顶层为临时高压系统，采用消防贮水池、消防水泵和屋顶消防水箱联合供水形式。

（2）中国尊项目临永结合消防水系统施工技术：

A. 临永结合消防水系统工程的定义

"临时/永久结合"消防水系统工程是以正式消火栓系统的管道、设备等结合少量的临时管道及设备组成施工现场的消防系统，用来提供施工现场的消防保护。

B. 临永结合消防水系统工程的实施范围

本项目的"临时/永久结合"消防水系统实施范围是首层至屋顶（地下室部分采用施工总承包单位

原临时消火栓系统)。

C. 临永结合消防水系统的设计原理及转换

根据临永结合消防水系统的施工图纸，本系统可分为六个阶段，详见表1。

临永结合消防水系统阶段划分　　　　　　　　　　　　　表1

序号	阶段划分	内容	供水范围	备注
1	第一阶段	F18层消防转输水箱投入使用前	施工总承包单位负责B7-F22层的临时消防系统的实施。B7层-B1M层采用市政压力供水，首层-F22层采用临时高压系统供水。施工总承包单位在B1层设置临时转输水箱及临时消防水泵，保证首层-F22层的临时高压系统和F18层正式消防转输水箱供水	
2	第二阶段	F18层消防转输水箱投入使用	通过施工总承包单位已设置的临时水箱、临时水泵及临时管道完成F18层正式消防转输水箱的供水。F18层消防转输水箱具备供水条件后，首层至F6层的消火栓系统转换成常高压供水。利用18层的临时消防泵及正式消防转输水箱加压，保证F7至F52层消火栓系统的临时高压供水。超压部分设置减压阀和减压稳压消火栓	
3	第三阶段	F44层消防转输水箱投入使用	通过转输水箱加压的方式完成F44层正式消防转输水箱的供水。F44层消防转输水箱具备供水条件后，F36层以下的消火栓系统转换成常高压供水。利用F44层的临时消防泵及正式消防转输水箱加压，保证F37至F82层消火栓系统的临时高压供水。超压部分设置减压阀和减压稳压消火栓	
4	第四阶段	F74层转输水箱投入使用	通过转输水箱加压的方式完成F74层正式消防转输水箱的供水。F74层消防转输水箱具备供水条件后，F66层以下的消火栓系统转换成常高压供水。利用F74层的临时消防泵及正式消防转输水箱加压，保证F67至F96层消火栓系统的临时高压供水。超压部分设置减压阀和减压稳压消火栓	
5	第五阶段	F103层消防水池投入使用	通过转输水箱加压的方式完成F103层消防水池的供水。F103层消防水池具备供水条件后，向F74层、F44层、F18层减压水箱供水，F96层以下的消火栓系统切换成常高压供水。利用F103层的临时消防泵及正式消防转输水箱加压，保证F97层至屋顶层消火栓系统的临时高压供水。超压部分设置减压阀和减压稳压消火栓。此时，临时高压系统供水完成，可以把一台备用临时消防泵转换成正式消防泵	
6	第六阶段	给水系统向B1层正式转输水箱及屋顶水箱供水	生活补水满足屋顶水箱间供水条件后，F97层至屋顶层采用消防贮水池、消防水泵和屋顶消防水箱联合供水形式。此时，另一台正式转输水泵替换临时水泵，临时水泵全部拆除，倒运出现场	

3. 关键技术

（1）两台临时消防泵安装完成投入使用（一用一备），临时消防泵利用预留水泵位置（不占用正式消防水泵空间），安装时在正式消防泵位置预留进出口管道接口阀门，为切换做准备。

（2）正式消防泵进场后就位安装，并与预留管道接口阀门完成接驳，阀门开启，利用夜间进行调试，调试完成后，正式消防水泵作为临时消防水泵的备用泵使用。

（3）正式消防泵投入使用（一用一备），临时消防泵接口管道阀门关闭，临时消防泵拆除。

4. 实施效果

（1）本方案结构阶段采用临时消火栓，装饰阶段采用正式消火栓。

（2）转换时，以竖向区域内的消火栓立管转换为基本单元，原则每次转换只进行一个竖向立管消火栓的转换，转换前将该立管泄空（其余三支消防立管处在正常消防保护状态），待此竖向立管完成转换后进行下一个竖向立管消火栓转换。

（3）转换需泄水时，提前确定排水措施。

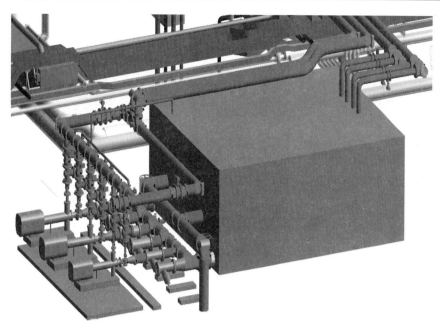

图1 F18层消防水泵房BIM模型

图2 消火栓试射

图3 临时消火栓设置

5. 消火栓及灭火器的设置

结构阶段使用临时消火栓（不占用正式消火栓位置），装饰阶段临时消火栓替换成正式消火栓。设置的临时消火栓出口水压力大于0.50MPa时，采取减压稳压消火栓。

临时消火栓箱配置要求：每个临时消火栓箱配备消火栓1支，25m水龙带2条，水枪1支，临时灭火器2具。

临时灭火器布置要求：为了有效扑救建筑初期火灾，减少火灾损失，保护人身和财产安全，本工程室内每层除设有消火栓外另设置12具（含临时消防箱内）临时手提式磷酸铵盐干粉灭火器，型号MF/ABC8，位置根据现场实际情况进行布置。

6. 消防泵控制功能

水泵控制柜需要按照下述工作原理进行设计，并完成控制。

（1）临时高压系统供水时控制柜工作原理

A. 消防控制柜具有常规电控柜的保护功能。

B. 消防稳压泵具有手自动两种工作方式。

手动控制：是配电盘就近控制，按钮控制消防稳压泵启动停止。

自动控制：消防稳压泵设定压力下限启动，设定压力上限停止，并可实现两台稳压泵的故障互投自动轮换。

C. 消防主泵具有手自动两种工作方式。

手动控制：是配电柜就近控制，按钮控制消防泵启动停止。

自动控制：临时消防泵设定压力下限启动并在系统水流量为零时或设定压力扬程上限停止。

主备泵切换：可实现两台临时消防泵的故障互投、自动轮换。

D. 控制柜具有水泵吸水低水位保护功能。

（2）消防转输供水时控制柜工作原理

A. 消防传输泵控制柜具有常规电控柜的保护功能；

B. 消防传输泵具有手自动两种工作方式。

手动控制：是配电盘就近控制，按钮控制消防传输泵启动停止。

自动控制：消防传输泵受所供水水箱液位控制，设定低液位启动高液位停泵；另一种停泵条件，就是传输泵扬程高于传输泵扬程设定上限时停止运行。

主备泵切换：实现两台转输泵的故障互投、自动轮换。

C. 控制柜具有水泵吸水低水位保护功能。

D. 控制柜提供水箱溢流保护功能。

7. 防冻处理

临时消防与永久消防转换过程跨越两个冬季，工程施工阶段防冻采用电伴热加保温处理。

消防转输水箱和减压水箱：电伴热加 B_1 级橡塑保温；保温层厚度：30mm。

管道和阀门：电伴热带加 B_1 级橡塑保温（外缠保温专用胶带）；保温层厚度：40mm。

8. 消防转输泵房的排水措施

给水排水专业在消防转输泵房防水施工前，在排水沟内安装正式的排水地漏，消防分包负责从地漏与施工总承包单位本层预留排水口之间的临时排水管道连接，临时管道采用 PVC 材质，管径 $DN100$。

9. 施工及管理责任界面划分

临时消防与永久消防转换工作由施工总承包单位、机电总承包单位、消防专业分包单位共同完成，因此需将界面划分明确，保证及时高效完成相关工作。

（1）施工总承包单位负责范围：

A. 负责 B7-F22 层、室外临时消防系统及智能顶升钢平台范围内临时消防系统的实施。

B. 负责整个施工阶段临时生产用水实施及维护。

C. 负责向 F18 层消防转输水箱提供补水接口，消防专业分包单位负责接驳。

D. 负责在各设备层提供临时消防水泵电源箱，消防专业分包单位完成后续接驳。

E. 负责提供消防泵房临时排水接口，消防专业分包单位负责接驳。

F. 负责自施范围内的临时设施的拆除。

G. 施工总承包单位是中国尊大厦施工期间现场消防安全责任主体单位，施工总承包单位委托消防专业分包对自施消防水系统进行管理、维护及成品保护。

H. 施工总承包单位在中国尊大厦临时消防水系统使用结束后，施工总承包单位委托消防分包对有磨损或损坏的正式消防系统材料与设备进行"翻新"，"翻新"完成后由监理单位组织施工总承包单位、机电总承包单位及建设单位对正式消防系统联合验收。经验收合格后，由施工总承包单位移交给机电总承包单位进行消防系统后续的安装及调试工作。

（2）消防专业分包单位负责范围：

A. 负责《加强中国尊大厦施工期间消防措施方案》的实施，在临时消防水使用阶段消防专业分包作为施工总承包单位的"分包"，按照施工总承包单位的要求完成自施范围内系统的运行管理、维护及成品保护工作。

B. 根据监理验收意见及施工总承包单位委托，对有磨损或损坏的正式消防水系统材料与设备进行"翻新"，配合完成监理单位组织的对正式消防系统的联合验收工作。

C. 负责在正式消防转输水箱提供临时生产用水接口，后续工作由施工总承包单位负责。

D. 负责提供备用临时取水点（消火栓提供备用临时取水点）。

E. 负责临时电源箱与临时消防控制柜的接驳。

F. 负责自施范围内的临时设施的拆除。

G. 负责泵房排水管道与施工总承包预留排水接口接驳。

10. 方案实施保障条件

（1）施工总承包单位：

A. 设备层楼板混凝土浇筑完毕，具备机电安装条件。

B. 消防泵房砌筑完成，基础施工完成，地面防水施工完成。

C. 消防泵房安装临时门并上锁，利于成品保护。

D. 土建结构施工阶段，相关管井应设置安全防护措施。

E. 管井施工时，根据需要协助搭设脚手架。

F. 正式消火栓箱安装前，相关墙体提前砌筑完成，提前提供安装基准线。

G. 提供临时消防水泵电源箱，保证水泵电源可靠。施工现场消火栓泵采用专用消防配电线路。

H. 施工总承包单位对各参建单位进行相关交底。

I. 负责配合完成临时消防与正式消防切换工作。为了保证安全同时不影响施工进度，转换工作应安排在夜间进行。在转换之前，需要提前通知各相关单位施工作业时间、施工作业区域、影响区段，并提醒各单位需做好各自的消防安全保障工作，把安全风险降到最低。

（2）机电总承包单位：

A. 施工前利用 BIM 模型完成管道综合排布（尤其针对管井、设备层及环管所在楼层等），避免影响后续的机电施工。

B. 负责协调管理相应分包单位，并组织相关验收工作，并对范围内的分包进行交底。

C. 涉及消防系统的转输水箱、阀门、消火栓、管道等设备/材料需提前确认品牌，以便签订供货合同，保证材料进场时间。

D. 消防系统转换之前，需要提前通知各相关分包施工作业时间、施工作业区域、影响区段，并提醒各单位需做好各自的消防安全保障工作，把安全风险降到最低。

（3）消防专业分包单位：

A. 对《加强中国尊大厦施工期间消防措施方案》进行优化并实施，确保中国尊大厦施工期间消防无缝转换。

B. 服从施工总承包单位及机电总承包单位对现场的管理。

（4）其他参建单位：

落实施工总承包单位的交底内容，熟知现场临水及消防用水管理制度，其他相关注意事项：

A. 用于临时/永久系统转换无法拆除的阀门后接短管用沟槽盲板封堵（相关的阀门、管材及沟槽件等采用正式材料）。

B. 所有与不锈钢水箱进出口连接的法兰均采用铜质法兰。

C. 由于临时消火栓在临时高压阶段和常高压阶段消火栓选型不同，因此全部采用减压稳压消火栓。

D. 每个竖向分区的最底层消火栓，利用自救卷盘接口阀门泄水，阀门采用临时球阀。

三、发现、发明及创新点

随着经济建设的飞速发展，我国已经成为超高层建筑数量最多的国家。超高层施工周期长、高度大，这给建筑自身的防火安全保护带来了巨大的困难，对消防系统的制定和实施提出了更高的要求。作为现代建筑艺术代表的北京市地标"中国尊"项目高度达到了 500 多米，以国家技术规范和消防评审为依据，结合项目自身建设特点，制定了安全可靠的高压消防给水灭火系统。首创了临永结合消防系统理念，并探索出切实有效的临永结合消防转换施工组织方案。做到了施工消防与正式消防统筹安排，实现了经济性与安全性并行的绿色施工，对其他超高层建筑消防系统建设具有极为重要的借鉴意义。

四、与当前国内外同类研究、同类技术的综合比较

经查新，临永结合消防水系统在国内未见，经鉴定，临永结合消防水系统达到了国内领先水平：

1. 安全、可靠

临永结合消防水系统与正式消防水系统可以无缝转换，消除施工期间的临时消防系统与正式消防系统转换的消防保护"空白期"，确保了项目从施工到竣工的全阶段消防安全。

2. 节约成本

临永结合消防水系统施工技术大大减少了临时材料的使用量以及安装、拆除所需的人工，经济效益显著。

3. 缩短工期

临永结合消防水系统施工技术中大量的正式设备、管线、阀门等提前施工，既节省了后续的安装时间，又可以有效地解决传统技术中临时系统与永久系统交叉影响，延误工期的弊端。

4. 质量可控

以往项目采用的临时消防系统，因其仅服务于项目的施工阶段，后续拆除的特点，导致使用的材料品质不高，施工过程管控不严，无须经过验收手续等弊端，往往要经过反复修理、拆改，耗费人力、物力并影响施工进度。临永结合消防水系统施工技术采用的正式材料，施工过程受到各方监督检查并执行严格的验收流程，质量可以得到保障。

五、第三方评价、应用推广情况

目前，我公司越来越多地承建一些超高层建筑项目，其施工阶段消防安全受到社会各界的广泛关注，中国尊项目的临永结合消防水系统施工技术优点突出、效益显著，经鉴定达到了国内领先水平，具有广阔的应用前景。

六、经济效益

近三年直接经济效益	单位:万元人民币			
项目投资额	370		回收期(年)	3
年份	新增销售额	新增利润	新增税收	
2016	240	120	17%	20.4
2017	100	30	17%	5.1
2018	30	10	16%	1.7
累计	370	160		27.2

有关说明及各栏目的计算依据：

1. 中国尊项目临永结合消防水系统增加合同额:430 万元
2. 中国尊项目临永结合消防水系统实际投入:370 万元
3. 中国尊项目临永结合消防水系统建设单位奖金:100 万元

经济效益为:430−370+100=160 万元

七、社会效益

中国尊项目机电总承包单位是世界首次把临永结合消防水系统技术应用于超500m的建筑上，开启了超高层建筑施工期间消防保护措施的新思维，该技术成功实施，得到了社会各界的广泛好评，多次接受国内主流媒体的采访，应邀在国家级专业杂志上发表相关论文，并在央视《走进科学》栏目进行了专项报道，为国内外超高层建筑施工技术提供宝贵的经验。

"倒锥形"阿基米德空间螺旋结构综合施工技术研究与应用

完成单位： 中建钢构有限公司、中建钢构武汉有限公司

完成人： 欧阳超、黄梅坤、胡旭利、章少君、刘　曙、王　聪、陈　进

一、立项背景

梅溪湖城市岛面积约为 20000m²（约 120m×170m），呈长方形体块，为地面平整的人工岛屿，定位为公共开敞空间。岛上的标志性构筑物双螺旋观景平台，高约 34m、外边界最大直径约 86m，由 32 根倾斜钢柱、柱间拉杆及内外螺旋环道组成。钢柱为箱形变截面，截面尺寸为 2600mm×300mm～800mm×300mm，箱形截面厚度不变，腹板宽度随高度变化逐渐减小。一圈钢柱由内向外呈放射状倾斜，与水平面成 62°角。螺旋环道内圈端部起于内侧，沿倾斜钢柱顺时针依次连续环绕，螺旋环道外圈端部起于钢柱外侧，沿倾斜钢柱逆时针依次连续环绕，内外环道在钢柱顶部约 34m 标高处合拢，形成内外两道、双螺旋环形通道，内外螺旋共 5.5 圈，1980°，环道边界呈阿基米德曲线布置。螺旋体环道单元为大尺寸三角截面形式，三角形三个边界均为曲率各不相同的空间螺旋曲线，曲线定位点随高度、边界曲率变化而变化。螺旋环道与钢柱之间通过 60mm/90mm 悬挑钢板连接，整个螺旋体外形呈"倒锥体"形式。

通过对比国内外相关科学技术，对于倒锥形空间双螺旋结构尚无先例可循，无公开发表的相关文献及资料，属施工空白区域。在螺旋结构、异形结构施工方面，有针对小型螺旋楼梯、空间网架异形结构施工技术及质量控制等研究，但无大型空间双螺旋结构施工技术的研究。针对工程特点制定的系列加工、安装全套工艺及技术均为首次研究，主要研究以下几个方面的技术难题：

(1) 阿基米德边界倒锥形空间双螺旋结构成套施工技术

(2) 大型单板悬挑单元无支撑施工技术

(3) 空间双螺旋结构自平衡施工技术

(4) 300mm 窄翼缘箱形钢柱加工技术

(5) 三角形边界螺旋环道构件加工技术

(6) 预应力钢拉杆迭代法模拟验算技术

二、详细科学技术内容

关键技术一：300mm 窄翼缘目字形箱形柱非对称焊接及分部拆分组装制造技术

箱形钢柱截面尺寸为（2600～800）mm×300mm，内部沿长度方向布置双道纵向加劲，节点位置处布置有横向加劲及 60/90mm 悬臂板插板，整体截面形势呈单"目"字形或双"目"字形。由于翼缘宽度仅 300mm，内部加劲与柱本体焊接空间极其有限，导致钢柱加工难度极大。需采取合适的加工工艺，以保证钢柱加工质量，为现场施工质量打好基础。

1. 主要用途

该成果是在深入分析本工程钢柱特点和质量要求的基础上，提出的能够在保证结构受力安全、建筑外观要求的前提下找出一种能适用于本工程超窄箱形柱加工技术的方法。采用钢柱腹板间隔开槽，灵活处理加劲板焊接形式，同时针对不同节点区域和非节点区域分部组装，实现复杂加劲窄翼缘钢柱加工技术，具有显著的技术优势和极高的推广应用价值。

2.技术原理

（1）窄翼缘目字形箱形柱非对称焊接加工技术

原非节点区域纵（横）加劲板与箱型柱两侧腹板均采取 T 型焊接的形式，优化为非节点区域纵（横）向加劲板一侧与钢柱腹板 T 型焊接，一侧与钢柱腹板间隔 150mm、开槽 150mm 进行间断槽焊，有效解决最后一块腹板封板时与加劲板无法焊接的问题。

原节点区域纵（横）加劲板与箱型柱腹板及悬臂板均采取 T 型焊接的形式，优化为节点区域纵（横）向加劲板一侧与悬臂板 T 型焊接，一侧与钢柱腹板通长槽焊。有效解决最后一块腹板封板时与加劲板无法焊接的问题，并满足节点区域强度要求。

图 1　窄翼缘目字形箱形柱非对称焊接加工技术

（2）300mm 窄翼缘目字形箱形钢柱分部拆分组装制造技术

总体技术路线如下：

① 对每根钢柱进行工艺排版，非节点区域腹板间断开槽，节点区域腹板根据加劲布置进行分割，完成零件下料。所有零部件均按照无余量下料。

② 非节点区域分部组装，完成加劲板与下腹板 T 型组焊。分部 1、3 段上腹板及两侧翼缘板不封闭，便于后期总装时调整预留。分部 4 翼缘板及腹板均封闭。

③ 节点区域分部组装：完成节点区域加劲板与内侧插板 T 型组焊，采用通长槽焊封闭上下腹板。完成分部 2 节点区域组装。

④ 钢柱总装：进行钢柱总体放样，将各组装分部统一进行组装。其中各分部总装前状态为：1、3 段分部钢柱翼缘板封闭，完成分部组装；2、4 段分部钢柱仅完成下腹板与加劲板 T 型焊接，两侧翼板及上腹板均不封闭。待各部分总装就位后，封闭 2、4 段两侧翼缘板，进行临时固定。后封闭 2、4 段上腹板，临时固定。采用埋弧焊完成钢柱一侧腹板与翼缘板焊接，复测钢柱尺寸，进行钢柱翻身，完成另一侧腹板与翼缘板焊接，即完成钢柱总装。

关键技术二：阿基米德曲线螺旋单元加工定位及连续匹配段预拼装制造技术

本工程螺旋环道总长度 1000m，而且螺旋环道呈三角形截面，每一面弯曲曲率均不相同。为保证现场 1000m 螺旋环道单元能够实现最终闭合，且达到设计的建筑外观效果，针对螺旋环道特点，创新提出了阿基米德曲线边界空间螺旋弯扭构件成套加工工艺及精度控制措施，保证构件加工质量。

1.主要用途

该成果应用在梅溪湖城市岛螺旋体钢结构制作中，主要针对大型空间弯扭构件边界定位难度大、整体精度要求高的特点，采用阿基米德曲线边界大截面三角形螺旋单元加工定位技术、阿基米德曲线边界大截面三角形螺旋单元连续匹配段预拼装制造技术，保证了构件的加工精度及各单元之间的匹配精度。

2.技术原理

（1）阿基米德曲线边界大截面三角形螺旋单元加工定位技术

总体技术路线：

① 深化设计过程中在环道三个边界间隔 500mm 设置一个测控点，给出测控点坐标，通过多点测控

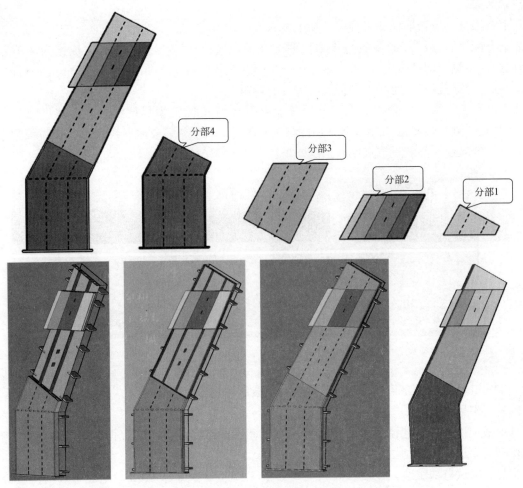

图2　300mm窄翼缘目字形箱形钢柱分部拆分组装制造技术

拟合螺旋曲线边界。

②　对于所有加劲板均采取无余量下料，面板采取余量下料，沿面板宽度方向两侧各加2mm焊接收缩余量。

③　为避免三角形腔体内小空间施焊，保证焊接质量，整体装焊之前，应先进行隔板单元件的组立。

④　胎架采取型钢和钢板组成的群状点式支撑，根据地样控制点Z轴坐标确定H型钢支撑的高程，胎架平面度在2mm内。

⑤　按照下外板→横隔板→侧外板→纵向劲板→外板封闭→切割余量→检测尺寸的工艺流程进行加工，面板及加劲板焊接均采用小电流多道焊，有效控制长焊缝薄板的焊接变形。

（2）阿基米德曲线边界大截面三角形螺旋单元连续匹配段预拼装加工技术

螺旋环道总长度约1000m，内外螺旋共5.5圈，1980°。环道加工单元共324段，需要保证324段环道加工单元能够形成良好的曲线线型，对环道加工精度要求极高。加工过程中采取连续匹配段预拼装，保证加工精度。深化设计过程中，将分段环道单元按连接四个环道单元为一组出预拼装图。每组环道单元末段与相邻组环道单元首段进行一次预拼装，即相邻组用一段环道单元进行了搭接，以保证预拼装的连续性和环道安装时的整体性。深化出图时每组拼装单元单独建立坐标系，在原结构模型中以其中低端环道角点作为坐标原点，依次给出其他边界相对坐标。按照此种方式，每组预拼装单元可以模拟环道就位后的边界曲线相对状态，同时前后首尾相接，能够有效保证环道边界线型连续。

关键技术三：阿基米德曲线空间螺旋环道单元分段及快速拼装技术

由于螺旋体结构呈倒锥形，底部空间狭小，而且由于环道连续环绕钢柱两侧，无法布置支撑措施，

图3 阿基米德曲线边界大截面三角形螺旋单元加工定位技术

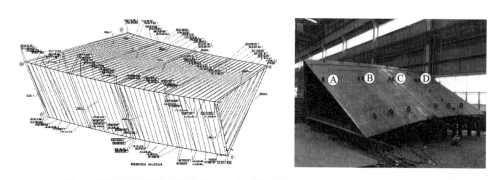

图4 阿基米德曲线边界大截面三角形螺旋单元连续匹配段预拼装加工技术

且现场拼装场地空间极其有限。针对此特点，采取非对称环道单元分段方式，使环道实现连续安装；采取拟合长度分析，实现环道快速拼装。

1. 主要用途

该成果应用在梅溪湖城市岛工程钢结构安装中，主要针对狭小空间、悬挑双螺旋结构的特点，采用空间螺旋环道单元分段技术、空间螺旋环道单元快速拼装技术，保证了悬挑环道安装的安全，提高了环道施工的效率，确保工程的顺利进展。

2. 技术原理

（1）空间螺旋环道单元分段技术

由于螺旋环道与钢柱均通过插入钢柱内部的钢板连接，而环道安装采取连续渐进的方式依次安装。根据此特点，采取一种非对称分段方式，即环道吊装单元一端带悬臂板牛腿、一端不带悬臂板，即为非对称形式。按照此种分段方式，环道单元安装时一端固定在钢柱悬臂板牛腿上，一端固定于已安装环道端部，达到就位稳定。

（2）空间螺旋环道单元快速拼装技术

传统钢结构施工中对于此种精度要求较高的构件拼装工作，均使用全站仪采取坐标定位测量，而在本工程中，环道单元边界均为空间曲线，外形尺寸巨大，且所有环道加工单元尺寸曲率均不相同。同时考虑到现场场地条件复杂空间有限，而工期紧张，需要找出一种简单快速的拼装方法，同时能够保证施工精度要求。通过对环道单元尺寸进行分析，环道单元外轮廓尺寸采用坐标法与直线尺寸近似。且整体趋势均为空间尺寸略大于平面尺寸。结合现场实际情况及拼装单元尺寸分析，直接使用钢卷尺进行环道边界尺寸测量，作为拼装定位依据。由于实际空间尺寸均大于平面尺寸，将图中放样出的理论尺寸与空间尺寸取平均值作为最终放线依据。拼装过程中，主要测量环道三个边界尺寸，完成一次定位。后对上

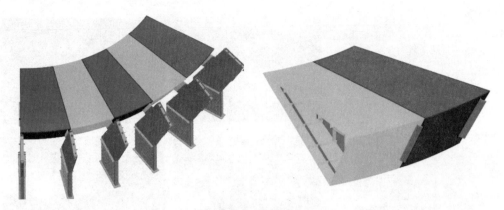

图 5　空间螺旋环道单元分段技术

部两个面进行对角线测量，作为复测检验数据。同时，控制悬臂板定位尺寸，保证主要受力构件的精度。通过以上方法完成环道单元拼装定位，可以实现有限场地条件下的多组环道同时拼装，并且施工效率大大提高，达到现场既定工期要求。

图 6　空间螺旋环道单元快速拼装技术

关键技术四：阿基米德曲线双螺旋结构体系无支撑施工技术

本工程螺旋体结构整体呈倒锥形。结构中心部位布置一台 ST8075 塔吊辅助施工，螺旋环道采用地面拼装＋高空分块吊装的方案进行施工。主要施工内容包含环道拼装、拉杆施工、钢柱安装及环道安装四个关键施工过程。施工过程中由于螺旋环道未封闭，整体结构呈开口状，施工过程中稳定性控制是关键。同时，由于现场场地条件限制及结构特点，无法布置支撑措施。最大环道悬挑距离约 8m，最大质量达 25t。根据现场条件只能采用无支撑施工技术，需通过多种措施保证无支撑施工过程中结构的稳定性和安全性。

1. 主要用途

该成果针对梅溪湖螺旋体钢结构特点，通过预应力钢拉杆迭代模拟技术，保证方案实施的理论可行性；通过超窄箱形钢柱及螺旋体加工技术保证构件加工精度。结合现场实际情况，创新性采取无支撑施工及自平衡施工技术，有效保证倒锥形螺旋结构顺利实施，对同类型工程具有极大的指导意义。

2. 技术原理

(1) 预应力钢拉杆迭代法模拟验算技术

在拉杆不施加初拉力的情况下，进行施工模拟分析，通过计算结果可以得出，本工程斜钢柱的刚度较大，先进行内环安装对变形影响较小，随着外环的安装，变形逐渐增大，不张拉的情况下，施工完成后结构变形最大达到 50mm 以上；结构中设置了环向钢拉杆，通过合理的施加预应力，来增加结构的整体刚度，从而有效减小施工产生的变形，将变形控制在 10mm 以内。因此，钢拉杆预应力的设计是施工过程模拟分析的基础，它的找力分析是本次计算作为重要的工作。计算时，利用迭代法进行计算，该方法需要多次的非线性迭代、试算。当结构满足变形要求时，此时的力即为拉杆的初拉力值。

(2) 超窄变截面倾斜钢柱无支撑施工技术

螺旋体钢柱为倾斜箱形柱，斜柱与水平面夹角为 62°，相邻钢柱柱脚水平面投影夹角为 11.25°，柱间最小宽度约 3.3m，柱网密，其上坡道悬挑大，施工场地受限。斜柱翼缘板宽度超窄（300mm），腹板宽度约为环向宽度的 8～10 倍，呈明显"片状"特点，施工过程中容易失稳。而且，由于螺旋环道沿钢柱内外侧布置，限制钢柱下方无法布置支撑措施。翼缘宽度 300mm，腹板两侧无牛腿，翼缘板两侧有伸出悬臂板，大大增加了钢柱施工安防措施的布置难度。

① 施工过程中稳定性控制：由于钢柱之间设计有钢拉杆，故施工过程中通过控制钢拉杆与钢柱施工进度相协调一致，以防止片状钢柱失稳，无须增加其他措施。对于钢柱倾斜无法布置支撑措施的问题，经过模拟计算后，采用柔性钢丝绳作为临时稳定措施，同时设置临时连接板，共同作用保证钢柱就位后的稳定性。

② 安防措施布置：由于钢柱为倾斜变截面，无法采取适用于钢立柱的传统标准化操作平台。通过设计一种开口的插入式平台，既能适应倾斜钢柱变截面，也能够进行调节、重复利用，降低措施成本。

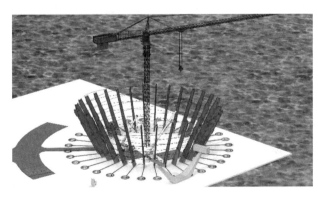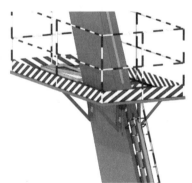

图 7　超窄变截面倾斜钢柱无支撑施工技术

(3) 单板大悬挑环道单元无支撑施工技术

环道与钢柱之间通过 60mm 悬臂板连接，环道与钢柱之间悬臂板长净宽度约 600mm。根据此结构特点，环道与钢柱现场对接分段点考虑在悬臂板悬挑出钢柱 300mm 位置处，环道与钢柱悬挑悬臂板高空对接。环道调校就位后，使用马板将悬臂板对接位置处临时固定，同时将待安装环道与已安装相邻环道使用马板固定，保证待安装环道连接可靠。悬臂板对接坡口采取双面 K 型坡口，环道临时就位后，塔吊不松钩，开始进行悬臂板大坡口侧的焊接，焊缝填充高度达 20mm。沿悬臂板通常焊接。完成后即可逐步松钩，过程中保持监测塔吊荷载数据，待数据显示为 0kN 后，即可完全松钩。

图 8 单板大悬挑环道单元无支撑施工技术

（4）阿基米德曲线空间螺旋结构内外反向同步安装自平衡施工技术

阿基米德曲线空间双螺旋结构体系中钢柱为基本承力构件，一圈环向拉杆连接钢柱形成伞状稳定体

图 9　阿基米德曲线空间螺旋结构内外反向同步安装自平衡施工技术

系。螺旋环道布置在钢柱内外侧,内螺旋环道对倾斜钢柱形成逆时针弯矩,外螺旋环道对钢柱形成顺时针弯矩,倾斜钢柱自身有沿顺时针倾斜的趋势,以钢柱为研究对象,内外环道对钢柱形成方向相反的正负弯矩,同时考虑钢柱自身的倾斜方向,总体原则可按照内环道安装进度领先于外环道逐层施工,从而达到整体结构的平衡。根据此结构特点,充分利用其自身传力方式,采取拉杆预张拉及内外螺旋反向同步安装的技术,使得结构在施工过程中达到自平衡,在不使用任何支撑措施的情况下保证结构施工过程中的安全。采取先内环后外环、内环领先于外环半圈的施工进度进行施工,使得结构自身达成平衡体系。内(外)环施工全部按照从下向上、依次连续施工,增强施工过程中结构整体性,实现大悬挑环道单元无支撑施工,按照此方法可有效保证施工过程中结构的整体稳定性及连续性,同时施工效率高。

三、发现、发明及创新点

1)优化了此种形式厂内制造工艺。采用"窄翼缘箱形柱非对称焊+分部组装"加工技术实现了300mm窄翼缘目字形箱形钢柱制造,阿基米德螺旋曲线边界空间定位技术+连续匹配段预拼技术实现阿基米德螺旋曲线环道单元的加工制造。为现场安装提供了良好的构件基础。

2)对于阿基米德曲线螺旋环道进行分析,成功运用"阿基米德全系环道单元分段技术+快速拼装技术",在工期紧张,施工条件极其有限的情况下,大大提高了施工效率,有效保证了现场施工的顺利进行,为后续安装工作做好充足的准备。

3)利用仿真模拟验算技术、钢拉杆预应力迭代技术,对整个施工过程中进行模拟验算,从理论上保证施工过程的安全性及施工顺序的合理性。在此基础上,结合现场实际情况,创新提出了片状倾斜钢柱及单板悬挑单元无支撑施工技术,成功应用于钢柱及螺旋环道施工,有效保证了施工吊装安全。同时根据结构特点,采用内外双螺旋反向同步安装技术,成功保证整体结构施工过程中的稳定性。经实践证明,整个施工过程安全、可靠、平稳、高效,最终形成了"阿基米德曲线双螺旋结构体系无支撑施工技术"。

四、与当前国内外同类研究、同类技术的综合比较

关键技术	对比项目	本项目技术水平及典型应用效果	国际国内同类技术水平
300mm窄翼缘目字形箱形柱制造技术	加工技术	创新提出了非对称节点焊接节点,分部组装,实现超窄翼缘复杂加劲焊接,保证焊接质量	内部复杂加劲香型钢柱界面通常较大,或钢柱截面小内部加劲简单。人员均可按照一定顺序完成加工
空间螺旋结构制造技术	加工技术	国内首创大型空间螺旋板拼构件加工技术,无先例可循,创新提出了大型三角截面螺旋构件的加工技术	多为螺旋楼梯结构,且大多均为小型螺旋结构
	预拼装技术	创新提出了螺旋构件连续匹配预拼装技术,实现加工单元间无缝匹配,保证构件加工质量	常见钢结构加工,在构件加工完毕后进行预拼装,但为把加工及预拼装两个过程联系起来同时操作
空间双螺旋结构安装技术	预应力拉杆验算	创造性地提出了迭代法计算预应力拉杆内力,找出最适合的张拉状态,保证螺旋结构施工过程稳定性	此类型结构模拟验算通常为建模后加载自动验算,未反复迭代找出最适合的施工技术参数
	分段及快速拼装技术	针对螺旋结构特点,提出非对称分段方式,有效地实现螺旋环道连续施工。结合环道边界尺寸特点,进行近似处理,实现螺旋环道快速拼装	针对此种结构形式,通常为保证一个框架单元形成受力体系,其余单元嵌补安装的方式。拼装全部采用坐标控制,效率较低
	悬挑结构无支撑施工技术	创新提出了单板悬挑结构无支撑施工技术,很好地解决了狭小场地内大悬挑结构施工安全及高空定位技术难点	对于此种大悬挑结构,通常采用支撑措施用于构件临时就位,保证施工安全
	双螺旋结构自平衡施工技术	创新提出利用结构自身特点,内外环道同步递进安装,实现内外环道自平衡,保证了施工过程的安全	目前国内此种结构形式较少。无类似工程案例

五、第三方评价、应用推广情况

1. 第三方评价

2018年3月26日，中科合创（北京）科技成果评价中心组织专家，对中建钢构有限公司和中建钢构武汉有限公司共同完成的"梅溪湖城市岛'倒锥形'阿基米德空间螺旋结构综合施工技术的研究与应用"项目进行科技成果评价。经讨论最终认定该技术成果达到"国际先进水平"。

2. 推广应用情况

该成果已在梅溪湖城市岛项目成功应用，可直接推广应用到异形、大悬挑结构、空间螺旋建筑等钢结构工程中，展现了企业的技术实力。

六、经济效益

项目总投资额	34000		回收期(年)	20
年份	新增销售额	新增利润	新增税收	
2015	5565	623	74	
2016	1352	181	104	
累计	6917	804	223	

本表所列新增销售额是指本工程中标价格（5500万元）加上施工过程中追加工程和签证索赔，共计6917万元。

本工程财务计算成本5326万元，新增利润804万元，新增税收30万元。

七、社会效益

本工程采用"空间双螺旋渐变结构施工工法"施工，保证了螺旋构件加工精度，提高了构件制作效率，为现场安装打下良好基础；节约了大量支撑胎架措施，降低了施工成本，缩短了施工工期，保证了施工安全及安装质量，达到了良好的建筑效果。经现场实际应用，取得了显著的社会效益，具有很强的推广和应用价值。

公轨两用钢-混凝土混合箱梁独塔斜拉桥设计、施工与监控关键技术研究

完成单位：中建交通建设集团有限公司、长沙理工大学、广东中交纵横建设咨询有限公司、长沙学院

完成人：吴拥军、朱武华、李水轩、张　坤、万　黎、闻霄云、叶见奎

一、立项背景

为了满足国内交通发展的需求，不断挑战钢-混凝土混合梁独塔斜拉桥更大的跨度和更高的难度，桥梁工程师在桥梁创新和技术进步等方面做了大量工作。钢-混凝土混合梁独塔斜拉桥以其钢梁整体性好、材料高强度、高弹性模量、抗扭能力强、自重轻、跨越能力大的特点，有利于充分发挥合金钢材材料强度、减小结构高度、增加桥下净空和良好的景观效果。主跨采用钢结构，边跨采用混凝土结构，在结构的重量和用钢量间寻求平衡，从而节约用钢量，降低工程造价等。

钢-混凝土凝土混合梁斜拉桥应用于轨道交通，首先采用现浇混凝土梁和钢梁桥面，使结构整体稳定性好，横向刚度大；其次，由于边跨混凝土梁自重和刚度大，增强了对主跨的锚固作用，减小了主跨梁体内力和变形，使结构具有较强的跨越能力和良好的行车刚度条件；边跨混凝土梁还具有良好的压重作用，消除了边跨支座负反力，避免辅助墩采用拉力支座或压重措施；密而重的混凝土边跨梁提供的稳固支撑降低了活载引起的主跨弯矩和斜拉索力变幅，显著减小了铁路钢桥的疲劳影响。因此，随着城市轨道交通在我国的快速发展，为了适应城市轨道交通与公路在同一平面及公路工程快速通道的发展，采用单箱多室与多箱多室截面组合形式钢箱梁得到了较大的发展。南海新交通系统试验段三标东平水道主

图 1　东平水道特大桥效果图

桥就是其中具有代表性的成果。

本课题依托公路和轨道交通处于同一平面的公用桥梁，南海新交通系统试验段三标东平水道主桥为工程背景，由于我国国内尚无铁路和轨道交通钢箱梁设计规范。轨道交通桥与公路桥最大的不同之处在于轨道，轨道采用无缝线路，要保证无渣轨道钢轨的平顺，须满足无缝线路轨道的要求。桥梁竖向、横向必须有足够的刚度，在列车通过时，桥梁结构不会产生激烈震动，确保无缝线路平顺，防止车轮出轨。竖向刚度主要由竖向挠跨比及竖向梁端转角评判，横向刚度主要由横向自振频率判定。由于可参考的其他同类型桥梁甚少，为了确保结构在施工和运营过程中的安全性，指导桥梁设计与施工，故需对该桥型的结构体系、主梁的类型及其他关键技术开展专题研究，且国内这些研究经验尚少。

针对东平水道主桥的设计、施工与监控关键技术进行了研究。

二、详细科学技术内容

本课题以南海新交通系统试验段三标东平水道主桥项目为依托，紧密结合施工实际，以保障工程顺利实施为出发点，积极开展科研工作。

课题组基于研究方向，建立了课题研究小组，召开课题项目实施启动会，设立课题组组织架构，进一步明确课题研究目标与内容，将课题阶段性任务进行划分，明确课题组成员的分工协作关系。

1. 斜拉桥超高 A 形索塔施工技术研究

（1）结合东平水道主桥所处位置的环境、地质条件，对 DP3 墩索塔施工塔吊基础采用与索塔承台结构连为一体，在满足塔吊基础受力情况下创新应用预应力体系，有效地解决了塔吊基础受混凝土箱梁预应力空间受限、中区居委会、三山供电局与河堤场地布置等方面的影响，并形成专利一项（申报中）。

（2）东平水道特大桥主桥主塔采用钢筋混凝土 A 形结构，采用两套液压自爬模施工，中塔柱到上塔柱的过渡段，研究横梁施工托架预埋件、钢横撑与张拉平台、塔吊与电梯预埋件，结构上存在预应力孔道张拉预埋锚盒、劲性骨架与斜拉索索道管等预埋件位置，解决爬架爬锥预埋件布置与其发生碰撞的问题。

（3）由于主塔塔身较高，塔身截面尺寸不断变化，爬模每节段爬升四个面爬升轨迹长度不一致，研究爬模结构爬升过程的同步性、高空施工中的易操作性，制定且执行切实可行的工艺流程及操作规程，解决爬架施工安全性的问题。

图 2　东平水道特大桥主塔液压爬模

（4）由于主塔塔身较高，塔身截面尺寸变化，研究爬架多次变轨的位置及合理性，确定塔柱施工在第 12、18 节采用二次变轨，爬架架体间距保持不变的施工方案。合理配置爬架架体数量、变轨安装起重设备型号，确定采用 TQZ315 大吨位塔吊，解决爬架空中横移转换爬轨，实现爬架一次安装不落地，节约工程施工的工期与成本。

2. 超宽钢箱梁整体节段悬拼吊装施工技术研究

（1）在浅水区搭设钢箱梁滑移支架，用浮吊吊装解决船舶吃水深度不够，运输船无法靠近浅水区，采用 1 台 200t、1 台 350t 吊船，双浮吊吊装长江路侧 JH～M3（钢箱梁最大重量 232.7t）共 4 个梁段；2 台 350t 吊船，双浮吊吊装平东大道侧 M20～M31（钢箱梁最大重量 421t）共 12 个梁段整节段吊装至支架顶前端，再用千斤顶与钢绞线拖拉钢箱梁，钢箱梁沿滑道滑移至安装部位，解决岸上钢箱梁因无法用桥面吊机直接安装、近岸区钢箱梁因运输船无法靠近桥面吊机起吊范围的安装难题。

图 3　东平水道特大桥首段钢箱梁安装

（2）采用在桥面已安装节段钢箱梁顶面锚固两台 180t 可变幅步履式架桥机，从水上运输船上直接吊装超宽钢箱梁整节段至安装部位，通过临时锚固系统将吊装的钢箱梁与已安装钢箱梁锚固、焊接完成节段钢箱梁的安装，解决了水中通航孔钢箱梁悬臂安装的问题。

图 4　东平水道特大桥中跨步履式架桥机与边跨水中浮吊安装钢箱梁实景

3. 公轨两用钢-混结合段施工技术研究

（1）由于结合段处钢-混结合段中混凝土为 315m³，钢箱梁结构自重 232.7t，结构自重较重，结构荷载依靠滑道上的支点承载，支点反力大。混凝土与钢材是两种性能完全不同的材料，导致受力情况比较复杂，为避免钢-混结合段施工过程出现裂缝，在河堤段钢桩底采用旋喷桩群桩基础，在河岸内采用φ400 的 PHC 预应力管桩基础，采用钢桩＋贝雷梁桥式支架，在贝雷梁顶节点处设置分配梁，解决钢-混结合段要求支架变形及沉降量差异小的施工方案。

（2）研究 5 种不同的钢混结合段位置，比较了恒载作用、活载作用、温度荷载、正常使用极限状态计算等工况对比分析，计算分析了主梁内力、主梁应力、主梁挠度、结合段局部弯矩幅值、斜拉索索力、支墩反力、主塔应力及塔偏、结构整体刚度的影响。分析改变钢混结合段位置，对恒载作用下主梁弯矩极值、主梁的轴力分布、主梁内力极值影响变化，得出钢混结合段最优位置。

图 5　东平水道特大桥钢混结合段不同位置部分模型

4. 大桥施工监测与控制技术研究

（1）采用自适应无应力构型控制法进行混合箱梁斜拉桥主塔、主梁和斜拉索的施工控制，建立了非线性正装迭代法，可依据误差完成自适应控制。

（2）建立了计入几何非线性效应的施工控制参数求解的非线性正装迭代法，充分利用各种有利条件，将施工过程中出现的许多特殊复杂的施工难题一一化解，确保施工过程中的结构安全、成桥后几何线形和内力同时满足设计要求，实现了大桥的高精度合龙，同时减少施工控制对施工进度的影响。

5. BIM 技术应用

（1）基于 BIM 项目管理平台，实现了公轨两用桥的数字化模型建立、施工虚拟技术仿真以及施工阶段集约化管理，形成《基于 CATIA 的桥梁 BIM 建模指南》。

（2）应用 BIM 建模数据与理论计算值进行模拟复核，发现参数问题，及时反馈至设计院进行修改。

（3）采用数字化建模技术，对设计图纸进行碰撞检查，优化工程设计，减少在建筑施工阶段可能存在的错误损失和返工的情况。利用碰撞优化后的三维模型进行施工模拟、可视化施工技术交底，提高技术交底质量与效果。

三、发现、发明及创新点

1）在结构体系和设计参数敏感性分析的基础上，优化了公轨两用钢-混凝土混合箱梁独塔斜拉桥钢-混结合段的合理设置。

2）针对 A 型变截面索塔施工，研发了爬模架横向整体平移实现爬模架变轨的方法，实现了爬模架一次组装不落地，达到缩短工期的目的。

3）采用在桥面已安装节段钢箱梁顶面锚固两台 180t 步履式架桥机，可变幅从水上运输船上直接吊装超宽钢箱梁整节段至安装部位，通过临时锚固系统将吊装的钢箱梁与已安装钢箱梁焊接，完成节段钢箱梁的安装，总结形成了《超宽钢箱梁整体节段悬拼吊装施工工法》。

4）采用自适应无应力构型控制法进行混合箱梁斜拉桥主塔、主梁和斜拉索的施工控制，建立了非

图 6　东平水道特大桥模拟施工动画截图（塔柱施工）

图 7　东平水道特大桥模拟施工动画截图（混凝土箱梁施工）

线性正装迭代法，可依据误差完成自适应控制。

5）基于 BIM 项目管理平台，实现了公轨两用桥的数字化模型建立、施工虚拟技术仿真以及施工阶段集约化管理，形成《基于 CATIA 的桥梁 BIM 建模指南》。

四、与当前国内外同类研究、同类技术的综合比较

以往大跨度斜拉桥施工技术在很多方面进行了研究并取得了丰硕的成果，但是某些方面还存在一定的不足，需要一些有益的补充。

本研究针对钢-混凝土混合梁斜拉桥在结构体系和设计参数敏感性分析的基础上，采用 midas Civil 有限元模型计算，计算了独塔混合梁斜拉桥的主梁、主塔及结合部位的静力性能、钢-混段位置及桥梁

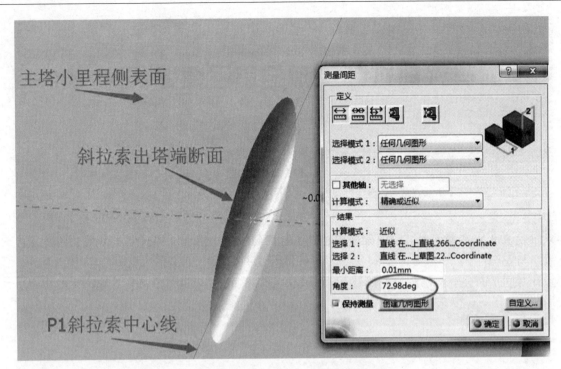

图 8　东平水道特大桥斜拉索参数模型复核

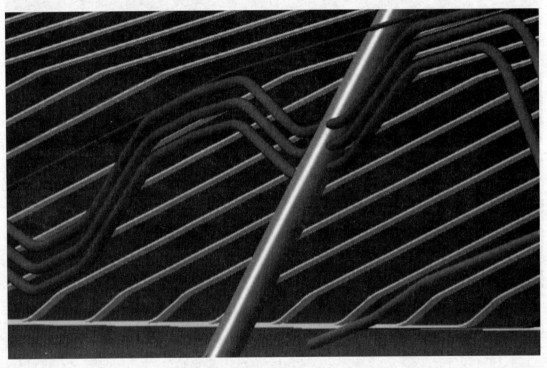

图 9　东平水道特大桥斜拉索预埋管与预应力管道发生碰撞

动力响应等方面研究，实现了该类型桥梁钢-混结合段最优位置的选取方法关键技术研究，为设计提供了一种计算理论与方法；采用自适应无应力构型控制法进行混合箱梁斜拉桥主塔、主梁和斜拉索的施工控制，建立了非线性正装迭代法，依据误差完成自适应控制，实现了钢箱梁的精确合龙，形成一套成功的监控技术。针对变截面索塔施工，研发了爬模架横向整体平移实现爬模架变轨的方法。针对不同安装部位的钢箱梁安装，分别采用了双层超宽双边主梁钢箱梁整节段滑移技术与钢箱梁悬臂安装技术，更好地适应大跨度斜拉桥施工的实际，提高施工的安全性，节约施工成本，增强企业市场竞争力，具有广泛的推广应用价值。

五、第三方评价、应用推广情况

2018 年 6 月 27 日，北京市住房和城乡建设委员会组织召开了"公轨两用钢-混凝土混合箱梁独塔斜拉桥设计、施工与监控关键技术研究"科研成果鉴定会。鉴定委员会听取了课题组的汇报，并审查了成果资料，经质询和讨论，形成鉴定意见如下：

课题以佛山南海新型公共交通系统试验段东平水道特大桥同平面公轨钢-混凝土混合箱梁独塔斜拉桥工程为依托，针对其设计、施工与监控关键技术等难题展开了技术研究，形成创新成果如下：

（1）以桥塔合理受力状态为目标，给出了同平面公轨钢-混凝土混合箱梁独塔斜拉桥钢-混结合段的合理位置。

（2）研发了 A 形变截面索塔爬模架横向整体平移变轨技术，实现了爬模架不落地变轨施工，提高了施工效率与安全性。

（3）针对同平面公轨两用超宽钢箱梁架设难题，研究提出了采用两台步履架桥机同步整体吊装方案，实现了超宽钢箱梁整体大节段快速架设。

（4）采用自适应无应力控制技术，对该桥施工全过程进行主动控制与监测，使成桥状态达到设计及规范要求，并对成桥的内力状态进行优化，提高了桥梁使用性能。

（5）针对本项目的工程特点，利用自主研发的 BIM 项目管理平台，对该桥上部结构设计进行复核，实现了施工过程集约化管理。

该成果已在佛山南海新型公共交通系统试验段东平水道特大桥同平面公轨钢-混凝土混合箱梁独塔斜拉桥工程中得到成功应用，取得了显著的社会与经济效益，具有广泛的推广应用前景。

综上所述，该成果整体达到国际先进水平，鉴定委员会一致同意通过鉴定。

六、经济效益

1. 技术效益

（1）在阐述钢-混凝土混合箱梁计算原理，详细地介绍了该类桥型的 midas Civil 有限元模型和设计验算流程，分析独塔混合梁斜拉桥的主梁、主塔及一些结合部位的静力性能、钢混段位置及桥梁动力响应等方面研究，从塔梁固结形式、辅助墩位置、混凝土侧辅助墩个数设计参数变化，揭示结构构件受力与设计参数的内在联系和规律；从体系刚度和结构受力性能改变、车辆编组、行车速度以及行车方向的变化，揭示了该类桥梁的动力力学规律，从钢混结合段位置变化，揭示了该类型桥梁钢混结合段最优位置，为国内外同类桥梁工程提供了优化设计的理论依据。

（2）BIM 技术在装配式钢-混凝土混合箱梁桥的成功应用，通过索塔钢筋与承台钢筋、索塔（混凝土梁）索导管与主梁预应力、主梁纵向预应力与横向预应力仿真模拟，提前发现工程设计存在的问题，解决了相关碰撞等问题，有效的为现场施工提供技术支持与指导，保证了工程施工的安全与施工质量。

（3）总结了塔吊基础采用预应力结构防裂技术、高塔液压自升爬模技术、钢箱梁分节段制造的模块化、工厂化制造经验；双层钢箱梁整体节段连续滑移技术，双浮吊整体吊装钢箱梁技术、钢箱梁整体节段桥面吊机悬臂拼装施工技术等，实现了大跨度独塔斜拉桥钢箱梁的精确合拢。

（4）总结了诸多施工和技术细节在实践中进行深入研究，形成系统、完善的施工工法、论文及专利成果。

（5）为钢-混凝土混合箱梁独塔斜拉桥的施工监控提供借鉴和指导。

2. 经济效益

（1）本工程通过设计理论分析，将原设计桥梁施工步骤由完成 DP6-DP4 墩身→1-3 号现浇梁→DP3 索塔基础及下塔柱→0 号现浇梁→DP3 索塔中上塔柱段施工路线进行了优化，优化后施工顺序为 DP3 索塔基础及下塔柱（同时开始 DP4-DP6 墩身）→0 号现浇梁→DP3 索塔中上塔柱段（同步施工 1-3 号现浇梁），节约施工工期 298 天，1-3 号现浇梁共计使用型钢与钢管约 1974.3t，节约租赁费 36.287 万元；贝雷梁 1094.4t，节约租赁费 20.115 万元；碗扣支架 265t，节约租赁费 4.87 万元；节约项目部管理经费 815.8246 万元，该项总计节约施工成本 877.097 万元。

（2）原设计使用 1 台 300t 龙门吊及水中龙门吊栈桥方案、低支架存梁于支架上方案，优化后将方案更改为大幅度提高钢箱梁支架顶标高，浮吊吊装钢箱梁至水中支架前端，利用顶推设备实现钢箱梁由支架前端滑移至安装位置。钢箱梁存梁横桥向设 4 个支点变更为两个支点。钢箱梁架设工期按 150d 计算，大小里程滑道支架与型钢节约钢材 967.2t，节约成本 82.212 万元；钢箱梁支架 PHC 管桩节约 789m，节约施工成本 10.0203 万元；钢箱梁支架基础节约 C30 混凝土 182.6m³，节约施工成本 10.956 万元；节约钢箱梁贝雷梁支架 196.2t，节约施工成本 27.468 万元；其他租费与拆除费用计 64.77 万元，该项施工方案优化，总计节约项目成本 195.4259 万元。

（3）原设计两台 120t 桥面吊吨位偏小，无法起吊安装 220.3t 重的钢箱梁，需要新制两台 150t 桥面吊。经市场调查及设计验算，在市场上租赁两台 180t 桥面吊安装钢箱梁，降低工程造价 9.8 万元。

（4）爬模每次转换，将爬模拆除后重新安装需工期 15d，采用大吨位塔吊后，使得第二次转换施工工期仅 3d，节约工期共计 12d，节约了电梯租赁费 7800 元，节约了 QTZ315 塔吊租赁费 2.48 万元，项目部管理费 32.852 万元，降低工程造价 36.112 万元；

综上所述，本研究成果共计节约施工费用 1118.435 万元人民币。

七、社会效益

该技术先进、可靠，钢箱梁节段整体预制，提高了工业化程度，标准化施工提高了工程质量，实现了大桥钢箱梁高精度合龙。在双步履式吊机悬臂安装河中段钢箱梁时，同步采用双浮吊安装岸边钢箱梁节段、支架滑移法安装技术，该技术减少了施工现场的交叉作业，既缩短了主跨钢箱梁架梁的施工工期，提高了施工安装速度，降低了工程施工成本，又减少了对周围居民和工程范围内水上航道交通的影响，在确保东平水道特大桥主桥工期、安全、优质履约的同时，又具有施工安全性高、节能环保，符合国家大力发展装配式建筑及倡导的"绿色低碳、节能环保和可持续发展"及"工业化"的建设要求，与我国"十三五"优先启动国家重点研发任务研究方向切合，推广应用前景广阔。

中国建筑智慧管廊运维管理平台

完成单位：中国建筑东北设计研究院有限公司
完成人：陈　勇、尹　越、毕天平、金长俊、李朝栋、南艳良、卜　超

一、立项背景

"中国建筑综合管廊运维管理平台"项目是以信息技术的飞速发展，特别是 GIS、BIM、Big Data 技术在国内外不同领域，尤其是在城市建设领域得到广泛应用并取得良好效果，以及我国开展的"智慧管廊"工作的迫切需要作为背景和前提。

建设城市地下综合管廊是城市现代化、科技化、集约化的标志和发展趋势。近年来，国务院、住房和城乡建设部、财政部和发改委等先后多次发布关于综合管廊建设的指导意见、公告，表明国家对综合管廊建设的关切。2016 年，全国完成了开工建设城市地下综合管廊 2000km 以上的工作部署。2017 年，李克强总理《政府工作报告》中提出"持续提升基础设施支撑能力，加快地下综合管廊建设"。

近几年，由于地下空间规划与管理不到位造成的事故令人触目惊心，惨痛的事故教训，不仅暴露出我国地下空间存在底数不清、信息不全、状况不明、带病运行等现实问题，更反映出综合管廊建设在地下空间规划、管理方面存在的多方面的问题。因此，提升管线布置方式和转变管理模式刻不容缓、势在必行。

建筑信息模型（Building Information Modeling，简称"BIM"）包含了几何、物理、规则等丰富的建筑空间和语义信息。地理信息系统（Geographic Information System，简称"GIS"）基于空间数据库技术，侧重于大范围地形及海量模型数据的表达。Big Data（"大数据"），是指无法在可容忍的时间内用传统 IT 技术和软硬件工具对其进行感知、获取、管理、处理和服务的数据集合。GIS 与 BIM 存在着一种互补关系，将宏观领域的 GIS 与微观领域的 BIM 集成起来显得尤为迫切。国家在测绘地理信息科技发展"十三五"规划中明确提出开展地理信息系统与建筑信息模型融合（BIM＋GIS）关键技术研究。由于 BIM 的模型数据和 GIS 处理的空间数据都具备数据量大、存储和显示难等特点，因此利用"大数据"（Big Data）技术进行集成应用具有先天的优势。大数据技术为收集、储存、管理、分析和共享空间数据提供了有效的技术手段。

二、详细科学技术内容

中国建筑智慧管廊运维管理平台在管廊相关标准和规范建设的前提下，以支持管廊全生命周期的运维管理为目标。采用互联网＋模式、集成地理信息系统（GIS）、建筑信息模型（BIM）、物联网（IOT）、人工智能（AI）技术于一体，采用面向服务的构架模式（SOA），模块化设计，各功能服务相互独立，灵活调用，可最大限度地满足不同用户的需求，且便于后续升级和维护。系统可实现融合互动，真实、全面、直观地展现综合管廊全貌，给客户带来全新的真实现场感和交互感。

智慧管廊运维管理平台支持综合管廊各个业务系统数据进行汇总融合。通过 GIS 地理信息系统、BIM 模型系统、物联网相结合的方式（GIS＋BIM＋IOT），将各类业务数据挂接，实现综合管廊监控运维从宏观到微观的有机结合，能够实现快速的查询检索，结合 BIM 模型生动地展示管廊现状。实现在网络地理信息系统（WebGIS），三维地理信息系统（3DGIS）和 BIM 模型系统集中进行管廊的运维管理，大大提升了用户操作的便捷性和实用性。

中国建筑智慧管廊运维管理平台的组成在功能内容上，分以下几个部分：管廊本体监控系统；管网设备管理系统；应急指挥系统；BIM 运维管理系统；移动巡检系统；平台管理系统。

1. 管廊本体监控系统

管廊本体监控系统以网络地理信息系统（WEBGIS）为支撑，地理信息系统空间数据基于"一张图"模式展示综合管廊和内部各专业管线基础数据管理、管网平面图显示、管廊重要节点管理、防火分区维护、巡检人员定位、监控信息显示、巡检结果显示等功能信息，同事为报警系统提供简洁、美观、统一、友好的人机交互界面。平台具有丰富的地图展示效果，同时支持二维、三维地图的在线展示、流畅切换，支持旋转、缩放、平移等基本操作，且具有统一坐标系，为监控人员与决策人员提供准确的地理信息，同时在应急救援时提供有效的分析工具。

2. 管廊设备管理系统

管廊设备管理系统包含设备管理，实时监测，运行检测，负荷响应，预警管理、控制策略，系统继承等功能模块。平台的报警信息分为"设备报警"、"运行报警"和"巡检报警"三类。设备报警为设备故障的相关报警，通常需运行人员现场核查，如确认为故障后，启动相关维保工作。运行报警为实际运行过程中发生的报警，通常需运行人员现场核查，如确认报警后，需调整相关的运行方式，巡检报警为人工巡检过程发现的故障信息。

3. 应急指挥系统

基于现代网络和通信技术，融合管廊各类信息资源，通过数字智能化手段，建立立体的、全方位一体化的综合决策和指挥系统，形成和具备精确指向和处理能力，迅速处置各类管廊突发事故。系统具备应急事件管理，应急通信录管理，应急仓库管理等功能。

4. BIM 运维管理系统

BIM 运维管理系统采用 BIM＋3DGIS 的形式进行管廊的运维管理，将综合管廊从设计、施工、到运维各个阶段的 BIM 模型接入到系统中，并进行属性信息查询、剖切分析、双屏对比等，而且将 BIM 的设备模型数据和实时的监测数据、视频监控数据进行连接，实现基于 BIM 的查询和精准定位。

5. 移动巡检系统

移动应用 APP 的开发通过移动客户端实现管廊日常巡检、巡检个人任务管理、历史记录查看、数据查看、巡检上报、到岗签到、定向呼叫、台账查询等功能。

6. 平台管理系统

根据《国务院办公厅关于推进城市地下综合管廊建设的指导意见》中对管线入廊指导意见，针对运维公司日常工作，实现管线入廊、管线收费等功能，为管廊经营管理提供决策依据，实现监、管、控一体化的运维管理方案。主要包括管线入廊管理、管线收费管理、能耗管理、绩效管理、隐患管理、档案管理、培训管理、费用管理等。

其中，关键技术包括：

（1）模型的多分辨率处理及轻量化

由于 BIM 模型的信息数据量大，因此在离散化的过程占据内存极大，特别是在 GIS 平台上加载 BIM 模型。因此，亟须研究 BIM 模型的多分辨率层次模型自动生成，利用轻量化模型的手段缩短缓存时间。

（2）WEB＋BIM＋GIS＋AI＋IOT 集成技术

在中国建筑智慧管廊运维管理平台中，大胆的尝试采用 B/S 的构架下，将新一代信息技术，特别是将建筑信息模型（BIM）、地理信息系统（GIS）、人工智能（AI）、物联网（IOT）技术深度融合，集成应用于综合管廊的智慧化运营中并取得良好效果，开创了国内管网运维管理中 WEB＋BIM＋GIS＋AI＋IOT 集成运用的先河。

（3）"BIM＋GIS"的面向服务架构

BIM＋GIS 的模型搭接完成后，采用 B/S、与 C/S 相结合的系统架构，将模型及信息推送到管理者的桌面，同时，通过 Web Service 接口将 BIM＋GIS 的平台与现有工程管理平台进行集成，从而使各级管理者能够远程了解工程项目进展，满足工程信息化需要。

（4）数据动态装载技术

采用三维瓦片层次模型法，对精细化的整个城市三维管网分角度、分层次地进行三维切片。建立自定义三维切片的存储格式，尽可能减少计算机的存储，以便在网络下快速传输。在建立瓦片的同时，还需要建立基于原始模型实体单元的搜索组织方法，以支持海量三维管网模型数据在网络下的快速可视化分析。采用基于数据分层、分块以及数据页动态更新的算法，实现多层次、大范围的城市场景实时描绘。同时，为消减"延迟"，利用多线程运行机制充分利用计算机的 CPU 资源，即在横向漫游以及纵向细节层次过渡的过程中，根据视点移动的方向趋势，预先把即将更新的数据从硬盘中读入内存，而其后实际的数据更新则是在内存里实现。

（5）基于网络速率的三维数据快速传输技术

对于基于网络的三维场景模型绘制系统而言，由于大量的几何数据需要经由网络传输到客户端，网络带宽常常成为此类系统的瓶颈，因此如何采用紧凑、灵活的数据表示方式及高效的网络传输策略一直是研究的重点。本项目研究基于网络速率的三维数据快速传输技术，对多种三维数据传输技术进行优化，主要包括：

ActiveX 插件技术：在 VRML、Java3D、ActiveX 插件等几种三维信息的传输方法中，采用与 ActiveX 插件有机结合的三层浏览器/服务器体系结构，即将系统的基础三维数据集中存放在服务器端的数据文件集和数据库中，通过元数据索引的方式与系统的应用服务器连接，系统的应用服务器则主要负责实现相关 GIS 空间分析以及网络服务的功能，再通过 Internet 将分析处理后的结果传送给客户端的用户。

（6）海量三维管线模型数据快速可视化的数据裁剪技术

由于城市级精细化三维模型具有数据量大的特点，传统三维渲染技术很难将如此大的三维场景渲染起来。本平台采用的海量三维模型数据可视化技术主要包括数据裁剪技术和数据动态装载技术。数据裁剪技术：该技术在图形流水线的早期就去掉不可见多边形，以避免对场景中不可见部分不必要的处理。实时遮挡裁剪算法的核心思想是：首先利用若干遮挡物（根据视点移动的先验知识进行选择，比如沿街道漫游就可以将临近街边的建筑作为遮挡物）进行简单的可见性测试，以识别场景的某些区域（空间凸壳范围，也即层次结构的包围盒）是否被全部或部分遮挡，然后再进行所有瞬间视点附近的大型遮挡物识别预处理，最后才反复进行一种层次结构的可见性测试，以保证尽量少的离视点近的动态遮挡目标数组被处理。该方法使用一种 KD 树来组织多边形数据，充分利用了空间连贯性，同时缓存跨视点的遮挡关系盒大型遮挡物又充分利用了视点移动过程中的时间连贯性，因此对城市管网的实时处理具有较高的效率。

三、发现、发明及创新点

1. 互联网＋背景下 BIM＋GIS＋AI＋IOT 的集成技术

在中国建筑智慧管廊运维管理平台中，大胆的尝试采用 B/S 的构架下，将新一代信息技术，特别是将建筑信息模型（BIM）、地理信息系统（GIS）、人工智能（AI）、物联网（IOT）技术深度融合，集成应用于综合管廊的智慧化运营中，并取得良好的效果，开创了国内管网运维管理中 WEB＋BIM＋GIS＋AI＋IOT 集成运用的先河。

2. 移动端廊内精准定位技术

在中国建筑智慧管廊运维管理平台中，在平均 20m 埋深的地下管廊。采用手机 APP 底图和无线 WiFi 定位技术相结合，来实现廊内的精准定位。借助手机端 APP 底图信息和 WiFi 的长度信号进行综合空间校正，实现地表投影下管廊精准定位，定位精度在 0.3m。

3. 机器人百度地图巡检技术

在管廊中控中心使用 Baidu 地图进行平面位置定位，在廊内采用机器人巡检，在国内首次采用机器人百度地图巡检技术，将机器人的巡检轨迹投影到BD09坐标系统上，实现机器人，城市基础地理信息，城市遥感信息一体化。即解决了空间数据更新问题，有能够更直观的展示机器人巡检轨迹和巡检效果。

四、与当前国内外同类研究、同类技术的综合比较

在我国能够针对管廊建立一个运维管理平台的企业非常少，能够建立运维管理平台并运用到实际项目中去的企业少之又少。根据实际的情况，进行了实地的调查走访，将其与国内外同类研究、同类技术的综合比较。有的企业没有利用地理信息系统（GIS）形成三维平台，有的企业没有利用人工智能（AI）技术进行监控，有的企业没有形成移动端，不能很好地、方便快捷地对管廊进行运维管理。接下来以厦门地下综合管廊管线信息管理平台为例与我们的中国建筑智慧管廊运维管理平台进行对比，具体如下所示。

	厦门市地下综合管廊管线信息管理平台	中国建筑智慧管廊运维管理平台
管线管理-管线查询	✔	✔
管线管理-管线统计	✔	✔
管线管理-路由分析	✔	✔
管线管理-实时监控	✔	✔
管线管理-管线巡检	✔	✔
故障处理	✔	✔
管廊三维模型预览	✔	✔
移动端应用	✔	✔
入廊管理	✔	✔
合同管理	✔	✔
数据共享	✔	✔
系统管理	✔	✔
资产管理	✔	✔
应急联动	✔	✔
运维管理	✔	✔
智能监控	✔	✔
剖切分析	✘	✔
符合响应	✘	✔
预警管理	✘	✔
挖填方分析	✘	✔
分专业模型预览	✘	✔

五、第三方评价、应用推广情况

本项目成果直接应用于沈阳市地下综合管廊（南运河段）及相关重大管廊施工项目，受到了沈阳市政府的高度关注，获得了中建管廊等部门的充分认可。项目针对管廊进行空间分析，基于三维地图实时监控管理，生成问题分析报告；运维管理，除了满足日常工作还可以巡查情况、问题汇总，智慧管廊运维平台提供大数据学习模型；设备管理实现设备采购入库、出库、入廊、检修等全生命周期管理等方面，都趋于业界领先地位。本项目通过查新、技术比较和专家鉴定，该项目总体达到国际先进水平，其理论和技术上的创新也对促进我管廊平台建设的发展起到了非常重要的作用。

推广情况：沈阳市地下综合管廊的应用

沈阳市地下综合管廊（南运河段）工程起点位于南运河文体西路北侧绿化带内，终点位于和睦公园南侧。管廊沿砂阳路、文艺路、东滨河路、小河沿路和长安路敷设，途经南湖公园、鲁迅儿童公园、青年公园、万柳塘公园和万泉公园，全长约 12.8km。

南运河段综合管廊为两个内直径 5.4m 单圆断面，纳入的市政管线种类为：10kV 电力电缆 24 根（设计 6 排 500mm 的托架）、通信管道 24 孔（设计 4 排 500mm 的托架）、给水管线 $DN1000$ 一根、中水管线 $DN1000$ 一根、供热管线 $DN900$ 两根、天然气管线 $DN600$ 一根。预留电力电缆托架 1 排、通信管道托架 2 排。

六、经济效益

智慧管廊是充分利用 BIM＋GIS＋AI＋IOT 技术，对城市基础设施与生活发展相关的各个方面内容进行全方面的信息化处理和利用，具有对城市地理、资源、生态、环境、人口、经济和社会等复杂系统的数据化网络化管理、服务和决策功能的信息体系。通过智慧管廊管理体系可以实现资源的有效分配和管理，降低资源管理和使用成本，提高资源的利用率和便捷性。

七、社会效益

我国城市化水平的稳步提升，BIM、3DGIS 的高度发展，使与两者有关的智慧管廊得到快速的发展，而智慧管廊也将带来巨大的效用，带动实体经济的发展，提升城市管理水平及城市资源配置效率。智慧管廊在提升产业发展、市政管理水平、人民生活质量的同时，还将实现绿色发展的整体目标。智慧管廊的发展与城市的可持续发展紧密结合，能够降低能源消耗、碳排放，实现绿色、低碳的城市化管理，具有不可估量的社会效益。